實戰

第2版

Flutter Introduction and Practice, Second Edition

Flutter 技术入门与实战

亢少军 编著

机械工业出版社
China Machine Press

图书在版编目（CIP）数据

Flutter 技术入门与实战 / 亢少军编著 . —2 版 . —北京：机械工业出版社，2019.10（2020.6 重印）
（实战）

ISBN 978-7-111-64012-7

I. F…　II. 亢…　III. 移动终端 – 应用程序 – 程序设计　IV. TN929.53

中国版本图书馆 CIP 数据核字（2019）第 229040 号

Flutter 技术入门与实战　第 2 版

出版发行：机械工业出版社（北京市西城区百万庄大街 22 号　邮政编码：100037）

责任编辑：赵亮宇　　责任校对：殷　虹

印　　刷：北京诚信伟业印刷有限公司　　版　　次：2020 年 6 月第 2 版第 2 次印刷

开　　本：186mm × 240mm　1/16　　印　　张：28

书　　号：ISBN 978-7-111-64012-7　　定　　价：89.00 元

客服电话：（010）88361066　88379833　68326294　　投稿热线：（010）88379604

华章网站：www.hzbook.com　　读者信箱：hzit@hzbook.com

Preface 第 2 版前言

现在，主流的移动开发平台是 Android 和 iOS，每个平台上的开发技术不太一样，针对每个平台开发应用需要特定的人员，但这样一来开发效率会变得低下，因而需要进行跨平台开发。跨平台技术从最开始的 Hybrid 混合开发技术，到 React Native 的桥接技术，一直在演进。

Hybrid 开发主要依赖于 WebView，但 WebView 是一个重量级的控件，很容易产生内存问题，而且复杂的 UI 在 WebView 上显示的性能不好。React Native 技术抛开了 WebView，利用 JavaScript Core 来做桥接，将 JavaScript 调用转为 Native 调用。React Native 最终会生成对应的自定义原生控件。这种策略将框架本身和 App 开发者捆绑在系统的控件上，不仅框架本身需要处理大量平台相关的逻辑，随着系统版本变化和 API 的变化，开发者可能也需要处理不同平台间的差异，甚至有些特性只能在部分平台上实现，这使得跨平台特性大打折扣。

Flutter 是最新的跨平台开发技术，可以横跨 Android、iOS、MacOS、Windows、Linux 等多个系统，还可以打包成 Web 程序运行在浏览器上。Flutter 采用了更为彻底的跨平台方案，即自己实现了一套 UI 框架，然后直接在 GPU 上渲染 UI 页面。

笔者最早接触的跨平台技术是 Adobe Air，写一套 Action Script 代码可以运行在 PC、Android 及 iOS 三大平台上。笔者与朋友开发视频会议产品，需要最大化地减少前端的开发及维护工作量，所以，我们先后考察过 Cordova、React Native 及 Flutter 等技术。我们觉得 Flutter 方案更加先进，效率更高，后来就尝试用 Flutter 开发了开源的 WebRTC 插件（可在 GitHub 上搜索 Flutter WebRTC）。

写作本书的目的是传播 Flutter 知识（因为 Flutter 确实优秀），想在为 Flutter 社区做贡献的同时也为我们的产品打下坚实的技术基础。在写作本书的过程中，笔者查阅了大量的资料，使得知识体系扩大了不少，收获良多。

本书主要内容

第 1 章介绍 Flutter 的基本概念、状态生命周期、Flutter 框架，并写第一个 Flutter 程序，来感受一下 Flutter 之美。

第 2 章介绍几个重要知识点，如入口程序、Material Design 设计风格、Flutter 主题、使用包资源、状态管理 Provider 使用、Http 请求处理、Dio 库的使用以及 Json 与数据模型处理。

第 3 章简单介绍 Dart 语言。Dart 语言是 Flutter SDK 指定的语言，我们很有必要补充一下它的基础知识，包括语法特性、基本语句、面向对象等。

第 4 章介绍常用组件。Flutter 里有一个非常重要的核心理念：一切皆为组件，本章主要讲解开发中用得最频繁的组件，如容器组件、图片组件、文本组件、图标组件和表单组件等。

第 5 章介绍 Material Design 风格的组件。Material Design 风格是一种非常有质感的设计风格，并提供一些默认的交互动画。本章将分类介绍这些组件。

第 6 章介绍 Cupertino 风格的组件，这是一类 iOS 风格的组件，如 CupertinoTabBar、CupertinoPageScaffold、CupertinoTabScaffold、CupertinoTabView 等。

第 7 章介绍页面布局的基础知识和技巧，如基础布局处理、宽高尺寸处理、列表及表格布局等，最后通过一个综合布局示例来演示如何编写复杂的页面。

第 8 章介绍如何处理手势，如轻击、拖动和缩放等。Flutter 中提供 GestureDetector 进行手势检测，并为手势检测提供了相应的监听。

第 9 章介绍如何加载、处理、展示资源和图片，如添加资源和图片、自定义字体等。

第 10 章介绍组件装饰和视觉效果的处理，如 Opacity（透明度处理）、DecoratedBox（装饰盒子）、RotatedBox（旋转盒子）、Clip（剪裁处理）和 CustomPainter（自定义画板）。

第 11 章介绍 Flutter 原生路由导航处理、Fluro 企业级路由导航处理，还介绍了 Key-Value（键值对）存储、文件存储以及 Sqflite 等持久化操作。

第 12 章介绍动画的基本概念和原理，以及 Flutter 动画基础类的使用。通过字体放大动画、缓动动画、遮罩动画等示例详细介绍如何自定义动画。

第 13 章介绍 Flutter 插件开发的入门知识。Flutter 插件可以和原生程序交互，比如调用蓝牙、启用 WiFi、打开手电筒，等等。通过获取系统版本及电池电量插件的示例详细介绍了插件的基本开发步骤。通过加载网页插件示例详细介绍了 Flutter 与原生视图集成的方法。

第 14 章介绍开发工具及使用技巧，并介绍了几款常用的 IDE 工具，从代码的编写、辅助功能、程序调试、性能分析等多方面讲解工具及使用技巧。

第 15 章介绍测试与发布应用，包括测试应用、发布 Android 版和 iOS 版 App。

第 16 章以实战案例为主。第一个综合案例介绍如何使用 Flutter 实现即时通信 App 的界面。第二个综合案例是实现一个企业站 App，综合运用了前面的 Flutter 组件、布局、网络请求、Json 处理、数据展示、状态管理、路由导航以及 WebSocket 等知识。

阅读建议

本书是一本基础入门加实战的书籍，既有基础知识，又有丰富的示例，包括详细的操作步骤，实操性强。由于 Flutter 大量使用组件，所以本书对组件的讲解很详细，包括基本概念、属性及代码示例。每个组件都配有小例子，力求精简，还提供了配套网站以提供完整代码，复制完整代码就可以看到效果，这样会增强读者的信心，在轻松掌握基础知识的同时快速进入实战。

如果你正在使用类似 React Native 等跨平台技术，那么学习 Flutter 会轻松很多。使用 Flutter 构建应用时，需要用到 Android 和 iOS 的相关知识，因为 Flutter 依赖移动操作系统提供众多功能和配置。Flutter 是一种为移动设备构建用户界面的新方式，但它有一个插件机制可与 Android 和 iOS 进行数据及任务通信。本书第 13 章专门讲解 Flutter 的插件开发技术，可以作为进一步学习的起点。

Flutter 引用了大量 Web 开发的知识，比如 FlexBox 布局方式、盒模型等，这些都引用了 CSS 中的一些思想。所以从 UI 界面的实现角度来说，只需要熟悉 Dart 语言就能轻松上手 Flutter。本书第 3 章专门介绍 Dart 语言的基础知识。

建议读者在一开始先把第 1 ～ 3 章介绍的基础理论通读一遍，到第 4 章时实际操作并运行每个例子，这样就能开发最简单的 Flutter 界面了。

第 5 章和第 6 章通读即可。第 7 章介绍的构建页面布局都是开发中常用的布局方法，建议读者仔细阅读、实际操作并运行每个例子，尤其是最后的布局综合例子，按步骤执行一遍，就能理解布局的思路。

第 8 ～ 11 章涵盖 Flutter 的高级用法，在开发中也经常使用。可以根据实际项目开发和学习的需要阅读。

第 12 章介绍 Flutter 动画开发。动画可提升用户体验，读者可以先阅读动画的理论知识，然后尝试自定义一个简单动画，最后熟悉 Flutter 自带的动画组件。

第 13 章介绍 Flutter 插件开发。这需要具备原生开发的知识，比如 Java、Objective-C 等相关知识。本章对读者的综合编程能力要求较高，需要掌握多门语言及多平台技术。如果读者不需要开发插件，可以略过本章。

第 14 ～ 15 章实操性很强，读者只要根据书中的步骤仔细操作，就能快速掌握。

第 16 章的两个综合案例，建议读者按书中步骤逐步实现，同时理解项目的代码组织结构，这样才能胜任实际项目的开发工作。

关于随书代码

本书所列代码力求完整，但限于篇幅，书中没有给出全部代码。完整代码可参见以下网址：

http://www.flutter100.net

https://github.com/kangshaojun

致谢

首先感谢机械工业出版社吴怡编辑耐心指点，以及推动了本书的出版。

感谢我的朋友段维伟工程师，江湖人称“鱼老大”，国内骨灰级 WebRTC 开发者、视频会议产品合作者。在这里感谢鱼老大的技术分享及帮助。

感谢陈波和陈志红两位好友。在我交稿压力最大的时候，他们从内容安排及语言润色方面都提供了一些非常有用的建议。还要感谢高文翠和黄菊华老师针对本书大纲所给出的指导。

最后还要感谢我的家人。感谢我的母亲及妻子，在我写作的过程中承担了全部家务并照顾孩子，使我可以全身心地投入写作。

亢少军

2019 年 10 月 5 日

Contents 目　　录

第 1 章 Chapter 1

开启 Flutter 之旅

Flutter 是谷歌的移动 UI 框架，可以快速在 iOS 和 Android 上构建高质量的原生用户界面。Flutter 可以与现有的代码一起工作。在全世界，Flutter 正在被越来越多的开发者和组织使用，并且 Flutter 是完全免费、开源的。

在本章中，我们将介绍 Flutter 的一些基本概念，以及开发 Flutter 的准备工作，包括：

- Flutter 的特点与核心概念
- 搭建开发环境
- 写第一个 Flutter 程序

1.1 Flutter 的特点与核心概念

Flutter 的特点如下所示：

- **跨平台**：现在 Flutter 至少可以跨 5 种平台，甚至支持嵌入式开发。我们常用的如 MacOS、Windows、Linux、Android、iOS，甚至可以在谷歌最新的操作系统 Fuchsia 上运行。到目前为止，Flutter 算是支持平台最多的框架了，良好的跨平台性直接带来的好处就是减少开发成本。
- **丝滑般的体验**：使用 Flutter 内置的 Material Design 和 Cupertino 风格组件、丰富的 motion API、平滑而自然的滑动效果和平台感知，为用户带来全新体验。
- **响应式框架**：使用 Flutter 的响应式框架和一系列基础组件，可以轻松构建用户界面。使用功能强大且灵活的 API（针对 2D、动画、手势、效果等）能解决艰难的 UI 挑战。
- **支持插件**：通过 Flutter 的插件可以访问平台本地 API，如相机、蓝牙、WiFi 等。可借助现有的Java、Swift、Objective-C、C++代码实现对原生系统的调用。

- **60fps超高性能**：Flutter采用GPU渲染技术，所以性能极高。用Flutter编写的应用可以达到60fps（每秒传输帧数），这意味着它完全可以胜任游戏的制作。官方宣称用Flutter开发的应用的性能甚至会超过原生应用。

Flutter包括一个现代的响应式框架、一个2D渲染引擎、各种组件和开发工具。这些组件有助于快速地设计、构建、测试和调试应用程序。Flutter的核心概念有：组件、构建、状态、框架等，下面分别介绍。

1.1.1 一切皆为组件

组件（Widget）是Flutter应用程序用户界面的基本构建块。不仅按钮、输入框、卡片、列表这些内容可作为Widget，甚至布局方式、动画处理都可视为Widget，所以Flutter具有一致的统一对象模型：Widget。

Widget可以定义为：

- 一个界面组件（如按钮或输入框）。
- 一个文本样式（如字体或颜色）。
- 一种布局（如填充或滚动）。
- 一种动画处理（如缓动）。
- 一种手势处理（GestureDetector）。

Widget具有丰富的属性及方法，通过属性可改变组件的状态（颜色、大小等）及回调方法的处理（单击事件回调、手势事件回调等），方法主要是提供一些组件的功能扩展。比如TextBox是一个矩形的文本组件，其属性及方法如下：

- bottom：底部间距属性。
- direction：文本排列方向属性。
- left：左侧间距属性。
- right：右侧间距属性。
- top：上部间距属性。
- toRect：导出矩形方法。
- toString：转换成字符串方法。

1.1.2 组件嵌套

复杂的功能界面通常都是由一个一个功能简单的组件组装完成的。有的组件负责布局，有的负责定位，有的负责调整大小，有的负责渐变处理，等等。这种嵌套组合的方式带来的最大好处就是解耦。

例如，界面中添加了一个居中组件Center，居中组件里嵌套了一个容器组件Container，容器组件里嵌套了一个文本组件Text和一个装饰器BoxDecoration。代码如下所示：

```
return Center(
  //添加容器
  child: Container(
    //添加装饰器
    decoration: BoxDecoration(
    ),
    child: Text(
    //添加文本组件
    ),
  ),
),
```

大家如果是首次看到这段代码，会觉得嵌套层次太多、太复杂。其实不然，随着对组件的深入了解及熟练使用，写起来还是非常得心应手的。

最基础的组件类是 Widget，其他所有的组件都是继承 Widget 的，如图 1-1 所示。紧接着下面有两大类组件：有状态组件及无状态组件。有状态组件是界面会发生变化的组件，如 Scrollable、Animatable 等，无状态的组件即界面不发生变化的组件，如 Text、AssetImage 等。

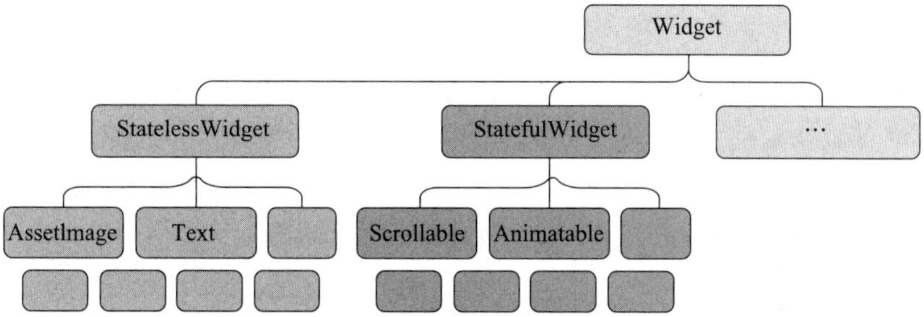

图 1-1　类层次结构

1.1.3　构建

可以通过重写 Widget 的 build 方法来构建一个组件，如下代码所示：

```
@protected Widget build(BuildContext context);
```

构建即为创建一个 Widget，返回值也是一个 Widget 对象，不管返回的是单个组件还是返回通过嵌套的方式组合的组件，都是 Widget 的实例。

在 build 方法里我们发现传入了一个参数 context。BuildContext 即构建 Widget 上下文，每一个 BuildContext 对应一个 Widget。在任意一个组件的 build 方法中都需要传入一个 BuildContext 对象。

BuildContext 的作用主要是通过上下文获取指定的数据，如下所示：

- Theme.of(context)：获取主题。
- Navigator.push(context, route)：压栈。

1.1.4　处理用户交互

如果 Widget 需要根据用户交互或其他因素进行更改，则该 Widget 是有状态的。例如，如果一个 Widget 的计数器在用户点击一个按钮时递增，那么该计数器的值就是该 Widget 的状态。当该值发生变化时，需要重新构建 Widget 以更新 UI。

这些 Widget 将继承 StatefulWidget（而不是 State），并将它们的可变状态存储在 State 的子类中，如图 1-2 所示。

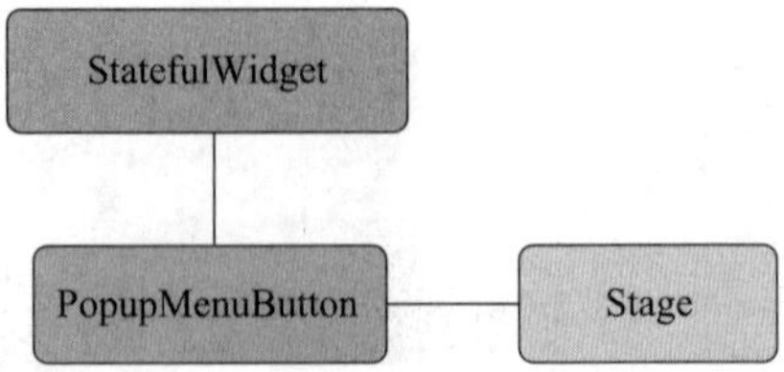

图 1-2 有状态 Widget 继承示意图

每当改变一个 State 对象时（例如增加计数器），必须调用 setState() 来通知框架，框架会再次调用 State 的构建方法来更新用户界面。

有了独立的状态和 Widget 对象，其他 Widget 可以以同样的方式处理无状态和有状态的 Widget，而不必担心丢失状态。父 Widget 可以自由地创造子 Widget 的新实例且不会失去子 Widget 的状态，而不是通过持有子 Widget 来维持其状态。框架在适当的时候完成查找和重用现有状态对象的所有工作。

1.1.5 状态

Flutter 中的状态（State）和 React 中的状态概念一致。State 是一个组件的 UI 数据模型，是组件渲染时的数据依据。Flutter 程序的运行可以认为是一个巨大的状态机，用户的操作、请求 API 和系统事件的触发都是触发点，触发点通过调用 setState 方法推动状态机进行响应，实现不同的状态，然后渲染 UI，让 UI 与数据保持一致。状态的生命周期如图 1-3 所示。

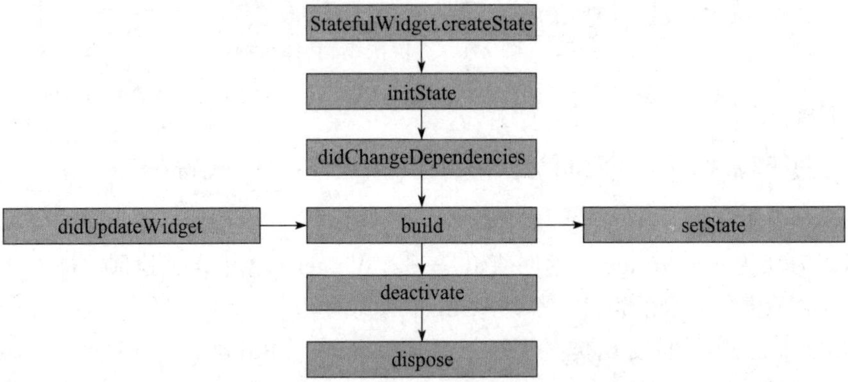

图 1-3 状态的生命周期

状态的生命周期每步的作用如下所示：

- StatefulWidget.createState：Framework 会通过调用 StatefulWidget.createState 来创建一个 State。
- initState：新创建的 State 会和一个 BuildContext 产生关联，此时认为 State 已经被安装好了，initState 函数将会被调用。通常，我们可以重写这个函数，进行初始化操作。
- didChangeDependencies：在 initState 调用结束后，这个函数会被调用。事实上，当

State 对象的依赖关系发生变化时，这个函数总会被 Framework 调用。

- build：经过以上步骤，系统认为一个 State 已经准备好了，就会调用 build 来构建视图。我们需要在这个函数中返回一个 Widget。
- deactivate：当 State 被暂时从视图树中移除时，会调用这个函数。页面切换时，也会调用它，因为此时 State 在视图树中的位置发生了变化，需要先暂时移除后添加。
- dispose：当 State 被永久地从视图树中移除时，Framework 会调用该函数。在销毁前触发，我们可以在这里进行最终的资源释放。在调用这个函数之前，总会先调用 deactivate 函数。
- didUpdateWidget：当 Widget 的配置发生变化时，会调用这个函数。比如，热重载的时候就会调用这个函数。调用这个函数后，会调用 build 函数。
- setState：当需要更新 State 的视图时，需要手动调用这个函数，它会触发 build 函数。

1.1.6 分层的框架

Flutter 框架是一个分层的结构，每一层都建立在前一层之上。图 1-4 显示了 Flutter 框架，上层比下层的使用频率更高。

提示 有关构成 Flutter 分层框架的完整库，请参阅官方的 API 文档，网址为 https://docs.flutter.io/。

分层设计的目标是帮助开发者用更少的代码做更多的事情。例如，Material 层通常组合来自 Widget 层的基本 Widget，而 Widget 层通过对象渲染层来构建。

分层结构为构建应用程序提供了许多选项。开发者可以用一种自定义的方法来释放框架的全部表现力，或使用构件层中的构建块，或混合搭配。可以使用 Flutter 提供的所有 Widget，也可以使用 Flutter 团队定制的 Widget。也就是说，你可以从高层次、统一的 Widget 概念中获得开发效率的优势，也可以深入下层施展你的才能。

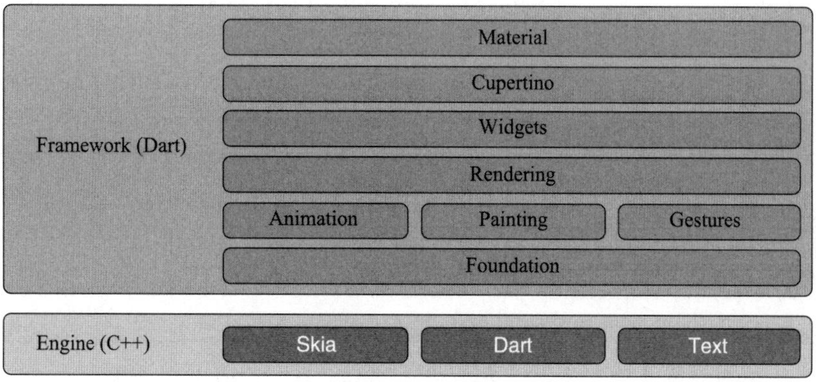

图 1-4 Flutter 框架

1.2 搭建开发环境

Flutter 开发环境的搭建比较烦琐，任何一个步骤失败都会导致最终环境搭建不能完成。Flutter 支持三种环境：Windows、MacOS 和 Linux。这里我们主要讲解 Windows 及 MacOS 的环境搭建。

1.2.1 Windows 环境搭建

1. 使用镜像

首先解决网络问题。环境搭建过程中需要下载很多资源文件，当某个资源未及时更新时，就可能报各种错误。在国内访问 Flutter 有时可能会受到限制，Flutter 官方为中国开发者搭建了临时镜像，可以将如下环境变量加入用户环境变量中：

```
export PUB_HOSTED_URL=https://pub.flutter-io.cn
export FLUTTER_STORAGE_BASE_URL=https://storage.flutter-io.cn
```

注意 以上镜像为临时镜像，并不能保证一直可用，读者可以参考 Using Flutter in China（网址为 https://github.com/flutter/flutter/wiki/Using-Flutter-in-China）以获得有关镜像服务器的最新动态。

---

2. 安装 Git

Flutter 依赖的命令行工具为 Git for Windows（Git 命令行工具）。Windows 版本的下载地址为 https://git-scm.com/download/win。

3. 下载安装 Flutter SDK

在 Flutter 官网下载最新可用的安装包。

注意 Flutter 的渠道版本会不停变动，请以 Flutter 官网为准。另外，在中国大陆地区，要想获取安装包列表或下载安装包有可能发生困难，读者也可以去 Flutter GitHub 项目下去下载安装 Release 包。

Flutter 官网下载地址：https://flutter.io/docs/development/tools/sdk/archive#windows。

Flutter GitHub 下载地址：https://github.com/flutter/flutter/releases。

将安装包解压到想安装 Flutter SDK 的路径（如 D:\Flutter）。在 Flutter 安装目录的 Flutter 文件下找到 flutter_console.bat，双击运行该文件并启动 Flutter 命令行，接下来就可以在 Flutter 命令行运行 flutter 命令了。

注意 不要将 Flutter 安装到需要一些高权限的路径，如 C:\Program Files\。

---

4. 添加环境变量

不管使用什么工具，如果想在系统的任意地方能够运行这个工具的命令，则需要添加工具的路径到系统路径中。这里路径指向 Flutter 文件的 bin 路径，如图 1-5 所示。同时，要检查是否有名为“PUB_HOSTED_URL”和“FLUTTER_STORAGE_BASE_URL”的条目，如果没有，也需要添加这两个条目。重启 Windows 才能使更改生效。

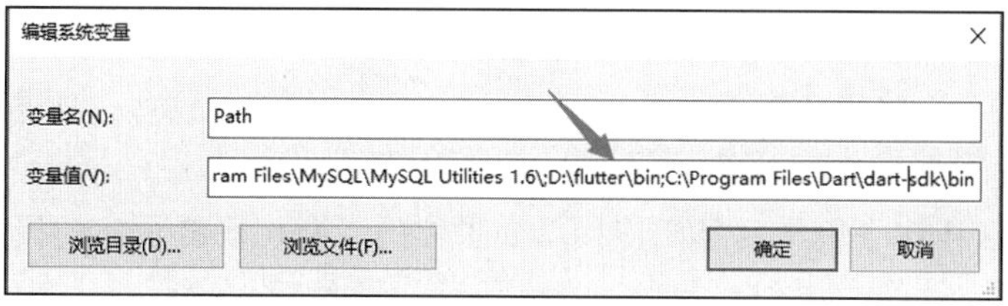

图 1-5　添加 Flutter 环境变量

5. 运行 flutter 命令安装各种依赖

使用 Windows 命令窗口运行以下命令，查看是否需要安装依赖项来完成安装：

```
flutter doctor
```

该命令检查你的环境并在终端窗口中显示报告。Dart SDK 已经捆绑在 Flutter 里了，没有必要单独安装 Dart。仔细检查命令行输出以获取可能需要安装的其他软件或进一步需要执行的任务。如下代码粗体部分显示，Android SDK 缺少命令行工具，需要下载并且提供了下载地址，通常这种情况只需要连接网络，打开 VPN，然后重新运行 flutter doctor 命令即可。

```
[-] Android toolchain - develop for Android devices
    Android SDK at D:\Android\sdk
  ?Android SDK is missing command line tools; download from https://goo.gl/XxQghQ
  Try re-installing or updating your Android SDK,
    visit https://flutter.io/setup/#android-setup for detailed instructions.
```

> 注意　一旦安装了任何缺失的依赖，需要再次运行 flutter doctor 命令来验证是否已经正确地设置了，同时需要检查移动设备是否连接正常。

6. 编辑器设置

如果使用 Flutter 命令行工具，可以使用任何编辑器来开发 Flutter 应用程序。输入 flutter help 命令，在提示符下查看可用的工具。但是笔者建议最好安装一款功能强大的 IDE 来进行开发，这样开发效率会更高。由于 Windows 环境只能开发 Flutter 的 Android 应用，所以接下来我们会重点介绍 Android Studio 这款 IDE。

（1）安装 Android Studio

要为 Android 开发 Flutter 应用，可以使用 Mac 或 Windows 操作系统。Flutter 需要安装和配置 Android Studio，步骤如下：

1）下载并安装 Android Studio：https://developer.android.com/studio/index.html。

2）启动 Android Studio，然后执行“Android Studio 安装向导”，将安装最新的 Android SDK、Android SDK 平台工具和 Android SDK 构建工具，这是为 Android 开发 Flutter 应用时所必需的。

（2）设置你的 Android 设备

要准备在 Android 设备上运行并测试你的 Flutter 应用，需要安装 Android 4.1（API level 16）或更高版本的 Android 设备。步骤如下：

1）在你的设备上启用“开发人员选项”和“ USB 调试”，这些选项通常在设备的“设置”界面里。

2）使用 USB 线将手机与计算机连接。如果你的设备出现提示，请授权计算机访问你的设备。

3）在终端中，运行 flutter devices 命令以验证 Flutter 识别出你连接的 Android 设备。

4）用 flutter run 命令启动你的应用程序。

提示 默认情况下，Flutter 使用的 Android SDK 版本基于你的 adb 工具版本。如果想让 Flutter 使用不同版本的 Android SDK，则必须将该 ANDROID_HOME 环境变量设置为 SDK 安装目录。

（3）设置 Android 模拟器

要准备在 Android 模拟器上运行并测试 Flutter 应用，请按照以下步骤操作：

1）启动 Android Studio → Tools → Android → AVD Manager 并选择 Create Virtual Device，打开虚拟设备面板，如图 1-6 所示。

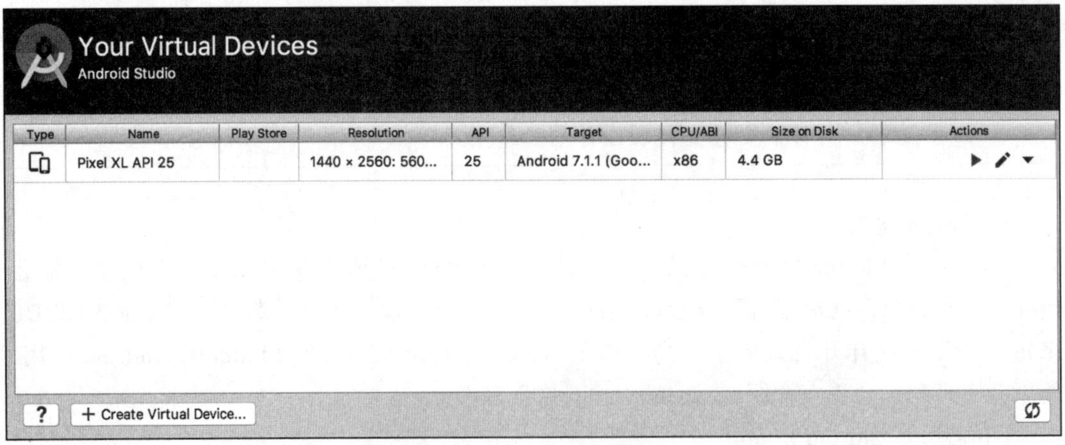

图 1-6 打开虚拟设备面板

2）选择一个设备并点击 Next 按钮，如图 1-7 所示。

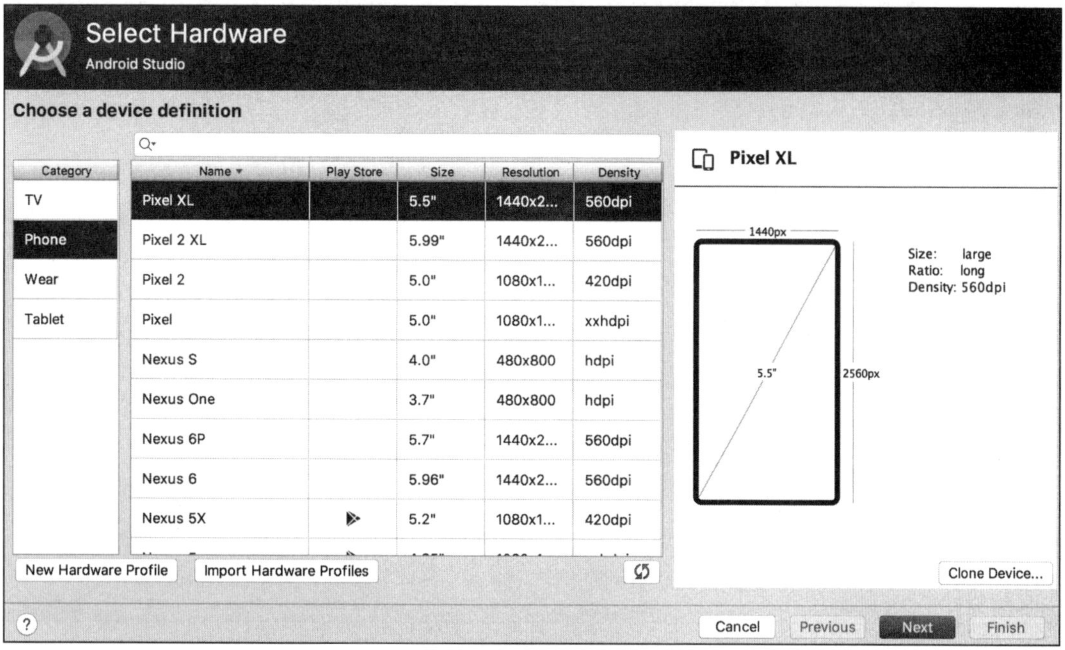

图 1-7　选择模拟硬件设备

3）选择一个镜像，点击 Download 即可，然后点击 Next 按钮，如图 1-8 所示。

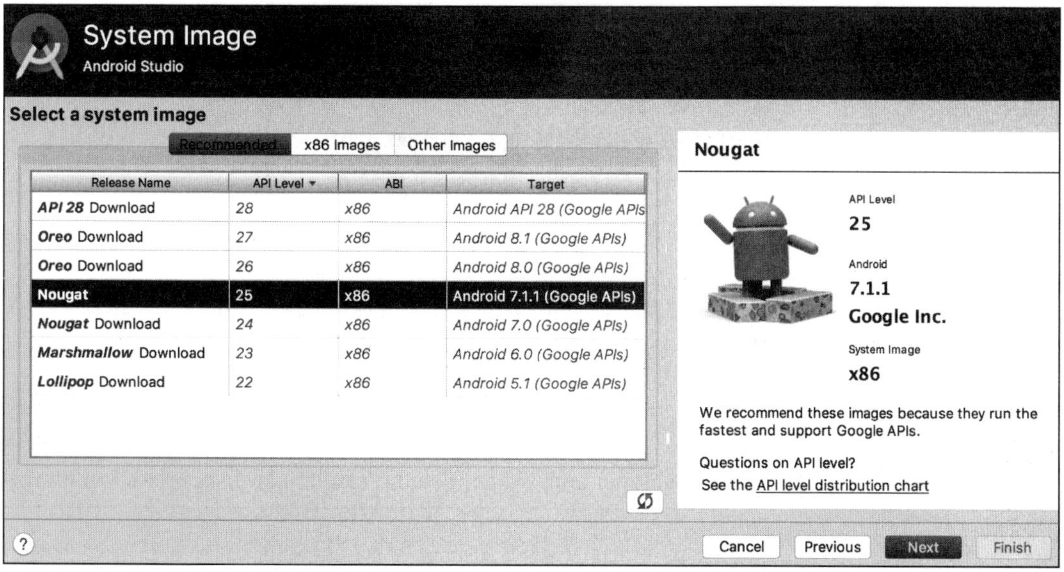

图 1-8　选择系统镜像

4）验证配置信息，填写虚拟设备名称，选择 Hardware-GLES 2.0 以启用硬件加速，点击 Finish 按钮，如图 1-9 所示。

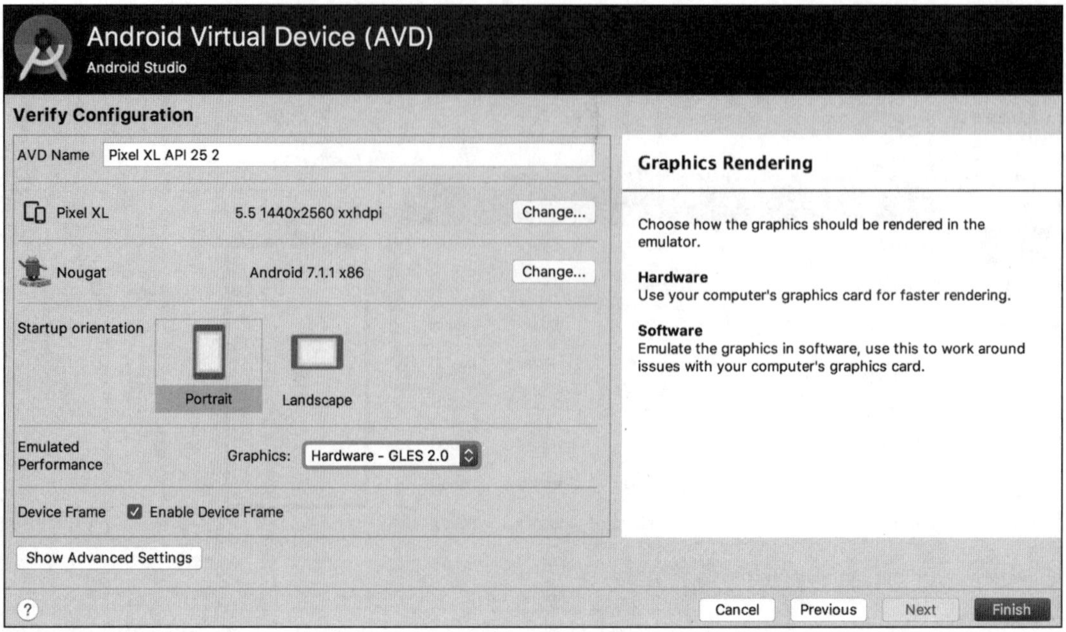

图 1-9　验证配置信息

5）在工具栏选择刚刚添加的模拟器，如图 1-10 所示。

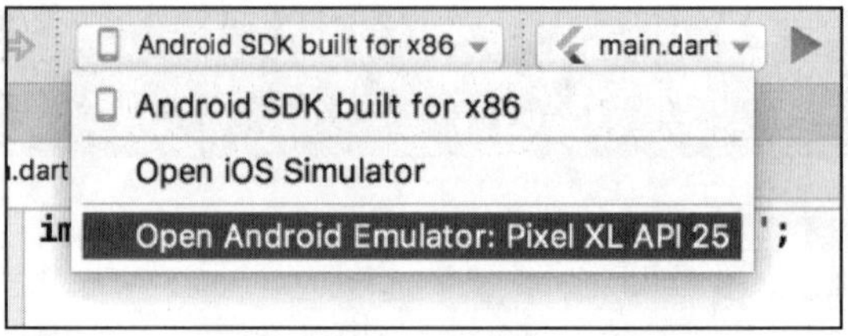

图 1-10　在工具栏选择模拟器

6）也可以在命令行窗口运行 flutter run 命令启动模拟器。当能正常显示模拟器时（如图 1-11 所示），则表示模拟器安装正常。

提示　建议选择当前主流手机型号作为模拟器，开启硬件加速，使用 x86 或 x86_64 image。详细文档请参考 https://developer.android.com/studio/run/emulator-acceleration.html。

（4）安装 Flutter 和 Dart 插件

IDE 需要安装两个插件：

- Flutter 插件：支持 Flutter 开发工作流（运行、调试、热重载等）。
- Dart 插件：提供代码分析（输入代码时进行验证、代码补全等）。

图 1-11　Android 模拟器运行效果图

打开 Android Studio 的系统设置面板，找到 Plugins 并分别搜索 Flutter 和 Dart，点击安装即可，如图 1-12 所示。

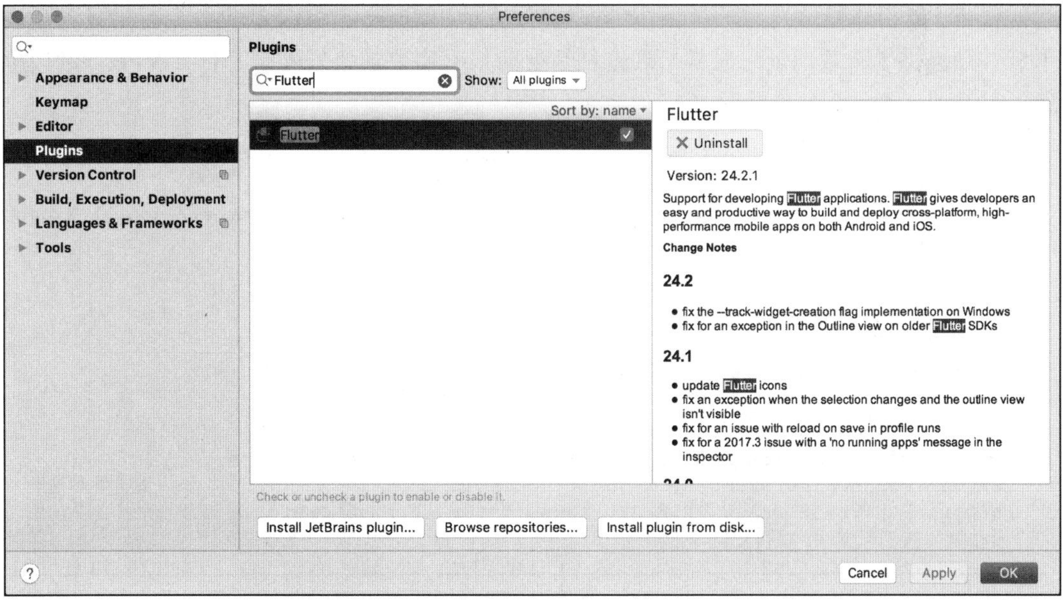

图 1-12　Android Studio 插件安装

1.2.2 MacOS 环境搭建

首先解决网络问题，可参见 1.2.1 节。

1. 命令行工具

Flutter 依赖的命令行工具有 bash、mkdir、rm、git、curl、unzip、which。

2. 下载并安装 Flutter SDK

请按以下步骤下载并安装 Flutter SDK：

步骤 1 在 Flutter 官网下载其最新可用的安装包。

步骤 2 解压安装包到想安装的目录，例如：

```
cd /Users/ksj/Desktop/flutter/
unzip /Users/ksj/Desktop/flutter/v0.11.9.zip.zip
```

步骤 3 添加 Flutter 相关工具到 path 中：

```
export PATH=`pwd`/flutter/bin:$PATH
```

3. 运行 Flutter 命令安装各种依赖

运行以下命令查看是否需要安装其他依赖项：

```
flutter doctor
```

该命令检查你的环境并在终端窗口中显示报告。Dart SDK 已经捆绑在 Flutter 里了，没有必要单独安装 Dart。仔细检查命令行输出，这里可能需要安装其他软件或进一步需要执行的任务（以粗体显示）。如下代码中粗体部分所示，Android SDK 缺少命令行工具，需要下载并且提供了下载地址，通常出现这种情况时，只需要连接好网络，打开 VPN，然后重新运行 flutter doctor 命令即可。

```
[-] Android toolchain - develop for Android devices
    Android SDK at /Users/obiwan/Library/Android/sdk
  ?Android SDK is missing command line tools; download from https://goo.gl/XxQghQ
  Try re-installing or updating your Android SDK,
visit https://flutter.io/setup/#android-setup for detailed instructions.
```

4. 添加环境变量

使用 vim 命令打开 ~/.bash_profile 文件，添加如下内容：

```
export ANDROID_HOME=~/Library/Android/sdk                          //android sdk 目录
export PATH=$PATH:$ANDROID_HOME/tools:$ANDROID_HOME/platform-tools
export PUB_HOSTED_URL=https://pub.flutter-io.cn                    // 国内用户需要设置
export FLUTTER_STORAGE_BASE_URL=https://storage.flutter-io.cn // 国内用户需要设置
export PATH=/Users/ksj/Desktop/flutter/flutter/bin:$PATH // 直接指定 flutter 的 bin 地址
```

注意 请将 PATH=/Users/ksj/Desktop/flutter/flutter/bin 更改为你的路径。

完整的环境变量设置如图 1-13 所示。

设置好环境变量以后，务必运行 source $HOME/.bash_profile 命令刷新当前终端窗口，以使刚刚配置的内容生效。

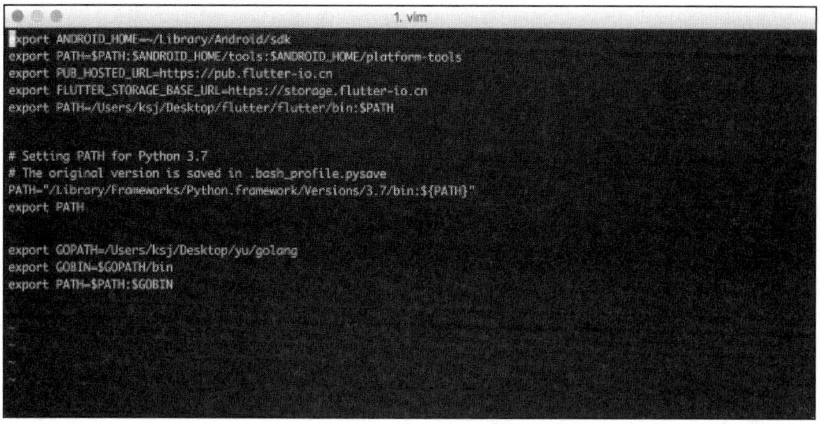

图 1-13　MacOS 环境变量设置

5. 编辑器设置

MacOS 环境既能开发 Android 应用，也能开发 iOS 应用，Android 设置请参考 1.2.1 节中的“安装 Android Studio”部分。Xcode 可用于开发 iOS 应用，接下来我们介绍 Xcode 的使用方法。

（1）安装 Xcode

安装最新版本的 Xcode。可通过链接下载（https://developer.apple.com/xcode/），或通过苹果应用商店下载（https://itunes.apple.com/us/app/xcode/id497799835）。

（2）设置 iOS 模拟器

要准备在 iOS 模拟器上运行并测试你的 Flutter 应用。要打开一个模拟器，在 MacOS 的终端输入以下命令：

```
open -a Simulator
```

该命令可以找到并打开默认模拟器。如果想切换模拟器，可以选择 Hardware → Device，再选择一个模拟器，如图 1-14 所示。

打开后的模拟器如图 1-15 所示。

接下来，在终端运行 flutter run 命令或者打开 Xcode，按图 1-16 所示选择好模拟器。点击运行按钮即可启动应用。

（3）安装到 iOS 设备

要在苹果真机上测试 Flutter 应用，需要有一个苹果开发者账户，还需要在 Xcode 中进行设置。

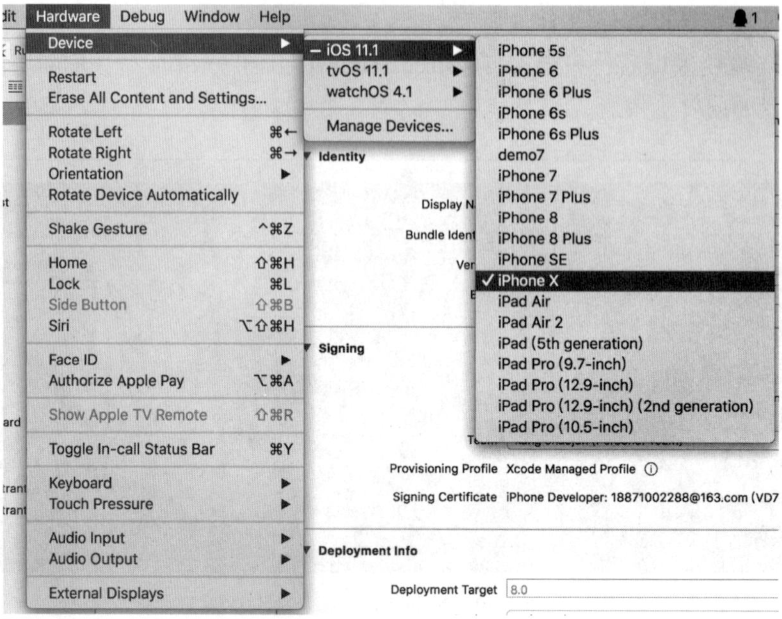

图 1-14　选择 iOS 模拟器

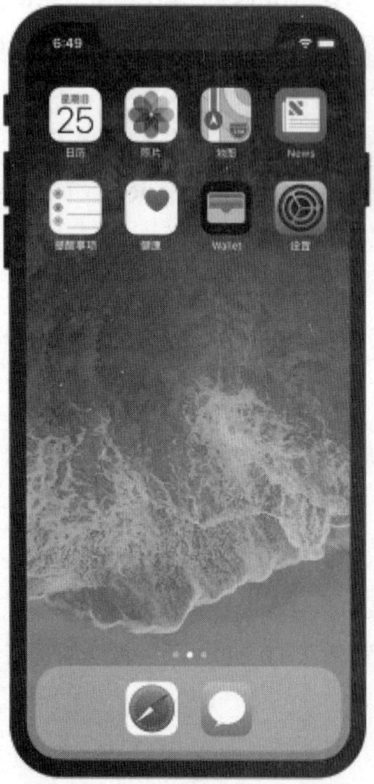

图 1-15　iOS 模拟器效果图

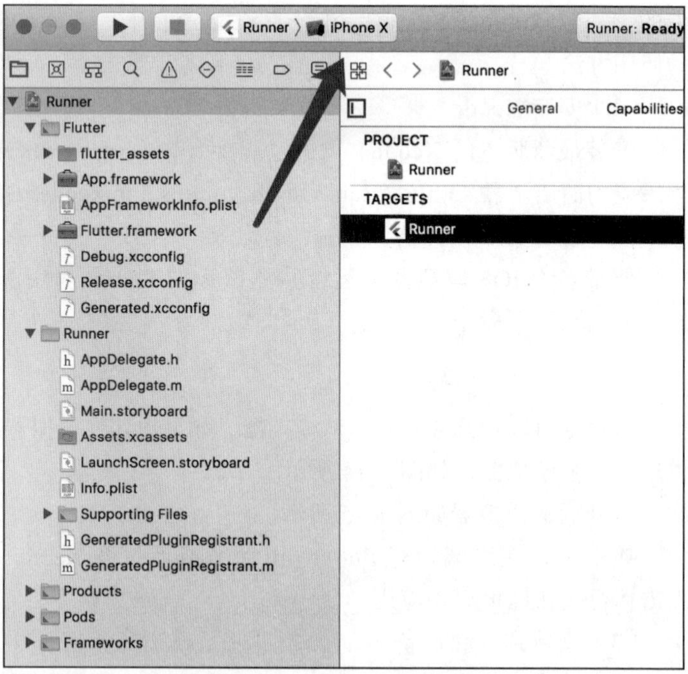

图 1-16　Xcode 启动应用

1）安装 Homebrew 工具。Homebrew 是一款 MacOS 平台下的软件包管理工具，拥有安装、卸载、更新、查看、搜索等很多实用的功能，下载地址为 https://brew.sh。

2）打开终端并运行一些命令，安装工具，用于将 Flutter 应用安装到 iOS 设备上，命令如下所示：

```
brew update
brew install --HEAD libimobiledevice
brew install ideviceinstaller ios-deploy cocoapods
pod setup
```

> 提示 如果这些命令中有任何一个失败并出现错误，请运行 brew doctor 命令并按照说明解决问题。

接下来需要设置 Xcode 签名，步骤如下：

步骤 1 在 Flutter 项目目录中通过双击 ios/Runner.xcworkspace 打开默认的 Xcode 工程。

步骤 2 在 Xcode 中，选择导航左侧面板中的 Runner 项目。

步骤 3 在 Runner target 设置页面中，确保在 General → Signing → Team（常规→签名→团队）下选择了你的开发团队，如图 1-17 所示。当你选择一个团队时，Xcode 会创建并下载开发证书，为你的设备注册账户，并创建和下载配置文件。

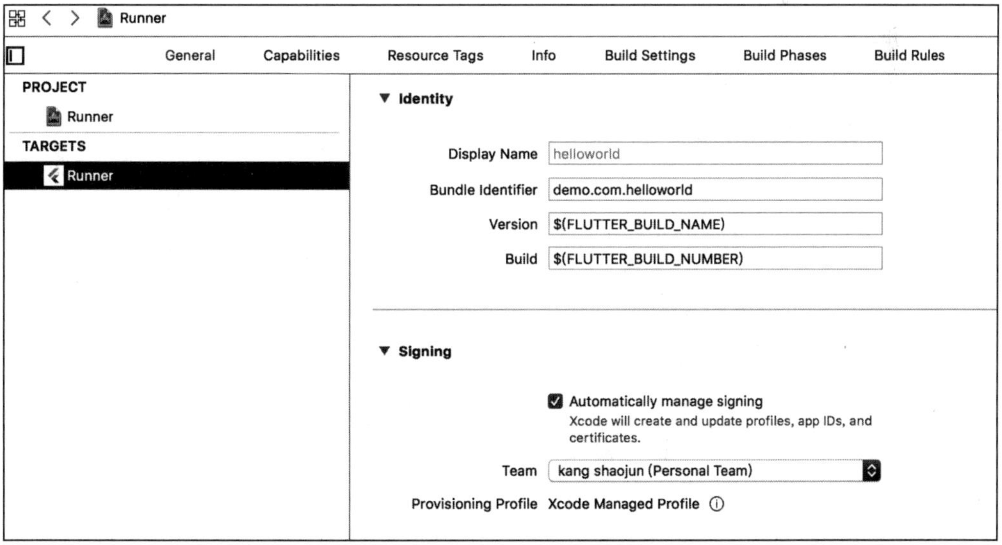

图 1-17 设置开发团队

步骤 4 如果你要开始第一个 iOS 开发项目，可能需要使用你的 Apple ID 登录 Xcode。

任何 Apple ID 都支持开发和测试。需要注册 Apple 开发者计划才能将你的应用分发到 App Store。请查看 https://developer.apple.com/support/compare-memberships/ 这篇文章。登录界面如图 1-18 所示。

步骤 5 当你第一次添加真机设备进行 iOS 开发时，需要设置同时信任你的 Mac 和该设备上的开发证书。点击 Trust 按钮即可，如图 1-19 所示。

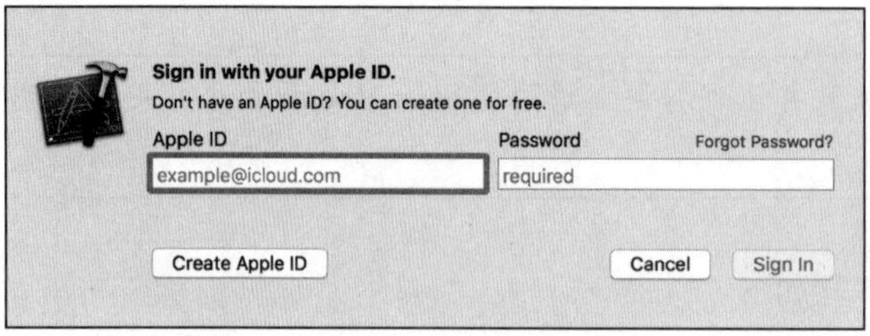

图 1-18 使用 Apple ID

图 1-19 信任此计算机图示

步骤 6 如果 Xcode 中的自动签名失败，请查看项目的 Bundle Identifier 值是否唯一。这个 ID 即为应用的唯一 ID，建议使用域名反过来写，如图 1-20 所示。

步骤 7 使用 flutter run 命令运行应用程序。

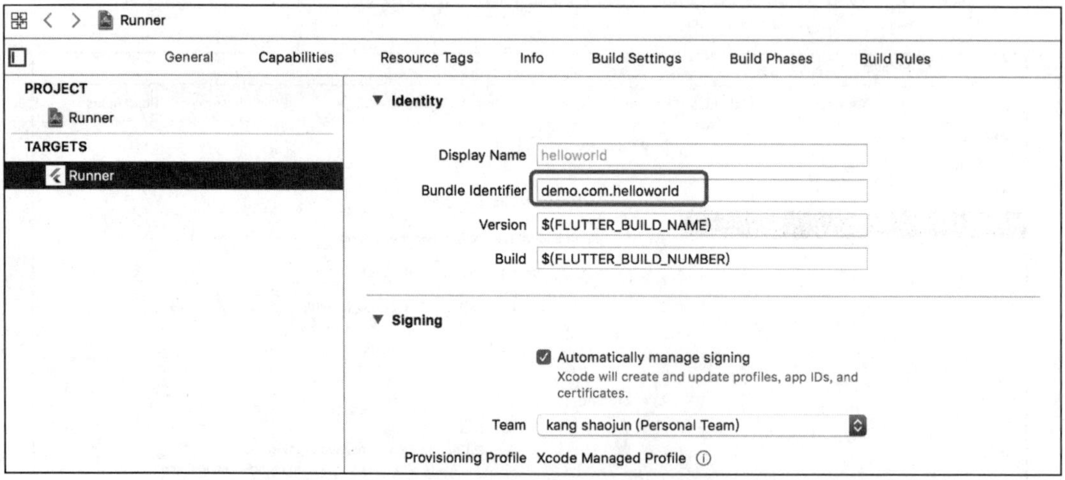

图 1-20 验证 Bundle Identifier 值

1.3 写第一个 Flutter 程序

万事开头难，让我们开始写第一个简单的 Flutter 程序，具体步骤如下。

步骤 1 新建一个 Flutter 工程，选择 Flutter Application，如图 1-21 所示。

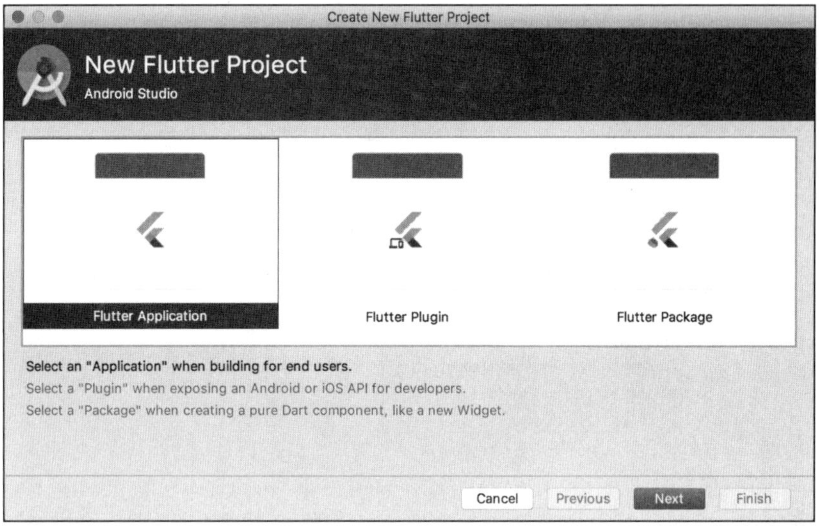

图 1-21　新建工程

步骤 2　点击 Next 按钮，打开应用配置界面，在 Project name 中填写 helloworld，Flutter SDK path 使用默认值，IDE 会根据 SDK 安装路径自动填写，Project location 填写为工程放置的目录，在 Description 中填写项目描述，任意字符即可，如图 1-22 所示。

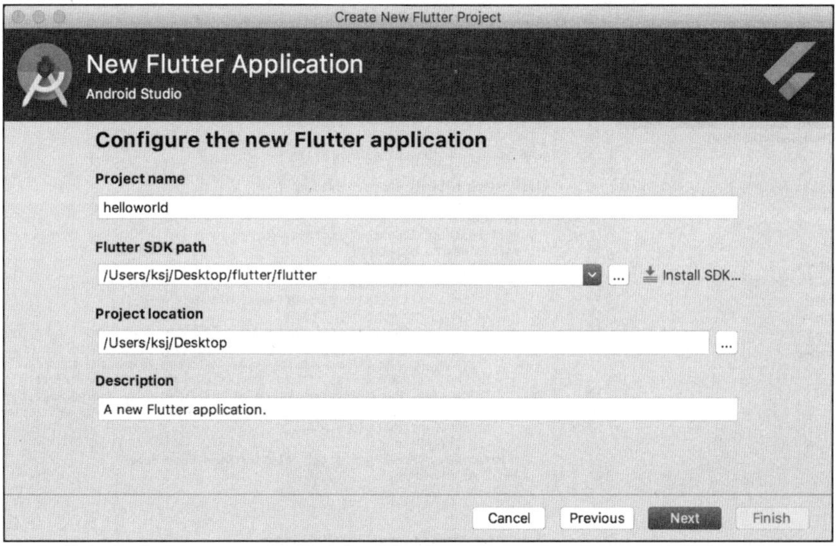

图 1-22　配置 Flutter 工程

步骤 3　点击 Next 按钮，打开包设置界面，在 Company domain 中填写域名，注意域名要反过来写，这样可以保证全球唯一，Platform channel language 下面的两个选项不需要选中，如图 1-23 所示。

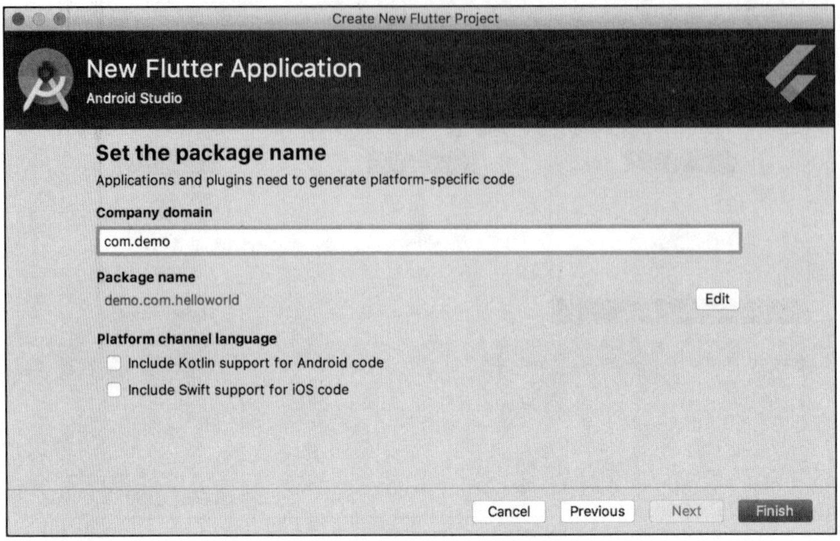

图 1-23　设置包名界面

步骤 4　点击 Finish 按钮开始创建第一个工程，等待几分钟，会创建如图 1-24 所示的工程。

步骤 5　工程创建好后，可以先运行一下官方创建的示例，看一看运行效果，点击 Open iOS Simulator 打开 iOS 模拟器，具体操作如图 1-25 所示。

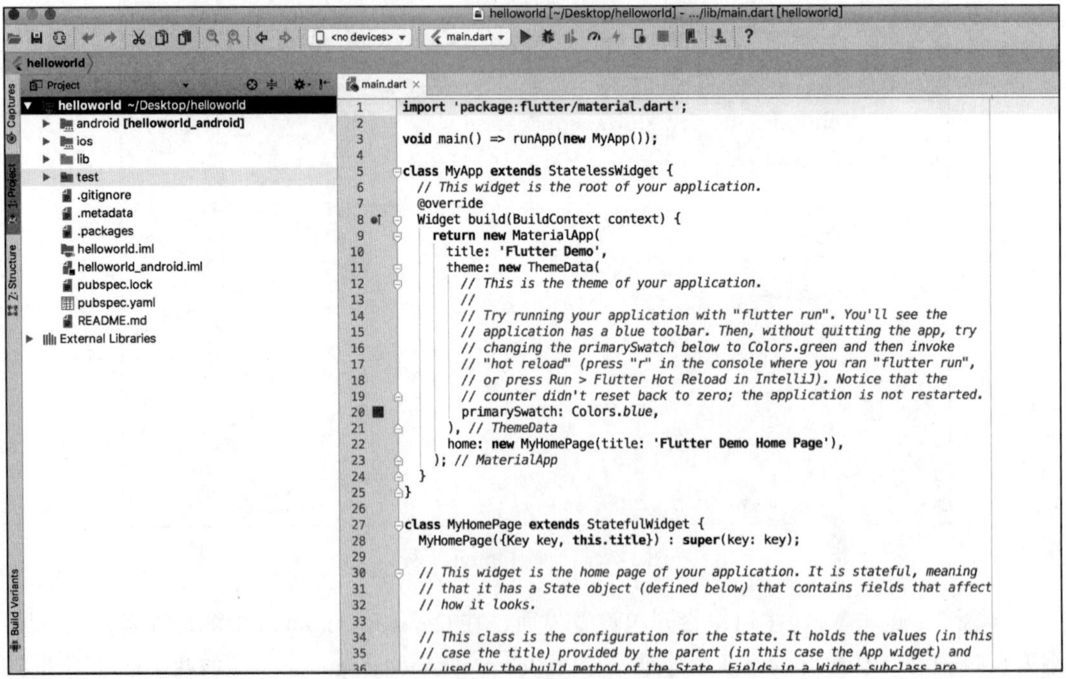

图 1-24　示例工程主界面

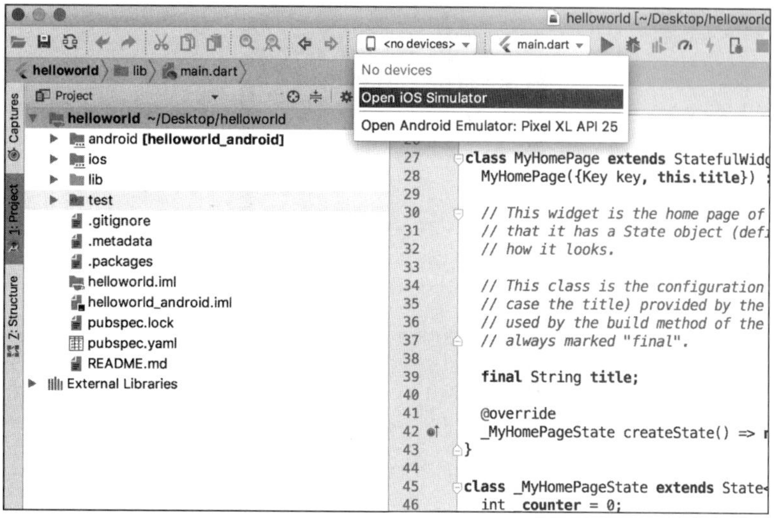

图 1-25　打开模拟器菜单示意图

步骤 6　等待几秒钟后会打开模拟器，如图 1-26 所示。

步骤 7　点击 debug（调试）按钮，启动官方示例程序，点击 + 按钮，可以自动加 1，此示例是一个基于 Material Design 风格的应用程序，如图 1-27 所示。

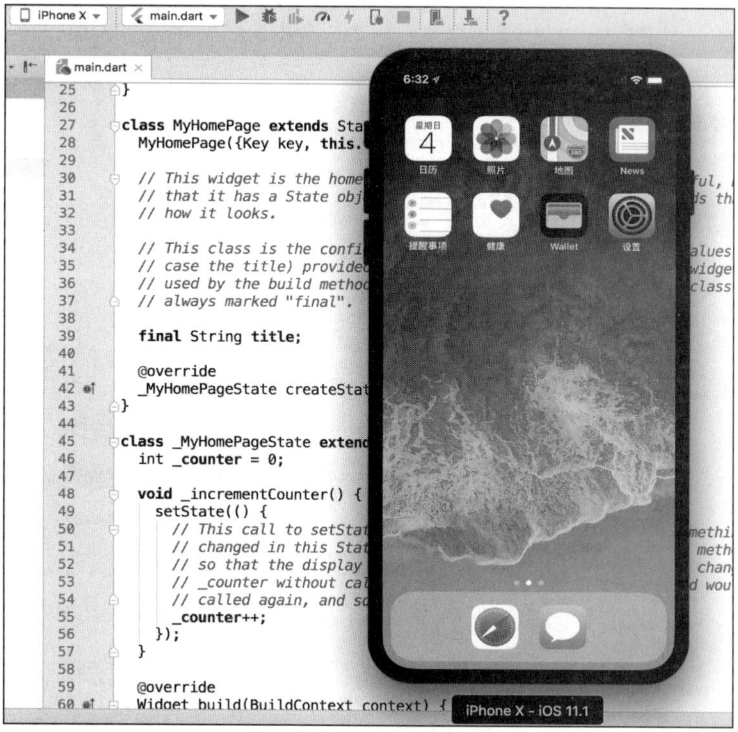

图 1-26　模拟器启动完成图

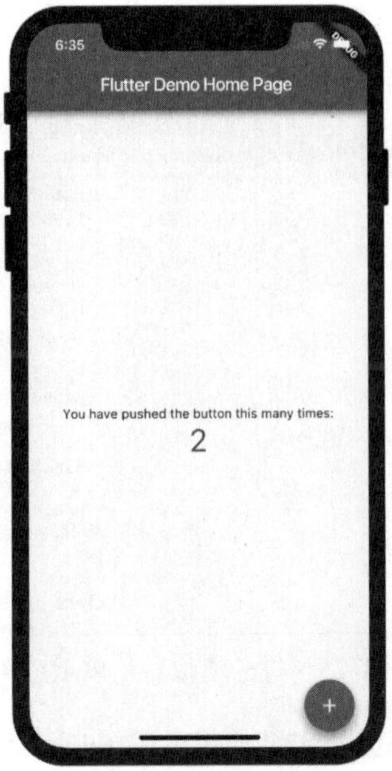

图 1-27　官方示例运行效果图

步骤 8　接下来我们打开工程目录下的 main.dart 文件，清空 main.dart 代码，如图 1-28 箭头所指。

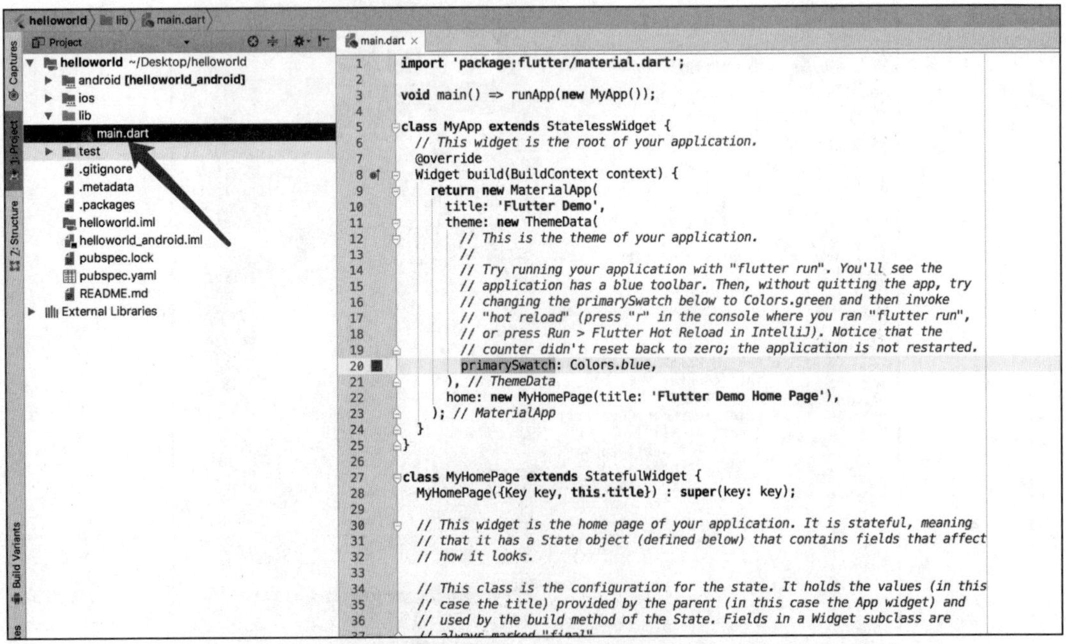

图 1-28　打开 main.dart 文件

步骤 9　把 Hello World 代码粘贴至 main.dart 文件，完整代码如下所示：

```
import 'package:flutter/material.dart';

void main() => runApp(MyApp());

class MyApp extends StatelessWidget {
  @override
  Widget build(BuildContext context) {
    return MaterialApp(
      title: 'Welcome to Flutter',
      home: Scaffold(
        appBar: AppBar(
          title: Text('Welcome to Flutter'),
        ),
        body: Center(
          child: Text('Hello World'),
        ),
      ),
    );
  }
}
```

图 1-29　Hello World 运行效果图

步骤 10　重新运行此程序，标题栏显示 Welcome to Flutter，页面中间显示 Hello World。这样，第一个 Flutter 程序就运行出来啦，如图 1-29 所示。

Chapter 2 第 2 章

Flutter 基础知识

在创建了第一个 Flutter 程序后，我们还需要继续补充 Flutter 的基础知识。在后面的章节中讲解组件、布局、动画、装饰等时都需要用到这些基础知识。

本章将围绕以下几个知识点展开：

- 入口程序
- Material Design
- Flutter 主题
- Key 的概念
- 使用包资源
- 状态管理
- Http 请求

2.1 入口程序

每一个 Flutter 项目的 /lib 目录下都有一个 main.dart 文件，打开该文件，里面应该有一个 main() 函数。Flutter 使用 Dart 语言开发，而在 Dart 语言中，main() 函数是 Dart 程序的入口，也就是说，Flutter 程序在运行的时候，第一个执行的函数就是 main() 函数，如下面的代码所示：

```
void main() => runApp(Widget app);
```

如果你是第一次接触 Dart 语言，可能会对上面的语法感到陌生，这是 Dart 语言特有的速写形式，将其展开后，完整代码如下所示：

```
void main() {
  return runApp(Widget app);
}
```

从上面的代码中可以看到，main() 函数中只调用 runApp() 函数，使用 runApp() 函数可以将给定的根组件填满整个屏幕。你可能会有疑问，为什么一定要使用 runApp() 函数？如果不调用 runApp() 函数，项目也可以正常执行，但是屏幕上什么都不会显示。Flutter 是 Dart 语言的移动应用框架，runApp() 函数就是 Flutter 框架的入口，如果不调用 runApp() 函数，那么执行的就是一个 Dart 控制台应用。更多关于 Dart 语言的细节会在第 3 章中专门讲解。

2.2 Material Design 设计风格

每一个 .dart 文件的第一行几乎都会导入 flutter/material.dart 包，这个包是 Flutter 实现 Material Design 设计风格的基础包，里面有文本输入框（Text）、图标（Icon）、图片（Image）、行排列布局（Row）、列排列布局（Column）、Decoration（装饰器）、动画等组件，可以将它们理解为网页中的按钮、标题、选项框等组件库。第一行代码如下所示：

```
import 'package:flutter/material.dart';
```

那么 Material Design 又是什么呢？是谷歌推出的一套视觉设计语言。比如有的 App 可以换皮肤，而每一套皮肤就是一种设计语言，有古典风、炫酷风、极简风，等等，而 Material Design 就是谷歌风。Flutter 采用的就是 Material Design 风格。

2.3 Flutter 主题

为了在整个应用中使用同一套颜色和字体样式，可以使用“主题”这种方式。定义主题有两种方式：全局主题，或使用 Theme 来定义应用程序局部的颜色和字体样式。事实上，全局主题只是由应用程序根 MaterialApp 创建的主题。

定义一个主题后，就可以在我们自己的 Widget 中使用它，Flutter 提供的 Material Widgets 将使用主题为 AppBars、Buttons、Checkboxes 等设置背景颜色和字体样式。

2.3.1 创建应用主题

创建主题的方法是将 ThemeData 提供给 MaterialApp 构造函数，这样就可以在整个应用程序中共享包含颜色和字体样式的主题。ThemeData 的主要属性如表 2-1 所示。

表 2-1 ThemeData 属性及描述

属性名	类型	说明
accentColor	Color	前景色（文本、按钮等）
accentColorBrightness	Brightness	accentColor 的亮度。用于确定突出颜色的文本和图标的颜色（例如 FloatingButton 上的图标）

（续）

属性名	类型	说明
accentIconTheme	IconThemeData	与突出颜色对比的图标主题
accentTextTheme	TextTheme	与突出颜色对比的文本主题
backgroundColor	Color	与 primaryColor 对比的颜色（例如，用作进度条的剩余部分）
bottomAppBarColor	Color	BottomAppBar 的默认颜色
brightness	Brightness	应用程序整体主题的亮度。由按钮等 Widget 使用，以确定在不使用主色或强调色时要选择的颜色
buttonColor	Color	Material 中 RaisedButtons 使用的默认填充色
buttonTheme	ButtonThemeData	按钮等控件的默认配置，如 RaisedButton 和 FlatButton
canvasColor	Color	MaterialType.canvas Material 的默认颜色
cardColor	Color	Card 的颜色
chipTheme	ChipThemeData	用于渲染 Chip 的颜色和样式
dialogBackgroundColor	Color	Dialog 元素的背景色
disabledColor	Color	用于 Widget 无效的颜色，包括任何状态。例如禁用复选框
dividerColor	Color	Dividers 和 PopupMenuDividers 的颜色，也用于 ListTiles 中间和 DataTables 的每行中间
errorColor	Color	用于输入验证错误的颜色，例如在 TextField 中
hashCode	int	对象的哈希值
highlightColor	Color	用于动画或指示菜单被选中的高亮颜色
iconTheme	IconThemeData	图标主题，图标的默认配置
indicatorColor	Color	选项选中的指示器颜色
inputDecorationTheme	InputDecorationTheme	InputDecorator、TextField 和 TextFormField 的默认 InputDecoration 值基于此主题
platform	TargetPlatform	Widget 需要适配的目标类型
primaryColor	Color	App 主要部分的背景色（ToolBar、Tabbar 等）
primaryColorBrightness	Brightness	primaryColor 的亮度
primaryColorDark	Color	primaryColor 的较暗版本
primaryColorLight	Color	primaryColor 的较亮版本
primaryIconTheme	IconThemeData	与主色对比的图标主题
primaryTextTheme	TextThemeData	与主色对比的文本主题
scaffoldBackgroundColor	Color	作为 Scaffold 基础的 Material 默认颜色，典型 Material 应用或应用内页面的背景颜色
secondaryHeaderColor	Color	有选定行时 PaginatedDataTable 标题的颜色
selectedRowColor	Color	选中行时的高亮颜色
sliderTheme	SliderThemeData	用于渲染 Slider 的颜色和形状
splashColor	Color	动画的颜色
splashFactory	InteractiveInkFeatureFactory	定义 InkWall 和 InkResponse 生成的动画的外观
textSelectionColor	Color	文本字段中选中文本的颜色，例如 TextField
textSelectionHandleColor	Color	用于调整当前文本中指定部分的颜色

（续）

属性名	类型	说明
textTheme	TextTheme	与卡片和画布对比的文本颜色
toggleableActiveColor	Color	用于突出显示切换 Widget（如 Switch、Radio 和 Checkbox）的活动状态的颜色
unselectedWidgetColor	Color	用于 Widget 处于非活动（但已启用）状态的颜色。例如，未选中的复选框。通常与 accentColor 形成对比
runtimeType	Type	表示对象的运行时类型

如果没有提供主题，Flutter 将创建一个默认主题。主题数据的示例代码如下：

```
MaterialApp(
  title: title,
  theme: ThemeData(
    brightness: Brightness.dark,
    primaryColor: Colors.lightBlue[800],
    accentColor: Colors.cyan[600],
  ),
);
```

2.3.2　局部主题

如果我们想在应用程序的某一部分使用特殊的颜色，那么就需要覆盖全局的主题。有两种方法可以解决这个问题：创建特有的主题数据或扩展父主题。

1. 创建特有的主题数据

实例化一个 ThemeData 并将其传递给 Theme 对象，代码如下：

```
Theme(
  //创建一个特有的主题数据
  data: ThemeData(
    accentColor: Colors.yellow,
  ),
  child: FloatingActionButton(
    onPressed: () {},
    child: Icon(Icons.add),
  ),
);
```

2. 扩展父主题

扩展父主题时无须覆盖所有的主题属性，我们可以使用 copyWith 方法来实现，代码如下：

```
Theme(
  //覆盖 accentColor 为 Colors.yellow
  data: Theme.of(context).copyWith(accentColor: Colors.yellow),
  child: FloatingActionButton(
    onPressed: null,
    child: Icon(Icons.add),
  ),
);
```

2.3.3 使用主题

主题定义好后就可以使用了。首先，通过函数 Theme.of(context) 来获取主题，方法是查找最近的主题，如果找不到就会找整个应用的主题。

下面来看一个简单的示例——将应用的主题颜色定义为绿色，在界面中间再加一个带有背景色的文本。

完整的示例代码如下所示：

```
import 'package:flutter/foundation.dart';
import 'package:flutter/material.dart';

void main() {
  runApp(MyApp());
}

class MyApp extends StatelessWidget {
  @override
  Widget build(BuildContext context) {
    final appName = '自定义主题';

    return MaterialApp(
      title: appName,
      //主题配置
      theme: ThemeData(
        //应用程序整体主题的亮度
        brightness: Brightness.light,
        //App 主要部分的背景色
        primaryColor: Colors.lightGreen[600],
        //前景色（文本、按钮等）
        accentColor: Colors.orange[600],
      ),
      home: MyHomePage(
        title: appName,
      ),
    );
  }
}

class MyHomePage extends StatelessWidget {
  //标题
  final String title;
  //接收 title 值 key 为 widget 的唯一标识
  MyHomePage({Key key, @required this.title}) : super(key: key);

  @override
  Widget build(BuildContext context) {
    return Scaffold(
      appBar: AppBar(
        title: Text(title),
      ),
      body: Center(
        child: Container(
          //获取主题的 accentColor
```

```
            color: Theme.of(context).accentColor,
            child: Text(
              '带有背景颜色的文本组件',
              //获取主题的文本样式
              style: Theme.of(context).textTheme.title,
            ),
          ),
        ),
        floatingActionButton: Theme(
          //使用 copyWith 的方式获取 accentColor
          data: Theme.of(context).copyWith(accentColor: Colors.grey),
          child: FloatingActionButton(
            onPressed: null,
            child: Icon(Icons.computer),
          ),
        ),
      );
    }
  }
```

这里我们第一次用到了 Key。Flutter 里 Key 是每一个 Widget 的唯一身份标识，它是在组件创建及渲染时生成的。上面的代码把 Key 作为参数传入 Widgth 中，则此 Widget 会根据指定的名字生成 Key，Key 是一个可选参数。

Flutter 是受 React 启发的，参考了 Virtual Dom（虚拟 Dom）的 Diff 算法。在 Diff 的过程中，如果节点有 Key 进行比对，则能够最大限度重用已有的节点（特别是在有列表渲染的场景中）。总之，这里我们可以知道 Key 能够提高性能，所以每个 Widget 都会构建方法，也都会有一个 Key 参数可选，贯穿着整个框架。Key 派生出 Localkey 和 Globalkey，二者的用途如下所示：

- ❑ Localkey：直接继承自 Key，它应用于拥有相同父 Element 的组件进行比较的情况。Localkey 派生出了许多子类，如 ValueKey、ObjectKey、UniqueKey。
- ❑ GlobalKey：可以通过 GlobalKey 找到持有该 GlobalKey 的 Widget、State 和 Element。注意，GlobalKey 是非常昂贵的，需要谨慎使用。

自定义主题的效果如图 2-1 所示。

图 2-1　自定义主题效果

2.4　使用包资源

Flutter 包类似于 Java 语言里的 jar 包，由全球众多开发者共同提供第三方库，例如网络请求（http）、自定义导航 / 路由处理（fluro）、集成设备 API（如 url_launcher & battery）以及第三方平台 SDK（如 Firebase）等。这使得开发者可以快速构建应用程序，而无须重新创建。

1. 包仓库

所有包（package）都会发布到 Dart 的包仓库里，如图 2-2 所示，输入想使用的包后点击搜索按钮即可。

提示 包仓库地址为 https://pub.dartlang.org。

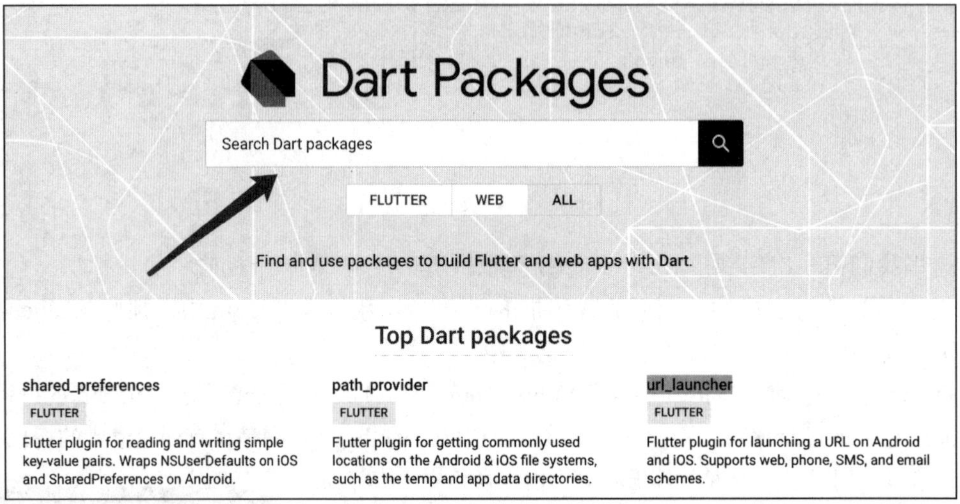

图 2-2　Dart 包仓库

2. 包使用示例

接下来使用 url_launcher 这个包来详解讲解第三方包的使用，步骤如下。

步骤 1　打开 pubspec.yaml 文件，在 dependencies 下添加包的名称及版本，参见图 2-3 中箭头指向的内容。

步骤 2　点击 Packages get 获取工程配置文件中所添加的引用包，或者打开命令行窗口执行 flutter packages get 命令，如图 2-4 所示。

注意 在更新包资源的过程中注意观察控制台消息，可能有版本错误、网络问题，这些都会导致更新失败。

步骤 3　打开 main.dart 文件，导入 url_launcher.dart 包：

```
import 'package:url_launcher/url_launcher.dart';
```

步骤 4　这时就可以使用 launch 方法来打开 url 地址了：

```
const url = 'https://www.baidu.com';
launch(url);
```

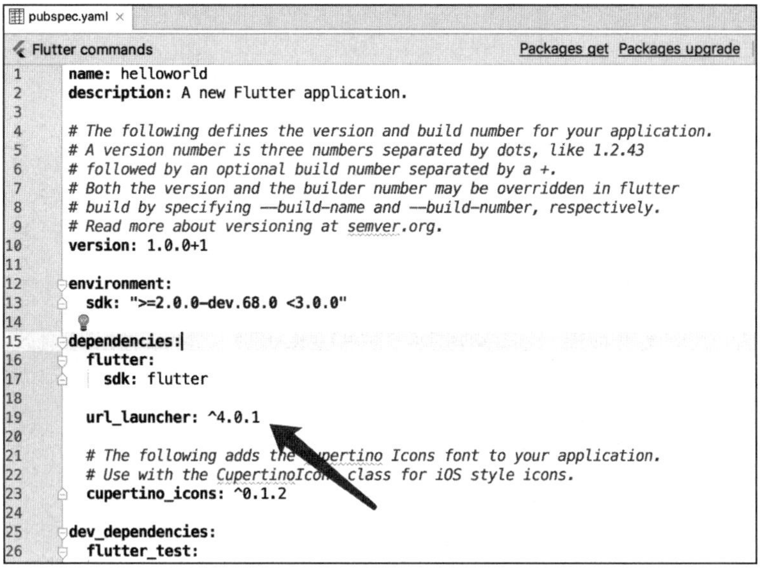

图 2-3　添加 url_launcher 包

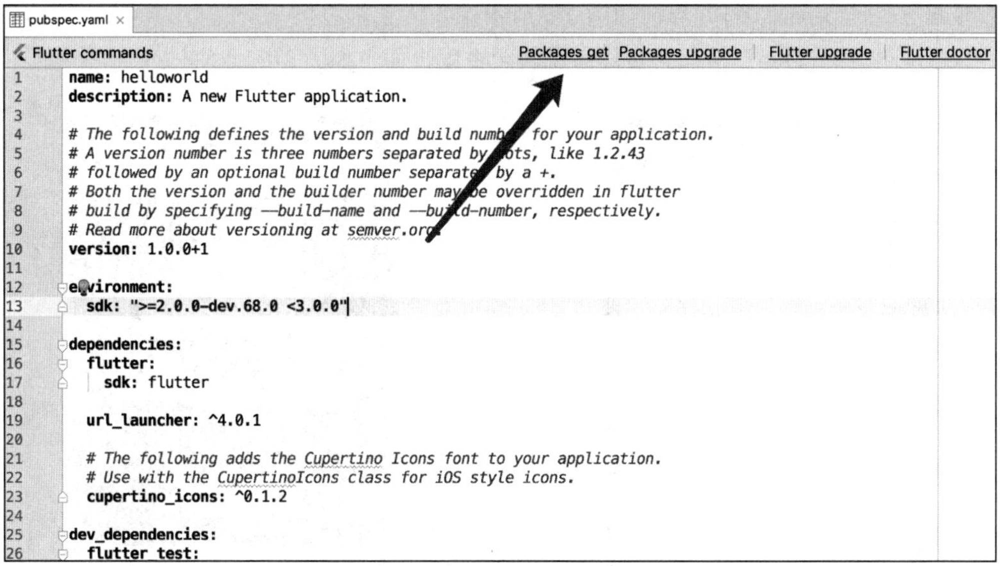

图 2-4　执行 Packages get 命令

完整的 main.dart 代码如下所示：

```
import 'package:flutter/material.dart';
import 'package:url_launcher/url_launcher.dart';

void main() => runApp(MyApp());

class MyApp extends StatelessWidget {
```

```
  @override
  Widget build(BuildContext context) {
    return MaterialApp(
      title: '使用第三方包示例',
      home: Scaffold(
        appBar: AppBar(
          title: Text('使用第三方包示例'),
        ),
        body: Center(
          child: RaisedButton(
            onPressed: () {
              //指定url并发起请求
              const url = 'https://www.github.com';
              //调用url_launcher包里的launch方法
              launch(url);
            },
            child: Text('打开GitHub'),
          ),
        ),
      ),
    );
  }
}
```

步骤 5 启动示例，打开界面如图 2-5 所示。

点击“打开 GitHub”按钮，页面会跳转至百度页面，如图 2-6 所示。

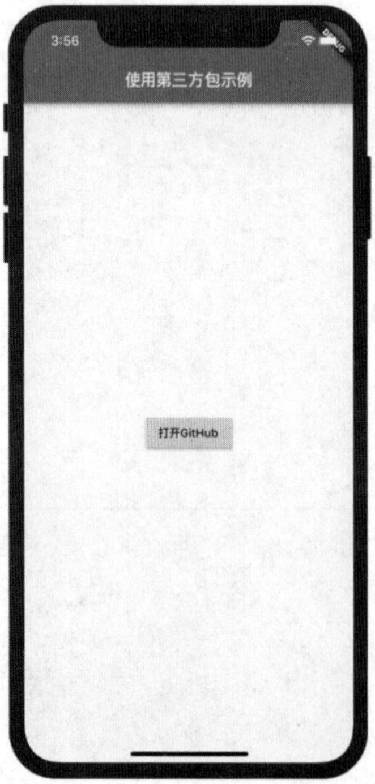

图 2-5 使用第三方包示例初始界面

图 2-6 打开 GitHub 页面效果图

2.5 状态管理

第 1 章中介绍了什么是状态，Provider 是官方推出的状态管理模式，本节将具体介绍 Flutter 的状态管理。

2.5.1 有状态及无状态组件

无状态组件（StatelessWidget）是不可变的，这意味着它们的属性不能改变，所有的值都是最终的。

有状态组件（StatefulWidget）持有的状态可能在 Widget 生命周期中发生变化。实现一个 StatefulWidget 至少需要两个类：

- StatefulWidget 类，本身是不变的。
- State 类，在 Widget 生命周期中始终存在。

Flutter 官方给出一个有状态组件的示例，点击右下角的 + 按钮，应用界面中间的数字会加 1，如图 2-7 所示。

图 2-7　Flutter 官方默认示例

这个示例有几个关键的部分，解析如下。示例代码中 MyHomePage 必须继承自 StatefulWidget 类，如下所示：

```
class MyHomePage extends StatefulWidget
```

重写 createState 方法，如下所示：

```
@override
MyHomePageState createState() => _MyHomePageState();
```

状态类必须继承自 State 类，如下所示：

```
class _MyHomePageState extends State<MyHomePage>
```

定义一个普通变量 _counter 作为计数器变量，调用 setState 方法来控制这个变量的值的变化，如下所示：

```
int _counter = 0;

void _incrementCounter() {
  setState(() {
    //计数器变量
    _counter++;
  });
}
```

完整的示例代码如下所示：

```
import 'package:flutter/material.dart';

void main() => runApp(MyApp());

//MyApp 不需要做状态处理，所以此组件继承 StatelessWidget 即可
class MyApp extends StatelessWidget {
```

```
  //这个组件是整个应用的主组件
  @override
  Widget build(BuildContext context) {
    return MaterialApp(
      title: 'Flutter 示例',
      theme: ThemeData(
        //自定义主题
        primarySwatch: Colors.blue,
      ),
      home: MyHomePage(title: '无状态和有状态组件示例'),
    );
  }
}

//主页需要继承自 StatefulWidget
class MyHomePage extends StatefulWidget {
  MyHomePage({Key key, this.title}) : super(key: key);

  //标题
  final String title;

  //必须重写 createState 方法
  @override
  _MyHomePageState createState() => _MyHomePageState();
}
//状态类必须继承 State 类，注意后面需要指定为 <MyHomePage>
class _MyHomePageState extends State<MyHomePage> {
  int _counter = 0; //计数器

  void _incrementCounter() {
    //调用 State 类里的 setState 方法来更改状态值，使得计数器加 1
    setState(() {
      //计数器变量，每次点击让其加 1
      _counter++;
    });
  }

  @override
  Widget build(BuildContext context) {

    return Scaffold(
      appBar: AppBar(
        title: Text(widget.title),
      ),
      //居中布局
      body: Center(

        //垂直布局
        child: Column(
        //主轴居中对齐
          mainAxisAlignment: MainAxisAlignment.center,
          children: <Widget>[
            Text(
              '你点击右下角按钮的次数:',
            ),
            Text(
              '$_counter',              //绑定计数器的值
```

```
              style: Theme.of(context).textTheme.display1,
            ),
          ],
        ),
      ),
      floatingActionButton: FloatingActionButton(
        onPressed: _incrementCounter, //点击 + 按钮调用自增函数
        tooltip: '增加',
        child: Icon(Icons.add),
      ),
    );
  }
}
```

2.5.2 Provider 的使用

当我们的应用足够简单时，你可能并不需要状态管理。但是随着功能的增加，应用程序将会有几十个甚至上百个状态，你的应用状态变得难以维护。Flutter 实际上在一开始就为我们提供了一种状态管理方式，那就是 StatefulWidget。但是我们很快发现，它正是造成上述问题的“罪魁祸首”。这时候，我们便迫切需要一个架构来帮助我们厘清这些关系，状态管理框架应运而生。

Provider 顾名思义即为提供者，用于提供数据，无论是在单个页面还是在整个应用中都有它自己的解决方案，可以很方便地管理状态。

这里我们以计数器为例来详细讲解 Provider 的使用方法。步骤如下所示。

步骤 1 在工具目录下的 pubspec.yaml 文件中添加 Provider 的依赖。

步骤 2 创建数据 Model，这里的 Model 实际上就是我们的状态，它不仅存储了我们的数据模型，还包含了更改数据的方法，并暴露出它想要暴露出的数据，如下所示：

```
class Counter with ChangeNotifier {

  //存储数据
  int _count = 0;
  //提供外部能够访问的数据
  int get count => _count;

  //提供更改数据的方法
  void increment(){
    _count++;
    //通知所有听众进行刷新
    notifyListeners();
  }
}
```

我们要存储的数据即为 _count，下划线代表私有。通过 get 把 _count 值暴露出来。并提供 increment 方法用于更改数据。

这里使用了 mixin 的方式混入了 ChangeNotifier，这个类能够帮助我们自动管理所有听众。当调用 notifyListeners 时，它会通知所有听众进行刷新。

步骤 3 创建顶层共享数据。这里使用 MultiProvider 可以创建多个共享数据，因为实际的应用不可能只有一个数据模型，代码如下：

```
class MyApp extends StatelessWidget {
  @override
  Widget build(BuildContext context) {
    //使用 MultiProvider 可以创建多个顶层共享数据
    return MultiProvider(
      providers: [
        ChangeNotifierProvider(builder: (_) => Counter()),
      ],
      child: MaterialApp(
        //首页
      ),
    );
  }
}
```

步骤 4 在子页面中获取状态，在这里我们分别编写了 FirstPage 及 SecondPage。获取顶层数据的方法就是 Provider.of<T>(context)，这里的范型 <T> 指定为 Counter。获取 Counter 里的值的代码如下所示：

```
Provider.of<Counter>(context).count
```

在两个页面中均添加以上代码用于获取 Counter 的值。同时两个页面也可以改变 Counter 的值，使用方法如下所示：

```
Provider.of<Counter>(context).increment();
```

上述两个页面的增加值的操作是同步的。当在 FirstPage 页面中点击增加值后，跳转至 SecondPage 页面时显示的值相同，反之，当在 SecondRage 中点击增加值后，跳转至 FirstPage 页面时显示的值相同，如图 2-8 所示。

图 2-8 Provider 运行示例

从执行的结果来看，第一个页面和第二个页面的数据得到了共享，改变其中一个页面的值会同时影响另一个页面。完整的代码如下所示：

```
import 'package:flutter/material.dart';
import 'package:provider/provider.dart';

main() {
  runApp(MyApp(),);
}

class MyApp extends StatelessWidget {
  @override
  Widget build(BuildContext context) {
    // 使用 MultiProvider 可以创建多个顶层共享数据
    return MultiProvider(
      providers: [
        ChangeNotifierProvider(builder: (_) => Counter()),
      ],
      child: MaterialApp(
        title: "Provider 示例 ",
        home: FirstPage(),
      ),
    );
  }
}

// 第一个页面
class FirstPage extends StatelessWidget {
  @override
  Widget build(BuildContext context) {
    return Scaffold(
      appBar: AppBar(
        title: Text(" 第一个页面 "),
        actions: <Widget>[
          FlatButton(
            child: Text(" 下一页 "),
            // 路由跳转至第二页
            onPressed: () =>
                Navigator.push(context, MaterialPageRoute(builder: (context) {
                  return SecondPage();
                })),
          ),
        ],
      ),
      body: Center(
        // 获取计数器中的 count 值
        child: Text("${Provider.of<Counter>(context).count}"),
      ),
      floatingActionButton: FloatingActionButton(
        onPressed: () {
          // 调用数据模型中的 increment 方法更改数据
          Provider.of<Counter>(context).increment();
        },
        child: Icon(Icons.add),
```

```
      ),
    );
  }
}

//第二个页面
class SecondPage extends StatelessWidget {
  @override
  Widget build(BuildContext context){
    return Scaffold(
      appBar: AppBar(
        title: Text("第二个页面"),
      ),
      body: Center(
        //获取计数器中的 count 值
        child: Text("${Provider.of<Counter>(context).count}"),
      ),
      floatingActionButton: FloatingActionButton(
        onPressed: () {
          //调用数据模型中的 increment 方法更改数据
          Provider.of<Counter>(context).increment();
        },
        child: Icon(Icons.add),
      ),
    );
  }
}

/**
 * 计数器类 Counter 即为数据 Model，实际上就是状态。
 * Counter 不仅存储了数据，还包含了更改数据的方法，并暴露相关数据。
 * 使用 mixin 混入 ChangeNotifier 类，这个类能够自动管理所有听众。
 * 当调用 notifyListeners 时，它会通知所有听众进行刷新
 */
class Counter with ChangeNotifier {

  //存储数据
  int _count = 0;
  //提供外部能够访问的数据
  int get count => _count;

  //提供更改数据的方法
  void increment(){
    _count++;
    //通知所有听众进行刷新
    notifyListeners();
  }
}
```

2.6 HTTP 请求

HTTP 通常用于前后端的数据交互协议。Flutter 请求网络有以下几种方式：

- HTTP

❑ HttpClient

❑ Dio

运行本节的示例，需要首先启动后端Node测试程序，进入flutter_node_server程序，执行npm start命令启动程序。使用Node程序需要在本机安装Node环境，Node可到网址https://nodejs.org/zh-cn/下载。后端Node测试程序请查看本书随书源码。

2.6.1　HTTP请求方式

在使用HTTP方式请求网络时，首先需要在pubspec.yaml里加入http库，然后在示例程序里导入HTTP包。如下所示：

```
import 'package:http/http.dart' as http;
```

请看下面的完整示例代码，示例中发起了一个HTTP的get请求，并将返回的结果信息打印到控制台里：

```
import 'package:flutter/material.dart';
import 'package:http/http.dart' as http;

void main() => runApp(MyApp());

class MyApp extends StatelessWidget {
  @override
  Widget build(BuildContext context) {
    return MaterialApp(
      title: 'http 请求示例',
      home: Scaffold(
        appBar: AppBar(
          title: Text('http 请求示例'),
        ),
        body: Center(
          child: RaisedButton(
            onPressed: () {
              //请求后台 url 路径 (IP + PORT + 请求接口)
              var url = 'http://127.0.0.1:3000/getHttpData';
              //向后台发起 get 请求 response 为返回对象
              http.get(url).then((response) {
                print("状态: ${response.statusCode}");
                print("正文: ${response.body}");
              });
            },
            child: Text('发起 http 请求'),
          ),
        ),
      ),
    );
  }
}
```

请求界面如图2-9所示。

图2-9　HTTP请求示例效果图

点击“发起 http 请求”按钮，程序开始请求指定的 url，如果服务器正常返回数据，则状态码为 200。控制台输出内容如下：

```
flutter: 状态: 200
flutter: 正文: {"code":"0","message":"success","data":[{"name":" 张三 "},{"name":
" 李四 "},{"name":" 王五 "}]}
```

注意 服务器返回状态 200，同时返回正文。正文为后台返回的 Json 数据。后端测试程序由 Node 编写，确保本地环境安装有 Node 即可。

2.6.2 HttpClient 请求方式

在使用 HttpClient 方式请求网络时，需要导入 io 及 convert 包，如下所示：

```
import 'dart:convert';
import 'dart:io';
```

请看下面的完整示例代码，示例中使用 HttpClient 请求了一条天气数据，并将返回的结果信息打印到控制台里。具体请求步骤参见代码注释。

```
import 'package:flutter/material.dart';
import 'dart:convert';
import 'dart:io';

void main() => runApp(MyApp());

class MyApp extends StatelessWidget {

  // 获取数据，此方法需要异步执行 async/await
  void getHttpClientData() async {
    try {
      // 实例化一个 HttpClient 对象
      HttpClient httpClient = HttpClient();

      // 发起请求 (IP + PORT + 请求接口 )
      HttpClientRequest request = await httpClient.getUrl(
          Uri.parse("http://127.0.0.1:3000/getHttpClientData"));

      // 等待服务器返回数据
      HttpClientResponse response = await request.close();

      // 使用 utf8.decoder 从 response 里解析数据
      var result = await response.transform(utf8.decoder).join();
      // 输出响应头
      print(result);

      //httpClient 关闭
      httpClient.close();

    } catch (e) {
      print(" 请求失败: $e");
```

```
    } finally {

    }
  }

  @override
  Widget build(BuildContext context) {
    return MaterialApp(
      title: 'HttpClient 请求 ',
      home: Scaffold(
        appBar: AppBar(
          title: Text('HttpClient 请求 '),
        ),
        body: Center(
          child: RaisedButton(
            child: Text(" 发起 HttpClient 请求 "),
            onPressed: getHttpClientData,
          ),
        ),
      ),
    );
  }
}
```

图 2-10　HttpClient 请求示例效果图

请求界面如图 2-10 所示。

点击“发起 HttpClient 请求”按钮，程序开始请求指定的 url，如果服务器正常返回数据，则状态码为 200。控制台输出内容如下：

```
flutter: {"code":"0","message":"success","data":[{"name":" 张三 ","sex":" 男 ","age":"20"},{"name":" 李四 ","sex":" 男 ","age":"30"},{"name":" 王五 ","sex":" 男 ","age":"28"}]}
```

注意　返回的数据是 Json 格式，所以后续还需要做 Json 处理。另外还需要使用 utf8.decoder 从 response 里解析数据。

2.6.3　Dio 请求方式

Dio 是一个强大的 Dart Http 请求库，支持 Restful API、FormData、拦截器、请求取消、Cookie 管理、文件上传 / 下载、超时、自定义适配器等。

接下来是一个获取商品列表数据的示例，使用 Dio 向后台发起 Post 请求，同时传入店铺 Id 参数，服务端接收参数并返回商品列表详细数据，前端接收并解析 Json 数据，然后将 Json 数据转换成数据模型，最后使用列表渲染数据。具体步骤如下所示：

步骤 1　打开 pubspec.yaml 文件，添加 Dio 库。

步骤 2　在工程 lib 目录创建如下目录及文件：

```
.
├── main.dart // 主程序
├── model      // 数据模型层
```

```
│     └─── good_list_model.dart //商品列表模型
├─── pages      //视图层
│     └─── good_list_page.dart  //商品列表页面
└─── service   //服务层
     └─── http_service.dart     //http 请求服务
```

步骤 3 打开 main.dart 文件，编写应用入口程序，在 Scaffold 的 body 中添加商品列表页面组件 GoodListPage，代码如下所示：

```
import 'package:flutter/material.dart';
import 'pages/good_list_page.dart';

void main() => runApp(MyApp());

class MyApp extends StatelessWidget {

  @override
  Widget build(BuildContext context) {
    return MaterialApp(
      title: 'Dio 请求 ',
      home: Scaffold(
        appBar: AppBar(
          title: Text('Dio 请求 '),
        ),
        body: GoodListPage(),
      ),
    );
  }
}
```

步骤 4 打开 http_service.dart 文件，添加 request 方法。方法传入 url 及请求参数，创建 Dio 对象，调用其 post 方法发起 Post 请求。请求返回对象为 Response，根据其状态码判断是否返回成功，如果 statusCode 为 200 则表示数据返回成功，代码如下所示：

```
import 'dart:io';
import 'package:dio/dio.dart';
import 'dart:async';

//Dio 请求方法封装
Future request(url, {formData}) async {
  try {
    Response response;
    Dio dio = Dio();
    dio.options.contentType = ContentType.parse('application/x-www-form-urlencoded');

    //发起 POST 请求，传入 url 及表单参数
    response = await dio.post(url, data: formData);
    //成功返回
    if (response.statusCode == 200) {
      return response;
    } else {
      throw Exception(' 后端接口异常，请检查测试代码和服务器运行情况 ...');
    }
```

```
  } catch (e) {
    return print('error:::${e}');
  }
}
```

步骤 5 打开 good_list_model.dart 文件编写商品列表数据模型，数据模型字段是根据前后端协商定义的。数据模型类里主要完成了由 Json 转换成 Model 及由 Model 转换成 Json 两个功能，代码如下所示：

```
//商品列表数据模型
class GoodListModel{
  //状态码
  String code;
  //状态信息
  String message;
  //商品列表数据
  List<GoodModel> data;

  //构造方法，初始化时传入空数组 [] 即可
  GoodListModel(this.data);

  //通过传入 Json 数据转换成数据模型
  GoodListModel.fromJson(Map<String,dynamic> json){
    code = json['code'];
    message = json['message'];
    if(json['data'] != null){
      data = List<GoodModel>();
      //循环迭代 Json 数据并将其每一项数据转换成 GoodModel
      json['data'].forEach((v){
        data.add(GoodModel.fromJson(v));
      });
    }
  }

  //将数据模型转换成 Json
  Map<String,dynamic> toJson(){
    final Map<String,dynamic> data = Map<String,dynamic>();
    data['code'] = this.code;
    data['message'] = this.message;
    if(this.data != null){
      data['data'] = this.data.map((v) => v.toJson()).toList();
    }
    return data;
  }

}

//商品信息模型
class GoodModel{
  //商品图片
  String image;
  //原价
  int oriPrice;
  //现有价格
```

```
  int presentPrice;
  // 商品名称
  String name;
  // 商品 Id
  String goodsId;

  // 构造方法
  GoodModel({this.image,this.oriPrice,this.presentPrice,this.name,this.goodsId});

  // 通过传入 Json 数据转换成数据模型
  GoodModel.fromJson(Map<String,dynamic> json){
    image = json['image'];
    oriPrice = json['oriPrice'];
    presentPrice = json['presentPrice'];
    name = json['name'];
    goodsId = json['goodsId'];

  }

  // 将数据模型转换成 Json
  Map<String,dynamic> toJson(){
    final Map<String,dynamic> data = new Map<String,dynamic>();
    data['image'] = this.image;
    data['oriPrice'] = this.oriPrice;
    data['presentPrice'] = this.presentPrice;
    data['name'] = this.name;
    data['goodsId'] = this.goodsId;
    return data;
  }

}
```

注意 数据模型中的字段一定要和后端返回的字段一一对应，否则会导致数据转换失败。

步骤 6 编写商品列表界面。打开 good_list_page.dart 文件，添加 GoodListPage 组件，此组件需要继承 StatefulWidget 有状态组件。在 initState 初始化状态方法里添加请求商品数据方法 getGoods，在 getGoods 方法里调用 request 方法，传入 url 及店铺 Id 参数。接着发起 Post 请求，后端返回 Json 数据，然后使用 GoodListModel.fromJson 方法将 Json 数据转换成数据模型，此时表示数据获取并转换成功。接下来一定要设置当前商品列表状态值以完成界面的刷新处理。最后在界面中添加 List 组件完成数据的渲染功能。处理细节请参见如下代码：

```
import 'package:flutter/material.dart';
import 'dart:convert';
import '../model/good_list_model.dart';
import '../service/http_service.dart';

// 商品列表页面
class GoodListPage extends StatefulWidget {
  _GoodListPageState createState() => _GoodListPageState();
```

```
}

class _GoodListPageState extends State<GoodListPage> {
  //初始化数据模型
  GoodListModel goodsList = GoodListModel([]);
  //滚动控制
  var scrollController = ScrollController();

  @override
  void initState() {
    super.initState();
    //获取商品数据
    getGoods();
  }

  //获取商品数据
  void getGoods() async {
    //请求url
    var url = 'http://127.0.0.1:3000/getDioData';
    //请求参数：店铺Id
    var formData = {'shopId': '001'};

    //调用请求方法传入url及表单数据
    await request(url, formData: formData).then((value) {
      //返回数据进行Json解码
      var data = json.decode(value.toString());
      //打印数据
      print('商品列表数据Json格式:::' + data.toString());

      //设置状态刷新数据
      setState(() {
        //将返回的Json数据转换成Model
        goodsList = GoodListModel.fromJson(data);
      });
    });
  }

  //商品列表项
  Widget _ListWidget(List newList, int index) {
    return Container(
      padding: EdgeInsets.only(top: 5.0, bottom: 5.0),
      decoration: BoxDecoration(
          color: Colors.white,
          border: Border(
            bottom: BorderSide(width: 1.0, color: Colors.black12),
          )),
      //水平方向布局
      child: Row(
        children: <Widget>[
          //返回商品图片
          _goodsImage(newList, index),
          SizedBox(
            width: 10,
          ),
          //右侧使用垂直布局
          Column(
```

```
            children: <Widget>[
              _goodsName(newList, index),
              _goodsPrice(newList, index),
            ],
          ),
        ],
      ),
    );
  }

  //商品图片
  Widget _goodsImage(List newList, int index) {
    return Container(
      width: 150,
      height: 150,
      child: Image.network(newList[index].image,fit: BoxFit.fitWidth,),
    );
  }

  //商品名称
  Widget _goodsName(List newList, int index) {
    return Container(
      padding: EdgeInsets.all(5.0),
      width: 200,
      child: Text(
        newList[index].name,
        maxLines: 2,
        overflow: TextOverflow.ellipsis,
        style: TextStyle(fontSize: 18),
      ),
    );
  }

  //商品价格
  Widget _goodsPrice(List newList, int index) {
    return Container(
      margin: EdgeInsets.only(top: 20.0),
      width: 200,
      child: Row(
        children: <Widget>[
          Text(
            '价格：￥${newList[index].presentPrice}',
            style: TextStyle(color: Colors.red),
          ),
          Text(
            '￥${newList[index].oriPrice}',
          ),
        ],
      ),
    );
  }

  @override
  Widget build(BuildContext context) {

    //通过商品列表数组长度判断是否有数据
```

```
    if(goodsList.data.length > 0){
      return ListView.builder(
          //滚动控制器
          controller: scrollController,
          //列表长度
          itemCount: goodsList.data.length,
          //列表项构造器
          itemBuilder: (context, index) {
            //列表项，传入列表数据及索引
            return _ListWidget(goodsList.data, index);
          },
        );
    }
    //商品列表没有数据时返回空容器
    return Container();

  }
}
```

注意 请求数据方法 getGoods 需要放在 initState 里执行，getGoods 需要使用异步处理 async/await。返回的 Json 数据转换成数据模型后一定要调用 setState 方法使得界面进行刷新处理。在列表渲染之前需要判断商品列表长度是否大于 0。

Dio 获取商品数据界面如图 2-11 所示。

图 2-11 Dio 请求示例效果图

当启动Dio请求示例程序，后台返回的数据有商品名称、商品图片路径、商品原价、商品市场价等信息，如下所示：

flutter: 商品列表数据Json格式:::{code: 0, message: success, data: [{name: 苹果 屏幕尺寸: 13.3英寸 处理器: Intel Core i5-8259, image: http://127.0.0.1:3000/images/goods/001/cover.jpg, presentPrice: 13999, goodsId: 001, oriPrice: 15999}, {name: 外星人alienware 全新m15 R2九代酷睿i7六核GTX1660Ti独显144Hz游戏笔记本电脑戴尔DELL15M-R4725, image: http://127.0.0.1:3000/images/goods/002/cover.jpg, presentPrice: 19999, goodsId: 002, oriPrice: 23999}, {name: Dell/戴尔 灵越15(3568) Ins15E-3525独显i5游戏本超薄笔记本电脑, image: http://127.0.0.1:3000/images/goods/003/cover.jpg, presentPrice: 6600, goodsId: 003, oriPrice: 8999}, {name: 联想ThinkPad E480 14英寸超薄轻薄便携官方旗舰店官网正品IBM全新办公用 商务大学生手提笔记本电脑E470新款, image: http://127.0.0.1:3000/images/goods/004/cover.jpg, presentPrice: 5699, goodsId: 004, oriPrice: 7800}, {name: 苹果 屏幕尺寸: 13.3英寸 处理器: Intel Core i<…>

注意 运行此示例，在查看前端控制台信息的同时还需要查看Node端控制台输出的信息，后台会打印启铺的Id。

第 3 章 Chapter 3

Dart 语言简述

在前两章介绍 Flutter 基础知识时，多多少少使用了一些 Dart 语言。作为 Flutter SDK 指定的语言，我们很有必要补充一下 Dart 语言的基础知识，包括它的语法特性、基本语句、面向对象等知识点。

本章将讲解 Dart 语言的知识点：

- ❑ Dart 的重要概念与常用开发库
- ❑ 变量与基本数据类型
- ❑ 函数
- ❑ 运算符
- ❑ 流程控制语句
- ❑ 异常处理
- ❑ 面向对象
- ❑ 泛型
- ❑ 库的使用
- ❑ 异步支持
- ❑ 元数据
- ❑ 注释

3.1 Dart 的重要概念与常用开发库

Dart 诞生于 2011 年 10 月 10 日，谷歌 Dart 语言项目的领导人 Lars Bak 在丹麦举行的

Goto 会议上宣布，Dart 是一种“结构化的 Web 编程”语言，Dart 编程语言在所有现代浏览器和环境中提供高性能。

Dart 虽然是谷歌开发的计算机编程语言，但后来被 ECMA 认定为标准。这门语言用于 Web、服务器、移动应用和物联网等领域的开发，是宽松开源许可证（修改的 BSD 证书）下的开源软件。

Dart 最新的版本是 Dart2，Dart2 是一款高效、简洁、已通过实战检验的语言，能够应对现代应用程序开发的挑战。Dart2 大大加强和精简了类型系统，清理了语法，并重建了大部分开发工具链，使移动和 Web 开发变得更加愉快和高效。Dart2 还融合了包括 Flutter、AdWords 和 AdSense 等工具开发者对该语言早期使用的经验教训，以及针对客户反馈的成千上万大大小小的问题进行了改进。

那么 Flutter 和 Dart 有什么关系？确实有关系。早期的 Flutter 团队评估了十多种语言才选择了 Dart，因为它符合构建用户界面的方式。以下是 Flutter 团队看重的 Dart 语言的部分特性：

- Dart 是 AOT（Ahead Of Time）编译的，编译成快速、可预测的本地代码，使 Flutter 几乎都可以使用 Dart 编写。这不仅使 Flutter 变得更快，而且几乎所有的组件（包括所有的小部件）都可以定制。
- Dart 也可以 JIT（Just In Time）编译，开发周期非常短，工作流颠覆常规（包括 Flutter 流行的亚秒级有状态热重载）。
- Dart 可以更轻松地创建以 60fps 运行的流畅动画和转场。Dart 可以在没有锁的情况下进行对象分配和垃圾回收。就像 JavaScript 一样，Dart 避免了抢占式调度和共享内存（因而也不需要锁）。由于 Flutter 应用程序被编译为本地代码，因此不需要在领域之间建立缓慢的桥梁（例如，JavaScript 到本地代码）。它的启动速度也快得多。
- Dart 使 Flutter 不需要单独的声明式布局语言（如 JSX 或 XML）或单独的可视化界面构建器，因为 Dart 的声明式编程布局易于阅读和可视化。所有的布局使用一种语言，聚集在一处，Flutter 很容易提供高级工具，使布局更简单。
- 开发人员发现 Dart 特别容易学习，因为它具有静态和动态语言用户都熟悉的特性。
- 并非所有这些功能都是 Dart 独有的，但 Dart 将这些功能组合得恰到好处，使 Dart 在实现 Flutter 方面独一无二。因此，没有 Dart，很难想象 Flutter 是否能会像现在这样强大。

当你想创建移动 App、Web App、Command-line 应用时，都可以使用 Dart 语言，如图 3-1 所示。

图 3-1 Dart 支持的平台

Dart 重要的概念如下：

- 所有的东西都是对象，无论是变量、数字、函数等都是对象。所有的对象都是类的实例。所有的对象都继承自内置的 Object 类。这点类似于 Java 语言“一切皆为对象”。
- 在程序中指定数据类型使得程序能够合理地分配内存空间，并帮助编译器进行语法检查。但是，指定类型不是必需的。Dart 语言是弱数据类型。
- Dart 代码在运行前解析。指定数据类型和编译时的常量，可以提高运行速度。
- Dart 程序有统一的程序入口：main()，这一点与 Java、C/C++ 语言相似。
- Dart 没有 public、protected 和 private 的概念。私有特性通过变量或函数加上下划线来表示。
- Dart 的工具可以检查出警告信息（warning）和错误信息（errors）。警告信息只是表明代码可能不工作，但是不会妨碍程序运行。错误信息可能是编译时的错误，也可能是运行时的错误。编译时的错误将阻止程序运行，运行时的错误将会以异常（exception）的方式呈现。
- Dart 支持 anync/await 异步处理。
- 关键字（56 个）如下：abstract，do，import，super，as，dynamic，in，switch，assert，else，interface，sync*，enum，implements，is，this，async*，export，library，throw，await，external，mixin，true，break，extends，new，try，case，factory，null，typedef，catch，false，operator，var，class，final，part，void，const，finally，rethrow，while，continue，for，return，with，covariant，get，set，yield*，default，if，static，deferred。

Dart 语言常用库如表 3-1 所示。

表 3-1 Dart 语言常用库

包名	描述
dart:async	异步编程支持，提供 Future 和 Stream 类
dart:collection	对 dart:core 提供更多的集合支持
dart:convert	不同类型（Json，UTF-8）间的字符编码、解码支持
dart:core	Dart 语言内建的类型、对象以及 Dart 语言核心的功能
dart.html	网页开发用到的库
dart.io	文件读写 I/O 相关操作的库
dart:math	数字常量及函数，提供随机数算法
dart:svg	事件和动画的矢量图像支持

其中如下三个开发库的使用频率最高：

- dart:core：核心库，包括 strings、numbers、collections、errors、dates、URIs 等。
- dart:html：网页开发中 DOM 相关的一些库。
- dart.io：I/O 命令行使用的 I/O 库。

dart:core库是Dart语言初始已经包含的库，其他的任何库在使用前都需要加上import语句。例如，要使用dart:html，可以使用如下命令：

```
import 'dart:html';
```

使用官方提供的pub工具可以安装丰富的第三方库。第三方库的地址为pub.dartlang.org。

3.2 变量与基本数据类型

在Dart里，变量声明使用var关键字，如下所示：

```
var name = '小张';
```

在Dart语言里一切皆为对象，所以如果没有将变量初始化，那么它的默认值为null。下面的示例代码可判断name是否为null：

```
int name;
if(name == null);
```

1. 常量和固定值

常量及固定值在开发中很常见，比如星期一到星期天、一年的12个月，这些数据都可以定义成常量形式。

- 如果定义的变量不会变化，可以使用final或const来指明。const是一个编译时的常量，final的值只能被设定一次，示例如下：

```
final username = '张三'; //定义了一个常量
//username = '李四';      //会引发一个错误
```

第一行代码设置了一个常量，如果第二行进行重新赋值，那么将引发异常。

- 通过对const类型做四则运算将自动得到一个const类型的值。下面的代码会计算圆的面积，得到一个常量：

```
const pi = 3.1415926;
const area = pi * 100 * 100;
```

- 可以通过const来创建常量的值，也就是说const[]本身是构造函数，示例代码如下所示：

```
final stars = const [];
const buttons = const [];
```

2. 基本数据类型

Dart语言常用的基本数据类型包括：Number、String、Boolean、List、Map。

（1）Number类型

Number类型包括如下两类：

- int（整型）。取值范围：$-2^{53} \sim 2^{53}$。
- double（浮点型）。64位长度的浮点型数据，即双精度浮点型。

int 和 double 类型都是 num 类型的子类。int 类型不能包含小数点。num 类型包括的操作有：+、-、*、/ 以及位移操作 >>。num 类型包括的常用方法有：abs、ceil 和 floor。

（2）String 类型

String 类型也就是字符串类型，在开发中大量使用。定义的例子如下所示：

```
var s1 = 'hello world'; //单双引号都可以
```

String 类型可以使用 + 操作，非常方便，具体用法示例如下所示：

```
var s1 = 'hi ';

var s2 = 'flutter';

var s3 = s1 + s2;

print(s3);
```

上面代码打印输出“hi flutter”字符串。

可以使用三个单引号或双引号来定义多行的 String 类型，在 Flutter 中专门用来表示大文本块。示例代码如下所示：

```
var s1 = '''
请注意这是一个用三个单引号包裹起来的字符串，
可以用来添加多行数据。
''';

var s2 = """同样这也是一个用多行数据，
只不过是用双引号包裹起来的。
""";
```

（3）Boolean 类型

Dart 是强 Boolean 类型检查，只有 bool 类型的值是 true 才被认为是 true。有的语言里 0 是 false，大于 0 是 true，在 Dart 语言里则不是，值必须为 true 或者 false。下面的示例代码编译不能正常通过，原因是 sex 变量是一个字符串，不能使用条件判断语句，必须使用 Boolean 类型才可以：

```
var sex = '男';
if (sex) {
  print('你的性别是！' + sex);
}
```

（4）List 类型

在 Dart 语言中，具有一系列相同类型的数据称为 List 对象。Dart 里的 List 对象类似于 JavaScript 语言的数组 Array 对象。定义 List 的例子如下所示：

```
var list = [1, 2, 3];
```

List 对象的第一个元素的索引是 0，最后一个元素的索引是 list.lenght-1，代码如下所示：

```
var list = [1,2,3,4,5,6];
print(list.length);
print(list[list.length - 1]);
```

上面的代码输出长度为 6，最后一个元素值也为 6。

（5）Map 类型

Map 类型将 key 和 value 关联在一起，也就是键值对。像其他支持 Map 的编程语言一样，key 必须是唯一的。

如下代码是 Map 对象的定义，该示例定义了一个关于星期的键值对对象：

```
var week = {
      'Monday' : '星期一',
      'Tuesday': '星期二',
      'Wednesday' : '星期三',
      'Thursday': '星期四',
      'Friday': '星期五',
      'Saturday': '星期六',
      'Sunday': '星期日',
    };
```

也可以使用 Map 对象的构造函数 Map() 来创建 Map 对象，如下所示：

```
var week = new Map();
    week['Monday'] = '星期一';
    week['Tuesday'] = '星期二';
    week['Wednesday'] = '星期三';
    week['Thursday'] = '星期四';
    week['Friday'] = '星期五';
    week['Saturday'] = '星期六';
    week['Sunday'] = '星期日';
```

添加新的键值对，再给 week 添加一个值。注意，其中 0 为键，而不是数组的下标索引：

```
week['0'] = '星期一';
```

检查 key 是否在 Map 对象中：

```
//assert 为断言，当条件为真时将终止程序
assert(week['Monday'] == null);
```

使用 length 来获取键值对的数量，现在我们调用 length，输出长度结果为 8，原因是后面又添加了一个数据，代码如下所示：

```
print(week.length);
```

3.3 函数

Dart 是一个面向对象的语言，所以函数也是对象，属于 Function 对象。函数可以像参数一样传递给其他函数，这样便于做回调处理。

如下示例为判断两个字符串是否相等：

```
// 判断两个字符串是否相等
bool equal(String str1, String str2) {
  return str1 == str2;
}
```

1. 可选参数

将参数使用中括号“[]”括起来，用来表明是可选位置参数。例如，总共传入了三个参数，其中 name 和 sex 是必须传入的参数，from 参数可以不传入，代码如下：

```
// 获取用户信息
String getUserInfo(String name, String sex, [String from]) {
  var info = '$name 的性别是 $sex';
  if (from != null) {
    info = '$info 来自 $from';
  }
  return info;
}

void test(){
  print(getUserInfo('小王', '男'));
}
```

调用上面的 test 方法可以输出“小王的性别是男”，但是不会输出来自哪里。

2. 参数默认值

如果为参数指定了默认值，当不传入值时，函数里会使用这个默认值。如果传入了值，则用传入的值取代默认值。通常参数的默认值为 null。修改上面获取用户信息的例子，给 from 参数赋上默认值，具体代码如下：

```
// 获取用户信息 使用等号 ( = ) 来设置默位置字参数
String getUserInfo(String name, String sex, [String from = '中国']) {
  var info = '$name 的性别是 $sex';
  if (from != null) {
    info = '$info 来自 $from';
  }
  return info;
}


void test(){
  print(getUserInfo('小王', '男'));
}
```

调用上面的 test 方法可以输出“小王的性别是男来自中国”，这里大家会发现输出了来自哪里，就是因为我们使用了默认参数值。

3. main() 函数

Flutter 应用程序中必须有一个 main() 函数，和其他语言一样作为程序的入口函数。下面的代码表示应用要启动 MyApp 类：

```
void main() => runApp(MyApp());
```

4. 函数返回值

在 Dart 语言中，函数的返回值有如下特点：

- 所有的函数都会有返回值。
- 如果没有指定函数的返回值，则默认的返回值是 null。
- 没有返回值的函数，系统会在最后添加隐式的 return 语句。

3.4 运算符

Dart 支持各种类型的运算符，并且其中的一些操作符还能进行重载。完整的操作符如表 3-2 所示。

表 3-2 Dart 的运算符

描述	运算符
一元后缀	expr++ expr-- () [] . ?.
一元前缀	-expr !expr ~expr ++expr --expr
乘法类型	* / % ~/
加法类型	+ −
移动位运算	<< >>
与位运算	&
异或位运算	^
或位运算	|
关系和类型测试	>= <= > < as is is!
等式	== !=
逻辑与	&&
逻辑或	||
条件	expr1 ? expr2 : expr3
级联	..
赋值	= *= /= ~/= %= += −= <<= >>= &= ^= |= ??=

使用运算符时可以创建表达式，以下是运算符表达式的一些示例：

```
a++
a--
a + b
a = b
a == b
expr ? a : b
a is T
```

在表 3-2 中，操作符的优先级由上到下逐个减小，上面行内的操作符优先级高于下面行内的操作符。例如，“乘法类型”操作符 % 的优先级比“等价”操作符 == 要高，而 == 操作符的优先级又比“逻辑与”操作符 && 要高。注意使用运算符时的顺序，方法如下所示：

```
//1.使用括号来提高可读性
if ((n % i == 0) && (d % i == 0))
//2.难以阅读，但是和上面等价
if (n % i == 0 && d % i == 0)
```

> 提示 对于二元运算符，其左边的操作数将会决定使用的操作符的种类。例如，当使用一个 Vector 对象以及一个 Point 对象时，aVector + aPoint 使用的 + 是由 Vector 定义的。

1. 算术运算符

Dart 支持的常用算术运算符如下所示：

操作符	含义
+	加
–	减
-expr	一元减号，也命名为负号（使后面表达式的值反过来）
*	乘
/	除
~/	返回一个整数值的除法
%	取余，除法剩下的余数

示例代码如下：

```
assert(3 + 6 == 9);
assert(3 - 6 == -3);
assert(3 * 6 == 18);
assert(7 / 2 == 3.5); //结果是浮点型
assert(5 ~/ 2 == 2);  //结果是整型
assert(5 % 2 == 1);   //求余数
```

Dart 还支持前缀和后缀递增和递减运算符，如下所示：

操作符	含义
++var	var=var+1 表达式的值为 var+1
var++	var=var+1 表达式的值为 var
--var	var=var-1 表达式的值为 var-1
var--	var=var-1 表达式的值为 var

示例代码如下：

```
var a, b;

a = 0;
b = ++a; //在b获得其值之前自增a
assert(a == b); //1 == 1

a = 0;
b = a++; //在b获得值后自增a
```

```
assert(a != b); //1 != 0

a = 0;
b = --a; //在 b 获得其值之前自减 a
assert(a == b); //-1 == -1

a = 0;
b = a--; //在 b 获得值后自减 a
assert(a != b); //-1 != 0
```

2. 关系运算符

等式和关系运算符的含义如下：

操作符	含义
==	等于
!=	不等于
>	大于
<	小于
>=	大于等于
<=	小于等于

有时需要判断两个对象是否相等，请使用 == 运算符。

下面是使用每个等式和关系运算符的示例：

```
assert(2 == 2);
assert(2 != 3);
assert(3 > 2);
assert(2 < 3);
assert(3 >= 3);
assert(2 <= 3);
```

3. 类型测试操作符

as、is 和 is! 操作符在运行时用于检查类型非常方便，含义如下所示：

操作符	含义
as	类型转换
is	当对象是相应类型时返回 true
is!	当对象不是相应类型时返回 true

如果 obj 实现了 T 所定义的接口，那么 obj is T 将返回 true。

使用 as 操作符可以把一个对象转换为指定类型，前提是能够转换。转换之前用 is 判断一下更稳妥。如下所示：

```
if (user is User) {
  //类型检测
  user.name = 'Flutter';
}
```

如果能确定 user 是 User 的实例，则可以通过 as 直接简化代码：

```
(user as User).name = 'Flutter';
```

注意　上面两段代码并不相等。如果 user 的值为 null 或者不是一个 User 对象，第一段代码不会做任何事情，第二段代码会报错。

4. 赋值操作符

可以使用 = 运算符赋值。要仅在变量为 null 时赋值，请使用 ??= 运算符。如下面代码所示：

```
// 赋值给 a
a = value;
// 如果 b 为空，则将值分配给 b；否则，b 保持不变
b ??= value;
```

诸如 += 之类的复合赋值运算符将操作与赋值相结合。以下是复合赋值运算符的工作方式：

复合赋值	等式表达式
a op b	a = a op b
a += b	a = a + b
a – = b	a = a – b

5. 逻辑运算符

可以使用逻辑运算符反转或组合布尔表达式，逻辑运算符如下所示：

操作符	含义
!expr	反转以下表达式（将 false 更改为 true，反之则将 true 更改为 false）
||	逻辑或
&&	逻辑与

示例代码如下：

```
if (!expr && (test == 1 || test == 8)) {
  // ...TODO...
}
```

6. 位运算符

通常所说的位运算为 << 或 >> 移位运算，通过操作位的移动来达到运算的目的，而 &、|、^、~expr 也是操作位来达到运算的目的。具体含义如下所示：

操作符	含义
&	与
|	或
^	异或
~expr	一元位补码（0s 变为 1s；1s 变为 0s）
<<	左移
>>	右移

示例代码如下：

```
final value = 0x22;
final bitmask = 0x0f;
assert((value & bitmask)  == 0x02);  // 与
assert((value & ~bitmask) == 0x20);  // 与非
assert((value | bitmask)  == 0x2f);  // 或
assert((value ^ bitmask)  == 0x2d);  // 异或
assert((value << 4)       == 0x220); // 左移
assert((value >> 4)       == 0x02);  // 右移
```

7. 条件表达式

Dart 有两个运算符，可用来简明地评估可能需要 if-else 语句的表达式。如下代码即为一种条件表达式，也可以称为三元表达式。如果条件为真，则返回 expr1，否则返回 expr2：

```
condition ? expr1 : expr2
```

第二种如下所示，如果 expr1 为非空，则返回其值；否则，计算并返回 expr2 的值：

```
expr1 ?? expr2
```

8. 级联操作

级联操作用两个点（..）表示，可对同一对象执行一系列操作。类似于 JavaScript 里 Promise 的 then 处理。级联操作的主要目的是简化代码，示例如下：

```
querySelector('#btnOK) // 获取一个 id 为 btnOK 的按钮对象
  ..text = '确定'       // 使用它的成员
  ..classes.add('ButtonOKStyle')
  ..onClick.listen((e) => window.alert('确定'));
```

第一个方法调用 querySelector，返回一个按钮对象，然后再设置它的文本为“确定”，再给这个按钮添加一个样式 'ButtonOKStyle'，最后监听单击事件，事件弹出一个显示“确定”的警告。这个例子相当于如下操作：

```
var button = querySelector('#btnOK);
button.text = '确定';
button.classes.add(''ButtonOKStyle'');
button.onClick.listen((e) => window.alert('确定'));
```

注意 严格来说，级联的“双点”符号不是运算符，只是 Dart 语法的一部分。

3.5 流程控制语句

Dart 语言的流程控制语句如下：

- if 和 else
- for（循环）

- while 和 do-while（循环）
- break 和 continue
- switch 和 case
- assert（断言）
- try-catch 和 throw

1. if 和 else

Dart 支持 if 及 else 的多种组合，示例代码如下：

```
String today = 'Monday';
if (today == 'Monday') {
  print('今天是星期一');
} else if (today == 'Tuesday') {
  print('今天是星期二');
} else {
  print('今天是个好日子');
}
```

上面的代码输出"今天是星期一"，条件语句执行到第一条判断就停止了。

2. for

下面举例说明 for 循环，首先定义了一个字符串"Hello Dart"，然后使用 for 循环向 message 变量中写入 5 个同样的字符"!"，如下所示：

```
var message = new StringBuffer("Hello Dart");
for (var i = 0; i < 5; i++) {
  message.write('!');
}
print(message);
```

上面的代码会输出"Hello Dart!!!!!"，注意，值是字符串向尾部添加的。除了常规的 for 循环外，针对可以序列化的操作数，可以使用 for in 方法。当不关心操作数的当前下标时，for in 方法是很简便的。如下代码所示：

```
var arr = [0, 1, 2, 3, 4, 5, 6];
  for (var v in arr) {
    print(v);
  }
```

上面的代码会按序列输出 0 1 2 3 4 5 6。

3. while 和 do-while

下面举例说明 while 循环，其中定义了一个变量 temp。temp 在循环体内自动加 1，当条件（temp < 5）不满足时会退出循环，如下所示：

```
var _temp = 0;
while(temp < 5){

  print("这是一个while循环: " + (_temp).toString());
```

```
  _temp ++;
}
```

接下来我们看一下将上例用 do-while 循环，代码如下所示：

```
var _temp = 0;

  do{
    print("这是一个循环：" + (_temp).toString());
    _temp ++;
  }
  while(_temp < 5);
```

上面的两个示例都对应如下输出：

```
flutter: 这是一个循环：0
flutter: 这是一个循环：1
flutter: 这是一个循环：2
flutter: 这是一个循环：3
flutter: 这是一个循环：4
```

4. break 和 continue

break 用来跳出循环，修改前面的循环示例，代码如下：

```
var arr = [0, 1, 2, 3, 4, 5, 6];
  for (var v in arr) {
    if(v == 2 ){
      break;
    }
    print(v);
  }
```

上面的代码中，当 v 等于 2 时循环结束。所以程序输出 0，1。现在我们把 break 改为 continue，代码如下所示：

```
var arr = [0, 1, 2, 3, 4, 5, 6];
  for (var v in arr) {
    if(v == 2 ){
      //break;
      continue;
    }
    print(v);
  }
```

改为 continue 后，当 v 等于 2 时循环只是跳出本次循环，代码还会继续向下执行，所以输出的结果是 0，1，3，4，5，6。

5. switch 和 case

Dart 中 switch/case 语句使用 == 操作符来比较整数、字符串或其他编译过程中的常量，从而实现分支的作用。switch/case 语句的前后操作数必须是相同类型的对象实例。每一个非空的 case 子句最后都必须跟上 break 语句。示例如下所示：

```
String today = 'Monday';
  switch (today) {
    case 'Monday':
      print('星期一');
      break;
    case 'Tuesday':
      print('星期二');
      break;
  }
```

上面这段代码也可以用 if/else 语句输出相同的结果，代码输出为“星期一”。

6. assert

Dart 语言通过使用 assert 语句来中断正常的执行流程，当 assert 判断的条件为 false 时发生中断。assert 判断的条件是任何可以转化为 boolean 类型的对象，即使是函数也可以。如果 assert 的判断为 true，则继续执行下面的语句；反之则会抛出一个断言错误异常 AssertionError。代码如下所示：

```
// 确定变量的值不为 null
assert(text != null);
```

3.6 异常处理

异常表示发生了意外的错误，如果没有捕获异常，引发异常的程序将被挂起，并且程序将被终止。

Dart 代码可以抛出并捕获异常，但与 Java 相反，Dart 的所有异常都是未检查的异常。

Dart 提供了异常和错误类型以及许多预定义的子类型。当然，也可以定义自己的异常。然而，Dart 程序可以抛出任何非空对象。

1. 抛出异常

下面是一个抛出或引发异常的例子：

```
throw FormatException('抛出一个 FormatException 异常');
```

也可以抛出任意对象：

```
throw '数据非法!';
```

> 提示 稳定健壮的程序一定是做了大量异常处理的，所以建议在编写程序时尽量考虑到可能发生异常的情况。

2. 捕获异常

可以指定一个或两个参数来捕获异常（catch），第一个是抛出的异常，第二个是堆栈跟踪（StackTrace 对象），如下面的代码所示：

```
try {
    // ...
  } on Exception catch (e) {
    print('Exception details:\n $e');
  } catch (e, s) {
    print('Exception details:\n $e');
    print('Stack trace:\n $s');
  }
```

上面的代码中，第一个 catch 用来捕获异常详细信息，第二个 catch 是堆栈跟踪信息。

3. finally

要确保某些代码能够运行，无论是否抛出异常，可使用 finally 子句。如果没有 catch 子句匹配异常，则异常在 finally 子句运行后抛出。如下面的代码所示，在最下方加上了 finally 语句：

```
try {
  // ...
} on Exception catch (e) {
  print('Exception details:\n $e');
} catch (e, s) {
  print('Exception details:\n $e');
  print('Stack trace:\n $s');
} finally {
  print('Do some thing:\n');
}
```

3.7 面向对象

Dart 作为高级语言，支持面向对象的很多特性，并且支持基于 mixin 的继承方式。基于 mixin 的继承方式是指一个类可以继承自多个父类，相当于其他语言里的多继承。所有的类都有同一个基类 Object，这个特性类似于 Java 语言，Java 所有的类也都是继承自 Object，也就是说一切皆为对象。

使用语句实例化一个类，如下所示：

```
// 实例化了一个 User 类的对象 user
var user = new User('张三', 20);
```

3.7.1 实例化成员变量

定义一个 User 类，在类中添加两个成员变量 name 与 age，代码如下所示：

```
class User{
  String name; //name 成员变量
  int age;     //age 成员变量
}
```

类定义中所有的变量都会隐式地定义 setter 方法，针对非空的变量会额外增加 getter 方法。实例化成员变量请参考如下代码：

```
class User{
  String name; //name 成员变量
```

```
  int age; //age成员变量
}

main() {
  var user = new User();
  user.name = '张三'; //相当于使用了name的setter方法
  user.age = 20;

}
```

3.7.2 构造函数

1. 常规构造函数

构造函数是用来构造当前类的函数，是一种特殊的函数，函数名称必须和类名相同。如下代码为User类添加了一个构造函数，函数里给User类的两个成员变量初始化了值：

```
class User{

  String name;
  int age;

  User(String name,int age){
    this.name = name;
    this.age = age;
  }

}
```

this关键字指向了当前类的实例。上面的代码可以简化为：

```
class User{

  String name;
  int age;

  User(this.name,this.age);

}
```

2. 命名的构造函数

使用命名构造函数从另一类或现有的数据中快速实现构造函数，代码如下所示：

```
class User {
  String name;
  int age;

  User(this.name, this.age);

  //命名的构造函数
  User.fromJson(Map json) {
    name = json['name'];
    age = json['age'];
  }
}
```

3. 构造函数初始化列表

除了调用父类的构造函数，也可以通过初始化列表在子类的构造函数运行前初始化实例的成员变量值，代码如下所示：

```
class User {
  final String name;
  final int age;

  User(name, age)
      : name = name,
        age = age;
}

main() {
  var p = User('张三', 20);
}
```

3.7.3 读取和写入对象

get 和 set 方法是专门用于读取和写入对象的方法，每一个类的实例，系统都隐式地包含有 get 和 set 方法，这和很多语言里的 VO 类相似。

例如，定义一个矩形的类，有上、下、左、右四个成员变量——top、bottom、left、right，使用 get 及 set 关键字分别对 right 及 bottom 进行设置。代码如下所示：

```
class Rectangle {
  num left;
  num top;
  num width;
  num height;

  Rectangle(this.left, this.top, this.width, this.height);

  //获取right值
  num get right          => left + width;

  //设置right值，同时left也发生变化
  set right(num value)   => left = value - width;

  //获取bottom值
  num get bottom         => top + height;

  //设置bottom值，同时top也发生变化
  set bottom(num value) => top = value - height;
}

main() {
  var rect = Rectangle(3, 4, 20, 15);

  print('left:'+rect.left.toString());
  print('right:'+rect.right.toString());
  rect.right = 30;
  print('更改right值为30');
```

```
  print('left:'+rect.left.toString());
  print('right:'+rect.right.toString());

  print('top:'+rect.top.toString());
  print('bottom:'+rect.bottom.toString());
  rect.bottom = 50;
  print('更改 bottom 值为 50');
  print('top:'+rect.top.toString());
  print('bottom:'+rect.bottom.toString());
}
```

上面例子对应的输出为：

```
flutter: left:3
flutter: right:23
flutter: 更改 right 值为 30
flutter: left:10
flutter: right:30
flutter: top:4
flutter: bottom:19
flutter: 更改 bottom 值为 50
flutter: top:35
flutter: bottom:50
```

3.7.4　重载操作

运算符重载是多态的一种，运算符重载通常只是一种语法，这种语法对语言的功能没有影响，但是更方便程序员使用，让程序更加简洁，有更高的可读性。

operator 是 Dart 的一个关键字，它和运算符（如 =）一起使用，表示一个运算符重载函数，在理解时可将 operator 和运算符（如 operator=）视为一个函数名。

接下来编写一个例子来实现向量的相加、相减操作。定义一个 Vector 向量类，编写两个方法分别用于重载加号、重载减号，那么当两个向量相加，就表示它们的 x 值及 y 值相加，当两个向量相减，就表示它们的 x 值及 y 值相减。完整的示例代码如下：

```
//定义一个向量类
class Vector {
  final int x;
  final int y;
  const Vector(this.x, this.y);

  //重载加号 + (a + b)
  Vector operator +(Vector v) {
    return Vector(x + v.x, y + v.y);
  }

  //重载减号 - (a - b)
  Vector operator -(Vector v) {
    return Vector(x - v.x, y - v.y);
  }
}

main() {
```

```
  // 实例化两个向量
  final v = Vector(2, 3);
  final w = Vector(2, 2);

  final r1 = v + w;
  print('r1.x='+r1.x.toString() + ' r1.y=' + r1.y.toString());

  final r2 = v - w;
  print('r2.x='+r2.x.toString() + ' r2.y=' + r2.y.toString());
}
```

上面代码的输出结果为：

```
flutter: r1.x=4 r1.y=5
flutter: r2.x=0 r2.y=1
```

3.7.5 继承类

继承是面向对象编程技术的一块基石，因为它允许创建分等级层次的类。继承就是子类继承父类的特征和行为，使得子类对象（实例）具有父类的实例域和方法。Dart 中使用 extends 关键字来创建一个子类，用 super 关键字来指定父类。

接下来定义一个动物类，动物具有吃和跑两种能力。再定义一个人类，人类是属于动物类的，人类不仅会吃和会跑，还会说、会学习，所以人类相当于动物类的子类。完整的示例如下所示：

```
// 动物类
class Animal {

  // 动物会吃
  void eat(){
    print(' 动物会吃 ');
  }

  // 动物会跑
  void run(){
    print(' 动物会跑 ');
  }
}
// 人类
class Human extends Animal {

  // 人类会说
  void say(){
    print(' 人类会说 ');
  }

  // 人类会学习
  void study(){
    print(' 人类会学习 ');
  }
}
```

```
main() {

  print('实例化一个动物类');
  var animal = Animal();
  animal.eat();
  animal.run();

  print('实例化一个人类');
  var human = Human();
  human.eat();
  human.run();
  human.say();
  human.study();
}
```

上面的例子输出结果如下：

```
flutter: 实例化一个动物类
flutter: 动物会吃
flutter: 动物会跑
flutter: 实例化一个人类
flutter: 动物会吃
flutter: 动物会跑
flutter: 人类会说
flutter: 人类会学习
```

3.7.6 抽象类

抽象类类似于Java语言中的接口。抽象类里不具体实现方法，只是写好定义接口，具体实现由调用者完成。抽象类中可以使用abstract关键字定义类。

接下来写一个数据库操作的抽象类的例子。定义一个抽象类DataBaseOperate，其中定义了4个数据库常用的操作方法——“增删改查”。再定义一个类，命名为DataBaseOperateImpl，继承自DataBaseOperate，用来实现抽象类中的方法。完整的代码如下所示：

```
//数据库操作抽象类
abstract class DataBaseOperate {
  void insert(); //定义插入的方法
  void delete(); //定义删除的方法
  void update(); //定义更新的方法
  void query();  //定义一个查询的方法
}

//数据库操作实现类
class DataBaseOperateImpl extends DateBaseOperate {

  //实现了插入的方法
  void insert(){
    print('实现了插入的方法');
  }

  //实现了删除的方法
  void delete(){
    print('实现了删除的方法');
```

```
  }

  // 实现了更新的方法
  void update(){
    print('实现了更新的方法');
  }

  // 实现了一个查询的方法
  void query(){
    print('实现了一个查询的方法');
  }

}


main() {

  var db = DataBaseOperateImpl();
  db.insert();
  db.delete();
  db.update();
  db.query();

}
```

上述代码的输出结果为：

```
flutter: 实现了插入的方法
flutter: 实现了删除的方法
flutter: 实现了更新的方法
flutter: 实现了一个查询的方法
```

3.7.7 枚举类型

枚举类型是一种特殊的类，通常用来表示相同类型的一组常量值。每个枚举类型都用于一个 index 的 getter，用来标记元素的元素位置。第一个枚举元素的索引是 0：

```
enum Color {
  red,
  green,
  blue
}
```

获取枚举类中所有的值，使用 value 常数：

```
List<Color> colors = Color.values;
```

因为枚举类里面的每个元素都是相同的类型，可以使用 switch 语句针对不同的值做不同的处理，示例代码如下：

```
enum Color {
  red,
  green,
  blue
}
```

```
//定义一个颜色变量，默认值为蓝色
Color aColor = Color.blue;
switch (aColor) {
  case Color.red:
    print('红色');
    break;
  case Color.green:
    print('绿色');
    break;
  default: //默认颜色
    print(aColor);  //'Color.blue'
}
```

3.7.8 Mixins

Mixins（混入功能）相当于多继承，也就是说可以继承多个类。使用 with 关键字来实现 Mixins 的功能，示例代码如下所示：

```
class S {
  a() {print("S.a");}
}

class A {
  a(){print("A.a");}
  b(){print("A.b");}
}

class T = A with S;

main(List<String> args) {
  T t = T();
  t.a();
  t.b();
}
```

以上代码的输出内容如下所示，从结果上来看 T 具有了 S 及 A 两个类的方法：

```
S.a
A.b
```

3.8 泛型

泛型通常是为了类型安全而设计的，适当地指定泛型类型会生成更好的代码，可以使用泛型减少代码重复。Dart 中使用 <T> 的方式来定义泛型。例如，如果想要 List 只包含字符串，可以将其声明为 list <String>，如下所示：

```
var names = List<String>();
names.addAll(['张三', '李四', '王五']);
```

1. 用于集合类型

泛型用于 List 和 Map 类型参数化：

```
List: <type>
Map: <keyType, valueType>
```

示例代码如下：

```
var names = <String>['张三', '李四', '王五'];
var weeks = <String, String>{
  'Monday' : '星期一',
  'Tuesday': '星期二',
  'Wednesday' : '星期三',
  'Thursday': '星期四',
  'Friday': '星期五',
  'Saturday': '星期六',
  'Sunday': '星期日',
};
```

2. 在构造函数中参数化

Map 类型的示例如下：

```
var users = Map<String, User>();
```

3.9 库的使用

1. 引用库

通过 import 语句在一个库中引用另一个库的文件。需要注意以下事项：

- 在 import 语句后面需要接上库文件的路径。
- 对 Dart 语言提供的库文件使用 dart:xx 格式。
- 第三方的库文件使用 package:xx 格式。

import 的示例如下：

```
import 'dart:io';
import 'package:mylib/mylib.dart';
import 'package:utils/utils.dart';
```

2. 指定一个库的前缀

当引用的库拥有相互冲突的名字，可以为其中一个或几个指定不一样的前缀。这与命名空间的概念比较接近，示例代码如下：

```
import 'package:lib1/lib1.dart';
import 'package:lib2/lib2.dart' as lib2;
//...
Element element1 = Element();              //使用 lib1 中的 Element
lib2.Element element2 = lib2.Element(); //使用 lib2 中的 Element
```

lib1/lib1.dart 及 lib2/lib2.dart 里都有 Element 类，如果直接引用就不知道具体引用哪个 Element 类，所以代码中把 lib2/lib2.dart 指定成 lib2，这样使用 lib2.Element 就不会发生冲突。

3. 引用库的一部分

如果只需要使用库的一部分内容，可以有选择地引用，有如下关键字：

- show：只引用一点。
- hide：除此之外都引用。

示例代码如下：

```
// 导入 foo
import 'package:lib1/lib1.dart' show foo;

// 导入除了 foo 以外的所有内容
import 'package:lib2/lib2.dart' hide foo;
```

代码中的第一行只引用 lib1.dart 下的 foo 部分，第二行代码引用 lib2.dart 下的所有内容，除了 foo。

3.10　异步支持

Dart 语言是目前少数几个支持异步操作的语言。一般使用 async 函数和 await 表达式实现异步操作。

Dart 库提供 asynchronous 功能，该功能提供接口来进行耗费时间的操作，比如文件读写、网络请求。该功能返回 Future 或 Stream 对象。

可以通过如下方式获取 asynchronous 功能返回的 Future 对象的值：

- 使用 async 函数和 await 表达式。
- 使用 Future 功能提供的 API。

可以通过如下的方式来获取 asynchronous 功能返回的 Stream 对象的值：

- 使用 async 和一个异步的循环（await for）。
- 使用 Stream 的相关 API。

下面的示例代码使用了 async 或 await 异步处理，虽然代码看起来像是同步处理的：

```
await readFile()
```

必须在一个使用了 async 关键字标记后的函数中使用 await 表达式：

```
fileOperate () async {
  // 读取文件
  var file = await readFile();
  // 其他处理
}
```

3.11　元数据

使用元数据可以给代码添加更多信息。元数据是以 @ 开始的修饰符，在 @ 后面为编译时的常量或调用一个常量构造函数。目前 Dart 语言提供三个 @ 修饰符：

- @deprecated：被弃用的。
- @override：重写。
- @proxy：代理。

使用 @override 修饰符可以重写父类方法。修改 3.7.5 节中的示例，重写人类的 eat 方法，代码如下所示：

```
// 动物类
class Animal {

  // 动物会吃
  void eat(){
    print('动物会吃');
  }
  // 动物会跑
  void run(){
    print('动物会跑');
  }
}
// 人类
class Human extends Animal {

  // 人类会说
  void say(){
    print('人类会说');
  }

  // 人类会学习
  void study(){
    print('人类会学习');
  }

  @override
  // 人类也会吃
  void eat(){
    print('人类也会吃');
  }
}


main() {

  print('实例化一个动物类');
  var animal = Animal();
  animal.eat();
  animal.run();

  print('实例化一个人类');
  var human = Human();
  human.eat();
  human.run();
  human.say();
```

```
  human.study();
}
```

上面的代码输出结果如下，输出的“人类也会吃”表明重写了父类的方法：

```
flutter: 实例化一个动物类
flutter: 动物会吃
flutter: 动物会跑
flutter: 实例化一个人类
flutter: 人类也会吃
flutter: 动物会跑
flutter: 人类会说
flutter: 人类会学习
```

元数据可以修饰library（库）、class（类）、typedef（类型定义）、type parameter（类型参数）、constructor（构造函数）、factory（工厂函数）、function（函数）、field（作用域）、parameter（参数）、variable declaration（变量声明）。

3.12 注释

Dart支持三种注释类型：单行注释、多行注释、文档注释。

1. 单行注释

单行注释以 // 开始，从 // 开始到一行结束的所有内容都会被Dart编译器忽略，示例代码如下：

```
main() {
  //打印输出
  print('Hi Dart);
}
```

2. 多行注释

单行注释以 /* 开始，以 */ 结束，其间的所有内容都会被Dart编译器忽略掉，示例代码如下：

```
/*
 * 多行注释
 * print('实例化一个动物类');
   var animal = Animal();
   animal.eat();
   animal.run();

   print('实例化一个人类');
   var human = Human();
   human.eat();
   human.run();
   human.say();
   human.study();
 *
 */
```

3. 文档注释

文档注释以 /** 或 /// 开始，以 /** 开始时，以 */ 结束，示例代码如下：

```
///print('实例化一个动物类');
var animal = new Animal();
animal.eat();
animal.run();
/**
 *
 * print('实例化一个人类');
  var human = new Human();
  human.eat();
  human.run();
  human.say();
  human.study();
 *
 */
```

第 4 章 Chapter 4

常用组件

Flutter 有一个非常重要的核心理念：一切皆为组件。Flutter 中所有元素皆由组件组成，比如一个布局元素、一个动画、一个装饰效果等。本章主要讲解开发中用得最频繁的组件。

本章所涉及的组件有：

- 容器组件
- 图片组件
- 文本组件
- 图标组件
- 图标按钮组件
- 凸起按钮组件
- 基础列表组件
- 水平列表组件
- 长列表组件
- 网格列表组件
- 表单组件

4.1 容器组件

容器（Container）组件包含一个子 Widget，自身具备如 alignment、padding 等基础属性，方便布局过程中摆放 child（子组件）。Container 组件常用属性如表 4-1 所示。

表 4-1　Container 组件的属性及描述

属性名	类型	说明
key	Key	Container 唯一标识符，用于查找更新
alignment	AlignmentGeometry	控制 child 的对齐方式，如果 Container 或者 Container 父节点尺寸大于 child 的尺寸，这个属性设置会起作用
padding	EdgeInsetsGeometry	Decoration 内部的空白区域，如果有 child 的话，child 位于 padding 内部
color	Color	用来设置 Container 背景色，如果设置 foregroundDecoration，可能会遮盖 color 效果
decoration	Decoration	绘制在 child 后面的装饰，如果设置了 decoration，就不能设置 color 属性，否则会报错，此时应该在 decoration 中进行颜色的设置
foregroundDecoration	Decoration	绘制在 child 前面的装饰
width	double	Container 的宽度
height	double	Container 的高度
constraints	BoxConstraints	添加到 child 上额外的约束条件
margin	EdgeInsetsGeometry	围绕在 Decoration 和 child 之外的空白区域，不属于内容区域
transform	Matrix4	设置 Container 的变换矩阵，类型为 Matrix4
child	Widget	Container 中的内容 Widget

提示　padding 与 margin 的不同之处在于，padding 包含在 Container 内，而 margin 则是外部边界。如果设置点击事件，padding 区域会响应，而 margin 区域不会响应。

接下来我们编写一个带有装饰效果的 Container 容器组件示例，主要是加了一个边框及底色，示例代码如下：

```
import 'package:flutter/material.dart';

void main() => runApp(MyApp());

class MyApp extends StatelessWidget {
  @override
  Widget build(BuildContext context) {
    return MaterialApp(
      title: '容器组件示例',
      home: Scaffold(
        appBar: AppBar(
          title: Text('容器组件示例'),
        ),
        body: Center(
          //添加容器
          child: Container(
```

```
                width: 200.0,
                height: 200.0,
                // 添加边框装饰效果
                decoration: BoxDecoration(
                  color: Colors.white,
                  // 设置上下左右四个边框样式
                  border: new Border.all(
                    color: Colors.grey, // 边框颜色
                    width: 8.0,         // 边框粗细
                  ),
                  borderRadius: const BorderRadius.all(const Radius.circular(8.0)),
                                        // 边框的弧度
                ),
                child: Text(
                  'Flutter',
                  textAlign: TextAlign.center,
                  style: TextStyle(fontSize: 28.0),
                ),
              ),
            ),
          ),
        );
      }
    }
```

上述示例代码视图展现大致如图 4-1 所示。

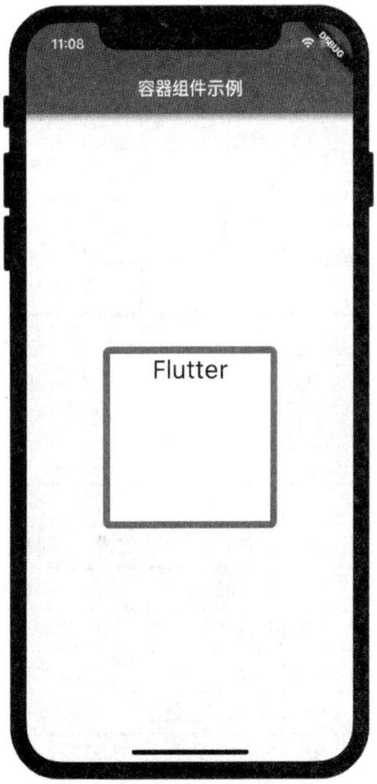

图 4-1　Container 组件应用示例

4.2　图片组件

图片组件（Image）是显示图像的组件，Image 组件有多种构造函数：

- new Image：从 ImageProvider 获取图像。
- new Image.asset：加载资源图片。
- new Image.file：加载本地图片文件。
- new Image.network：加载网络图片。
- new Image.memory：加载 Uint8List 资源图片。

Image 组件常见属性如表 4-2 所示。

表 4-2　Image 组件属性及描述

属性名	类型	说明
image	ImageProvider	抽象类，需要自己实现获取图片数据的操作
width/height	double	Image 显示区域的宽度和高度设置，这里需要把 Image 和图片区分开，图片本身有大小，Image Widget 是图片的容器，本身也有大小。宽度和高度的配置经常和 fit 属性配合使用
fit	BoxFit	图片填充模式，具体取值见表 4-3

（续）

属性名	类型	说明
color	Color	图片颜色
colorBlendMode	BlendMode	在对图片进行手动处理的时候，可能用到图层混合，如改变图片的颜色。此属性可以对颜色进行混合处理。有多种模式
alignment	Alignment	控制图片的摆放位置，比如图片放置在右下角则为 Alignment.bottomRight
repeat	ImageRepeat	此属性可以设置图片重复模式。noRepeat 为不重复，Repeat 为 x 和 y 方向重复，repeatX 为 x 方向重复，repeatY 为 y 方向重复
centerSlice	Rect	当图片需要被拉伸显示时，centerSlice 定义的矩形区域会被拉伸，可以理解成我们在图片内部定义 9 个点用于拉伸，这 9 个点分别为"上""下""左""右""上中""下中""左中""右中""正中"
matchTextDirection	bool	matchTextDirection 与 Directionality 配合使用。TextDirection 有两个值，分别为：TextDirection.ltr 从左向右展示图片；TextDirection.rtl 从右向左展示图片
gaplessPlayback	bool	当 ImageProvider 发生变化后，重新加载图片的过程中，原图片的展示是否保留。值为 true 则保留；值为 false 则不保留，直接空白等待下一张图片加载

BoxFit 取值及描述参见表 4-3。

表 4-3　BoxFit 取值及描述

取值	描述
BoxFit.fill	全图显示，显示可能拉伸，充满
BoxFit.contain	全图显示，显示原比例，不需要充满
BoxFit.cover	显示可能拉伸，可能裁剪，充满
BoxFit.fitWidth	显示可能拉伸，可能裁剪，宽度充满
BoxFit.fitHeight	显示可能拉伸，可能裁剪，高度充满
BoxFit.none	原始大小
BoxFit.scaleDown	效果和 BoxFit.contain 相似，但是此属性不允许显示超过源图片大小，即可小不可大

下面的示例加载了一张网络图片，以 BoxFit.fitWidth 模式填充图片。示例代码如下：

```
import 'package:flutter/material.dart';

void main() {
  runApp(MaterialApp(
        title: 'Image demo',
        home: ImageDemo(),
      )
  );
}

class ImageDemo extends StatelessWidget {
  @override
```

```
  Widget build(BuildContext context) {
    //居中展示
    return Center(
      //添加网络图片
      child: Image.network(
        //图片 url
        'https://flutter.io/images/flutter-mark-square-
100.png',
        //填充模式
        fit: BoxFit.fitWidth,
      ),
    );
  }
}
```

上述示例代码视图展现大致如图 4-2 所示。

图 4-2　Image 组件应用示例

4.3　文本组件

文本组件（Text）负责显示文本和定义显示样式，常用属性见表 4-4。

接下来我们通过创建多个文本组件来展示不同的文本样式，比如不同的颜色、不同的字号、不同的线形等，完整示例代码如下：

表 4-4　Text 组件属性及描述

属性名	类型	默认值	说明
data	String		数据为要显示的文本
maxLines	int	0	文本显示的最大行数
style	TextStyle	null	文本样式，可定义文本的字体大小、颜色、粗细等
textAlign	TextAlign	TextAlign.center	文本水平方向对齐方式，取值有 center、end、justify、left、right、start、values
textDirection	TextDirection	TextDirection.ltr	有些文本书写的方向是从左到右，比如英语、泰米尔语、中文，有些则是从右到左，比如亚拉姆语、希伯来语、乌尔都语。从左到右使用 TextDirection.ltr，从右到左使用 TextDirection.rtl
textScaleFactor	double	1.0	字体缩放系数，比如，如果此属性设置的值为 1.5，那么字体会放大到 150%，也就是比原来的大了 50%
textSpan	TextSpan	null	文本块，TextSpan 里可以包含文本内容及样式

```
import 'package:flutter/material.dart';

/**
 * 展示不同的文本样式
 */
class ContainerDemo extends StatelessWidget {
```

```
@override
Widget build(BuildContext context) {
  return Scaffold(
    appBar: AppBar(
      title: Text('文本组件'),
    ),
    //垂直布局
    body: Column(
      children: <Widget>[
        //文本组件
        Text(
          '红色字体+黑色删除线+18号+斜体+粗体',
          //文本样式
          style: TextStyle(
            //字体颜色
            color: const Color(0xffff0000),
            //文本装饰器（删除线）
            decoration: TextDecoration.lineThrough,
            //文本装饰器颜色（删除线颜色）
            decorationColor: const Color(0xff000000),
            //字体大小
            fontSize: 18.0,
            //字体样式：是否斜体
            fontStyle: FontStyle.italic,
            //字体粗细
            fontWeight: FontWeight.bold,
            //文字间距
            letterSpacing: 2.0,
          ),
        ),
        Text(
          '橙色+下划线+24号',
          style: TextStyle(
            color: const Color(0xffff9900),
            decoration: TextDecoration.underline,
            fontSize: 24.0,
          ),
        ),
        Text(
          '上划线+虚线+23号',
          style: TextStyle(
            decoration: TextDecoration.overline,
            decorationStyle: TextDecorationStyle.dashed,
            fontSize: 23.0,
            //字体样式
            fontStyle: FontStyle.normal,
          ),
        ),
        Text(
          '23号+斜体+加粗+字间距6',
          style: TextStyle(
            fontSize: 23.0,
            fontStyle: FontStyle.italic,
            fontWeight: FontWeight.bold,
            letterSpacing: 6.0,
          ),
```

```
          ),
        ],
      ),
    );
  }
}

void main() {
  runApp(MaterialApp(
    title: 'Text demo',
    home: ContainerDemo(),
  ));
}
```

上述示例代码视图展现大致如图 4-3 所示。

图 4-3 Text 组件应用示例

4.4 图标及按钮组件

4.4.1 图标组件

图标组件（Icon）为展示图标的组件，该组件不可交互，要实现可交互的图标，可以考虑使用 IconButton 组件。相关组件有以下几个：

- IconButton：可交互的 Icon。
- Icons：框架自带 Icon 集合。
- IconTheme：Icon 主题。
- ImageIcon：通过 AssetImages 或者其他图片显示 Icon。

图标组件常用属性见表 4-5。

表 4-5 Icon 组件属性及描述

属性名	类型	默认值	说明
color	Color	null	图标的颜色，例如 Colors.green[500]
icon	IconData	null	展示的具体图标，使用 Icons 图标列表中的任意一个图标即可，如 Icons.phone 表示一个电话的图标
style	TextStyle	null	文本样式，可定义文本的字体大小、颜色、粗细等
size	Double	24.0	图标的大小，注意需要带上小数位
textDirection	TextDirection	TextDirection.ltr	Icon 组件里也可以添加文本内容。有些文本书写的方向是从左到右，有些则是从右到左。从左到右使用 TextDirection.ltr，从右到左使用 TextDirection.rtl

接下来通过一个示例来展示图标组件的使用，Icon 实例化需要传入几个主要的参数，分别为图标、颜色、大小。其中 Icon 的实例化代码如下：

```
Icon(Icons.phone,color: Colors.green[500],size: 80.0,)
```

完整的示例代码如下：

```
import 'package:flutter/material.dart';

void main() => runApp(
      MaterialApp(
        title: '图标组件示例',
        home: LayoutDemo(),
      ),
    );

class LayoutDemo extends StatelessWidget {
  @override
  Widget build(BuildContext context) {
    return Scaffold(
      appBar: AppBar(
        title: Text('图标组件示例'),
      ),
      // 添加图标
      body: Icon(
        // 图标内容
        Icons.phone,
        // 图标颜色
        color: Colors.green[500],
        // 图标大小
        size: 80.0,
      ),
    );
  }
}
```

上述示例代码视图展现大致如图 4-4 所示。

图 4-4 图标组件应用示例

4.4.2 图标按钮组件

图标按钮组件（IconButton）是基于 Material Design 风格的组件，它可以响应按下事件，并且按下时会带一个水波纹效果。如果它的 onPressed 回调函数为 null，那么这个按钮处于禁用状态，并且不可以按下。常用属性见表 4-6。

表 4-6 IconButton 组件属性及描述

属性名	类型	默认值	说明
alignment	AlignmentGeometry	Alignment.center	定义 IconButton 的 Icon 对齐方式，默认为居中。Alignment 是可以设置 x，y 的偏移量的
icon	Widget	null	展示的具体图标，使用 Icons 图标列表中的任意一个图标即可，如 Icons.phone 表示一个电话的图标
color	Color	null	图标组件的颜色
disabledColor	Color	ThemeData.disabledColor	图标组件禁用的颜色，默认为主题里的禁用颜色，也可以设置为其他颜色值
iconSize	double	24.0	图标的大小，注意需要带上小数位
onPressed	VoidCallback	null	当按钮按下时会触发此回调事件
tooltip	String	""	当按钮按下时的组件提示语句

示例代码如下：

```
import 'package:flutter/material.dart';

void main() => runApp(
  MaterialApp(
    title: '图标按钮组件示例',
    home: LayoutDemo(),
  ),
);

class LayoutDemo extends StatelessWidget {
  @override
  Widget build(BuildContext context) {
    return Scaffold(
      appBar: AppBar(
        title: Text('图标按钮组件示例'),
      ),
      body: Center(
        // 添加图标按钮
        child: IconButton(
          // 图标元素
          icon: Icon(Icons.volume_up,size: 48.0,),
          // 按钮提示
          tooltip: '按下操作',
          // 按下事件响应
          onPressed:(){
            print('按下操作');
          },
        ),
      ),
    );
  }
}
```

图 4-5　图标按钮组件应用示例

上述示例代码视图展现大致如图 4-5 所示。

当按下图中的小喇叭按钮后，会触发 onPressed 事件，控制台打印输出内容，如图 4-6 所示。

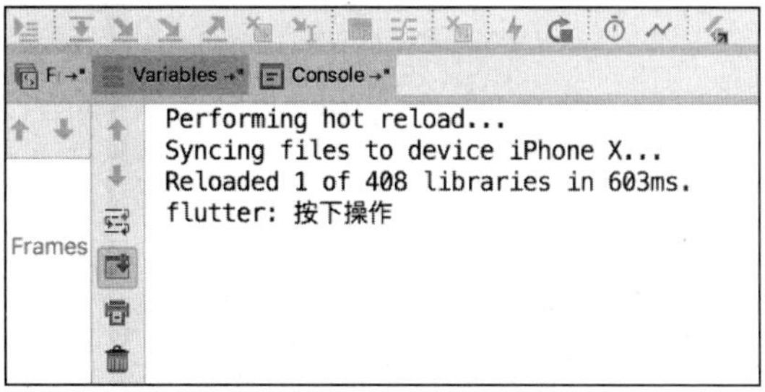

图 4-6　图标按钮组件控制台输出图

4.4.3　凸起按钮组件

凸起按钮组件（RaisedButton）是 Material Design 中的 button，是一个凸起的材质矩形按钮，它可以响应按下事件，并且按下时会带一个触摸的效果。

RaisedButton 组件常用属性见表 4-7。

表 4-7 RaisedButton 组件属性及描述

属性名	类型	默认值	说明
color	Color	null	组件的颜色
disabledColor	Color	ThemeData.disabledColor	组件禁用的颜色，默认为主题里的禁用颜色，也可以设置为其他颜色值
onPressed	VoidCallback	null	当按钮按下时会触发此回调事件
child	Widget		按钮的 child 通常为一个 Text 文本组件，用来显示按钮的文本
enable	bool	true	按钮是否为禁用状态

示例代码如下：

```
import 'package:flutter/material.dart';

void main() => runApp(MyApp());

class MyApp extends StatelessWidget {
  @override
  Widget build(BuildContext context) {
    return MaterialApp(
      title: 'RaisedButton 示例 ',
      home: Scaffold(
        appBar: AppBar(
          title: Text('RaisedButton 组件示例 '),
        ),
        body: Center(
          //RaisedButton 具有一种立体感
          child: RaisedButton(
            // 按下事件响应
            onPressed: () {
              // 按下事件处理
            },
            // 添加按钮文本
            child: Text('RaisedButton 组件 '),
          ),
        ),
      ),
    );
  }
}
```

上述示例代码视图展现大致如图 4-7 所示，当按下图中按钮后，会触发 onPressed 事件，这和 IconButton 一样。

图 4-7 RaisedButton 组件应用示例

4.5 列表组件

列表在前端是常用的组件。在 Flutter 中，用 ListView

来显示列表项，支持垂直和水平方向展示，通过一个属性我们就可以控制其方向。列表有以下分类：

- ❑ 水平的列表
- ❑ 垂直的列表
- ❑ 数据量非常大的列表
- ❑ 矩阵式的列表

4.5.1 基础列表组件

基础列表组件为 ListView 组件，其常用属性见表 4-8。

表 4-8 ListView 组件属性及描述

属性名	类型	默认值	说明
scrollDirection	Axis	Axis.vertical	列表的排列方向，Axis.vertical 为垂直方向，是默认值，Axis.horizontal 为水平方向
padding	EdgeInsetsGeometry		列表内部的空白区域，如果有 child，child 位于 padding 内部
reverse	bool	false	组件排列反向
children	List<Widget>		列表元素，注意 List 元素全部为 Widget 类型

示例代码如下：

```
import 'package:flutter/material.dart';

void main() => runApp(new MyApp());

class MyApp extends StatelessWidget {
  @override
  Widget build(BuildContext context) {

    final title = " 基础列表示例 ";

    return MaterialApp(
      title: title,
      home: Scaffold(
        appBar: AppBar(
          title: Text(title),
        ),
        //添加基础列表
        body: ListView(
          //添加静态数据
          children: <Widget>[
            //ListTile 是一种样式相对固定的列表项，比如微信的“发现”页面
            ListTile(
              //添加图标
              leading: Icon(Icons.alarm),
              //添加文本
              title: Text('Alarm'),
            ),
            ListTile(
```

```
                  leading: Icon(Icons.phone),
                  title: Text('Phone'),
                ),
                ListTile(
                  leading: Icon(Icons.airplay),
                  title: Text('Airplay'),
                ),
                ListTile(
                  leading: Icon(Icons.airplay),
                  title: Text('Airplay'),
                ),
                ListTile(
                  leading: Icon(Icons.airplay),
                  title: Text('Airplay'),
                ),
                ListTile(
                  leading: Icon(Icons.airplay),
                  title: Text('Airplay'),
                ),
                ListTile(
                  leading: Icon(Icons.alarm),
                  title: Text('Alarm'),
                ),
                ListTile(
                  leading: Icon(Icons.alarm),
                  title: Text('Alarm'),
                ),
                ListTile(
                  leading: Icon(Icons.alarm),
                  title: Text('Alarm'),
                ),
                ListTile(
                  leading: Icon(Icons.alarm),
                  title: Text('Alarm'),
                ),
                ListTile(
                  leading: Icon(Icons.alarm),
                  title: Text('Alarm'),
                ),
              ],
            ),
          ),
        );
      }
    }
```

上述示例代码视图展现大致如图 4-8 所示。

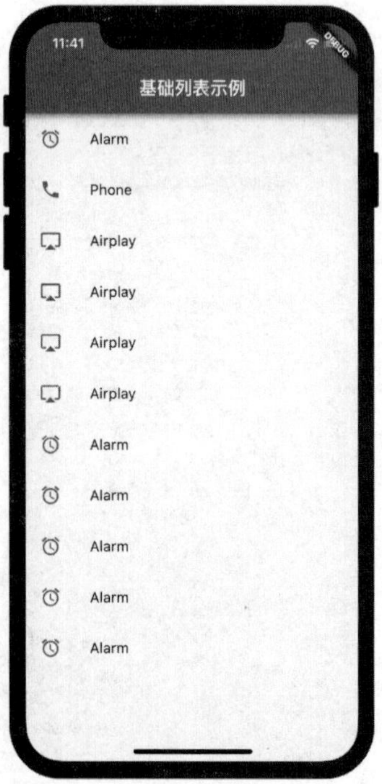

图 4-8　ListView 组件应用示例

4.5.2　水平列表组件

水平列表组件即为列表内部元素以水平方向排列的组件。把 ListView 组件的 scrollDirection 属性设置为 Axis.horizontal 即可。

示例代码如下：

```
import 'package:flutter/material.dart';

void main() => runApp(MyApp());

class MyApp extends StatelessWidget {
  @override
  Widget build(BuildContext context) {
    final title = " 水平列表示例 ";

    return MaterialApp(
      title: title,
      home: Scaffold(
        appBar: AppBar(
          title: Text(title),
        ),
        // 添加容器
        body: Container(
          // 顶部外边距为 20
          margin: EdgeInsets.symmetric(vertical: 20.0),
          // 设定容器高度
          height: 200.0,
          child: ListView(
            // 设置水平方向排列
            scrollDirection: Axis.horizontal,
            // 添加子元素
            children: <Widget>[
              // 每个 Container 即为一个列表项
              Container(
                width: 160.0,
                color: Colors.lightBlue,
              ),
              Container(
                width: 160.0,
                color: Colors.amber,
              ),
              // 此容器里“水平”及“列表”文字为垂直布局
              Container(
                width: 160.0,
                color: Colors.green,
                // 垂直布局
                child: Column(
                  children: <Widget>[
                    Text(
                      ' 水平 ',
                      style: TextStyle(
                        fontWeight: FontWeight.bold,
                        fontSize: 36.0,
                      ),
                    ),
                    Text(
                      ' 列表 ',
                      style: TextStyle(
                        fontWeight: FontWeight.bold,
                        fontSize: 36.0,
                      ),
                    ),
```

```
                    Icon(Icons.list),
                  ],
                ),
              ),
              Container(
                width: 160.0,
                color: Colors.deepPurpleAccent,
              ),
              Container(
                width: 160.0,
                color: Colors.black,
              ),
              Container(
                width: 160.0,
                color: Colors.pinkAccent,
              ),
            ],
          ),
        ),
      ),
    );
  }
}
```

上述示例代码视图展现大致如图 4-9 所示。

图 4-9 水平列表组件应用示例

4.5.3 长列表组件

当列表的数据项非常多时，需要使用长列表，比如淘宝后台订单列表、手机通讯录等，这些列表项数据很多。长列表也是使用 ListView 作为基础组件，只不过需要添加一个列表项构造器 itemBuilder。

接下来通过一个示例来说明 itemBuilder 的用法，代码如下：

```
import 'package:flutter/material.dart';

void main() => runApp(new MyApp(
  // 使用 generate 方法产生 500 条数据
  items: new List<String>.generate(500, (i) => "Item $i"),
));

class MyApp extends StatelessWidget {

  // 列表数据集
  final List<String> items;

  // 构造方法用于接收列表数据集
  MyApp({Key key, @required this.items}) : super(key: key);

  @override
  Widget build(BuildContext context) {
    final title = " 长列表示例 ";

    return MaterialApp(
      title: title,
```

```
        home: Scaffold(
          appBar: AppBar(
            title: Text(title),
          ),
          //使用 ListView.builder 来构造列表项
          body: ListView.builder(
            //列表长度
            itemCount: items.length,
            //列表项构造器：context 为上下文，index 表示列表项索引
            itemBuilder: (context,index) {
              //返回列表项
              return ListTile(
                //左侧图标
                leading: Icon(Icons.phone),
                //文本内容
                title: Text('${items[index]}'),
              );
            },
          ),
        ),
      );
    }
  }
```

上述示例代码视图展现大致如图 4-10 所示。

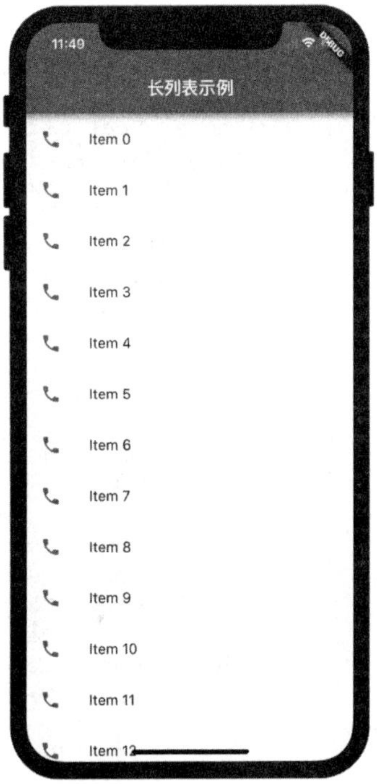

图 4-10　长列表组件应用示例

4.5.4　网格列表组件

数据量很大时用矩阵方式排列列表元素会比较清晰，此时用网格列表组件（GridView），可以实现多行多列的应用场景。使用 GridView 创建网格列表有多种方式：

- GridView.count：通过单行展示个数创建 GridView。
- GridView.extent：通过最大宽度创建 GridView。

网格列表组件的属性参见表 4-9。

表 4-9　GridView 属性及描述

属性名	类型	默认值	说明
scrollDirection	Axis	Axis.vertical	滚动的方向，有垂直和水平两种，默认为垂直方向
reverse	bool	false	默认是从上向下或者从左向右滚动的，这个属性控制是否反向，默认值为 false，即不反向滚动
controller	ScrollController		控制 child 滚动时的位置
primary	bool		是否是与父节点的 PrimaryScrollController 所关联的主滚动视图
physics	ScrollPhysics		滚动的视图如何响应用户的输入
shrinkWrap	bool	false	滚动方向的滚动视图内容是否应该由正在查看的内容所决定
padding	EdgeInsetsGeometry		四周的空白区域
gridDelegate	SliverGridDelegate		控制 GridView 中子节点布局的 delegate
cacheExtent	double		缓存区域

接下来，我们选取 GridView.count 来创建风格列表，示例代码如下：

```
import 'package:flutter/material.dart';

void main() => runApp(MyApp());

class MyApp extends StatelessWidget {

  @override
  Widget build(BuildContext context) {
    final title = "网格列表示例";

    return MaterialApp(
      title: title,
      home: Scaffold(
        appBar: AppBar(
          title: Text(title),
        ),
        //使用 GridView.count 构建网格
        body: GridView.count(
          primary: false,
          //四周增加一定的空隙
          padding: const EdgeInsets.all(20.0),
          crossAxisSpacing: 30.0,
          //一行上放三列数据
          crossAxisCount: 3,
          //数据项：五行三列
          children: <Widget>[
            const Text('第一行第一列'),
            const Text('第一行第二列'),
            const Text('第一行第三列'),
            const Text('第二行第一列'),
            const Text('第二行第二列'),
            const Text('第二行第三列'),
            const Text('第三行第一列'),
            const Text('第三行第二列'),
            const Text('第三行第三列'),
            const Text('第四行第一列'),
            const Text('第四行第二列'),
            const Text('第四行第三列'),
            const Text('第五行第一列'),
            const Text('第五行第二列'),
            const Text('第五行第三列'),
          ],
        ),
      ),
    );
  }
}
```

上述示例代码视图展现如图 4-11 所示。

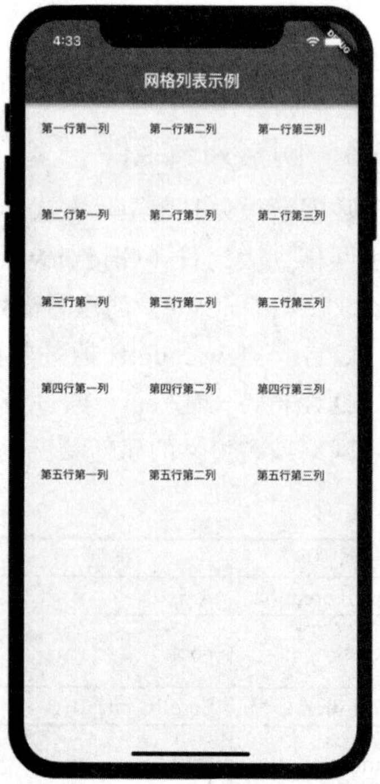

图 4-11 GridView 列表组件应用示例

4.6 表单组件

表单是一个包含表单元素的区域。表单元素允许用户输入内容，比如文本域、下拉列表、单选框、复选框等。常见的应用场景有：登录、注册、输入信息等。表单里有两个重要的组件，一个是Form组件，用于提交整个表单，另一个是TextFormField组件，用于用户输入。

先来看一看Form组件的属性，如下所示：

属性名	类型	说明
key	Key	组件在整个Widget树中的key值。
autovalidate	bool	是否自动提交表单。
child	Widget	组件child只能有一个子组件。
onChanged	VoidCallback	当FormField值改变时的回调函数。

再来看TextFromField组件的属性，如下所示：

属性名	类型	说明
autovalidate	bool	自动验证值。
initialValue	T	表单字段初始值，比如输入收货地址时，默认回填本的地址信息。
onSaved	FormFieldSetter<T>	当Form表单调用保存方法Save时回调的函数。
validator	FormFieldValidator<T>	Form表单验证器。

对于输入框，我们最关心的是输入内容是否合法，比如邮箱地址是否正确，电话号码是否是数字，等等。等用户输入完成后，需要知道输入框输入的内容。

为了获取表单的实例，我们需要设置一个全局类型的key，通过这个key的属性来获取表单对象。需要使用GlobalKey来获取，代码如下所示：

```
GlobalKey<FormState> loginKey = GlobalKey<FormState>();
```

接下来编写一个简单的登录界面，其中有用户名输入框、密码输入框以及一个登录按钮。当用户没有输入任何内容时，输入提示“请输入用户名”“请输入密码”，如图4-12所示。当用户正常输入内容点击“登录”按钮，界面不发生任何变化，表示输入内容正常。这里可以尝试输入一个非法的数据，比如验证代码里要求密码必须为6位，当你输入的密码少于6位时，再次点击“登录”，会报一个错误提示信息“密码长度不够6位”，如图4-13所示。

完整示例代码如下所示：

```
import 'package:flutter/material.dart';

void main() => runApp(LoginPage());

class LoginPage extends StatefulWidget {
  @override
  _LoginPageState createState() => _LoginPageState();
}

class _LoginPageState extends State<LoginPage> {

  //全局Key用来获取Form表单组件
  GlobalKey<FormState> loginKey = GlobalKey<FormState>();
```

```
//用户名
String userName;
//密码
String password;

void login() {
  //读取当前的Form状态
  var loginForm = loginKey.currentState;

  //验证Form表单
  if (loginForm.validate()) {
    loginForm.save();
    print('userName:' + userName + ' password:' + password);
  }
}

@override
Widget build(BuildContext context) {
  return MaterialApp(
    home: Scaffold(
      appBar: AppBar(
        title: Text('Form表单示例'),
      ),
      body: Column(
        children: <Widget>[
          Container(
            //添加内边距
            padding: const EdgeInsets.all(16.0),
            //添加Form表单
            child: Form(
              key: loginKey,
              child: Column(
                children: <Widget>[
                  //文本输入框表单组件
                  TextFormField(
                    //装饰器
                    decoration: InputDecoration(
                      //提示文本
                      labelText: '请输入用户名',
                    ),
                    //接收输入值
                    onSaved: (value) {
                      userName = value;
                    },
                    onFieldSubmitted: (value){},
                  ),
                  TextFormField(
                    decoration: InputDecoration(
                      labelText: '请输入密码',
                    ),
                    obscureText: true,
                    //验证表单方法
                    validator: (value) {
                      return value.length < 6 ? "密码长度不够6位" : null;
                    },
                    onSaved: (value) {
```

```
                        password = value;
                      },
                    ),
                  ],
                ),
              ),
            ),
            //限定容器大小
            SizedBox(
              width: 340.0,
              height: 42.0,
              //添加登录按钮
              child: RaisedButton(
                onPressed: login,
                child: Text(
                  '登录',
                  style: TextStyle(
                    fontSize: 18.0,
                  ),
                ),
              ),
            ),
          ],
        ),
      ),
    );
  }
}
```

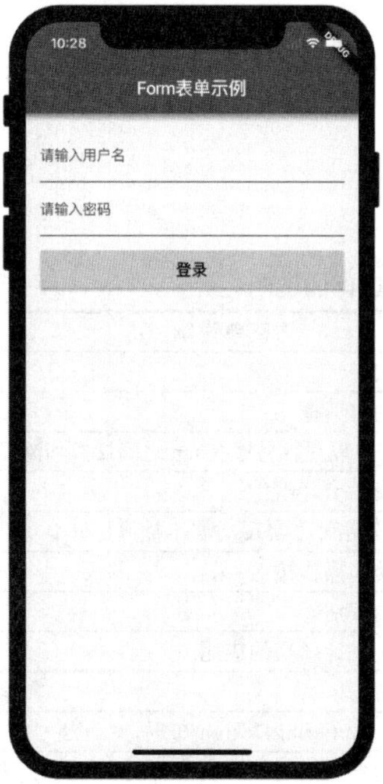

图 4-12 Form 表单示例初始状态

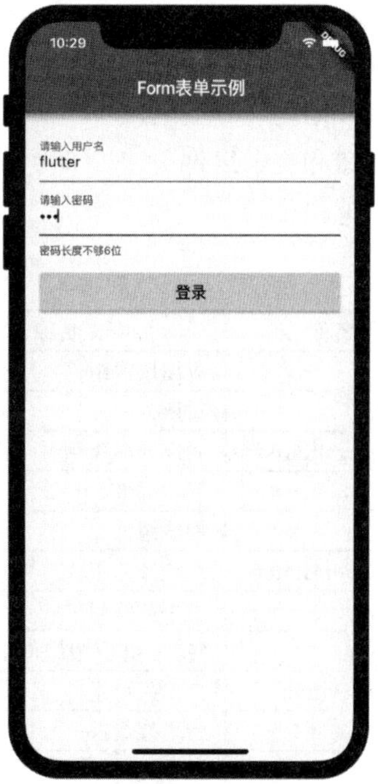

图 4-13 Form 表单示例错误状态

Chapter 5　第 5 章

Material Design 风格组件

Material Design 是由 Google 推出的全新设计语言，这种设计语言旨在为手机、平板电脑、台式机和其他平台提供更一致、更广泛的外观和感觉。在本书里我们有时把 Material Design 也称为材料设计，Material Design 风格是一种非常有质感的设计风格，并会提供一些默认的交互动画。

主要的 Material Design 风格组件参见表 5-1，本章将按照以下分类介绍这些组件：

- ❑ App 结构和导航组件
- ❑ 按钮和提示组件
- ❑ 其他组件

表 5-1　Material Design 风格组件的说明

组件名称	中文名称	简单说明
AppBar	应用按钮组件	应用的工具按钮
AlertDialog	对话框组件	有操作按钮的对话框
BottomNavigationBar	底部导航条组件	底部导航条，可以很容易地在 tap 之间切换和浏览顶级视图
Card	卡片组件	带有边框阴影的卡片组件
Drawer	抽屉组件	Drawer 抽屉组件可以实现类似于抽屉拉开、关闭的效果
FloatingActionButton	浮动按钮组件	应用的主要功能操作按钮
FlatButton	扁平按钮组件	扁平化风格的按钮
MaterialApp	Material 应用组件	使用 Material 设计风格的应用
PopupMenuButton	弹出菜单组件	弹出菜单按钮
Scaffold	脚手架组件	实现了基本的 Material Design 布局
SnackBar	轻量提示组件	一个轻量级消息提示组件，在屏幕的底部显示
SimpleDialog	简单对话框组件	简单对话框组件，只起提示作用，没有交互

（续）

组件名称	中文名称	简单说明
TabBar	水平选项卡及视图组件	一个显示水平选项卡的 Material Design 组件
TextField	文本框组件	可接受应用输入文本的组件

5.1　App 结构和导航组件

本节介绍的这类组件对 App 的结构和导航有帮助，如 MaterialApp、Scaffold、AppBar、BattomNavigationBar、TabBar、Drawer 等。

5.1.1　MaterialApp（应用组件）

MaterialApp 代表使用 Material 设计风格的应用，里面包含了其所需要的基本控件。一个完整的 Flutter 项目就是从 MaterialApp 这个主组件开始的。

MaterialApp 组件常见属性见表 5-2。

表 5-2　MaterialApp 组件属性及描述

属性名	类型	说明
title	String	应用程序的标题。该标题出现在如下位置： ❑ Android：任务管理器的程序快照之上 ❑ iOS：程序切换管理器中
theme	ThemeData	定义应用所使用的主题颜色，可以指定一个主题中每个控件的颜色
color	Color	应用的主要颜色值，即 primary color
home	Widget	这个是一个 Widget 对象，用来定义当前应用打开时所显示的界面
routes	Map<String, WidgetBuilder>	定义应用中页面跳转规则
initialRoute	String	初始化路由
onGenerateRoute	RouteFactory	路由回调函数。当通过 Navigator.of(context).pushNamed 跳转路由时，在 routes 查找不到时，会调用该方法
onLocaleChanged		当系统修改语言的时候，会触发这个回调
navigatorObservers	List<NavigatorObserver>	导航观察器
debugShowMaterialGrid	bool	是否显示 Material 设计基础布局网格，用来调试 UI 的工具
showPerformanceOverlay	bool	是否显示性能标签

1. 设置主页

使用 home 属性设置应用的主页，即整个应用的主组件。示例代码如下：

```
import 'package:flutter/material.dart';

void main() {
  runApp(MyApp());
```

```
}

class MyApp extends StatelessWidget {
  //这是整个应用的主组件
  @override
  Widget build(BuildContext context) {
    //Material 风格应用
    return MaterialApp(
      //设置首页
      home: MyHomePage(),
      title: 'MaterialApp 示例',
    );
  }
}

//这是一个可改变的 Widget
class MyHomePage extends StatefulWidget {
  @override
  _MyHomePageState createState() => _MyHomePageState();
}

class _MyHomePageState extends State<MyHomePage> {
  @override
  Widget build(BuildContext context) {
    return Scaffold(
      appBar: AppBar(
        title: Text('MaterialApp 示例'),
      ),
      body: Center(
        child: Text(
          '主页',
          style: TextStyle(fontSize: 28.0),
        ),
      ),
    );
  }
}
```

上述示例代码的视图展现大致如图 5-1 所示。

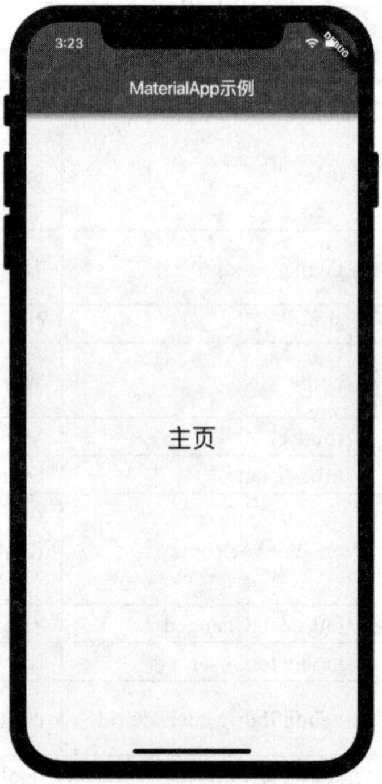

图 5-1 MaterialApp 设置主页示例

2. 路由处理

routes 对象是一个 Map<String, WidgetBuilder>。当使用 Navigator.pushNamed 来路由的时候，会在 routes 中查找路由名字，然后使用对应的 WidgetBuilder 来构造一个带有页面切换动画的 MaterialPageRoute。如果应用只有一个界面，则不用设置这个属性，使用 home 设置这个界面即可。

通过 routes 可以给 MaterialApp 组件初始化一个路由列表，跳转到指定页面，代码如下所示：

```
Navigator.pushNamed(context, '/somePage');
```

在 MaterialApp 组件使用 initialRoute 属性可以给应用添加一个初始化路由。这两个属性的代码如下：

```
routes: {
'/first': (BuildContext context) => FirstPage(), // 添加路由
'/second': (BuildContext context) => SecondPage(),
},
initialRoute: '/first',                          // 初始路由页面为 first 页面
```

为了便于演示，这里我们需要添加两个页面，在第一个页面里添加一个 Button，当点击 Button 时路由到第二个页面。页面跳转代码如下：

```
Navigator.pushNamed(context, '/second');
```

在第二个页面里也添加一个 Button，当点击 Button 时路由到第一个页面。页面跳转代码如下：

```
Navigator.pushNamed(context, '/first');
```

注意　第一个页面和第二个页面的路由标识是 /first 及 /second 而不是 first 及 second。

完整的路由示例代码如下：

```
import 'package:flutter/material.dart';

void main() {
  runApp(MyApp());
}

class MyApp extends StatelessWidget {
  // 这是整个应用的主组件
  @override
  Widget build(BuildContext context) {
    return MaterialApp(
      home: MyHomePage(),
      title: 'MaterialApp 示例 ',
      // 路由配置
      routes: {
        '/first': (BuildContext context) => FirstPage(), // 添加路由
        '/second': (BuildContext context) => SecondPage(),
      },
      initialRoute: '/first', // 初始路由页面为 first 页面
    );
  }
}

// 这是一个可改变的 Widget
class MyHomePage extends StatefulWidget {
  @override
  _MyHomePageState createState() => _MyHomePageState();
}

class _MyHomePageState extends State<MyHomePage> {
  @override
  Widget build(BuildContext context) {
    return Scaffold(
```

```
      appBar: AppBar(
        title: Text('MaterialApp 示例'),
      ),
      body: Center(
        child: Text(
          '主页',
          style: TextStyle(fontSize: 28.0),
        ),
      ),
    );
  }
}

//第一个路由页面
class FirstPage extends StatelessWidget {
  @override
  Widget build(BuildContext context) {
    return Scaffold(
      appBar: AppBar(
        title: Text('这是第一页'),
      ),
      body: Center(
        child: RaisedButton(
          onPressed: () {
            //路由跳转到第二个页面
            Navigator.pushNamed(context, '/second');
          },
          child: Text(
            '这是第一页',
            style: TextStyle(fontSize: 28.0),
          ),
        ),
      ),
    );
  }
}

//第二个路由页面
class SecondPage extends StatelessWidget {
  @override
  Widget build(BuildContext context) {
    return Scaffold(
      appBar: AppBar(
        title: Text('这是第二页'),
      ),
      body: Center(
        child: RaisedButton(
          onPressed: () {
            //路由跳转到第一个页面
            Navigator.pushNamed(context, '/first');
          },
          child: Text(
            '这是第二页',
            style: TextStyle(fontSize: 28.0),
          ),
        ),
```

```
        ),
      );
    }
}
```

上述示例代码的视图展现大致如图 5-2 所示。

图 5-2　MaterialApp 路由处理示例

3. 自定义主题

应用程序的主题，各种定制的颜色都可以设置，用于程序主题切换。示例代码如下所示：

```
MaterialApp(
  theme: ThemeData(
    // 主题色
    primarySwatch: Colors.blue,
  ),
);
```

5.1.2　Scaffold（脚手架组件）

Scaffold 实现了基本的 Material Design 布局。只要是在 Material Design 中定义过的单个界面显示的布局组件元素，都可以使用 Scaffold 来绘制。

Scaffold 组件常见属性如表 5-3 所示。

表 5-3　Scaffold 组件属性及描述

属性名	类型	说明
appBar	AppBar	显示在界面顶部的组件，通常由图标及标题构成
body	Widget	当前界面所显示的主要内容

（续）

属性名	类型	说明
floatingActionButton	Widget	在 Material Design 中定义的一个功能按钮
persistentFooterButtons	List<Widget>	固定在下方显示的按钮
drawer	Widget	侧边栏组件
bottomNavigationBar	Widget	显示在底部的导航栏按钮栏
backgroundColor	Color	背景颜色
resizeToAvoidBottomPadding	bool	控制界面内容 body 是否重新布局来避免底部被覆盖，比如当键盘显示时，重新布局避免被键盘盖住内容。默认值为 true

示例代码如下：

```
import 'package:flutter/material.dart';

void main() => runApp(
  MaterialApp(
    title: 'Scaffold 脚手架组件示例',
    home: LayoutDemo(),
  ),
);

class LayoutDemo extends StatelessWidget {

  @override
  Widget build(BuildContext context) {
    return Scaffold(
      // 头部元素，比如：左侧返回按钮，中间标题，右侧菜单
      appBar: AppBar(
        title: Text('Scaffold 脚手架组件示例'),
      ),
      // 视图内容部分，通常作为应用页面的主显示区域
      body: Center(
        child: Text('Scaffold'),
      ),
      // 底部导航栏
      bottomNavigationBar: BottomAppBar(
        child: Container(height: 50.0,),
      ),
      // 添加 FAB 按钮
      floatingActionButton: FloatingActionButton(
        onPressed: () {},
        tooltip: '增加',
        child: Icon(Icons.add),
      ),
      // FAB 按钮居中展示
      floatingActionButtonLocation: FloatingAction-
ButtonLocation.centerDocked,
    );
  }
}
```

上述示例代码的视图展现大致如图 5-3 所示。

图 5-3 Scaffold 抽屉组件示例

5.1.3　AppBar（应用按钮组件）

应用按钮组件有 AppBar 和 SliverAppBar。它们是 Material 设计中的 AppBar，也就是 Android 中的 Toolbar。

AppBar 和 SliverAppBar 都继承自 StatefulWidget 类，代表 Toolbar，两者的区别在于 AppBar 的位置是固定在应用最上面的，而 SliverAppBar 是可以跟随内容滚动的。AppBar 及 SliverAppBar 组件常见属性见表 5-4。

表 5-4　AppBar 及 SliverAppBar 组件属性及描述

属性名	类型	默认值	说明
leading	Widget	null	在标题前面显示的一个组件，在首页通常显示应用的 logo，在其他界面通常显示为返回按钮
title	Widget	null	Toolbar 中主要内容，通常显示为当前界面的标题文字
actions	List<Widget>	null	一个 Widget 列表，代表 Toolbar 中所显示的菜单，对于常用的菜单，通常使用 IconButton 表示，对于不常用的菜单通常使用 PopupMenuButton 显示为三个点，点击后弹出二级菜单
bottom	PreferredSizeWidget	null	通常是 TabBar，用来在 Toolbar 标题下面显示一个 Tab 导航栏
elevation	double	4	组件的 z 坐标顺序，对于可滚动的 SliverAppBar，当 SliverAppBar 和内容同级的时候，该值为 0，当内容滚动 SliverAppBar 变为 Toolbar 的时候，修改 elevation 的值
flexibleSpace	Widget	null	一个显示在 AppBar 下方的组件，高度和 AppBar 一样，可以实现一些特殊的效果，该属性通常在 SliverAppBar 中使用
backgroundColor	Color	ThemeData.primaryColor	背景色
brightness	Brightness	ThemeData.primaryColorBrightness	AppBar 的亮度，有白色和黑色两种主题
iconTheme	IconThemeData	ThemeData.primaryIconTheme	AppBar 上图标的颜色、透明度和尺寸信息。默认值为 ThemeData.primaryIconTheme
textTheme	TextTheme	ThemeData.primaryTextTheme	AppBar 上的文字样式
centerTitle	bool	true	标题是否居中显示，根据不同的操作系统，默认值显示方式不一样

AppBar 可以显示顶部 leading、title 和 actions 等内容。底部通常为选项卡 TabBar。flexibleSpace 显示在 AppBar 的下方，高度和 AppBar 高度一样，可以实现一些特殊的效果，不过该属性通常在 SliverAppBar 中使用。具体布局如图 5-4 所示。

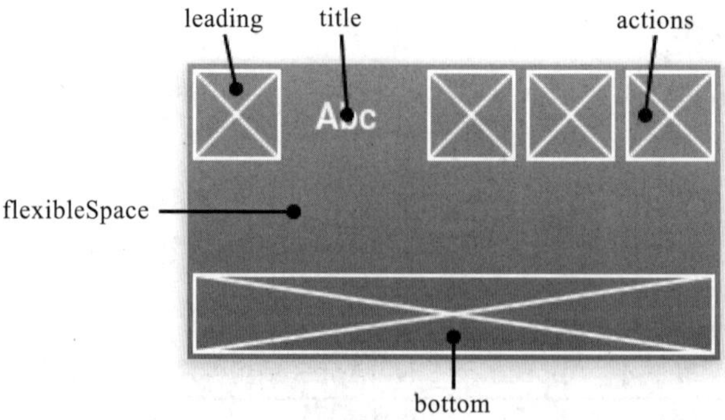

图 5-4 AppBar 组件布局图

接下来是一个示例代码，在上端左侧显示标题，右侧添加两个按钮，示例代码如下：

```
import 'package:flutter/material.dart';

void main() => runApp(
  MaterialApp(
    title: 'AppBar 应用按钮示例',
    home: LayoutDemo(),
  ),
);

class LayoutDemo extends StatelessWidget {
  @override
  Widget build(BuildContext context) {
    return Scaffold(
      // 应用按钮
      appBar: AppBar(
        // 左侧图标
        leading: Icon(Icons.home),
        // 标题
        title: Text('AppBar 应用按钮示例'),
        // 操作按钮集
        actions: <Widget>[
          // 图标按钮
          IconButton(
            icon: Icon(Icons.search),
            tooltip: '搜索',
            onPressed: (){},
          ),
          IconButton(
            icon: Icon(Icons.add),
            tooltip: '添加',
            onPressed: (){},
          ),
        ],
      ),
    );
  }
}
```

图 5-5 AppBar 应用按钮组件示例

上述示例代码的视图展现大致如图 5-5 所示。

5.1.4 BottomNavigationBar（底部导航条组件）

BottomNavigationBar 是底部导航条，可以很容易地在 tap 之间切换和浏览顶级视图。很多 App 主页底部都采用这种切换的方式。

BottomNavigationBar 组件常见属性见表 5-5。

表 5-5 BottomNavigationBar 组件属性及描述

属性名	类型	说明
currentIndex	int	当前索引，用来切换按钮控制
fixedColor	Color	选中按钮的颜色。如果没有指定值，则用系统主题色
iconSize	double	按钮图标大小
items	List<BottomNavigationBarItem>	底部导航条按钮集。每一项是一个 BottomNavigationBarItem，有 icon 图标及 title 文本属性
onTap	ValueChanged<int>	按下其中某一个按钮回调事件。需要根据返回的索引设置当前索引

BottomNavigationBar 通常显示在应用页面底部。由按钮加文字组成，这可以根据实际应用场景任意组合。按下按钮可切换不同的页面，所以需要一个当前索引来控制当前具体切换的页面。布局示例如图 5-6 所示。

图 5-6 BottomNavigationBar 组件布局图

接下来是一个示例代码，仿一个聊天软件，底部显示“信息”“通讯录”“发现”按钮。这个界面的排列方式类似微信。按钮是以图标加文本方式显示，切换不同的按钮时，中间显示切换的内容。示例中用到了状态控制，用来控制当前切换按钮的索引值。

完整的示例代码如下：

```
import 'package:flutter/material.dart';

void main() => runApp(MyApp());

class MyApp extends StatelessWidget {
  @override
  Widget build(BuildContext context) {
    return MaterialApp(
      home: Scaffold(
        body: MyHomePage(),
      ),
    );
  }
}

class MyHomePage extends StatefulWidget {
  MyHomePage({Key key}) : super(key: key);

  @override
  _MyHomePageState createState() => _MyHomePageState();
}
```

```
class _MyHomePageState extends State<MyHomePage> {
  // 当前选中项的索引
  int _selectedIndex = 1;
  // 导航栏按钮选中对应数据
  final _widgetOptions = [
    Text('Index 0: 信息'),
    Text('Index 1: 通讯录'),
    Text('Index 2: 发现'),
  ];

  @override
  Widget build(BuildContext context) {
    return Scaffold(
      // 顶部应用按钮
      appBar: AppBar(
        title: Text('BottomNavigationBar 示例'),
      ),
      // 中间内容显示区域
      body: Center(
        child: _widgetOptions.elementAt(_selectedIndex), // 居中显示某一个文本
      ),
      // 底部导航按钮集
      bottomNavigationBar: BottomNavigationBar(
        items: <BottomNavigationBarItem>[
          // 底部导航按钮项，包含图标及文本
          BottomNavigationBarItem(icon: Icon(Icons.chat), title: Text('信息')),
          BottomNavigationBarItem(icon: Icon(Icons.contacts), title: Text('通讯录')),
          BottomNavigationBarItem(icon: Icon(Icons.account_circle), title: Text('发现')),
        ],
        currentIndex: _selectedIndex,  // 当前选中项的索引
        fixedColor: Colors.deepPurple, // 选项中项的颜色
        onTap: _onItemTapped,          // 选择按下处理
      ),
    );
  }

  // 选择按下处理，设置当前索引为 index 值
  void _onItemTapped(int index) {
    setState(() {
      _selectedIndex = index;
    });
  }
}
```

上述示例代码的视图展现大致如图 5-7 所示。

图 5-7 BottomNavigationBar 组件示例

5.1.5 TabBar（水平选项卡及视图组件）

TabBar 是一个显示水平选项卡的 Material Design 组件，通常需要配套 Tab 选项组件及 TabBarView 页面视图组件一起使用。

TabBar 组件常见属性如下所示：

属性名	类型	说明
isScrollable	bool	是否可以水平移动。
tabs	List<Widget>	Tab 选项列表，建议不要放太多项，否则用户操作起来不方便。

Tab 组件常见属性如下所示：

属性名	类型	说明
icon	Widget	Tab 图标。
text	String	Tab 文本。

TabBarView 组件常见属性如下所示：

属性名	类型	说明
controller	TabController	指定视图的控制器。
children	List<Widget>	视图组件的 child 为一个列表，一个选项卡对应一个视图。

TabBar 的选项卡按钮通常显示在应用页面上部，TabBarView 视图布局示例参考图 5-8。

相信大家都用过地图类软件。当选择好目的地以后，会列出几个选项，比如步行、自驾、公交车等，并给出需要多长时间以及对应路线之类的信息。接下来我们就用 TabBar 来实现一个类似的功能页面。

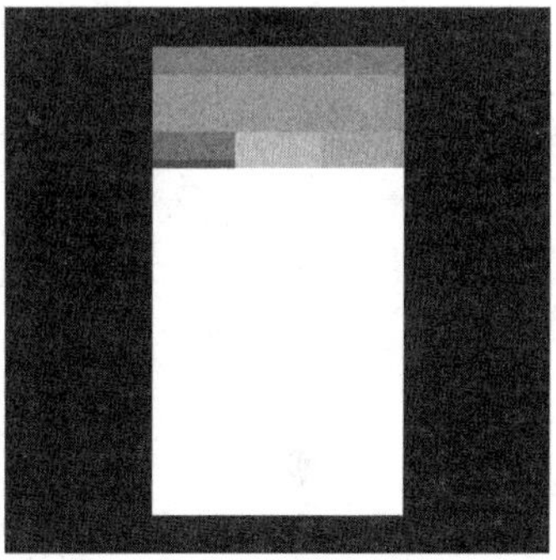

图 5-8　TabBar 组件布局图

实现这个示例需要以下几个组件：

- ❑ DefaultTabController
- ❑ TabBar
- ❑ Tab
- ❑ TabBarView

在编写示例之前，我们先了解一下 DefaultTabController 这个组件，它是 TabBar 和 TabBarView 的控制器，是关联这个两组件的桥梁。

DefaultTabController 的示例代码如下：

```
import 'package:flutter/material.dart';

void main() {
  runApp(new DefaultTabControllerSample());
}

class DefaultTabControllerSample extends StatelessWidget {

  //选项卡数据
  final List<Tab> myTabs = <Tab>[
    Tab(text: '选项卡一'),
    Tab(text: '选项卡二'),
  ];

  @override
```

```
  Widget build(BuildContext context) {
    return MaterialApp(
      // 用来组装 TabBar 及 TabBarView
      home: DefaultTabController(
        // 选项卡长度
        length: myTabs.length,
        child: Scaffold(
          // 应用按钮
          appBar: AppBar(
            // 页面标题
            title: Text("AppBar 标题 "),
            // 添加选项卡按钮，注意此 bottom 表示在 AppBar 的底部，在整个页面上来看还处于顶部区域
            bottom: TabBar(
              tabs: myTabs,
            ),
          ),
          // 添加选项卡视图，即页面中间内容显示区域
          body: TabBarView(
            // 使用 map 迭代显示中间内空
            children: myTabs.map((Tab tab) {
              return Center(child: Text(tab.text));
            }).toList(),
          ),
        ),
      ),
    );
  }
}
```

上述示例代码的视图展现大致如图 5-9 所示。

图 5-9　DefaultTabController 组件示例

注意 选项卡按钮TabBar我们放在AppBar的bottom元素下，示例显示的结果却是在页面的顶部区域。原因是此bottom表示的是AppBar的底部位置，AppBar本身就是在页面的顶部区域，所以选项卡按钮TabBar自然也在页面顶部偏下的位置。

接下来我们编写TabBar水平选项卡的整个示例。步骤如下：

步骤1 首先添加视图项数据ItemView，增加title及icon两个数据项。结构如下所示：

```
class ItemView {
  title; //标题
  icon;  //图标
}
```

步骤2 组装数据，添加所有选项类目。以自驾为例，代码如下所示。还可添加自行车、轮船、公交车、火车及步行数据：

```
ItemView(title: '自驾', icon: Icons.directions_car),
```

最后用List<ItemView>组装起来：

```
const List<ItemView> items = const <ItemView>[];
```

步骤3 添加被选中的视图并命名为SelectedView，此组件需要传入视图项数据，包含图标及标题，然后通过Column组件居中显示在界面中。代码结构如下所示：

```
//被选中的视图
class SelectedView extends StatelessWidget {
  //TODO 构造方法

  //视图数据
  final ItemView item;

  @override
  Widget build(BuildContext context) {
   //渲染页面，添加图标和文本
  }
}
```

步骤4 添加示例的主体，命名为TabBarSample。主要用DefaultTabController来包裹并指定选项卡的数量。接着在AppBar里添加TabBar组件。注意不要将这里的bottom理解为底部，应理解为AppBar的按钮部分。TabBar需要设置为可滚动的，因为选项卡子项较多，界面需要滑动才可以显示全。TabBar的子项tabs需要使用迭代器来展示Tab内容。添加好TabBar后再添加视图TabBarView，这里同样也需要使用迭代器来展示选项卡视图。

迭代器代码如下所示：

```
tabs: items.map((ItemView item) {
  return Tab(
           text: item.title,
           icon: new Icon(item.icon),
           );
}).toList(),
```

完整的示例代码如下所示：

```
import 'package:flutter/material.dart';

class TabBarSample extends StatelessWidget {
  @override
  Widget build(BuildContext context) {
    return MaterialApp(
      //添加DefaultTabController关联TabBar及TabBarView
      home: DefaultTabController(
        length: items.length, //传入选项卡数量
        child: Scaffold(
          appBar: AppBar(
            title: const Text('TabBar选项卡示例'),
            //选项卡按钮
            bottom: TabBar(
              isScrollable: true,              //设置为可以滚动
              tabs: items.map((ItemView item) { //迭代添加选项卡按钮子项
                //选项卡按钮由文本及图标组成
                return Tab(
                  text: item.title,
                  icon: Icon(item.icon),
                );
              }).toList(),
            ),
          ),
          //添加选项卡视图
          body: TabBarView(
            //迭代显示选项卡视图
            children: items.map((ItemView item) {
              return Padding(
                padding: const EdgeInsets.all(16.0),
                child: SelectedView(item: item),
              );
            }).toList(),
          ),
        ),
      ),
    );
  }
}

//视图项数据
class ItemView {
  const ItemView({ this.title, this.icon });    //构造方法，传入标题及图标
  final String title;  //标题
```

```
  final IconData icon; // 图标
}

// 选项卡的类目
const List<ItemView> items = const <ItemView>[
  const ItemView(title: '自驾', icon: Icons.directions_car),
  const ItemView(title: '自行车', icon: Icons.directions_bike),
  const ItemView(title: '轮船', icon: Icons.directions_boat),
  const ItemView(title: '公交车', icon: Icons.directions_bus),
  const ItemView(title: '火车', icon: Icons.directions_railway),
  const ItemView(title: '步行', icon: Icons.directions_walk),
];

// 被选中的视图
class SelectedView extends StatelessWidget {
  const SelectedView({ Key key, this.item }) : super(key: key);

  // 视图数据
  final ItemView item;

  @override
  Widget build(BuildContext context) {
    // 获取文本主题样式
    final TextStyle textStyle = Theme.of(context).textTheme.display1;
    // 添加卡片组件，展示有质感
    return Card(
      // 卡片颜色
      color: Colors.white,
      child: Center(
        child: Column(
          mainAxisSize: MainAxisSize.min,
    // 垂直方向最小化处理
          crossAxisAlignment: CrossAxisAlignment.
center, // 水平方向居中对齐
          children: <Widget>[
            Icon(item.icon, size: 128.0, color:
textStyle.color),
            Text(item.title, style: textStyle),
          ],
        ),
      ),
    );
  }
}

void main() {
  runApp(TabBarSample());
}
```

图 5-10 TabBar 选项卡示例

上述示例代码的视图展现大致如图 5-10 所示。

提示 选项卡项较多时，需要左右滑动才可以展示全。建议在做实际项目时，可以减少一些选项，尽量把更多的内容归在一起。这样可以提高用户体验效果。

5.1.6 Drawer（抽屉组件）

Drawer 可以实现类似抽屉拉出推入的效果。可以从侧边栏拉出导航面板。这样做的好处是可以把一些功能菜单折叠起来。通常 Drawer 是和 ListView 组件组合使用的。Drawer 组件常见属性如下所示：

属性名	类型	默认值	说明
child	Widget		Drawer 的 child 可以放置任意可显示的对象。
elevation	double	16	Material 设计中组件的 z 坐标顺序。

Drawer 组件可以添加头部效果，用以下两个组件可以实现：

- DrawerHeader：展示基本信息。
- UserAccountsDrawerHeader：展示用户头像、用户名、Email 等信息。

DrawerHeader 通常用于抽屉中在顶部展示一些基本信息，其属性及描述如表 5-6 所示。

表 5-6　DrawerHeader 组件属性及描述

属性名	类型	说明
decoration	Decoration	Header 区域的 decoration，通常用来设置背景颜色或者背景图片
curve	Curve	如果 decoration 发生了变化，则会使用 curve 设置的变化曲线和 duration 设置的动画时间来做一个切换动画
child	Widget	Header 里面所显示的内容控件
padding	EdgeInsetsGeometry	Header 里面内容控件的 padding 值，如果 child 为 null，则这个值无效
margin	EdgeInsetsGeometry	Header 四周的间隙

UserAccountsDrawerHeader 可以设置用户头像、用户名和 Email 等信息，显示一个符合 Material Design 规范的 drawer header。其常用属性如表 5-7 所示。

表 5-7　UserAccountsDrawerHeader 组件属性及描述

属性名	类型	说明
margin	EdgeInsetsGeometry	Header 四周的间隙
decoration	Decoration	Header 区域的 decoration，通常用来设置背景颜色或者背景图片
currentAccountPicture	Widget	用来设置当前用户的头像
otherAccountsPictures	List<Widget>	用来设置当前用户其他账号的头像
accountName	Widget	当前用户的名字
accountEmail	Widget	当前用户的 Email
onDetailsPressed	VoidCallback	当 accountName 或者 accountEmail 被点击的时候所触发的回调函数，可以用来显示其他额外的信息

从 UserAccountsDrawerHeader 的属性及描述来看，我们可以写一个示例来模仿 QQ 侧边导航栏的效果。示例中用到的图片参考 4.2 节即可。

示例代码如下：

```
import 'package:flutter/material.dart';

void main() => runApp(
  new MaterialApp(
    title: 'Drawer 抽屉组件示例 ',
    home: new LayoutDemo(),
  ),
);

class LayoutDemo extends StatelessWidget {

  @override
  Widget build(BuildContext context) {

    return new Scaffold(
      appBar: AppBar(
        title: Text('Drawer 抽屉组件示例 '),
      ),
      drawer: Drawer(
        child: ListView(
          children: <Widget>[
            // 设置用户信息，如头像、用户名、Email 等
            UserAccountsDrawerHeader(
              accountName: new Text(
                " 玄微子 ",
              ),
              accountEmail: new Text(
                "xuanweizi@163.com",
              ),
              // 设置当前用户头像
              currentAccountPicture: new CircleAvatar(
                backgroundImage: new AssetImage("images/1.jpeg"),
              ),
              onDetailsPressed: () {},
              // 属性本来是用来设置当前用户的其他账号的头像，这里用作 QQ 二维码图片
              otherAccountsPictures: <Widget>[
                new Container(
                  child: Image.asset('images/code.jpeg'),
                ),
              ],
            ),
            ListTile(
              leading: new CircleAvatar(child: Icon(Icons.color_lens)), // 导航栏菜单
              title: Text(' 个性装扮 '),
            ),
            ListTile(
              leading: new CircleAvatar(child: Icon(Icons.photo)),
              title: Text(' 我的相册 '),
            ),
```

```
                ListTile(
                  leading: new CircleAvatar(child: Icon(Icons.wifi)),
                  title: Text('免流量特权'),
                ),
              ],
            ),
          ),
        );

      }
    }
```

上述示例代码的视图展现大致如图 5-11 所示。

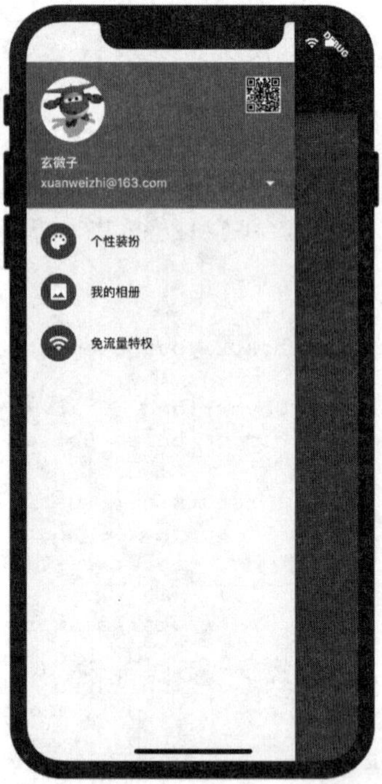

图 5-11 Drawer 抽屉组件示例

5.2 按钮和提示组件

本节介绍的组件可用于设计按钮、菜单、对话框等，包括 FloatingActionButton、FlatButton、PopupMenuButton、SimpleDialog、AlertDialog、SnackBar。

5.2.1 FloatingActionButton（悬停按钮组件）

FloatingActionButton 对应一个圆形图标按钮，悬停在内容之上，以展示应用程序中的主要动作，所以非常醒目，类似于 iOS 里的小白点按钮。FloatingActionButton 通常用于 Scaffold.floatingActionButton 字段，常用属性见表 5-8。

表 5-8 FloatingActionButton 组件属性及描述

属性名	类型	默认值	说明
child	Widget		child 一般为 Icon，不推荐使用文字
tooltip	String		按钮提示文本
foregroundColor	Color		前景色
backgroundColor	Color		背景色
elevation	double	6.0	未点击时阴影值，默认为 6.0
hignlightElevation	double	12.0	点击时阴影值
onPressed	VoidCallback		点击事件回调
shape	ShapeBorder	CircleBorder	定义按钮的形状，设置 shape 属性时，默认的 elevation 将会失效

示例代码如下：

```
import 'package:flutter/material.dart';

void main() => runApp(MyApp());

class MyApp extends StatelessWidget {
  @override
  Widget build(BuildContext context) {
    return MaterialApp(
      title: 'FloatingActionButton 示例 ',
      home: Scaffold(
        appBar: AppBar(
          title: Text('FloatingActionButton 示例 '),
        ),
        body: Center(
          child: Text(
            'FloatingActionButton 示例 ',
            style: TextStyle(fontSize: 28.0),
          ),
        ),
        floatingActionButton: Builder(builder: (BuildContext context) {
          return FloatingActionButton(
            child: const Icon(Icons.add),
            // 提示信息
            tooltip: " 请点击 FloatingActionButton",
            // 前景色为白色
            foregroundColor: Colors.white,
            // 背景色为蓝色
            backgroundColor: Colors.blue,
            // 未点击阴影值
            elevation: 7.0,
            // 点击阴影值
            highlightElevation: 14.0,
            onPressed: () {
              // 点击回调事件，弹出一句提示语句
              Scaffold.of(context).showSnackBar(SnackBar(
                content: Text(" 你点击了 FloatingActionButton"),
              ));
            },
            mini: false,
            // 圆形边
            shape: CircleBorder(),
            isExtended: false,
          );
        }),
        floatingActionButtonLocation:
        FloatingActionButtonLocation.centerFloat, // 居中放置，位置可以设置成左中右
      ),
    );
  }
}
```

上述示例代码的视图展现大致如图 5-12 所示，当按下图中按钮后，会触发 onPressed 事件，调用 SnackBar 显示一句提示语。

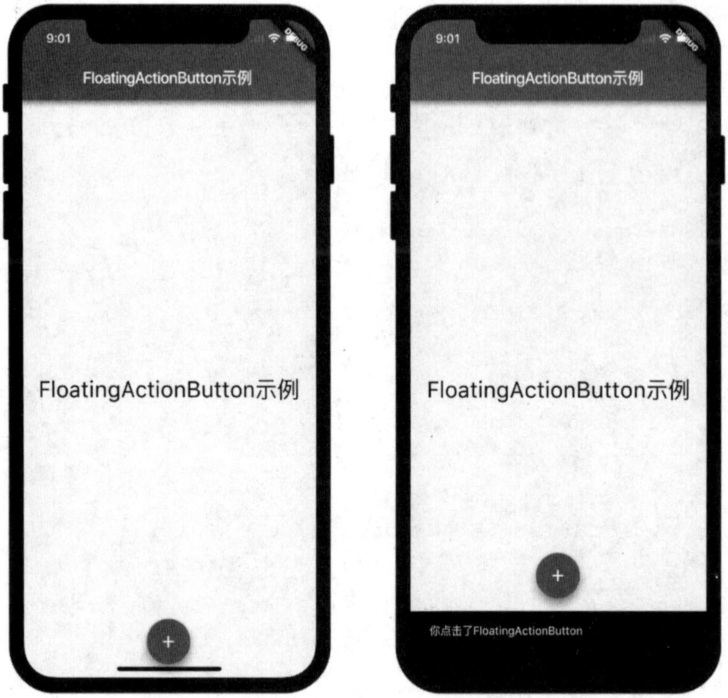

图 5-12　FloatingActionButton 组件应用示例

5.2.2　FlatButton（扁平按钮组件）

FlatButton 组件是一个扁平的 Material Design 风格按钮，点击时会生成阴影效果。示例代码如下：

```
import 'package:flutter/material.dart';

void main() => runApp(MyApp());

class MyApp extends StatelessWidget {
  @override
  Widget build(BuildContext context) {
    return MaterialApp(
      title: 'Welcome to Flutter',
      home: Scaffold(
        appBar: AppBar(
          title: Text('FlatButton 扁平按钮组件示例 '),
        ),
        body: Center(
          child: FlatButton(
            onPressed: () {},
            child: Text(
              'FlatButton',
              style: TextStyle(fontSize: 24.0),
```

```
                    ),
                  ),
                ),
              ),
            );
          }
        }
```

上述示例代码的视图展现大致如图 5-13 所示。

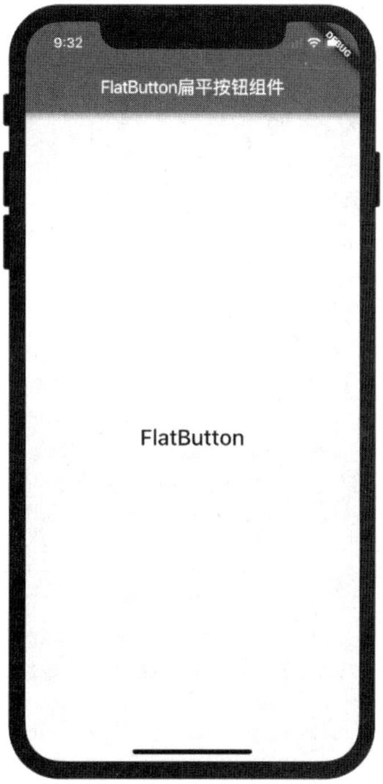

图 5-13　FlatButton 组件应用示例

5.2.3　PopupMenuButton（弹出菜单组件）

PopupMenuButton 为弹出菜单按钮，一般放在应用页面的右上角，表示有更多的操作。菜单项使用 PopupMenuItem 组件。常用属性见表 5-9。

表 5-9　PopupMenuButton 组件属性及描述

属性名	类型	说明
child	Widget	如果 child 有值，则弹出菜单组件将使用此组件
icon	Icon	如果此属性有值，则弹出菜单使用此图标
itemBuilder	PopupMenuItemBuilder<T>	菜单项构造器，菜单项可为任意类型，文本、图标都可以
onSelected	PopupMenuItemSelected<T>	当某项菜单被选中时回调的方法

接下来我们编写一个视频会议产品中关于会控的菜单。视频会议的会控菜单包括如下内容：

- ❑ 添加成员
- ❑ 锁定会议
- ❑ 修改布局
- ❑ 挂断所有

完整的示例代码如下：

```
import 'package:flutter/material.dart';

void main() => runApp(MyApp());

//会控菜单项
enum ConferenceItem { AddMember, LockConference, ModifyLayout, TurnoffAll }

class MyApp extends StatelessWidget {
  @override
  Widget build(BuildContext context) {
    return MaterialApp(
      title: 'PopupMenuButton 组件示例',
      home: Scaffold(
        appBar: AppBar(
          title: Text('PopupMenuButton 组件示例'),
        ),
        body: Center(
          child: FlatButton(
            onPressed: () {},
            child: PopupMenuButton<ConferenceItem>(
              onSelected: (ConferenceItem result) {},
              itemBuilder: (BuildContext context) =>      //菜单项构造器
                  <PopupMenuEntry<ConferenceItem>>[
                    const PopupMenuItem<ConferenceItem>( //菜单项
                      value: ConferenceItem.AddMember,
                      child: Text('添加成员'),
                    ),
                    const PopupMenuItem<ConferenceItem>(
                      value: ConferenceItem.LockConference,
                      child: Text('锁定会议'),
                    ),
                    const PopupMenuItem<ConferenceItem>(
                      value: ConferenceItem.ModifyLayout,
                      child: Text('修改布局'),
                    ),
                    const PopupMenuItem<ConferenceItem>(
                      value: ConferenceItem.TurnoffAll,
                      child: Text('挂断所有'),
                    ),
                  ],
            ),
          ),
        ),
```

```
        ),
      );
    }
}
```

上述示例代码的视图展现大致如图 5-14 所示。

图 5-14 PopupMenuButton 组件应用示例

5.2.4 SimpleDialog（简单对话框组件）

SimpleDialog 组件用于设计简单对话框，可以显示附加的提示或操作，组件的属性及描述如表 5-10 所示。

表 5-10 SimpleDialog 组件属性及描述

属性名	类型	说明
children	List<Widget>	对话框子项，典型的应用是一个列表
title	Widget	对话框标题，通常是一个文本组件
contentPadding	EdgeInsetsGeometry	内容部分间距大小
titlePadding	EdgeInsetsGeometry	标题部分间距大小

简单对话框通常需要配合 SimpleDialogOption 组件一起使用，接下来通过一个示例来展示如何使用，示例代码如下：

```
import 'package:flutter/material.dart';

void main() => runApp(MyApp());

class MyApp extends StatelessWidget {
  @override
  Widget build(BuildContext context) {

    return MaterialApp(
      title: 'SimpleDialog 组件示例 ',
      home: Scaffold(
        appBar: AppBar(
          title: Text('SimpleDialog 组件示例 '),
        ),
        body: Center(
          child: SimpleDialog(
            title: const Text(' 对话框标题 '),
            children: <Widget>[
              SimpleDialogOption(
                onPressed: () {  },
                child: const Text(' 第一行信息 '),
              ),
              SimpleDialogOption(
                onPressed: () {  },
                child: const Text(' 第二行信息 '),
              ),
            ],
          ),

        ),
      ),
    );
  }
}
```

上述示例代码的视图展现大致如图 5-15 所示。

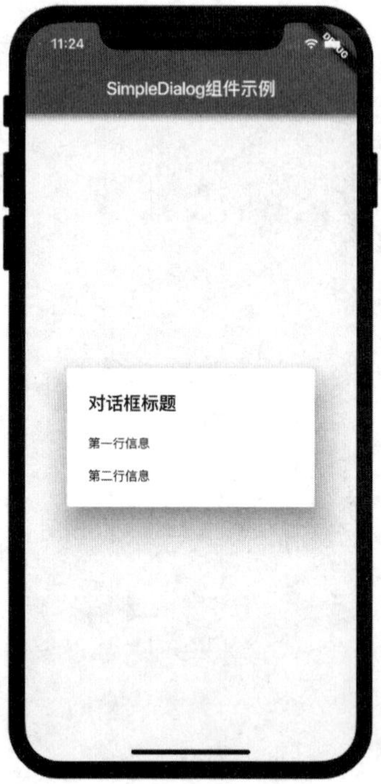

图 5-15　SimpleDialog 组件应用示例

注意　通常对话框都是通过某个动作来触发渲染的。比如点击按钮、菜单等，所以对话框一般要封装在一个方法里实现。另外这个过程是异步的，需要加入 async/await 处理。

5.2.5　AlertDialog（提示对话框组件）

AlertDialog 组件比 SimpleDialog 对话框又复杂一些。不仅仅有提示内容，还有一些操作按钮，如确定和取消等，内容部分可以用 SingleChildScrollView 进行包裹。组件的属性及描述如表 5-11 所示。

表 5-11　AlertDialog 组件属性及描述

属性名	类型	说明
actions	List<Widget>	对话框底部操作按钮，例如确定、取消等
title	Widget	对话框标题，通常是一个文本组件

（续）

属性名	类型	说明
contentPadding	EdgeInsetsGeometry	内容部分间距大小
content	Widget	内容部分，通常为对话框的提示内容
titlePadding119	EdgeInsetsGeometry	标题部分间距大小

编写一个删除确认的示例，完整的示例代码如下：

```
import 'package:flutter/material.dart';

void main() => runApp(MyApp());

class MyApp extends StatelessWidget {
  @override
  Widget build(BuildContext context) {
    return MaterialApp(
      title: 'AlertDialog 组件示例 ',
      home: Scaffold(
        appBar: AppBar(
          title: Text('AlertDialog 组件示例 '),
        ),
        body: Center(
          // 添加对话框
          child: AlertDialog(
            // 对话框标题
            title: Text(' 提示 '),
            // 对话框内容部分
            content: SingleChildScrollView(
              child: ListBody(
                children: <Widget>[
                  Text(' 是否要删除？'),
                  Text(' 一旦删除数据不可恢复！ '),
                ],
              ),
            ),
            // 对话框操作按钮
            actions: <Widget>[
              FlatButton(
                child: Text(' 确定 '),
                onPressed: () {},
              ),
              FlatButton(
                child: Text(' 取消 '),
                onPressed: () {},
              ),
            ],
          ),
        ),
      ),
    );
  }
}
```

上述示例代码的视图展现大致如图 5-16 所示。

图 5-16　AlertDialog 组件应用示例

5.2.6 SnackBar（轻量提示组件）

SnackBar 是一个轻量级消息提示组件，在屏幕的底部显示，组件的属性及描述如表 5-12 所示。

表 5-12 SnackBar 组件属性及描述

属性名	类型	默认值	说明
action	SnackBarAction		提示消息里执行的动作，比如用户想撤销时可以点击操作
animation	Animation<double>		给组件添加动画效果
content	Widget		提示消息内容，通常为文本组件
duration	Duration	4.0 秒	动画执行的时长
backgroundColor	Color		消息面板的背景色

弹出消息提示调用方法如下所示，过几秒钟会自动提示消息：

```
Scaffold.of(context).showSnackBar();
```

完整的示例代码如下：

```
import 'package:flutter/material.dart';

void main() => runApp(MyApp());

class MyApp extends StatelessWidget {
  @override
  Widget build(BuildContext context) {
    return MaterialApp(
      title: 'SnackBar 示例 ',
      home: Scaffold(
        appBar: AppBar(
          title: Text('SnackBar 示例 '),
        ),
        body: Center(
          child: Text(
            'SnackBar 示例 ',
            style: TextStyle(fontSize: 28.0),
          ),
        ),
        // FAB 按钮
        floatingActionButton: Builder(builder: (BuildContext context) {
          return FloatingActionButton(
            child: const Icon(Icons.add),
            onPressed: () {
              // 点击回调事件，弹出一句提示语句
              Scaffold.of(context).showSnackBar(SnackBar(
                // 提示信息内容部分
                content: Text(" 显示 SnackBar"),
              ));
            },
            shape: CircleBorder(),
```

```
                );
              }),
              floatingActionButtonLocation:
              FloatingActionButtonLocation.endFloat, // 居中放置，位置可以设置成左中右
          ),
        );
      }
    }
```

上述示例代码的视图展现大致如图 5-17 所示。

图 5-17　SnackBar 组件应用示例

5.3　其他组件

本节介绍的组件包括文本框、卡片等内容的设计，如 TextField、Card 等。

5.3.1　TextField（文本框组件）

只要是应用程序，就会涉及交互，文本输入是最常见的一种交互方式。TextField 就是用于进行文本输入的组件。注意要将 TextField 和 Text 组件区分开来，Text 组件主要用于显示文本，并不接受输入文本。TextField 常用属性见表 5-13。

表 5-13　TextField 组件属性及描述

属性名	类型	说明
maxLength	int	最大长度
maxLines	int	最大行数
autocorrect	bool	是否自动更正
autofocus	bool	是否自动对焦
obscureText	bool	是否是密码
textAlign	TextAlign	文本对齐方式
style	TextStyle	输入文本的样式
inputFormatters	List<TextInputFormatter>	允许的输入格式
onChanged	ValueChanged<String>	内容改变的回调
onSubmitted	ValueChanged<String>	内容提交时回调
enabled	bool	是否禁用

对于 TextField 无须做过多处理，默认 Material Design 的效果就非常漂亮。代码如下所示：

```
TextField()
```

假设还想获取文本内容，仅有输入框还不够，还需要传递 controller 给 TextField，用来

监听文本内容的变化，这是一种绑定的机制。初始化监听器的代码如下所示：

```
final TextEditingController controller = TextEditingController();
controller.addListener(() {
      // TODO
});
```

绑定监听器的代码如下所示：

```
child: TextField(
  controller: controller,
),
```

当在文本框里输入“hello world”时，会发现在控制台里文字是一个一个打印出来的。原因是只要监听器发现文本内容发生变化，就会触发回调函数输出内容。输出结果如下：

```
flutter: 你输入的内容为：
flutter: 你输入的内容为：h
flutter: 你输入的内容为：he
flutter: 你输入的内容为：hel
flutter: 你输入的内容为：hell
flutter: 你输入的内容为：hello
flutter: 你输入的内容为：hello
flutter: 你输入的内容为：hello w
flutter: 你输入的内容为：hello wo
flutter: 你输入的内容为：hello wor
flutter: 你输入的内容为：hello worl
flutter: 你输入的内容为：hello world
```

图 5-18　TextField 添加常规属性的效果图

接下来可以再给 TextField 添加一些属性用来进行更多的控制，比如最大长度，最大行数，是否自动对焦，内容提交回调等。添加常规属性后效果如图 5-18 所示。

最后再给文本框添加一些装饰效果，比如填充色、图标等，需要用到 InputDecoration 组件。代码如下所示：

```
decoration: InputDecoration
```

完整的示例代码如下：

```
import 'package:flutter/material.dart';

void main() => runApp(MyApp());

class MyApp extends StatelessWidget {
  @override
  Widget build(BuildContext context) {
    // 添加文本编辑控制器，监听文本输入内容变化
    final TextEditingController controller = TextEditingController();
    controller.addListener(() {
      print('你输入的内容为：${controller.text}');
    });

    return MaterialApp(
```

```
        title: 'TextField 组件示例 ',
        home: Scaffold(
          appBar: AppBar(
            title: Text('TextField 组件示例 '),
          ),
          body: Center(
            child: Padding(
              padding: const EdgeInsets.all(20.0),
              child: TextField(
                // 绑定 controller
                controller: controller,
                // 最大长度，设置此项会让 TextField 右下角有一个输入数量的统计字符串
                maxLength: 30,
                // 最大行数
                maxLines: 1,
                // 是否自动更正
                autocorrect: true,
                // 是否自动对焦
                autofocus: true,
                // 是否是密码
                obscureText: false,
                // 文本对齐方式
                textAlign: TextAlign.center,
                // 输入文本的样式
                style: TextStyle(fontSize: 26.0, color: Colors.green),
                // 文本内容改变时回调
                onChanged: (text) {
                  print(' 文本内容改变时回调 $text');
                },
                // 内容提交时回调
                onSubmitted: (text) {
                  print(' 内容提交时回调 $text');
                },
                enabled: true,                          // 是否禁用
                decoration: InputDecoration(            // 添加装饰效果
                    fillColor: Colors.grey.shade200,    // 添加灰色填充色
                    filled: true,
                    helperText: ' 用户名 ',
                    prefixIcon: Icon(Icons.person),     // 左侧图标
                    suffixText: ' 用户名 '),             // 右侧文本提示
              ),
            ),
          ),
        ),
      );
    }
  }
```

上述示例代码的视图展现大致如图 5-19 所示。

5.3.2　Card（卡片组件）

Card 即卡片组件，内容可以由大多数类型的 Widget 构成，但通常与 ListTile 一起使用。Card 有一个 child，但它可以是支持多个 child 的列、行、列表、网格或其他小部件。默认情

况下，Card 将其大小缩小为 0 像素。可以使用 SizedBox 来限制 Card 的大小。在 Flutter 中，Card 具有圆角和阴影，这让它看起来有立体感。Card 组件的属性及描述见表 5-14。

图 5-19　TextField 组件应用示例

表 5-14　Card 组件属性及描述

属性名	类型	默认值	说明
child	Widget		组件的子元素，任意 Widget 都可以
margin	EdgeInsetsGeometry		围绕在 decoration 和 child 之外的空白区域，不属于内容区域
shape	ShapeBorder	RoundedRectangleBorder	Card 的阴影效果，默认的阴影效果为圆角的长方形边。弧度为 4.0

示例代码如下：

```
import 'package:flutter/material.dart';

void main() {
  runApp(MaterialApp(
    title: 'Card 布局示例 ',
    home: MyApp(),
  ));
}

class MyApp extends StatelessWidget {
```

```
  @override
  Widget build(BuildContext context) {

    var card = SizedBox(
      //限定高度
      height: 250.0,
      //添加 Card 组件
      child: Card(
        //垂直布局
        child: Column(
          children: <Widget>[
            ListTile(
              //标题
              title: Text(
                '深圳市南山区深南大道',style: TextStyle(fontWeight: FontWeight.w300),
              ),
              //子标题
              subtitle: Text('×× 有限公司'),
              //左侧图标
              leading: Icon(
                Icons.home,
                color: Colors.lightBlue,
              ),
            ),
            //分隔线
            Divider(),
            ListTile(
              title: Text(
                '深圳市罗湖区沿海大道',style: TextStyle
                 (fontWeight: FontWeight.w300),
              ),
              subtitle: Text('×× 培训机构'),
              leading: Icon(
                Icons.school,
                color: Colors.lightBlue,
              ),
            ),
            Divider(),
          ],
        ),
      ),
    );

    return Scaffold(
      appBar: AppBar(
        title: Text('Card 布局示例'),
      ),
      body: Center(
        child: card,
      ),
    );
  }
}
```

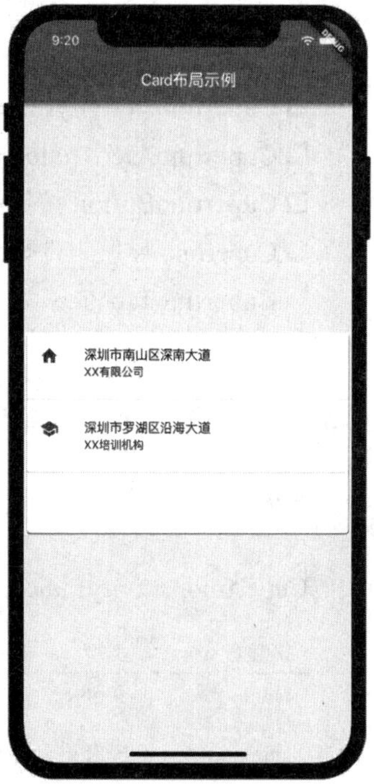

图 5-20　Card 组件应用示例

上述示例代码的视图展现大致如图 5-20 所示。

Chapter 6 第6章

Cupertino 风格组件

Cupertino 风格组件即 iOS 风格组件，主要有 CupertinoTabBar、CupertinoPageScaffold、CupertinoTabScaffold、CupertinoTabView 等，目前组件库不如 Material Design 风格组件丰富，但作为一种补充，可以根据实际场景选择使用。

本章所涉及的组件及内容有：

- CupertinoActivityIndicator 组件
- CupertinoAlertDialog 对话框组件
- CupertinoButton 按钮组件
- Cupertino 导航组件集（CupertinoTabBar、CupertinoPageScaffold、CupertinoTabScaffold、CupertinoTabView 等）

6.1 CupertinoActivityIndicator（加载指示器组件）

CupertinoActivityIndicator 是一个 iOS 风格的加载指示器，通常用来做加载等待的效果展示。

CupertinoActivityIndicator 组件属性如下所示：

属性名	类型	默认值	说明
radius	double	10.0	加载图形的半径值，值越大图形越大。
animating	bool	true	是否播放加载动画，通常用来做动画控制处理。比如需要加载数据时，置为 true，数据加载完成置为 false。

使用 Cupertino 组件需要导入 Cupertino 库，代码如下所示：

```
import 'package:flutter/cupertino.dart';
```

示例代码如下：

```
import 'package:flutter/material.dart';
import 'package:flutter/cupertino.dart';

void main() => runApp(MyApp());

class MyApp extends StatelessWidget {
  @override
  Widget build(BuildContext context) {
    return MaterialApp(
      title: 'CupertinoActivityIndicator 示例',
      home: Scaffold(
        appBar: AppBar(
          title: Text('CupertinoActivityIndicator 示例'),
        ),
        body: Center(
          child: CupertinoActivityIndicator(
            radius: 60.0, // 值越大，加载的图形越大
          ),
        ),
      ),
    );
  }
}
```

上述示例代码的视图展现大致如图 6-1 所示。

6.2　CupertinoAlertDialog（对话框组件）

CupertinoAlertDialog 和 Material Design 风格里的 AlertDialog 对话框相似，只是样式不同。二者的共同点是不仅仅有提示内容，还有一些操作按钮，如确定和取消等。内容部分可以用 SingleChildScrollView 进行包裹。对于操作按钮，建议用 CupertinoDialogAction 组件，这样显示更协调。

图 6-1　CupertinoActivityIndicator 组件应用示例

CupertinoAlertDialog 组件的属性及描述如下所示：

属性名	类型	说明
actions	List<Widget>	对话框底部操作按钮。例如确定、取消。
title	Widget	通常是一个文本组件。
content	Widget	内容部分，通常为对话框的提示内容。

编写一个 iOS 风格的删除确认的示例，完整的示例代码如下：

```
import 'package:flutter/material.dart';
import 'package:flutter/cupertino.dart';

void main() => runApp(MyApp());

class MyApp extends StatelessWidget {
  @override
  Widget build(BuildContext context) {
    return MaterialApp(
      title: 'CupertinoAlertDialog组件示例',
      home: Scaffold(
        appBar: AppBar(
          title: Text('CupertinoAlertDialog组件示例'),
        ),
        body: Center(
          //添加对话框
          child: CupertinoAlertDialog(
            title: Text('提示'), //对话框标题
            content: SingleChildScrollView(
              //对话框内容部分
              child: ListBody(
                children: <Widget>[
                  Text('是否要删除?'),
                  Text('一旦删除数据不可恢复!'),
                ],
              ),
            ),
            //对话框动作按钮
            actions: <Widget>[
              CupertinoDialogAction(
                child: Text('确定'),
                onPressed: () {},
              ),
              CupertinoDialogAction(
                child: Text('取消'),
                onPressed: () {},
              ),
            ],
          ),
        ),
      ),
    );
  }
}
```

上述示例代码的视图展现大致如图 6-2 所示。

图 6-2 CupertinoAlertDialog 组件应用示例

6.3 CupertinoButton（按钮组件）

CupertinoButton 展示 iOS 风格的按钮，可以响应按下事件，并且按下时会带一个触摸的效果。常用属性如下所示：

属性名	类型	默认值	说明
color	Color		组件的颜色。
disabledColor	Color	ThemeData.disabledColor	组件的禁用颜色，默认为主题里的禁用颜色。
onPressed	VoidCallback	null	当按钮按下时会触发此回调事件。
child	Widget		按钮的 child 通常为一个 Text 文本组件，用来显示按钮的文本。
enable	bool	true	按钮是否为禁用状态。

示例代码如下：

```
import 'package:flutter/material.dart';
import 'package:flutter/cupertino.dart';

void main() => runApp(MyApp());

class MyApp extends StatelessWidget {
  @override
  Widget build(BuildContext context) {
    return MaterialApp(
      title: 'CupertinoButton 组件示例',
      home: Scaffold(
        appBar: AppBar(
          title: Text('CupertinoButton 组件示例'),
        ),
        body: Center(
          //Cupertino 风格按钮
          child: CupertinoButton(
            child: Text(          // 按钮 label
              'CupertinoButton',
            ),
            color: Colors.blue, // 按钮颜色
            onPressed: (){},    // 按下事件回调
          ),
        ),
      ),
    );
  }
}
```

图 6-3　CupertinoButton 组件应用示例

上述示例代码的视图展现大致如图 6-3 所示，当按下图中按钮后，会触发事件回调 onPressed 方法。

6.4 Cupertino（导航组件集）

Cupertino 导航相关的组件也非常丰富。由于它们之间有关联关系，所以本节把导航相关的组件放在一起说明。下面分别说明这些组件的属性及描述。

1. CupertinoTabScaffold

CupertinoTabScaffold 为选项卡组件，将选项卡按钮及选项卡视图绑定在一起。常用属性如下所示：

属性名	类型	说明
tabBar	CupertinoTabBar	选项卡按钮，通常由图标加文本组成。
tabBuilder	IndexedWidgetBuilder	选项卡视图构造器。

2. CupertinoTabBar

CupertinoTabBar 为选项卡按钮组件，通常由 BottomNavigationBarItem 组成，包含图标和文本，效果如图 6-4 所示。常用属性如下所示：

属性名	类型	说明
items	List<BottomNavigationBarItem>	选项卡按钮数据集合，通常由图标加文本组成。
backgroundColor	Color	选项卡按钮背景色。
activeColor	Color	选中的选项卡按钮前景色。
iconSize	double	选项卡图标大小。

图 6-4　CupertinoTabBar 组件效果图

3. CupertinoTabView

CupertinoTabView 为选项卡视图组件，常用属性如下所示：

属性名	类型	说明
builder	WidgetBuilder	选项卡视图构造器。
routes	Map<String, WidgetBuilder>	选项卡视图路由。

4. CupertinoPageScaffold

CupertinoPageScaffold 为页面的基本布局结构组件，包含内容和导航栏。常用属性如下所示：

属性名	类型	说明
backgroundColor	Color	页面背景色。
navigationBar	ObstructingPreferredSizeWidget	顶部导航栏按钮，包含左中右三个子组件，比如页面中的返回按钮。
child	Widget	页面的主要内容。

5. CupertinoNavigationBar

CupertinoNavigationBar 为导航栏结构组件，效果图如图 6-5 所示。常用属性如下所示：

属性名	类型	说明
middle	Widget	导航栏中间组件，通常为页面标题。
trailing	Widget	导航栏右边组件，通常为菜单按钮。
leading	Widget	导航栏左边组件，通常为返回按钮。

6. 导航综合示例

接下来编写一个使用导航组件的综合示例。步骤如下：

步骤 1　使用 CupertinoTabScaffold 组件添加最外层导航选项卡。它有两个属性——tabBar 和 tabBuilder，分别用来绑定底部选项卡及所对应的视图。

图 6-5　CupertinoNavigationBar 组件效果图

步骤 2　使用 CupertinoTabBar 组件添加底部选项卡按钮。需要指定选项卡项，每个项包含一个图标及一个文本。代码结构如下所示：

```
tabBar: CupertinoTabBar(
  items: [
    BottomNavigationBarItem(
    // 指定图标
    // 指定文本
    ),
    // 根据需要添加更多按钮
  ],
),
```

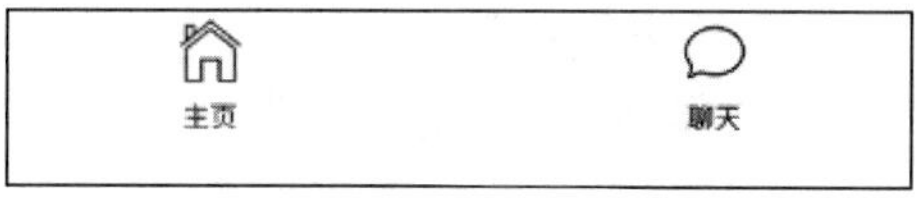

图 6-6　导航栏底部的效果图

此部分代码效果图如图 6-6 所示。

步骤 3　每个选项卡需要绑定一个视图，使用 CupertinoTabView 组件。这需要使用分支语句来判断当前选中的是哪一个选项卡。代码如下所示：

```
tabBuilder: (context, index) {
  // 选项卡绑定的视图
  return CupertinoTabView(
    builder: (context) {
    switch (index) {
        case 0:
          return HomePage();
          break;
        case 1:
          return ChatPage();
          break;
        default:
          return Container();
      }
    },
  );
},
```

步骤 4　编写第一个选项卡页面，即主页，将其命名为 HomePage。页面需要一个 CupertinoPageScaffold 组件来包裹，指定页面顶部导航内容及内容区域。代码如下所示：

```
class HomePage extends StatelessWidget {
  @override
  Widget build(BuildContext context) {
    return CupertinoPageScaffold(
      navigationBar: CupertinoNavigationBar(
        // 只加标题
      ),
      child: Center(
        // 内容区域
      ),
    );
  }
}
```

此部分代码效果图如图 6-7 所示。

图 6-7　主页效果图

步骤 5　编写第二个选项卡页面，即聊天页面，将其命名为 ChatPage。页面需要用一个 CupertinoPageScaffold 组件来包裹，指定页面顶部导航内容（包含左中右三块）及内容区域。代码结构如下所示：

```
// 聊天页面
class ChatPage extends StatelessWidget {
  @override
  Widget build(BuildContext context) {
    return CupertinoPageScaffold(
      navigationBar: CupertinoNavigationBar(
        // 导航栏，包含左中右三部分
      ),
      child: Center(
        // 内容区域
      ),
    );
  }
}
```

此部分代码的效果图如图 6-8 所示。

图 6-8　聊天页面效果图

步骤 6　组装所有内容，完整的代码如下所示：

```
import 'package:flutter/material.dart';
import 'package:flutter/cupertino.dart';

void main() => runApp(MyApp());

class MyApp extends StatelessWidget {
  @override
  Widget build(BuildContext context) {
    return MaterialApp(
      title: 'Cupertino 导航组件集 ',
      theme: ThemeData.light(), // 浅色主题
      home: MyPage(),
    );
  }
}
```

```
class MyPage extends StatefulWidget {
  @override
  _MyPageState createState() => _MyPageState();
}
class _MyPageState extends State<MyPage> {
  @override
  Widget build(BuildContext context) {
    // 最外层导航选项卡
    return CupertinoTabScaffold(
      // 底部选项卡
      tabBar: CupertinoTabBar(
        backgroundColor: CupertinoColors.lightBackgroundGray, // 选项卡背景色
        items: [
          // 选项卡项，包含图标及文字
          BottomNavigationBarItem(
            icon: Icon(CupertinoIcons.home),
            title: Text(' 主页 '),
          ),
          BottomNavigationBarItem(
            icon: Icon(CupertinoIcons.conversation_bubble),
            title: Text(' 聊天 '),
          ),
        ],
      ),
      tabBuilder: (context, index) {
        // 选项卡绑定的视图
        return CupertinoTabView(
          builder: (context) {
            switch (index) {
              case 0:
                return HomePage();
                break;
              case 1:
                return ChatPage();
                break;
              default:
                return Container();
            }
          },
        );
      },
    );
  }
}

// 主页
class HomePage extends StatelessWidget {
  @override
  Widget build(BuildContext context) {
    return CupertinoPageScaffold(
      // 基本布局结构，包含内容和导航栏
      navigationBar: CupertinoNavigationBar(
        // 导航栏，只包含中部标题部分
        middle: Text(" 主页 "),
      ),
      child: Center(
```

```
          child: Text(
            '主页',
            style: Theme.of(context).textTheme.button,
          ),
        ),
      );
    }
  }

// 聊天页面
class ChatPage extends StatelessWidget {
  @override
  Widget build(BuildContext context) {
    return CupertinoPageScaffold(
      navigationBar: CupertinoNavigationBar(
        // 导航栏，包含左中右三部分
        middle: Text("聊天面板"),                  // 中间标题
        trailing: Icon(CupertinoIcons.add), // 右侧按钮
        leading: Icon(CupertinoIcons.back), // 左侧按钮
      ),
      child: Center(
        child: Text(
          '聊天面板',
          style: Theme.of(context).textTheme.button,
        ),
      ),
    );
  }
}
```

上述示例的效果如图 6-9 所示。

图 6-9　Cupertino 导航组件集示例效果图

第 7 章 Chapter 7

页面布局

前面几章介绍了基础组件及各种主题风格组件，这样再添加一些布局元素，就可以实现一些基础的页面了。本章主要讲解布局及装饰组件的基本用法，最后再配合一个综合布局示例来完整地演示如何编写一个复杂的页面。

主要的布局及装饰组件参见表 7-1，本章将按照以下分类介绍这些组件：

- 基础布局处理
- 宽高尺寸处理
- 列表及表格布局
- 其他布局处理
- 布局综合示例

表 7-1 布局及装饰组件的说明

组件名称	中文名称	简单说明
Align	对齐布局	指定 child 的对齐方式
AspectRatio	调整宽高比	根据设置的宽高比调整 child
Baseline	基准线布局	将所有 child 底部放在同一条水平线上
Center	居中布局	将 child 放在水平和垂直方向的中间位置
Column	垂直布局	对 child 在垂直方向进行排列
ConstrainedBox	限定宽高	限定 child 宽高的最大值
Container	容器布局	容器布局是一个组合的 Widget，包含定位和尺寸
FittedBox	缩放布局	缩放 child 以及调整 child 的位置
FractionallySizedBox	百分比布局	根据现有空间按照百分比调整 child 的尺寸
GridView	网格布局	对多行多列同时进行操作

（续）

组件名称	中文名称	简单说明
IndexedStack	栈索引布局	IndexedStack 继承自 Stack，显示第 index 个 child，其他 child 都是不可见的
LimitedBox	限定最大宽高	对 child 的最大宽高进行限制
ListView	列表布局	用列表方式进行布局，比如多项数据的场景
Offstage	开关布局	控制是否显示组件
OverflowBox	溢出父容器显示	允许 child 超出父容器的范围显示
Padding	填充布局	处理容器与其 child 之间的间距
Row	水平布局	将 child 在水平方向进行排列
SizedBox	设置具体尺寸	用一个特定大小的盒子来限定 child 的宽度和高度
Stack/Alignment	Alignment 栈布局	根据 Alignment 组件的属性将 child 定位在 Stack 组件上
Stack/Positioned	Positioned 栈布局	根据 Positioned 组件的属性将 child 定位在 Stack 组件上
Table	表格布局	使用表格的行和列进行布局
Transform	矩阵转换	做矩阵变换，对 child 做平移、旋转、缩放等操作
Wrap	按宽高自动换行	按宽度或者高度，让 child 自动换行布局

7.1 基础布局处理

基础布局组件包括容器布局，各种缩放、排列方式的组件，下面分别详述。

7.1.1 Container（容器布局）

Container 在 Flutter 里大量使用，它是一个组合 Widget，内部有绘制 Widget、定位 Widget 和尺寸 Widget。Container 组件的常见属性请参考 4.1 节的介绍。接下来我们看一个用 Container 进行容器布局的综合小例子。具体实现步骤如下。

步骤 1 在 helloworld 工程下新建一个 images 文件夹，并放入三张图片，如图 7-1 所示。

步骤 2 打开工程根目录下的工程配置文件，如图 7-2 所示。

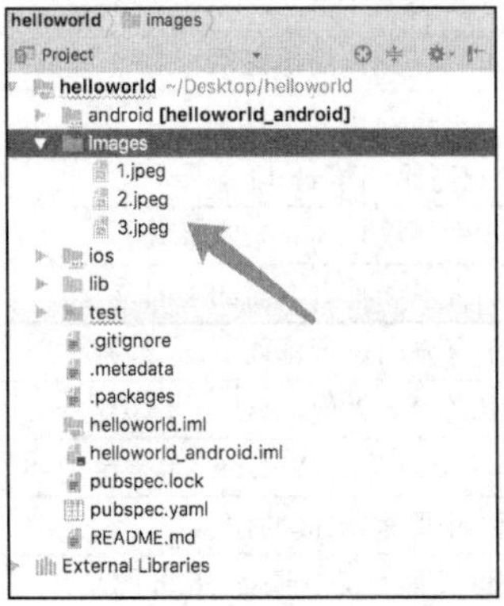

图 7-1 添加三张图片

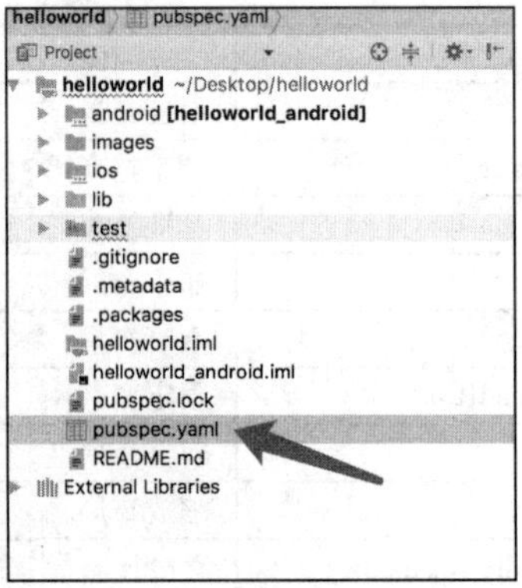

图 7-2 pubspec.yaml 工程配置文件

步骤 3　修改工程配置文件，添加图片的路径配置，如图 7-3 所示。

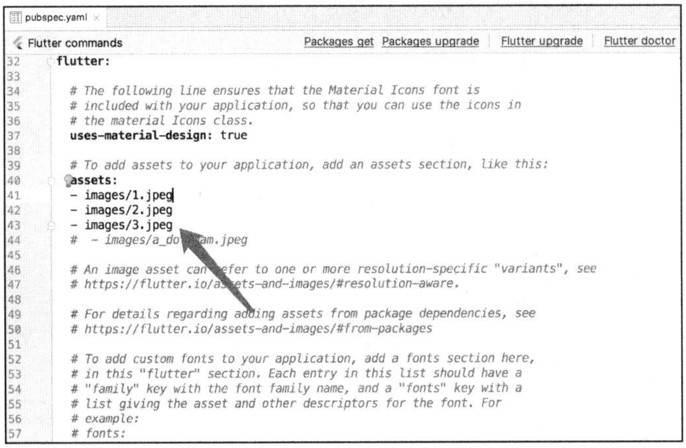

图 7-3　修改图片资源配置

> **注意**　图片资源配置项不要多加空格，否则运行时会报错。另外路径一定要配置正确，并且要确保在指定路径下有此图片，否则运行时同样会报错。

步骤 4　编写容器布局示例代码，完整代码如下：

```
import 'package:flutter/material.dart';

void main() => runApp(
  MaterialApp(
    title: 'Container 容器布局示例 ',
    home: LayoutDemo(),
  ),
);

class LayoutDemo extends StatelessWidget {
  @override
  Widget build(BuildContext context) {
    // 返回一个 Container 对象
    Widget container = Container(
      // 添加装饰效果
      decoration: BoxDecoration(
        // 背景色
        color: Colors.grey,
      ),
      // 子元素指定为一个垂直水平嵌套布局的组件
      child: Column(
        children: <Widget>[
          // 水平布局
          Row(
            children: <Widget>[
              // 使用 Expanded 防止内容溢出
```

```
        Expanded(
          child: Container(
            width: 150.0,
            height: 150.0,
            //添加边框样式
            decoration: BoxDecoration(
              //上下左右边框宽度设置为 10.0，颜色为蓝灰色
              border: Border.all(width: 10.0, color: Colors.blueGrey),
              //上下左右边框弧度设置为 8.0
              borderRadius: const BorderRadius.all(const Radius.circular(8.0)),
            ),
            //上下左右增加边距
            margin: const EdgeInsets.all(4.0),
            //添加图片
            child: Image.asset('images/1.jpeg'),
          ),
        ),
        Expanded(
          child: Container(
            width: 150.0,
            height: 150.0,
            decoration: BoxDecoration(
              border: Border.all(width: 10.0, color: Colors.blueGrey),
              borderRadius: const BorderRadius.all(const Radius.circular(8.0)),
            ),
            margin: const EdgeInsets.all(4.0),
            child: Image.asset('images/2.jpeg'),
          ),
        ),
      ],
    ),
    Row(
      children: <Widget>[
        Expanded(
          child: Container(
            width: 150.0,
            height: 150.0,
            decoration: BoxDecoration(
              border: Border.all(width: 10.0, color: Colors.blueGrey),
              borderRadius: const BorderRadius.all(const Radius.circular(8.0)),
            ),
            margin: const EdgeInsets.all(4.0),
            child: Image.asset('images/3.jpeg'),
          ),
        ),
        Expanded(
          child: Container(
            width: 150.0,
            height: 150.0,
            decoration: BoxDecoration(
              border: Border.all(width: 10.0, color: Colors.blueGrey),
              borderRadius: const BorderRadius.all(const Radius.circular(8.0)),
            ),
            margin: const EdgeInsets.all(4.0),
            child: Image.asset('images/2.jpeg'),
```

```
                    ),
                  ),
                ],
              ),
            ],
          ),
        );

        return Scaffold(
          appBar: AppBar(
            title: Text('Container 容器布局示例'),
          ),
          body: container,
        );
      }
    }
```

上述示例代码的视图展现大致如图 7-4 所示。

图 7-4　Container 组件示例

7.1.2　Center（居中布局）

在 Center 布局中，子元素处于水平和垂直方向的中间位置。示例代码如下：

```
import 'package:flutter/material.dart';

void main() => runApp(
  MaterialApp(
    title: 'Center 居中布局示例',
    home: LayoutDemo(),
  ),
);

class LayoutDemo extends StatelessWidget {
  @override
  Widget build(BuildContext context) {
    return Scaffold(
      appBar: AppBar(
        title: Text('Center 居中布局示例'),
      ),
      //居中组件，位于 body 的中心位置
      body: Center(
        //添加文本
        child: Text(
          'Hello Flutter',
          style: TextStyle(
            fontSize: 36.0,
          ),
        ),
      ),
    );
  }
}
```

注意 Center 属性在通常情况下可直接添加子元素，不需要做额外属性设置。

上述示例代码的视图展现大致如图 7-5 所示。

图 7-5 Center 组件示例

7.1.3 Padding（填充布局）

Padding 用于处理容器与其子元素之间的间距，与 padding 属性对应的是 margin 属性，margin 处理容器与其他组件之间的间距。Padding 组件的常见属性如下所示：

属性名	类型	说明
padding	EdgeInsetsGeometry	填充值可以使用 EdgeInsets 方法，例如，EdgeInsets.all（6.0）将容器上下左右填充设置为 6.0，也可以使用 EdgeInsets.only 方法来单独设置某一边的间距。

接下来我们写一个例子，容器里嵌套了一个容器，两个容器分别加了一个边框，以便测试 Padding 值。

示例代码如下：

```
import 'package:flutter/material.dart';
```

```
void main() => runApp(
  MaterialApp(
    title: 'Padding 填充布局示例 ',
    home: LayoutDemo(),
  ),
);

class LayoutDemo extends StatelessWidget {
  @override
  Widget build(BuildContext context) {
    return Scaffold(
      appBar: AppBar(
        title: Text('Padding 填充布局示例 '),
      ),
      body: Center(
        // 添加容器：外框
        child: Container(
          width: 300.0,
          height: 300.0,
          // 容器内边距上下左右设置为 60.0
          padding: EdgeInsets.all(6.0),
          // 添加边框
          decoration: BoxDecoration(
            color: Colors.white,
            border: Border.all(
              color: Colors.green,
              width: 8.0,
            ),
          ),
          // 添加容器：内框
          child: Container(
            width: 200.0,
            height: 200.0,
            // 添加边框
            decoration: BoxDecoration(
              color: Colors.white,
              border: Border.all(
                color: Colors.blue,
                width: 8.0,
              ),
            ),
            // 添加图标
            child: FlutterLogo(),
          ),
        ),
      ),
    );
  }
}
```

上述示例代码的 Padding 值为 60.0。视图展现大致如图 7-6 所示。

接着再将 Padding 值改为 6.0。注意此时的值小了很多，我们会发现两个容器之间的间距小了很多，如图 7-7 所示。

图 7-6 Padding 组件示例一

图 7-7 Padding 组件示例二

7.1.4 Align（对齐布局）

Align 即对齐组件，能将子组件按指定方式对齐，并根据子组件的大小调整自己的大小。Align 组件的属性及说明如下所示：

属性名	值	说明
bottomCenter	（0.5，1.0）	底部中心
bottomLeft	（0.0，1.0）	左下角
bottomRight	（1.0，1.0）	右下角
center	（0.5，0.5）	水平垂直居中
centerLeft	（0.0，0.5）	左边缘中心
centerRight	（1.0，0.5）	右边缘中心
topCenter	（0.5，0.0）	顶部中心
topLeft	（0.0，0.0）	左上角
topRight	（1.0，0.0）	右上角

这里我们写一个例子，放入多张图片，这些图片分别放置在不同的位置。具体步骤如下。

步骤 1 在 helloworld 工程下新建一个 images 文件夹，并放入 9 张图片，如图 7-8 所示。

步骤 2 打开工程根目录下的文件，如图 7-9 所示。

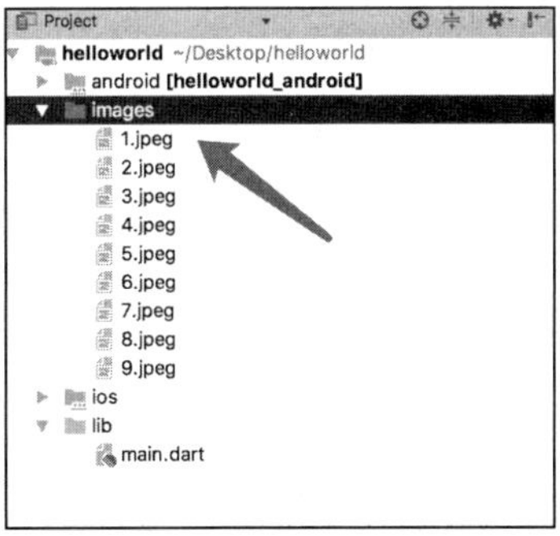

图 7-8 添加 9 张图片

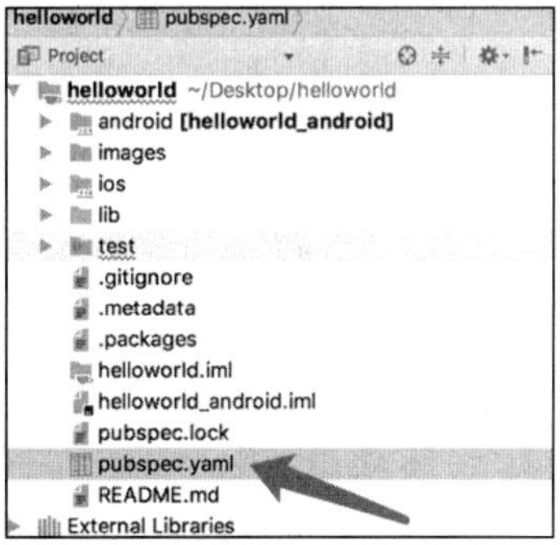

图 7-9 pubspec.yaml 工程配置文件

步骤 3 修改工程配置文件，添加图片的路径配置。如图 7-10 所示。

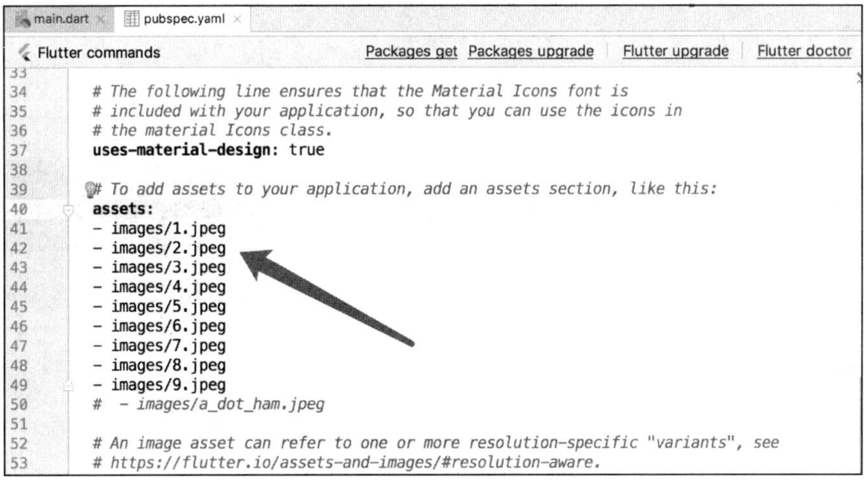

图 7-10 修改图片资源配置

接着添加一个 Stack 组件，暂时不用考虑 Stack 组件在此处的作用，我们需要在这个组件的左上角、右上角、左下角、右下角和中间分别放置几张图片。完整的示例代码如下：

```
import 'package:flutter/material.dart';
class LayoutDemo extends StatelessWidget {
  @override
  Widget build(BuildContext context) {
    return Scaffold(
      appBar: AppBar(
        title: Text('Align 对齐布局示例'),
      ),
      body: Stack(
          children: <Widget>[
            //左上角
            Align(
              //对齐属性，确定位置
```

```
            alignment: FractionalOffset(0.0, 0.0),
            //添加图片
            child: Image.asset('images/1.jpeg',width: 128.0,height: 128.0,),
          ),
          //右上角
          Align(
            alignment: FractionalOffset(1.0,0.0),
            child: Image.asset('images/1.jpeg',width: 128.0,height: 128.0,),
          ),
          //水平垂直方向居中
          Align(
            alignment: FractionalOffset.center,
            child: Image.asset('images/3.jpeg',width: 128.0,height: 128.0,),
          ),
          //左下角
          Align(
            alignment: FractionalOffset.bottomLeft,
            child: Image.asset('images/2.jpeg',width: 128.0,height: 128.0,),
          ),
          //右下角
          Align(
            alignment: FractionalOffset.bottomRight,
            child: Image.asset('images/2.jpeg',width: 128.0,height: 128.0,),
          ),
        ]
      ),
    );
  }
}
void main() {
  runApp(
    MaterialApp(
      title: 'Align 对齐布局示例',
      home: LayoutDemo(),
    ),
  );
}
```

视图的展现大致如图 7-11 所示。

图 7-11 Align 组件示例

7.1.5 Row（水平布局）

水平布局是一种常用的布局方式，我们主要使用 Row 组件来完成子组件在水平方向的排列。Row 组件常见属性如下所示：

属性名	类型	说明
mainAxisAlignment	MainAxisAlignment	主轴的排列方式。
crossAxisAlignment	CrossAxisAlignment	次轴的排列方式。
mainAxisSize	MainAxisSize	主轴应该占据多少空间。取值 max 为最大，min 为最小。
children	List<Widget>	组件子元素，它的本质是一个 List 列表。

对于 Row 来说，水平方向是主轴，垂直方向是次轴，可以完全参照 Web 中的 Flex 布局，如图 7-12 所示。

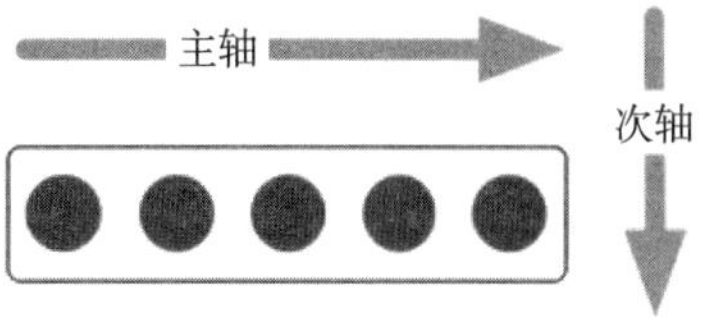

图 7-12 Row 组件的主次轴示意图

示例代码如下：

```
import 'package:flutter/material.dart';

void main() => runApp(
  MaterialApp(
    title: '水平布局示例',
    home: LayoutDemo(),
  ),
);

class LayoutDemo extends StatelessWidget {

  @override
  Widget build(BuildContext context) {
    return Scaffold(
      appBar: AppBar(
        title: Text('水平布局示例'),
      ),
      //水平布局
      body: Row(
        children: <Widget>[
          Expanded(
            child: Text('左侧文本', textAlign: TextAlign.center),
          ),
          Expanded(
            child: Text('中间文本', textAlign:
TextAlign.center),
          ),
          //右侧图标
          Expanded(
            child: FittedBox(
              fit: BoxFit.contain,
              child: const FlutterLogo(),
            ),
          ),
        ],
      ),
    );
  }
}
```

上述示例代码的视图展现大致如图 7-13 所示。

图 7-13 Row 组件示例

7.1.6 Column（垂直布局）

垂直布局是一种常用的布局方式，我们主要使用 Column 组件来完成对子组件纵向的排列。Column 组件常见属性如下所示：

属性名	类型	说明
mainAxisAlignment	MainAxisAlignment	主轴的排列方式。
crossAxisAlignment	CrossAxisAlignment	次轴的排列方式。
mainAxisSize	MainAxisSize	主轴应该占据多少空间。取值 max 为最大，min 为最小。
children	List<Widget>	组件子元素，它的本质是一个 List 列表。

对于 Column 来说，垂直方向就是主轴，水平方向就是次轴，可以完全参照 Web 中的 Flex 布局，如图 7-14 所示。

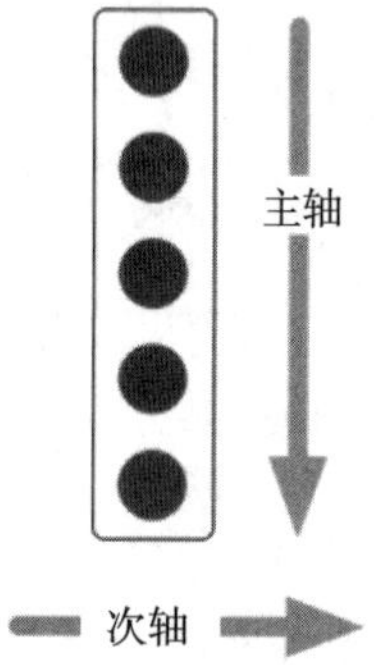

图 7-14 Column 组件的主次轴示意图

第一个垂直布局的示例代码如下：

```
import 'package:flutter/material.dart';

void main() => runApp(
  MaterialApp(
    title: '水平布局示例',
    home: LayoutDemo(),
  ),
);

class LayoutDemo extends StatelessWidget {
  @override
  Widget build(BuildContext context) {
    return Scaffold(
      appBar: AppBar(
        title: Text('垂直布局示例一'),
      ),
      //垂直布局
      body: Column(
        children: <Widget>[
          Text('Flutter'),
          Text('垂直布局'),
          //添加图标
          Expanded(
            child: FittedBox(
              fit: BoxFit.contain,
              child: const FlutterLogo(),
            ),
          ),
        ],
      ),
    );

  }
}
```

图 7-15 垂直布局示例一

上述示例代码的视图展现大致如图 7-15 所示。

若要增加水平方向靠左对齐，主轴方向最小化处理，其中最后一行文字字号专门放大，可以将第一个示例中 Column 里的内容换成如下代码：

```
//水平方向靠左对齐
crossAxisAlignment: CrossAxisAlignment.start,
mainAxisSize: MainAxisSize.min,
children: <Widget>[
  Text('Flutter是谷歌的移动UI框架'),
  Text('可以快速在iOS和Android上构建高质量的原生用户界面'),
  Text('Flutter可以与现有的代码一起工作。在全世界'),
  Text('Flutter正在被越来越多的开发者和组织使用'),
  Text('并且Flutter是完全免费、开源的。'),
  Text('Flutter!', style: TextStyle(fontSize: 36.0,)),//放大字号
```

修改后的示例代码如图 7-16 所示。

图 7-16 垂直布局示例二

7.1.7 FittedBox（缩放布局）

FittedBox 组件主要做两件事情，缩放（Scale）和位置调整（Position）。

FittedBox 会在自己的尺寸范围内缩放并调整 child 位置，使 child 适合其尺寸。了解移动端的读者可能会联想到 ImageView 组件，它是将图片在其范围内按照规则进行缩放位置调整。FittedBox 跟 ImageView 有些类似，可以猜出，它肯定有一个类似于 ScaleType 的属性。

布局行为分两种情况：

- 如果外部有约束，则按照外部约束调整自身尺寸，然后缩放调整 child，按照指定的条件进行布局。
- 如果没有外部约束条件，则与 child 的尺寸保持一致，指定的缩放以及位置属性将不起作用。

Fitted Box 组件有 fit 和 alignment 两个重要属性，如下所示。

- fit：缩放的方式，默认的属性是 BoxFit.contain，child 在 FittedBox 范围内，尽可能大，但是不超出其尺寸。这里需要注意一点，contain 是在保持着 child 宽高比的大前提下，尽可能填满。一般情况下，宽度或者高度达到最大值时，就会停止缩放。fit 属性的各个取值对应的布局示意图如图 7-17 所示。

BoxFit.none 没有任何填充模式，如图 7-18 所示。

Boxfit.fill 为不按宽高比填充模式，内容不会超过容器范围，效果如图 7-19 所示。

BoxFit.contain 为按宽高比等比填充模式，内容不会超过容器范围，效果如图 7-20 所示。

BoxFit.cover 为按原始尺寸填充整个容器模式，内容有可能会超过容器范围，效果如图 7-21 所示。

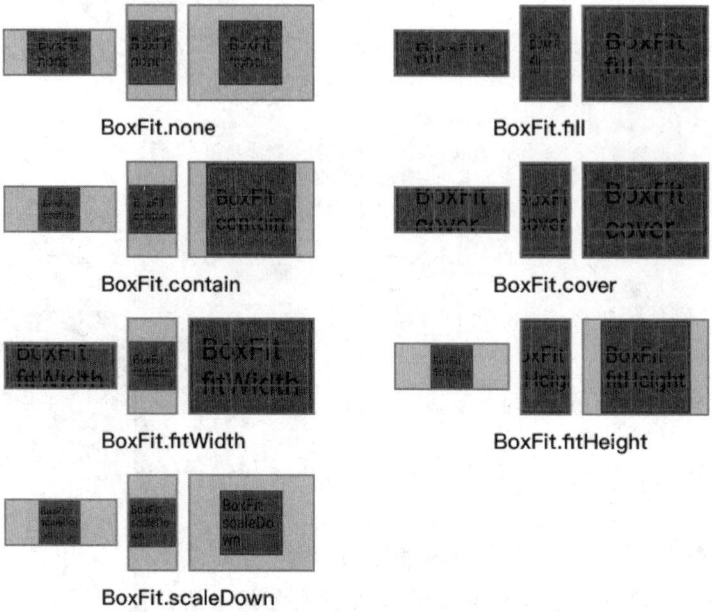

图 7-17　fit 属性各个取值示意图

图 7-18　BoxFit.none 填充效果图

图 7-19　BoxFit.fill 填充效果图

图 7-20　BoxFit.contain 填充效果图

图 7-21　BoxFit.cover 填充效果图

BoxFit.fit width 及 BoxFit.fit height 分别是按宽 / 高填充整个容器的模式，内容不会超过容器范围，效果如图 7-22 所示。

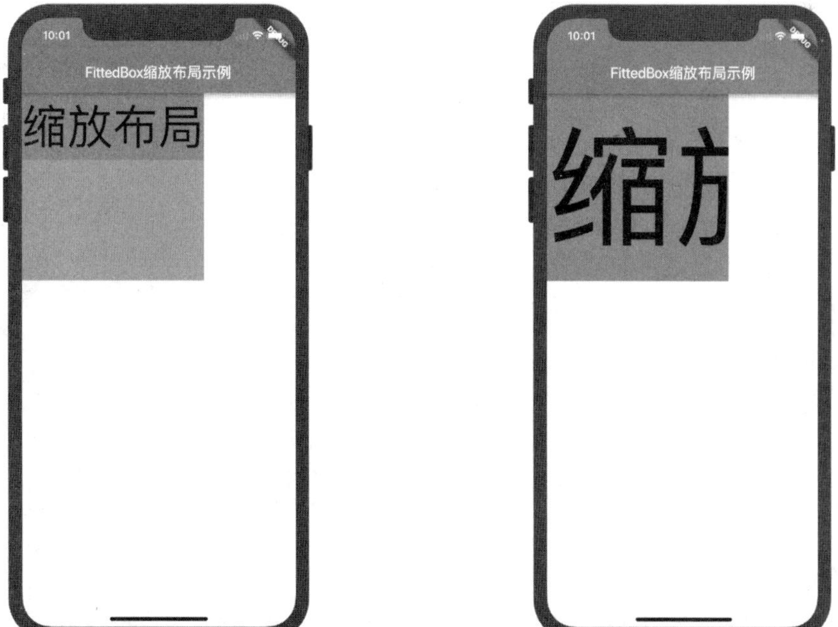

图 7-22　BoxFit.fit width 及 BoxFit.fit height 填充效果图

注意　图 7-22 左侧为按宽度填充，右侧为按高度填充。

BoxFit.scaleDown 会根据情况缩小范围，有时和 BoxFit.contain 一样，有时和 BoxFit.none 一样，内容不会超过容器范围，如图 7-23 所示。

- alignment：设置对齐方式，默认的属性是 Alignment.center，居中显示 child。填充布局的示例代码如下：

```
import 'package:flutter/material.dart';
class LayoutDemo extends StatelessWidget {
  @override
  Widget build(BuildContext context) {
    return Scaffold(
      appBar: AppBar(
        title: Text('FittedBox 缩放布局示例 '),
      ),
      // 外部容器
      body: Container(
        color: Colors.grey,
        width: 250.0,
        height: 250.0,
        // 缩放布局
        child: FittedBox(
          // 宽高等比填充
          fit: BoxFit.contain,
          // 对齐属性：左上角对齐
          alignment: Alignment.topLeft,
          // 内部容器
          child: Container(
            color: Colors.deepOrange,
            child: Text(" 缩放布局 "),
          ),
        ),
      ),
    );
  }
}
void main() {
  runApp(
    MaterialApp(
      title: 'FittedBox 缩放布局示例 ',
      home: LayoutDemo(),
    ),
  );
}
```

图 7-23　BoxFit.scaleDown 填充效果图

7.1.8　Stack/Alignment

Stack 组件的每一个子组件要么定位，要么不定位，定位的子组件是用 Positioned 组件包裹的。Stack 组件本身包含所有不定位的子组件，子组件根据 alignment 属性定位（默认为左上角），然后根据定位的子组件的 top、right、bottom 和 left 属性将它们放置在 Stack 组件上。Stack 组件的主要属性如下所示。

属性名	类型	默认值	说明
alignment	AlignmentGeometry	Alignment.topLeft	定位位置有以下几种： ❑ bottomCenter，底部中间位置。 ❑ bottomLeft，底部左侧位置。 ❑ bottomRight，底部右侧位置。 ❑ center，正中间位置。 ❑ centerLeft，中间居左位置。 ❑ centerRight，中间居右位置。 ❑ topCenter，上部居中位置。 ❑ topLeft，上部居左位置。 ❑ topRight，上部居右位置。

采用 Alignment 方式布局的示例代码如下：

```
import 'package:flutter/material.dart';

void main() {
  runApp(MaterialApp(
    title: 'Stack 布局示例 Alignment',
    home: MyApp(),
  ));
}

class MyApp extends StatelessWidget {
  @override
  Widget build(BuildContext context) {

    var stack = Stack(
      // 子组件左上角对齐
      alignment: Alignment.topLeft,
      children: <Widget>[
        // 底部添加一个头像
        CircleAvatar(
          backgroundImage: AssetImage('images/1.jpeg'),
          radius: 100.0,
        ),
        // 上面加一个容器，容器里再放一个文本
        Container(
          decoration: BoxDecoration(
            color: Colors.black38,
          ),
          child: Text(
            '我是超级飞侠',
            style: TextStyle(
              fontSize: 22.0,
              fontWeight: FontWeight.bold,
              color: Colors.white,
            ),
          ),
```

```
        ),
      ],
    );
    return Scaffold(
      appBar: AppBar(
        title: Text('Stack 层叠布局示例 '),
      ),
      body: Center(
        child: stack,
      ),
    );
  }
}
```

上述示例代码的视图展现大致如图 7-24 所示。Stack 子组件间是层叠关系，所以示例中文本会显示在图片之上。

图 7-24　Stack 组件布局应用示例

> 注意　示例中的图片可以使用之前章节使用的图片资源。

7.1.9　Stack/Positioned

Positioned 组件是用来定位的。Stack 使用 Positioned 布局主要是因为在 Stack 组件里面需要包裹一个定位组件，Positioned 组件属性如下所示：

属性名	类型	说明
top	double	子元素相对顶部边界距离。
bottom	double	子元素相对底部边界距离。
left	double	子元素相对左侧边界距离。
right	double	子元素相对右侧边界距离。

Positioned 定位布局的示例代码如下：

```
import 'package:flutter/material.dart';

void main() {
  runApp(MaterialApp(
    title: '层叠定位布局示例',
    home: MyApp(),
  ));
}

class MyApp extends StatelessWidget {
  @override
  Widget build(BuildContext context) {
    return Scaffold(
      appBar: AppBar(
        title: Text('层叠定位布局示例'),
      ),
      body: Center(
        //添加层叠布局
        child: Stack(
          children: <Widget>[
            //添加网络图片
            Image.network(
                'https://timgsa.baidu.com/timg?image&quality=80&size=b9999_10000
&sec=1541655494719&di=6b49d24b5172a34828b9d6506e4bf100&imgtype=0&src=http%3A%2F%2Fn.
sinaimg.cn%2Fsinacn11%2F266%2Fw640h426%2F20180813%2Fce56-hhqtawx8254771.jpg'),
            //设置定位布局
            Positioned(
                bottom: 50.0,
                right: 50.0,
                child: new Text(
                  'hi flutter',
                  style: TextStyle(
                    fontSize: 36.0,
                    fontWeight: FontWeight.bold,
                    fontFamily: 'serif',
                    color: Colors.white,
                  ),
                )),
          ],
        ),
      ),
    );
  }
}
```

上述示例代码的视图展现大致如图 7-25 所示。

图 7-25　Stack 层叠定位布局示例

注意　对于示例中的图片，可以在网上任意复制一个图片地址。

7.1.10　IndexedStack

IndexedStack 继承自 Stack，作用是显示第 index 个 child，其他 child 都是不可见的，所以 IndexedStack 的尺寸永远是和最大的子节点尺寸一致。由于 IndexedStack 是继承自 Stack 的，所以它只比 Stack 多了一个 index 属性，即对应 child 的索引。

这里我们改造 Stack 布局示例，把 Stack 组件替换为 IndexedStack 组件，同时添加 index 属性值，当将 index 设置为 1 时，运行结果只显示“我是超级飞侠”几个字及它的容器。因为 CircleAvatar 组件索引为 0，所以不显示。

示例的完整代码如下：

```
import 'package:flutter/material.dart';

void main() {
  runApp(MaterialApp(
    title: 'IndexedStack 布局示例 ',
    home: MyApp(),
  ));
}
```

```
class MyApp extends StatelessWidget {
  @override
  Widget build(BuildContext context) {

    var stack = IndexedStack(
      index: 1,// 设置索引为 1 就只显示文本内容了
      alignment: const FractionalOffset(0.2, 0.2),
      children: <Widget>[
        // 索引为 0
        CircleAvatar(
          backgroundImage: new AssetImage('images/1.jpeg'),
          radius: 100.0,
        ),
        // 索引为 1
        Container(
          decoration: BoxDecoration(
            color: Colors.black38,
          ),
          child: Text(
            '我是超级飞侠',
            style: TextStyle(
              fontSize: 22.0,
              fontWeight: FontWeight.bold,
              color: Colors.white,
            ),
          ),
        ),
      ],
    );
    return Scaffold(
      appBar: AppBar(
        title: Text('IndexedStack 布局示例'),
      ),
      body: Center(
        child: stack,
      ),
    );
  }
}
```

图 7-26 IndexedStack 组件布局应用示例

上述示例代码的视图展现大致如图 7-26 所示。

7.1.11 OverflowBox（溢出父容器显示）

通常，子组件无法打破由父组件传递下来的约束条件，但是难免会有子组件的尺寸大于父组件的情况，如何解决呢？在子组件及父组件之间再加入一个 OverflowBox 组件，那么子组件就不会以父组件为约束条件，而是以 OverflowBox 组件的属性为约束条件。OverflowBox 组件由其 minWidth、minHeight、maxWidth、maxHeight 四个属性给子组件划定了一个矩形的范围。子组件不能超出 OverflowBox 组件范围，但是可以溢出父组件范围显示。

OverflowBox 组件的主要属性如下所示：

属性名	类型	说明
alignment	AlignmentGeometry	对齐方式。
minWidth	double	允许 child 的最小宽度。
maxWidth	double	允许 child 的最大宽度。
minHeight	double	允许 child 的最小高度。
maxHeight	double	允许 child 的最大高度。

接下来我们写一个例子，添加两个组件：绿色父组件和蓝灰色子组件，子组件会溢出父组件一定范围。如果没有 OverflowBox 组件，子组件蓝灰色的盒子是不会超出父组件绿色的盒子的。完整的示例代码如下：

```
import 'package:flutter/material.dart';

class LayoutDemo extends StatelessWidget {
  @override
  Widget build(BuildContext context) {
    return Scaffold(
        appBar: AppBar(
          title: Text('OverflowBox溢出父容器显示示例'),
        ),
        body: Container(
          color: Colors.green,
          width: 200.0,
          height: 200.0,
          padding: const EdgeInsets.all(50.0),
          child: OverflowBox(
            alignment: Alignment.topLeft,
            maxWidth: 400.0,
            maxHeight: 400.0,
            child: Container(
              color: Colors.blueGrey,
              width: 300.0,
              height: 300.0,
            ),
          ),
        ));
  }
}

void main() {
  runApp(
    MaterialApp(
      title: 'OverflowBox溢出父容器显示示例',
      home: LayoutDemo(),
    ),
  );
}
```

上述示例代码的视图展现大致如图 7-27 所示。结果显示出，子组件蓝灰色盒子的范围超出父组件绿色盒子了。

图 7-27 OverflowBox 组件布局示例

7.2 宽高尺寸处理

对组件具体尺寸的设置有多种方式，本节将详述这类组件。

7.2.1 SizedBox（设置具体尺寸）

SizedBox 组件是一个特定大小的盒子，这个组件强制它的 child 有特定的宽度和高度。如果宽度或高度为 null，则此组件将调整自身大小以匹配该维度中 child 的大小。

SizedBox 组件的主要属性如下所示：

属性名	类型	说明
width	AlignmentGeometry	宽度值，如果具体设置了，则强制 child 宽度为此值；如果未设置，则根据 child 宽度调整自身宽度。
height	double	高度值，如果设置了具体值，则强制 child 高度为此值；如果未设置，则根据 child 高度调整自身宽度。

接下来我们写个例子，添加一个 SizedBox 容器，在其中放一个 Card，那么 Card 就被限定在宽 200、高 300 的范围内。完整的示例代码如下：

```
import 'package:flutter/material.dart';

class LayoutDemo extends StatelessWidget {
  @override
  Widget build(BuildContext context) {
    return Scaffold(
      appBar: AppBar(
        title: Text('SizedBox 设置具体尺寸示例 '),
```

```
        ),
        body: SizedBox(
          // 固定宽为 200.0 高为 300.0
          width: 200.0,
          height: 300.0,
          child: const Card(
              child: Text('SizedBox',
                style: TextStyle(
                  fontSize: 36.0,
                ),
              ),
          ),
        ),
      );
    }
  }
  void main() {
    runApp(
      MaterialApp(
        title: 'SizedBox 设置具体尺寸示例',
        home: LayoutDemo(),
      ),
    );
  }
```

上述示例代码的视图展现大致如图 7-28 所示。

图 7-28 SizedBox 组件示例

7.2.2 ConstrainedBox（限定最大最小宽高布局）

ConstrainedBox 的作用是限定子元素 child 的最大宽度、最大高度、最小宽度和最小高度。ConstrainedBox 主要属性如下所示：

属性名	类型	说明
constraints	BoxConstraints	添加到 child 上的额外限制条件，其类型为 BoxConstraints。BoxConstraints 的作用就是限制各种最大最小宽高。
child	Widget	子元素，任意 Widget。

接下来我们写一个小示例，示例中在一个宽高为 300.0 的 Container 上添加一个约束最大最小宽高的 ConstrainedBox，实际显示中，则是一个宽高为 220.0 的区域。示例代码如下：

```
import 'package:flutter/material.dart';

class LayoutDemo extends StatelessWidget {
  @override
  Widget build(BuildContext context) {
    return Scaffold(
      appBar: AppBar(
        title: Text('ConstrainedBox 限定宽高示例'),
      ),
      // 添加容器
      body: ConstrainedBox(
        // 设置限定值
        constraints: const BoxConstraints(
          minWidth: 150.0,
          minHeight: 150.0,
          maxWidth: 220.0,
```

```
            maxHeight: 220.0,
          ),
          //子容器
          child: Container(
            width: 300.0,
            height: 300.0,
            color: Colors.green,
          ),
        ),
      );
    }
}

void main() {
  runApp(
    MaterialApp(
      title: 'ConstrainedBox限定宽高示例',
      home: LayoutDemo(),
    ),
  );
}
```

注意 如果 child 不为 null，则将限制条件加在 child 上。如果 child 为 null，则会尽可能地缩小尺寸。

上述示例代码的视图展现大致如图 7-29 所示。

图 7-29　ConstrainedBox 限定宽高示例

7.2.3　LimitedBox（限定最大宽高布局）

LimitedBox 组件是限制类型的组件，可对最大宽高进行限制。和 ConstrainedBox 类似，只不过 LimitedBox 组件没有最小宽高限制。

从布局的角度讲，LimitedBox 是将 child 限制在其设定的最大宽高中的，但这个限定是有条件的。当 LimitedBox 最大宽度不受限制时，child 的宽度就会受到这个最大宽度的限制，高度同理。LimitedBox 组件的主要属性如下所示：

属性名	类型	说明
maxWidth	double	限定的最大宽度，默认值是 double.infinity。
maxHeight	double	限定的最大高度，默认值是 double.infinity。

接下来我们写一个小示例，添加两个容器，第一个容器宽度为 100，高度撑满父容器。第二个容器虽然宽度设置为 250，但是由于它的父容器用 LimitedBox 限定的最大宽度为 150，所以它的实际宽度为 150，高度也同样撑满父容器。完整的示例代码如下：

```
import 'package:flutter/material.dart';
class LayoutDemo extends StatelessWidget {
  @override
  Widget build(BuildContext context) {
    return Scaffold(
        appBar: AppBar(
          title: Text('LimitedBox 限定宽高布局示例 '),
        ),
        body: Row(
          children: <Widget>[
            Container(
              color: Colors.grey,
              width: 100.0,
            ),
            LimitedBox(
              maxWidth: 150.0,// 设置最大宽度，限定 child 在此范围内
              child: Container(
                color: Colors.lightGreen,
                width: 250.0,
              ),
            ),
          ],

        )
    );
  }
}
void main() {
  runApp(
    MaterialApp(
      title: 'LimitedBox 限定宽高布局示例 ',
      home: LayoutDemo(),
    ),
  );
}
```

图 7-30　LimitedBox 限定宽高布局示例

上述示例代码的视图展现大致如图 7-30 所示。

7.2.4 AspectRatio（调整宽高比）

AspectRatio 的作用是根据设置调整子元素 child 的宽高比，Flutter 提供此组件，就免去了自定义所带来的麻烦。AspectRatio 适用于需要固定宽高比的情景。

AspectRatio 的布局行为分为两种情况：

AspectRatio 首先会在布局限制条件允许的范围内尽可能地扩展，Widget 的高度是由宽度和比率决定的，类似于 BoxFit 中的 contain，按照固定比率去尽量占满区域。

如果在满足所有限制条件后无法找到可行的尺寸，AspectRatio 最终将会优先适应布局限制条件，而忽略所设置的比率。

AspectRatio 主要属性如下所示：

属性名	类型	说明
aspectRatio	double	宽高比，最终可能不会根据这个值去布局，具体则要考虑综合因素，外层是否允许按照这种比率进行布局，这只是一个参考值。
child	Widget	子元素，任意 Widget。

接下来我们写一个小示例，示例代码定义了一个高度为 200 的区域，内部 AspectRatio 比率设置为 1.5，最终 AspectRatio 是宽 300、高 200 的一个区域。示例代码如下：

```
import 'package:flutter/material.dart';
class LayoutDemo extends StatelessWidget {
  @override
  Widget build(BuildContext context) {
    return Scaffold(
      appBar: AppBar(
        title: Text('AspectRatio 调整宽高比示例 '),
      ),
      body: Container(
        height: 200.0,
        child: AspectRatio(
          aspectRatio: 1.5,// 比例可以调整
          child: Container(
            color: Colors.green,
          ),
        ),
      ),
    );
  }
}
void main() {
  runApp(
    MaterialApp(
      title: 'AspectRatio 调整宽高比 ',
      home: LayoutDemo(),
    ),
  );
}
```

注意 AspectRatio 不能为 null，其值必须大于 0 且必须是有限的。

上述示例代码的视图展现大致如图 7-31 所示。

7.2.5 FractionallySizedBox（百分比布局）

FractionallySizedBox 组件会根据现有空间来调整 child 的尺寸，所以即使为 child 设置了具体的尺寸数值，也不起作用。当需要在一个区域中取百分比尺寸时，可以使用这个组件，比如需要一个高度 30%、宽度 60% 的区域。

FractionallySizedBox 的布局主要跟它的宽高因子（两个参数）有关，当参数为 null 或者有具体数值的时候，布局表现不一样。当然，还有一个辅助参数 alignment，作为对齐方式进行布局。具体有以下两种情况：

设置了具体的宽高因子，具体的宽高则根据现有空间宽高 × 因子，当宽高因子大于 1 的时候，有可能会超出父组件的范围。

如果没有设置宽高因子，则填满可用区域。

图 7-31　AspectRatio 调整宽高比示例

FractionallySizedBox 组件的主要属性如下所示：

属性名	类型	说明
alignment	AlignmentGeometry	对齐方式，不能为 null。
widthFactor	double	宽度因子，宽度乘以这个值，就是最后的宽度。
heightFactor	double	高度因子，用于计算最后的实际高度。

注意 如果宽高因子不为 null，那么实际的最大宽高度则为 child 的宽高乘以这个因子；如果因子为 null，那么 child 的宽高则会尽量充满整个区域。

接下来我们写一个小示例，示例中有两个容器，底部的容器宽高各为 200。如果上面的容器宽度因子为 0.5，则它的实际宽度为 100；如果高度因子为 1.5，则它的实际高度为 300。对齐方式为左上角对齐。所以上层的元素横向仍在容器内部，纵向已经超出容器了。完整的示例代码如下：

```
import 'package:flutter/material.dart';
class LayoutDemo extends StatelessWidget {
  @override
  Widget build(BuildContext context) {
    return Scaffold(
      appBar: AppBar(
        title: Text('FractionallySizedBox 百分比布局示例'),
      ),
      body: Container(
        color: Colors.blueGrey,
        height: 200.0,
        width: 200.0,
        child: FractionallySizedBox(
          alignment: Alignment.topLeft,          // 元素左上角对齐
          widthFactor: 0.5,                      // 宽度因子
          heightFactor: 1.5,                     // 高度因子
          child: Container(
            color: Colors.green,
          ),
        ),
      ),
    );
  }
}
void main() {
  runApp(
    MaterialApp(
      title: 'FractionallySizedBox 百分比布局示例',
      home: LayoutDemo(),
    ),
  );
}
```

上述示例代码的视图展现大致如图 7-32 所示。

图 7-32 FractionallySizedBox 组件示例

7.3 列表及表格布局

Flutter 中列表和表格的布局方式有多种，本节将介绍这类组件。

7.3.1 ListView

ListView 布局是一种常用的布局方式，结合 ListTile 使用可以布局出一些复杂的列表界面。

具体示例代码如下：

```
import 'package:flutter/material.dart';
```

```
void main() {
  runApp(MaterialApp(
    title: 'ListView 布局示例 ',
    home: MyApp(),
  ));
}

class MyApp extends StatelessWidget {
  @override
  Widget build(BuildContext context) {
    // 列表项集合
    List<Widget> list = <Widget>[
      // 列表项
      ListTile(
        // 标题
        title: Text(' 广州市黄埔大道建中路店 ',style: TextStyle(fontWeight: FontWeight.
w400,fontSize: 18.0),),
        // 子标题
        subtitle: Text(' 广州市黄埔大道建中路 3 号 '),
        // 左侧图标
        leading: Icon(
          Icons.fastfood,
          color: Colors.orange,
        ),
      ),
      ListTile(
        title: Text(' 广州市白云区机场路白云机场店 ',style: TextStyle(fontWeight: FontWeight.
w400,fontSize: 18.0),),
        subtitle: Text(' 广州市白云区机场路 T3 航站楼 '),
        leading: Icon(
          Icons.airplay,
          color: Colors.blue,
        ),
      ),
      ListTile(
         title: Text(' 广州市中山大道中山大学附属医院 ',style: TextStyle(fontWeight:
FontWeight.w400,fontSize: 18.0),),
        subtitle: Text(' 广州市中山大道 45 号 '),
        leading: Icon(
          Icons.local_hospital,
          color: Colors.green,
        ),
      ),
      ListTile(
        title: Text(' 广州市天河区太平洋数码城 ',style: TextStyle(fontWeight: FontWeight.
w400,fontSize: 18.0),),
        subtitle: Text(' 广州市天河区岗顶太平洋数码城 '),
        leading: Icon(
          Icons.computer,
          color: Colors.deepPurple,
        ),
      ),
    ];

    return Scaffold(
```

```
        appBar: AppBar(
          title: Text('ListView 布局示例 '),
        ),
        body: Center(
          // 列表视图组件
          child: ListView(
            children: list,
          ),
        ),
      );
    }
  }
```

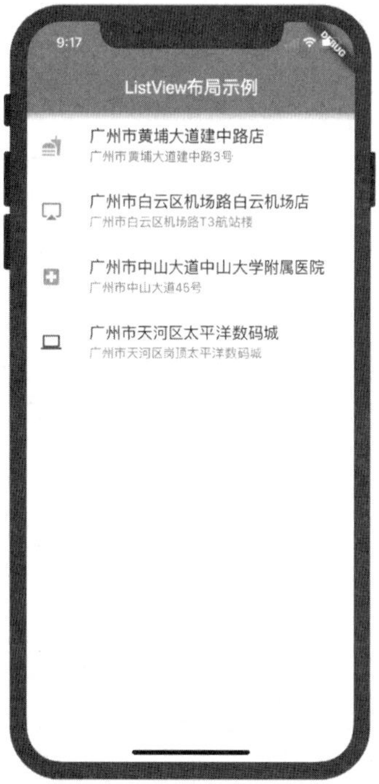

图 7-33　ListView 布局示例

上述示例代码的视图展现大致如图 7-33 所示。

ListView 还可以实现长文本的滚动效果，一般可用于页面内容较多的场景。示例代码如下：

```
import 'package:flutter/material.dart';

void main() {
  runApp(MaterialApp(
    title: ' 长文本滚动布局示例 ',
    home: MyApp(),
  ));
}

class MyApp extends StatelessWidget {
  @override
  Widget build(BuildContext context) {
    return Scaffold(
      appBar: AppBar(
        title: Text(' 长文本滚动布局示例 '),
      ),
      body: ListView(
        children: <Widget>[
          Center(
            child: Text(
              '\n 广州天河区公园 ',
              style: TextStyle(
                fontSize:30.0,
              ),
            ),
          ),
          Center(
            child: Text(
              ' 天河公园 ',
              style: TextStyle(
                fontSize: 16.0,
              ),
            ),
          ),
          Center(
            // 添加长文本
```

```
                child: Text(
                      ''' 天河公园，是区属综合性公园，位于广州天河区员村，西靠天府路，南连黄埔
大道，北接中山大道，来往交通十分便利。公园总面积为 70.7 公顷，水体面积占 10 公顷。天河公园以自然
生态景观为主要特色，公园规划为五个功能区：百花园景区、文体娱乐区、老人活动区、森林休憩区、后勤管
理区。
                  ''',
                  style: TextStyle(
                    fontSize: 14.0,
                  ),
                ),
              ),
            ],
          ),
        );
      }
    }
```

上述示例代码的视图展现大致如图 7-34 所示。

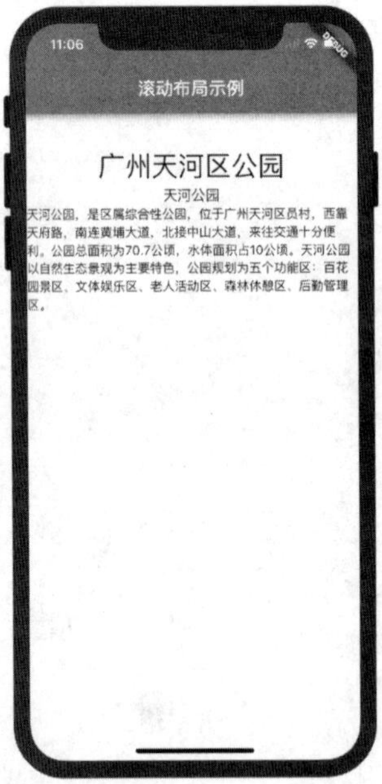

图 7-34　滚动布局应用示例

注意　在长文本的场景中，需要使用 ''' 表示文本的起始和结束。

7.3.2　GridView

GridView 布局即为网格布局，适用于布局多行多列的情况。接下来编写一个 GridView 布局的九宫格小例子。具体步骤如下：

步骤 1　在 helloworld 工程下需要添加 9 张图片，具体添加过程请参考 7.1.4 节。

步骤 2　编写 GridView 九宫格示例代码，完整的示例代码如下：

```
import 'package:flutter/material.dart';

void main() {
  runApp(MaterialApp(
    title: 'GridView九宫格示例',
    home: MyApp(),
  ));
}

class MyApp extends StatelessWidget {
  @override
  Widget build(BuildContext context) {
    //使用generate构造图片列表
    List<Container> _buildGridTitleList(int count) {
      //index为列表项索引
      return List<Container>.generate(count,(int index) => Container(
            //根据索引添加图片路径
            child: Image.asset('images/${index + 1}.jpeg'),
          ),
      );
    }
    //渲染GridView
    Widget buildGrid(){
      return GridView.extent(
        maxCrossAxisExtent: 150.0,                //次轴的宽度
        padding: const EdgeInsets.all(4.0),       //上下左右内边距
        mainAxisSpacing: 4.0,                     //主轴元素间距
        crossAxisSpacing: 4.0,                    //次轴元素间距
        children: _buildGridTitleList(9),         //添加9个元素
      );
    }

    return Scaffold(
      appBar: AppBar(
        title: Text('GridView九宫格示例'),
      ),
      body: Center(
        child: buildGrid(),
      ),
    );
  }
}
```

上述示例代码的视图展现大致如图 7-35 所示。

图 7-35　GridView 九宫格示例

7.3.3　Table

几乎每一个前端技术的布局中都会有一种 Table 布局，这种组件太常见了，以至于其表现形式完全可以借鉴其他前端技术。表格布局中，每一行的高度由其内容决定，每一列的宽度由 columnWidths 属性单独控制。

Table 组件属性见表 7-2。

表 7-2 Table 组件属性及描述

属性名	类型	说明
columnWidths	Map<int, TableColumnWidth>	设置每一列的宽度（可指定不同宽度）
defaultColumnWidth	TableColumnWidth	默认的每一列宽度值，默认情况下均分
textDirection	TextDirection	文字方向，一般无须考虑
border	TableBorder	表格边框
defaultVerticalAlignment	TableCellVerticalAlignment	默认垂直方向对齐方式： ❑ top：放置在顶部 ❑ middle：垂直居中 ❑ bottom：放置在底部 ❑ baseline：文本 baseline 对齐 ❑ fill：充满整个 cell
textBaseline	TextBaseline	defaultVerticalAlignment 为 baseline 的时候，会用到这个属性

接下来编写一个用于员工基本信息统计的表格。Table 布局完整的示例代码如下：

```
import 'package:flutter/material.dart';

void main() {
  runApp(MaterialApp(
    title: 'Table 表格布局示例 ',
    home: MyApp(),
  ));
}

class MyApp extends StatelessWidget {
  @override
  Widget build(BuildContext context) {
    return Scaffold(
      appBar: AppBar(
        title: Text('Table 表格布局示例 '),
      ),
      // 表格居中
      body: Center(
        // 添加表格
        child: Table(
          // 设置表格有多少列，并且指定列宽
          columnWidths: const <int, TableColumnWidth>{
            // 指定索引及固定列宽
            0: FixedColumnWidth(100.0),
            1: FixedColumnWidth(40.0),
            2: FixedColumnWidth(80.0),
            3: FixedColumnWidth(80.0),
          },
          // 设置表格边框样式
          border: TableBorder.all(color: Colors.black38, width: 2.0, style: Border-
Style.solid),
          children: const <TableRow>[
```

```
            // 添加第一行数据
            TableRow(
              children: <Widget>[
                Text('姓名'),
                Text('性别'),
                Text('年龄'),
                Text('身高'),
              ],
            ),
            // 添加第二行数据
            TableRow(
              children: <Widget>[
                Text('张三'),
                Text('男'),
                Text('26'),
                Text('172'),
              ],
            ),
            // 添加第三行数据
            TableRow(
              children: <Widget>[
                Text('李四'),
                Text('男'),
                Text('28'),
                Text('178'),
              ],
            ),
          ],
        ),
      ),
    );
  }
}
```

上述示例代码的视图展现大致如图 7-36 所示。

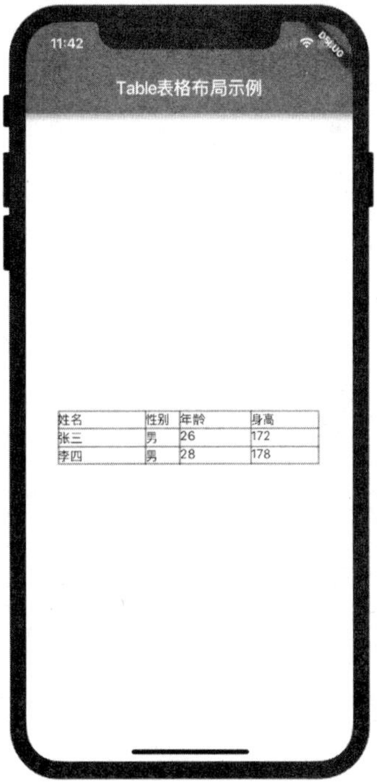

图 7-36 Table 组件布局示例

7.4 其他布局处理

本节介绍的组件包括矩阵转换、基准线布局、组件显示、自动换行等。

7.4.1 Transform（矩阵转换）

Transform 的主要作用是进行矩阵转换。Container 中矩阵变换就使用了 Transform。Transform 可以对 child 做平移、旋转及缩放等操作。

Transform 组件的主要属性如下所示：

属性名	类型	说明
transform	Matrix4	一个 4×4 的矩阵。不难发现，其他平台的变换矩阵也都是四维的。一些复合操作，仅靠三维是不够的，必须采用额外的一维来补充。
origin	Offset	旋转点，相对于左上角顶点的偏移。默认旋转点是左上角顶点。
alignment	AlignmentGeometry	对齐方式。
transformHitTests	bool	设置点击区域是否也做相应的改变。

接下来编写一个例子，例子中使容器旋转了一定的角度，并且使用的是 Matrix4.rotationZ(0.3) 方法进行旋转。完整的示例代码如下：

```
import 'package:flutter/material.dart';

class LayoutDemo extends StatelessWidget {
  @override
  Widget build(BuildContext context) {
    return Scaffold(
      appBar: AppBar(
        title: Text('Transform 矩阵转换示例 '),
      ),
      body: Center(
        // 父容器 作为背景
        child: Container(
          // 背景颜色
          color: Colors.grey,
          // 矩阵转换
          child: Transform(
            // 对齐方式
            alignment: Alignment.topRight,
            // 设置旋转值
            transform: Matrix4.rotationZ(0.3),
            // 被旋转容器
            child: Container(
              padding: const EdgeInsets.all(8.0),
              color: const Color(0xFFE8581C),
              child: const Text('Transform 矩阵转换 '),
            ),
          ),
        ),
      ),
    );
  }
}

void main() {
  runApp(
    MaterialApp(
      title: 'Transform 矩阵转换示例 ',
      home: LayoutDemo(),
    ),
  );
}
```

图 7-37 Transform 组件示例

上述示例代码的视图展现大致如图 7-37 所示。

7.4.2 Baseline（基准线布局）

Baseline 组件用于将所有元素底部放在同一条水平线上。了解移动端开发的读者大都知道，一般文字排版的时候可能会用到它。Baseline 的作用很简单，根据 child 的 baseline 属性来调整 child 的位置。例如对于两个字号不一样的文字，希望它们的底部在一条水平线上，就可以使用这个组件，它是一个非常基础的组件。

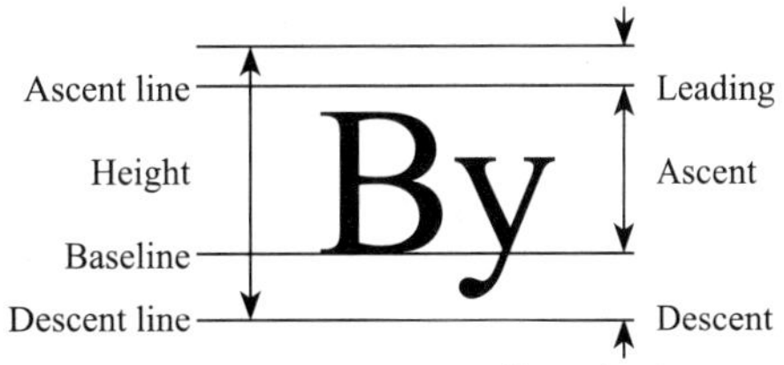

图 7-38 Baseline 组件示意图

图 7-38 中两个字线一上一下，如果想对齐，就需要使用 Baseline 组件来控制。

Baseline 组件的主要属性如下所示：

属性名	类型	说明
baseline	double	baseline 数值，必须有，从顶部算。
baselineType	TextBaseline	baseline 类型，也是必须有的，目前有两种类型：alphabetic 对齐字符底部的水平线，ideographic 对齐表意字符的水平线。

接下来编写一个小示例，示例中三个元素在同一个水平线上，baseline 也设定为相同的值。示例代码如下：

```
import 'package:flutter/material.dart';

class LayoutDemo extends StatelessWidget {
  @override
  Widget build(BuildContext context) {
    return Scaffold(
      appBar: AppBar(
        title: Text('Baseline 基准线布局示例 '),
      ),
      body: Row(
        // 水平等间距排列子组件
        mainAxisAlignment: MainAxisAlignment.spaceBetween,
        children: <Widget>[
          // 设置基准线
          Baseline(
            baseline: 80.0,
            // 对齐字符底部水平线
            baselineType: TextBaseline.alphabetic,
            child: Text(
              'AaBbCc',
              style: TextStyle(
                fontSize: 18.0,
                textBaseline: TextBaseline.alphabetic,
              ),
            ),
          ),
          Baseline(
            baseline: 80.0,
```

```
              baselineType: TextBaseline.alphabetic,
              child: Container(
                width: 40.0,
                height: 40.0,
                color: Colors.green,
              ),
            ),
            Baseline(
              baseline: 80.0,
              baselineType: TextBaseline.alphabetic,
              child: Text(
                'DdEeFf',
                style: TextStyle(
                  fontSize: 26.0,
                  textBaseline: TextBaseline.alphabetic,
                ),
              ),
            ),
          ],
        ),
      );
    }
  }
  void main() {
    runApp(
      MaterialApp(
        title: 'Baseline 基准线布局示例 ',
        home: LayoutDemo(),
      ),
    );
  }
```

上述示例代码的视图展现大致如图 7-39 所示。

图 7-39　Baseline 组件布局示例

7.4.3　Offstage（控制是否显示组件）

Offstage 的作用很简单，通过一个参数来控制 child 是否显示，也是比较常用的组件。Offstage 组件的主要属性如下所示：

属性名	类型	默认值	说明
offstage	bool	true	默认为 true，表示不显示，当为 false 的时候，会显示该组件。

这里编写一个控制文本显示 / 隐藏的小示例，需要添加一个控制状态的变量 offstage。示例里点击右下角按钮可以显示或隐藏文本内容。完整的示例代码如下：

```
import 'package:flutter/material.dart';

void main() {
  runApp(MyApp());
}
```

```
class MyApp extends StatelessWidget {

  @override
  Widget build(BuildContext context) {
    final appTitle = "Offstage控制是否显示组件示例";
    return MaterialApp(
      title: appTitle,
      home: MyHomePage(title:appTitle),
    );
  }
}

class MyHomePage extends StatefulWidget {
  final String title;

  MyHomePage({Key key,this.title}):super(key:key);

  @override
  _MyHomePageState createState() => _MyHomePageState();
}

class _MyHomePageState extends State<MyHomePage> {
  //状态控制是否显示文本组件
  bool offstage = true;

  @override
  Widget build(BuildContext context) {
    return Scaffold(
      appBar: AppBar(
        title: Text(widget.title),
      ),
      body: Center(
        child: Offstage(
          offstage: offstage,//控制是否显示
          child: Text(
            '我出来啦! ',
            style: TextStyle(
              fontSize: 36.0,
            ),
          ),
        ),
      ),
      floatingActionButton: FloatingActionButton(
        onPressed: (){
          //设置是否显示文本组件
          setState(() {
            offstage = !offstage;
          });
        },
        tooltip: "显示隐藏",
        child: Icon(Icons.flip),
      ),
    );
  }
}
```

上述示例代码的视图展现大致如图 7-40 所示。

图 7-40 Offstage 组件布局示例

7.4.4 Wrap（按宽高自动换行布局）

Wrap 使用了 Flex 中的一些概念，某种意义上说与 Row、Column 更加相似。单行的 Wrap 与 Row 表现几乎一致，单列的 Wrap 则与 Column 表现几乎一致。但 Row 与 Column 都是单行单列的，Wrap 却突破了这个限制，主轴上空间不足时，则向次轴上扩展显示，适用于需要按宽度或高度让 child 自动换行布局的场景。

Wrap 组件属性见表 7-3。

表 7-3 Wrap 组件属性及描述

属性名	类型	默认值	说明
direction	Axis	Axis.horizontal	主轴（mainAxis）的方向，默认为水平
alignment	WrapAlignment		主轴方向上的对齐方式，默认为 start
spacing	double	0.0	主轴方向上的间距

（续）

属性名	类型	默认值	说明
runAlignment	WrapAlignment	WrapAlignment.start	run 的对齐方式。run 可以理解为新的行或者列，如果是水平方向布局，run 可以理解为新的一行
runSpacing	double	0.0	run 的间距
crossAxisAlignment	WrapCrossAlignment	WrapCrossAlignment.start	主轴（crossAxis）方向上的对齐方式
textDirection	TextDirection		文本方向
verticalDirection	VerticalDirection		定义了 child 的摆放顺序，默认是 down，参见 Flex 相关属性介绍

接下来编写一个例子，在容器里放一些头像。使用 Wrap 组件包装以后，头像可以按从左到右和从上到下的顺序排列。Wrap 布局的完整示例代码如下：

```
import 'package:flutter/material.dart';

void main() {
  runApp(MaterialApp(
    title: 'Wrap 按宽高自动换行布局示例',
    home: MyApp(),
  ));
}

class MyApp extends StatelessWidget {
  @override
  Widget build(BuildContext context) {
    return Scaffold(
      appBar: AppBar(
        title: Text('Wrap 按宽高自动换行布局示例'),
      ),
      // 自动换行布局组件
      body: Wrap(
        spacing: 8.0, // Chip 之间的间距大小
        runSpacing: 4.0, // 行之间的间距大小
        children: <Widget>[
          Chip(
            // 添加圆形头像
            avatar: CircleAvatar(
                  backgroundColor: Colors.lightGreen.shade800, child: Text('西
门', style: TextStyle(fontSize: 10.0),)),
            label: Text('西门吹雪'),
          ),
          Chip(
            avatar: CircleAvatar(
                   backgroundColor: Colors.lightBlue.shade700, child: Text('司
空', style: TextStyle(fontSize: 10.0),)),
            label: Text('司空摘星'),
          ),
```

```
            Chip(
              avatar: CircleAvatar(
                  backgroundColor: Colors.orange.shade800, child: Text('婉清',
style:TextStyle(fontSize: 10.0),)),
              label: Text('木婉清'),
            ),
            Chip(
              avatar: CircleAvatar(
                   backgroundColor: Colors.blue.shade900, child: Text('一郎',
style: TextStyle(fontSize: 10.0),)),
              label: Text('萧十一郎'),
            ),
          ],
        ),
      );
    }
  }
```

上述示例代码的视图展现大致如图 7-41 所示。

图 7-41　Wrap 组件布局示例

7.5　布局综合示例

前面介绍了这么多布局的组件，还没有做出一个完整的页面。这里我们通过制作一个风景区的介绍来讲解布局的综合运用，效果图如图 7-42 所示。

7.5.1　布局分析

在整体布局上，使用一个垂直布局组件 ListView 进行滚动布局。一共有四大版块：武当山图片、风景区地址、按钮组和景区介绍文本块。整体拆分如图 7-43 所示，共计四个方框。

> 注意　垂直方向使用 ListView 而不使用 Column 的原因是，风景区介绍文本可能会很长，甚至超出屏幕，如果使用 Column 组件，则有部分文本可能无法显示。使用 ListView 组件，用户可以滚动查阅文本。

接下来详细拆分这四大版块。由于最上面的图片及最下面的文本块用单个组件即可完成，因此不需要详细拆分。这里重点介绍风景区地址及按钮组版块。

风景区地址从横向上看需要使用一个水平排列的组件 Row，水平方向总共有三个 child，分别为左侧文本区域、右侧图标区域及数字区域，如图 7-44 所示。其中文本区域需要继续细拆，要用到一个垂直布局的组件 Column，上下各放一个文本组件即可。右侧的图标及数字是两个组件，所以横向上来看总共是三个组件。

这里有个问题，如图 7-45 方框区域所示的左侧及右侧之间的空隙如何实现？这里需要用 Expanded 组件来包裹风景区地址组件以达到填充空隙的目的。

图 7-42　布局综合示例效果图

图 7-43　总体拆分图

图 7-44　风景区地址水平方向拆分图

图 7-45　风景区地址中间空隙图

接下来分析按钮组的布局，在横向上用 Row 组件排列三个按钮。在纵向上用 Column 制作三个相同的按钮，上面为按钮图标，下面为按钮文本。这样进行布局拆分可以最大化地复用组件。具体拆分如图 7-46 所示。

图 7-46　按钮组拆分示意图

7.5.2　准备素材

这里还是使用 helloworld 工程，在工程的 images 目录下添加风景图片 wudang.jpeg，如图 7-47 所示。

打开工程根目录下的 pubspec.yaml 文件，在 assets 配置选项下添加 -images/wudang.jpeg。添加好后，点击上面的 Packages get 进行资源的更新，如图 7-48 所示。

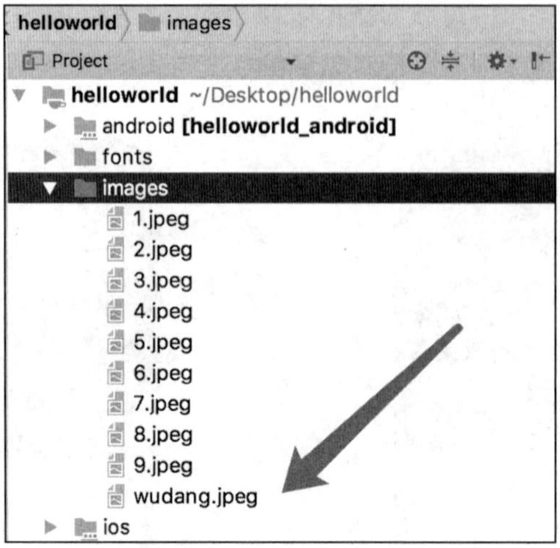

图 7-47　添加风景图片

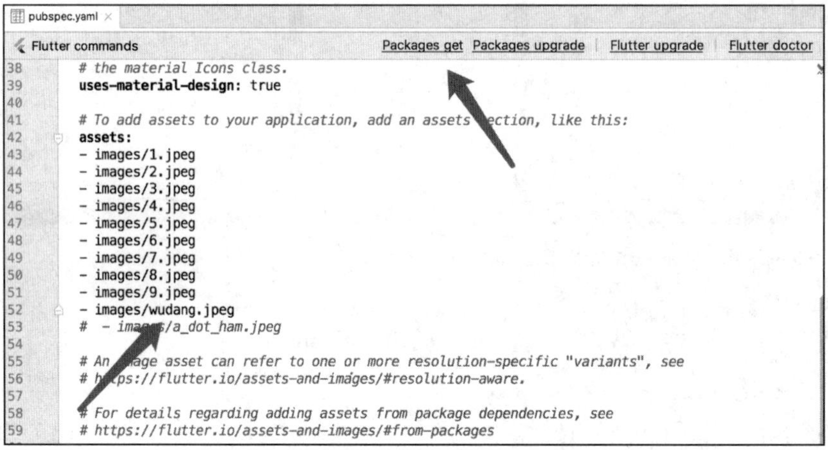

图 7-48　修改 pubspec.yaml 属性值

注意　图片资源路径及文件名一定不要写错，否则运行时会报错。点击 Packages get 选项更新资源即可，不要点击其他选项，否则有可能因升级带来其他问题。

7.5.3　编写代码

1. 图片处理

图片的宽度尽量设置得大一些，填充方式使用 BoxFit.cover 模式，这样可以填充整个父容器，如果不铺满则会显得很不美观。具体代码如下所示：

```
Image.asset(
```

```
  'images/wudang.jpeg',
  width: 600.0,
  height: 240.0,
  fit: BoxFit.cover, //图片填充整个父容器
),
```

2. 风景地址处理

风景区地址部分相对复杂，首先横向添加了一个 Row 组件，然后用了一个 Expanded 组件包裹左侧文本区域，以便填充左右组件的空隙部分。在左侧部分又添加了一个垂直布局 Column，用来放置两行文本，文字之间加了一个 8.0 的间距。最后右侧添加图标及数字组件。此部分的代码结构如下所示：

```
  child: Row(
    children: <Widget>[
      Expanded(
        child: Column(
          crossAxisAlignment     //次轴对齐方式
          children: <Widget>[
            Container(
              padding            //与下面文本间隔一定距离
              //添加标题文本
            ),
            //添加地址文本
          ],
        ),
      ),
      //右侧图标及数字
    ],
  ),
```

3. 按钮组处理

首先编写一个方法，用来构建单个按钮，需要传入图标及文本这两个参数，采用垂直布局方式。代码如下所示：

```
Column buildButtonColumn(IconData icon, String label) {
  return Column(
    //按钮界面渲染：图标 + 文本
  );
}
```

组装三个按钮。首先添加一个水平布局 Row，水平方向对齐方式采用均匀排列方式，然后调用 buildButtonColumn 方法传入三组数据，构造三个按钮。代码结构如下所示：

```
Widget buttonsContainer = Container(
    child: Row(
    mainAxisAlignment             //水平方向对齐方式
    children: <Widget>[
      buildButtonColumn           //构建三个按钮
    ],
  ),
);
```

4. 风景区介绍文本部分

风景区介绍文本部分实现起来相对容易，只需要添加一个 Text 组件即可，需要注意大的文本块要使用三个单引号引用起来。具体代码如下所示：

```
child: Text(
    '''
    大文本块
    ''',
    softWrap: true,
),
```

5. 自定义主题

由于是关于风景区的介绍，通常希望颜色以绿色为主，因此这里需要自定义主题。具体代码如下所示：

```
theme: ThemeData(
  // 设置主题的各个颜色值
),
```

6. 组装所有内容

将上面的所有内容组装起来，采用 ListView 组件以避免文本块过长导致无法查看下面文本的问题。代码结构如下：

```
return MaterialApp(
  title// 标题
  theme// 自定义主题
  home: Scaffold(
    appBar: AppBar(
    ),
    body: ListView(
      children: <Widget>[
        // 景区图片
        // 风景区地址
        // 按钮组
        // 风景区介绍文本
      ],
    ),
  ),
);
```

布局示例的完整代码如下所示：

```
import 'package:flutter/material.dart';

void main() => runApp(MyApp());

class MyApp extends StatelessWidget {
  @override
  Widget build(BuildContext context) {
    // 风景区地址部分
    Widget addressContainer = Container(
      padding: const EdgeInsets.all(32.0),// 此部分四周间隔一定距离
```

```
  //水平布局
  child: Row(
    children: <Widget>[
      Expanded(
        //垂直布局
        child: Column(
          crossAxisAlignment: CrossAxisAlignment.start, //次轴即水平方向左侧对齐
          children: <Widget>[
            Container(
              padding: const EdgeInsets.only(bottom: 8.0), //与下面文本间隔一定距离
              child: Text(
                '风景区地址',
                style: TextStyle(
                  fontWeight: FontWeight.bold,
                ),
              ),
            ),
            Text(
              '湖北省十堰市丹江口市',
              style: TextStyle(
                color: Colors.grey[500],
              ),
            ),
          ],
        ),
      ),
      //图标
      Icon(
        Icons.star,
        color: Colors.red[500],
      ),
      Text('66'),
    ],
  ),
);

//构建按钮组中单个按钮，参数为图标及文本
Column buildButtonColumn(IconData icon, String label) {
  //垂直布局
  return Column(
    mainAxisSize: MainAxisSize.min,                 //垂直方向大小最小化
    mainAxisAlignment: MainAxisAlignment.center, //垂直方向居中对齐
    children: <Widget>[
      Icon(icon, color: Colors.lightGreen[600]), //上面图标部分
      Container(
        //距离上面图标一定间距
        margin: const EdgeInsets.only(top: 8.0),
        //下面文本部分
        child: Text(
          label,
          style: TextStyle(
            fontSize: 12.0,
            fontWeight: FontWeight.w400,
            color: Colors.lightGreen[600],
          ),
        ),
```

```
          )
        ],
      );
    }

    // 按钮组部分
    Widget buttonsContainer = Container(
      // 水平布局
      child: Row(
        mainAxisAlignment: MainAxisAlignment.spaceEvenly,// 水平方向均匀排列每个元素
        children: <Widget>[
          buildButtonColumn(Icons.call, '电话'),
          buildButtonColumn(Icons.near_me, '导航'),
          buildButtonColumn(Icons.share, '分享'),
        ],
      ),
    );

    // 风景区介绍文本部分
    Widget textContainer = Container(
      // 设置上下左右内边距
      padding: const EdgeInsets.all(32.0),
      // 文本块一定要用 ''' 来引用
      child: Text(
        '''
          武当山，中国道教圣地，又名太和山、谢罗山、参上山、仙室山，古有“太岳”、“玄岳”、“大岳”
        之称。位于湖北西北部十堰市丹江口市境内。东接闻名古城襄阳市，西靠车城十堰市 ，南望原始森林
        神农架，北临高峡平湖丹江口水库。
          明代，武当山被皇帝封为“大岳”、“治世玄岳”，被尊为“皇室家庙”。武当山以“四大名山皆拱
        揖，五方仙岳共朝宗”的“五岳之冠”地位闻名于世。
          1994 年 12 月，武当山古建筑群入选《世界遗产名录》，2006 年被整体列为“全国重点文物保护
        单位”。2007 年，武当山和长城、丽江、周庄等景区一起入选“欧洲人最喜爱的中国十大景区”。2010
        至 2013 年，武当山分别被评为国家 5A 级旅游区、国家森林公园、中国十大避暑名山、海峡两岸交
        流基地，入选“中国最美地质公园”。
          截至 2013 年，武当山有古建筑 53 处，建筑面积 2.7 万平方米，建筑遗址 9 处，占地面积 20 多
        万平方米，全山保存各类文物 5035 件。
          武当山是道教名山和武当武术的发源地，被称为“亘古无双胜境，天下第一仙山”。武当武术，是
        中华武术的重要流派。元末明初，道士张三丰集其大成，开创武当派。
        ''',
        softWrap: true,
      ),
    );

    return MaterialApp(
      title: '布局综合示例',
      // 自定义主题，主体颜色为绿色风格
      theme: ThemeData(
        brightness: Brightness.light,                   // 应用程序整体主题的亮度
        primaryColor: Colors.lightGreen[600],           // App 主要部分的背景色
        accentColor: Colors.orange[600],                // 前景色（文本、按钮等）
      ),
      home: Scaffold(
        appBar: AppBar(
          // 页面标题
          title: Text(
            '武当山风景区',
```

```
            style: TextStyle(color: Colors.white),
          ),
        ),
        //使用列表视图默认为垂直布局，并且子元素能够上下滚动
        body: ListView(
          children: <Widget>[
            //风景图片
            Image.asset(
              'images/wudang.jpeg',
              width: 600.0,
              height: 240.0,
              fit: BoxFit.cover,                         //图片填充整个父容器
            ),
            addressContainer,
            buttonsContainer,
            textContainer,
          ],
        ),
      ),
    );
  }
}
```

Chapter 8 第8章

手　势

移动应用中一个必不可少的环节就是与用户的交互，在 Android 中提供了手势检测，并为手势检测提供了相应的监听。Flutter 中提供的手势检测组件为 GestureDetector。

Flutter 中的手势系统分为两层，第一层是触摸原事件（指针），有相应的四种事件类型：

- PointerDownEvent：用户与屏幕接触产生了联系。
- PointerMoveEvent：手指已从屏幕上的一个位置移动到另一个位置。
- PointerUpEvent：用户已停止接触屏幕。
- PointerCancelEvent：此指针的输入不再指向此应用程序。

第二层就是我们可以检测到的手势，主要分为三大类，包括轻击、拖动和缩放。

本章通过介绍手势的处理方法，来展示 Flutter 手势的基本用法。内容如下：

- 用 GestureDetector 进行手势检测。
- 用 Dismissible 实现滑动删除。

8.1　用 GestureDetector 进行手势检测

GestureDetector 可以进行手势检测，比如点击一次、双击、长按、垂直拖动及水平拖动等。这些手势的事件名及描述如表 8-1 所示。

表 8-1　GestureDetector 事件描述

事件名	描述
onTapDown	点击屏幕立即触发此方法
onTapUp	手指离开屏幕

（续）

事件名	描述
onTap	点击屏幕
onTapCancel	此次点击事件结束，onTapDown 不会再产生点击事件
onDoubleTap	用户快速连续两次在同一位置点击屏幕
onLongPress	长时间保持与相同位置的屏幕接触
onVerticalDragStart	与屏幕接触，可能会开始垂直移动
onVerticalDragUpdate	与屏幕接触并垂直拖动的指针在垂直方向上移动
onVerticalDragEnd	之前与屏幕接触并垂直移动的指针不再与屏幕接触，并且在停止接触屏幕时以特定速度移动，垂直拖动
onHorizontalDragStart	与屏幕接触，可能开始水平移动
onHorizontalDragUpdate	与屏幕接触并水平拖动的指针在水平方向上移动
onHorizontalDragEnd	之前与屏幕接触并且水平移动的指针不再与屏幕接触，移动停止

假设我们想要制作一个自定义按钮，当点击时显示文字“你已按下”。我们如何解决这个问题？请看以下示例代码：

```
import 'package:flutter/material.dart';

void main() {
  runApp(new MaterialApp(
    title: '按下处理 Demo',
    home: new MyApp(),
  ));
}

class MyButton extends StatelessWidget{
  @override
  Widget build(BuildContext context) {

    // 一定要把被触摸的组件放在 GestureDetector 中
    return new GestureDetector(
      onTap: (){
        // 底部消息揭示
        final snackBar = new SnackBar(content: new Text("你已按下"),);
        Scaffold.of(context).showSnackBar(snackBar);
      },
      // 添加容器接收触摸动作
      child: new Container(
        padding: new EdgeInsets.all(12.0),
        decoration: new BoxDecoration(
          color: Theme.of(context).buttonColor,
          borderRadius: new BorderRadius.circular(10.0),
        ),
        child: new Text('测试按钮'),
      ),
    );
  }
```

```
}

class MyApp extends StatelessWidget {
  @override
  Widget build(BuildContext context) {

    return new Scaffold(
        appBar: new AppBar(
          title: new Text('按下处理Demo'),
        ),
        body:new Center(child: new MyButton(),)
    );
  }
}
```

上述示例代码展示如图 8-1 所示。图 8-1a 为用户没有点击测试按钮的状态，当用户点击了测试按钮后，会弹出提示“你已按下”，如图 8-1b 所示。

a）未点击测试按钮　　b）点击测试按钮后

图 8-1　点击自定义按钮的效果

8.2　用 Dismissible 实现滑动删除

滑动删除模式在很多移动应用中很常见。例如，我们在整理手机通讯录时，希望能快速删除一些联系人，一般用手指轻轻一滑即可以实现删除功能。Flutter 提供了 Dismissible

组件，可使这项任务变得简单。Dismissible 组件属性见表 8-2。

表 8-2　Dismissible 组件属性及描述

属性名	类型	说明
onDismissed	DismissDirectionCallback	当包裹的组件消失后回调的函数
movementDuration	Duration	定义组件消息的时长
onResize	VoidCallback	组件大小改变时回调的函数
resizeDuration	Duration	组件大小改变时长
child	Widget	组件包裹的子元素，即被隐藏的对象

接下来编写一个示例，可以删除列表中的某一项数据。其中关键的部分是列表项需要使用 Dismissible 包裹。完整的示例代码如下：

```
import 'package:flutter/material.dart';

void main() {
  runApp(new MaterialApp(
    title: '滑动删除示例',
    home: new MyApp(),
  ));
}

class MyApp extends StatelessWidget {

  //构建30条列表数据
  List<String> items = new List<String>.generate(30, (i) => "列表项 ${i + 1}");

  @override
  Widget build(BuildContext context) {
    return new Scaffold(
      appBar: new AppBar(
        title: new Text('滑动删除示例'),
      ),
      //构建列表
      body: new ListView.builder(
        itemCount: items.length,                    //指定列表长度
        itemBuilder: (context, index) {             //构建列表

          //提取出被删除的项
          final item = items[index];

          //返回一个可以被删除的列表项
          return new Dismissible(
              key: new Key(item),
              //被删除回调
              onDismissed: (direction) {
                //移除指定索引项
                items.removeAt(index);
                //底部弹出消息提示当前项被删除了
                Scaffold.of(context).showSnackBar(
                    new SnackBar(content: new Text("$item 被删除了")));
```

```
                },
                child: new ListTile(title: new Text('$item'),)
              );
            },
          ),
        );
      }
    }
```

上述示例代码展示了一个列表，如图 8-2 所示，其中图 8-2a 中“列表项 5”还在。当用户滑动删除了此项，屏幕底部会弹出一个提示“列表项 5 被删除了”，如图 8-2b 所示。

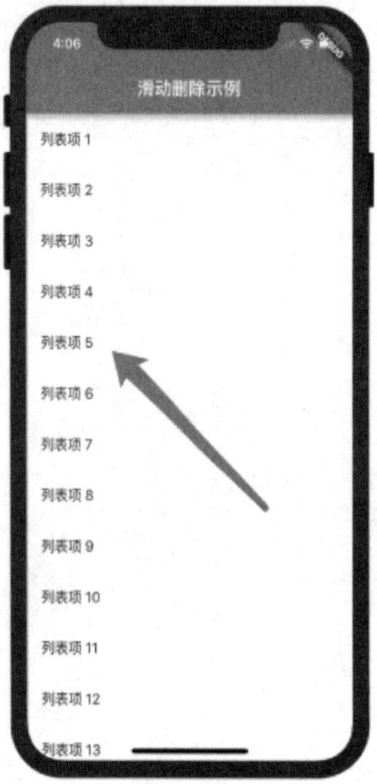

a）未删除列表项前

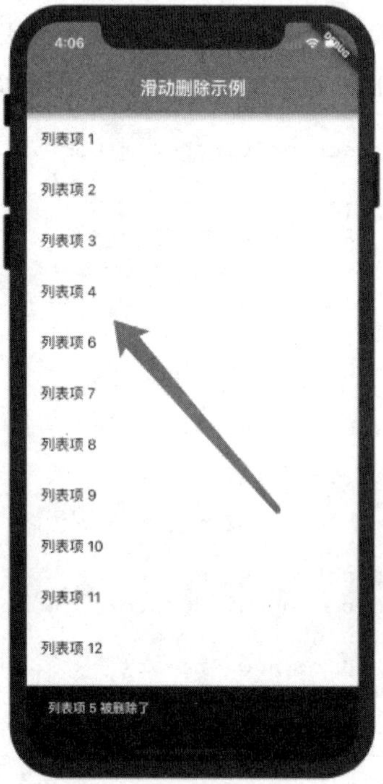

b）滑动删除列表项后

图 8-2　用 Dismissible 实现滑动删除

第 9 章　Chapter 9

资源和图片

Flutter 应用程序可以包含代码和 assets（资源）。asset 打包到程序安装包中，可在运行时访问。常见类型的 asset 包括静态数据（例如 Json 文件）、配置文件、图标和图片（JPEG、WebP、GIF、动画 WebP 和 GIF、PNG、BMP 和 WBMP）。

手机的资源是多种多样的，但都涉及加载、处理及展示这几种操作。本章通过以下两个方面讲解资源是如何使用的：

- 添加资源和图片。
- 自定义字体。

9.1　添加资源和图片

9.1.1　指定 asset

Flutter 使用 pubspec.yaml 文件（位于项目根目录，如 helloworld/pubspec.yaml，文档地址：https://www.dartlang.org/tools/pub/pubspec）来识别应用程序所需的资源。

配置内容如下所示：

```
flutter:

  # The following line ensures that the Material Icons font is
  # included with your application, so that you can use the icons in
  # the material Icons class.
  uses-material-design: true

  # To add assets to your application, add an assets section, like this:
```

```
assets:
- images/1.jpeg
- images/2.jpeg
- images/3.jpeg
- images/4.jpeg
- images/5.jpeg
- images/6.jpeg
- images/7.jpeg
- images/8.jpeg
- images/9.jpeg
- images/wudang.jpeg
- images/code.jpeg
```

配置完后，需要点击 Packages get 以更新资源，如图 9-1 所示。

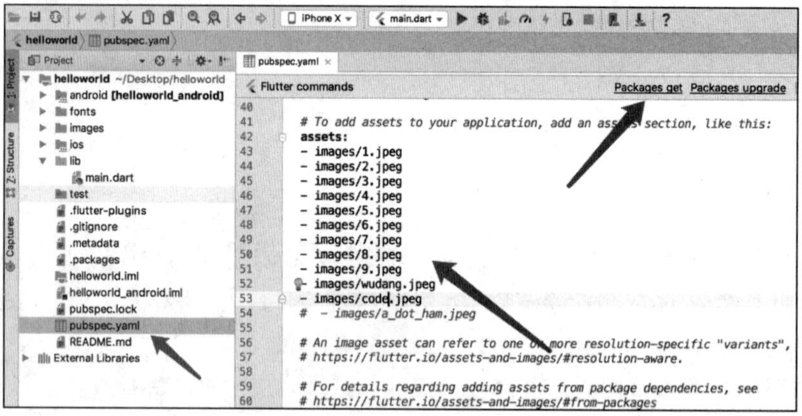

图 9-1 资源配置

注意 这里的配置一定要和程序中指定的路径相对应，否则会报找不到资源的错误。应用里所有的静态资源都配置在这里，注意命名规范。

9.1.2 加载 asset

应用程序可以通过 AssetBundle 对象访问其 asset。具体方法如下。

1. 加载文本配置文件

每个 Flutter 应用程序都有一个 rootBundle 对象，可以轻松访问主资源包。可以直接使用 package:flutter/services.dart 中全局静态的 rootBundle 对象来加载资源。

一个应用免不了有一些配置文件，比如放置数据库连接信息、服务器地址、应用名称及版本等。当应用程序启动时往往需要把这些配置项加载出来。

下面的示例就是如何使用 rootBundle 来加载 config.json 配置文件：

```
import 'dart:async' show Future;
import 'package:flutter/services.dart' show rootBundle;
```

```
Future<String> loadAsset() async {
  return await rootBundle.loadString('assets/config.json');
}
```

注意 加载配置文件需要使用异步处理，因为文件的读写操作需要时间，并且不可预知。

2. 加载图片

Flutter 可以为当前设备加载适合其分辨率的图像。不同的手机 DPI 是不同的，DPI 越高，屏幕画面越清晰。

（1）声明分辨率相关的图片资源

不同分辨率的图片，应该根据特定的目录结构来保存资源。结构如下所示：

- .../image.png
- .../Mx/image.png
- .../Nx/image.png

其中 M 和 N 是数字标识符，代表其中所包含图像的分辨率，也就是说，它们指定不同设备像素比例的图片。

主资源默认对应于 1.0 倍的分辨率图片。看一个例子：

- .../my_icon.png
- .../2.0x/my_icon.png
- .../3.0x/my_icon.png

在设备像素比率为 1.8 的设备上，将选择 .../2.0x/my_icon.png。对于 2.7 的设备像素比率，将选择 .../3.0x/my_icon.png。设备选择的是相近的图片资源。

（2）加载图片

要加载图片，请在 Widget 的 build 方法中使用 AssetImage 类。例如，你的应用可以声明在 asset 中加载 logo。如下代码所示：

```
Widget build(BuildContext context) {

  return new DecoratedBox(
    decoration: new BoxDecoration(
      image: new DecorationImage(
        image: new AssetImage('images/logo.png'),
        // ...
      ),
      // ...
    ),
  );
  // ...
}
```

提示 使用默认的 Asset Bundle 加载资源时，内部会自动处理分辨率等，这些处理对开发者来说是无感知的。

3. 依赖包中的资源图片

要加载依赖包中的图片，必须给 AssetImage 提供 package 参数。

例如，假设你的应用程序依赖于一个名为“resources”的包，它具有如下目录结构：

- .../pubspec.yaml
- .../assets/wifi.png
- .../assets /add.png
- .../ assets /phone.png

然后加载图片，使用 AssetImage，代码如下所示：

```
new AssetImage('assets/wifi.png', package: 'resources')
```

包使用本身的资源也应该加上 package 参数来获取。

9.1.3 平台 asset

有时也可以直接在平台项目中使用 asset。以下是在 Flutter 框架加载并运行之前使用资源的两种常见情况。

1. 更新应用图标

更新 Flutter 应用程序启动图标的方式与在本机 Android 或 iOS 应用程序中更新启动图标的方式相同，图 9-2 所示为示例工程的图标。

提示 关于启动图标的添加方式参见第 15 章。

2. 更新启动页

在加载 Flutter 框架时，Flutter 会使用本地平台机制绘制启动页。此启动页将持续到 Flutter 渲染应用程序的第一帧时。启动页效果如图 9-3 所示。

注意 启动页将持续到 Flutter 渲染应用程序的第一帧时才消失。这意味着如果不在应用程序的 main() 方法中调用 runApp 函数（或者更具体地说，如果不调用 window.render 去响应 window.onDrawFrame），启动屏幕将永远持续显示。

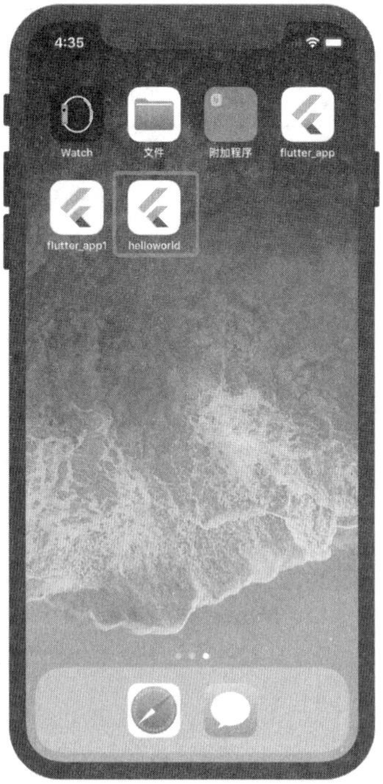

图 9-2　App 应用图标

图 9-3　应用程序启动页

（1）Android

要将启动屏幕添加到 Flutter 应用程序，请导航至 drawable 目录，如图 9-4 所示。打开 launch_background.xml，通过自定义 drawable 来实现自定义启动界面。

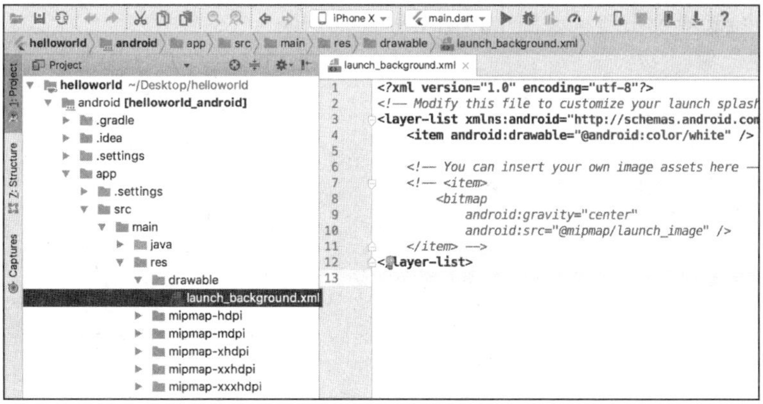

图 9-4　Android 工程 drawable 目录

（2）iOS

要将图片添加到启动屏幕（splash screen）的中心，请导航至 .../ios/Runner。在 Assets.

xcassets/LaunchImage.imageset 路径下，如图 9-5 所示，拖入图片，并命名为 LaunchImage.png、LaunchImage@2x.png、LaunchImage@3x.png。

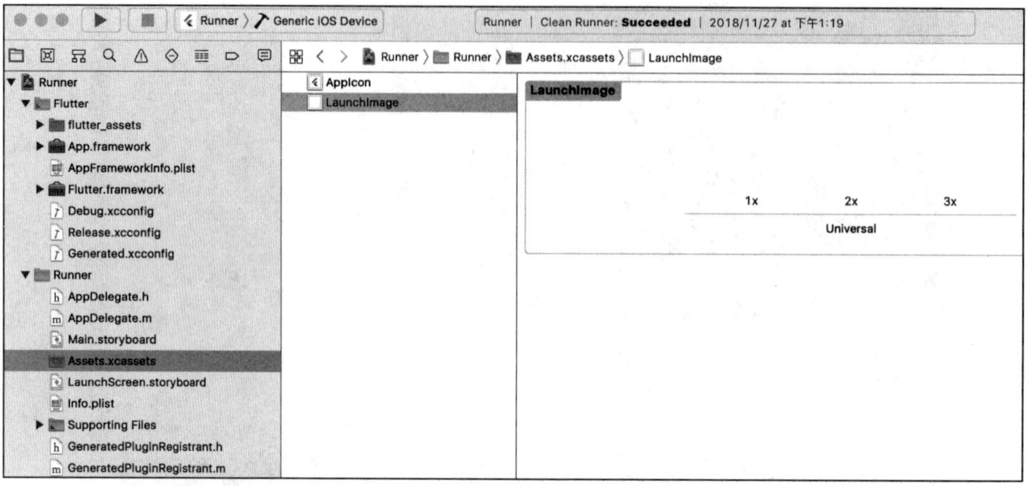

图 9-5　iOS 工程 Assets.xcassets 目录

9.2　自定义字体

操作系统所带的字体往往不能满足应用场景的需要，这时就需要使用特殊字体。接下来编写一个自定义字体的综合小例子，来展示资源的加载和显示。

步骤 1　在 helloworld 工程下新建一个 fonts 文件夹，并放入一个字体文件，如图 9-6 所示。

步骤 2　打开工程根目录下的工程配置文件，如图 9-7 所示。

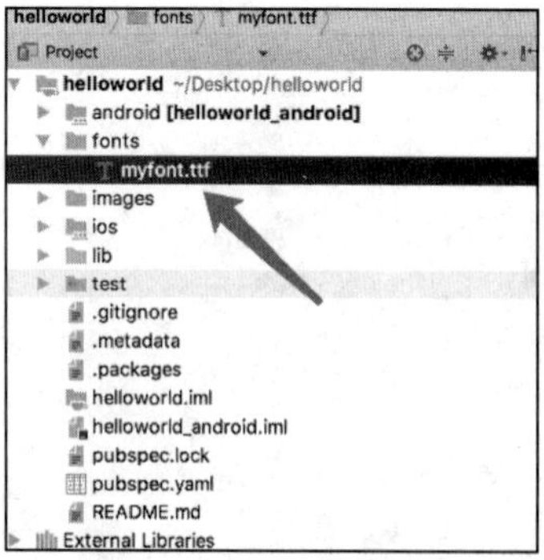

图 9-6　添加字体文件

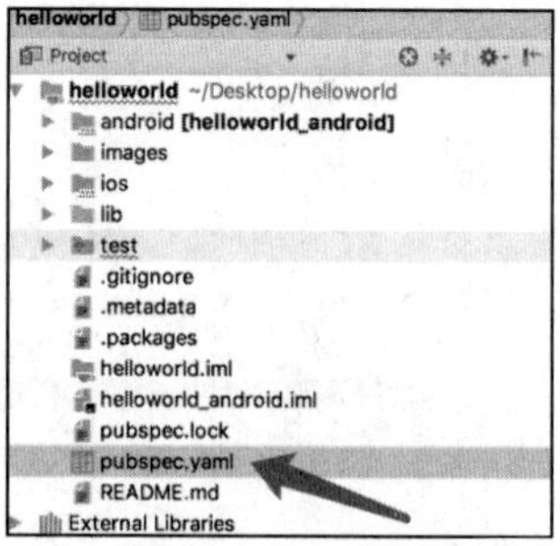

图 9-7　pubspec.yaml 工程配置文件

步骤 3　修改工程配置文件，添加自定义字体配置。其中 family 为字体名称，fonts 为字体路径，请一定要填写正确，否则会报错，如图 9-8 所示。

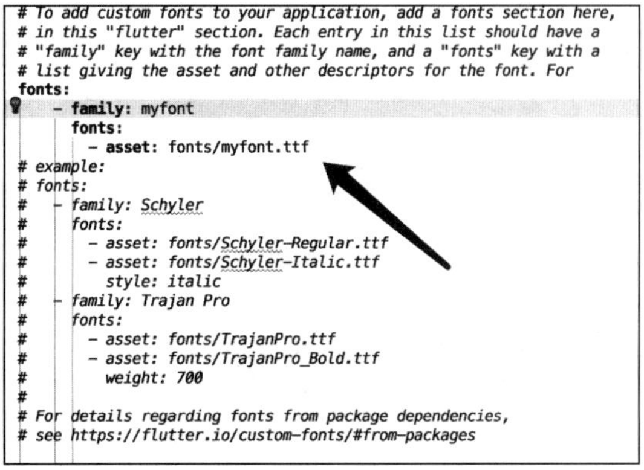

```
# To add custom fonts to your application, add a fonts section here,
# in this "flutter" section. Each entry in this list should have a
# "family" key with the font family name, and a "fonts" key with a
# list giving the asset and other descriptors for the font. For
fonts:
  - family: myfont
    fonts:
      - asset: fonts/myfont.ttf
# example:
# fonts:
#   - family: Schyler
#     fonts:
#       - asset: fonts/Schyler-Regular.ttf
#       - asset: fonts/Schyler-Italic.ttf
#         style: italic
#   - family: Trajan Pro
#     fonts:
#       - asset: fonts/TrajanPro.ttf
#       - asset: fonts/TrajanPro_Bold.ttf
#         weight: 700
#
# For details regarding fonts from package dependencies,
# see https://flutter.io/custom-fonts/#from-packages
```

图 9-8　自定义字体资源配置

步骤 4　编写自定义示例代码，完整的示例代码如下。

```
import 'package:flutter/material.dart';

void main() {
  runApp(new MaterialApp(
    title: '自定义字体',
    home: new MyApp(),
  ));
}


class MyApp extends StatelessWidget {


  @override
  Widget build(BuildContext context) {
    return new Scaffold(
      appBar: new AppBar(
        title: new Text('自定义字体'),
      ),
      body: new Center(
        child: new Text(
          '你好 flutter',
              style: new TextStyle(fontFamily:
'myfont',fontSize: 36.0),
        ),
      ),
    );
  }
}
```

图 9-9　自定义字体示例

上述示例代码的视图展现大致如图 9-9 所示。

Chapter 10 第 10 章

组件装饰和视觉效果

类似于平时装饰房子，要想把界面做得漂亮，就需要进行一些特殊处理。比如添加边框、增加透明度、做一部分裁剪等。本章介绍几个常规的装饰和视觉效果的处理方法，最后围绕自定义画板这个主题讲解相关组件的使用方法。

本章涉及的组件及内容有：

- ❑ Opacity（透明度处理）
- ❑ DecoratedBox（装饰盒子）
- ❑ RotatedBox（旋转盒子）
- ❑ Clip（剪裁处理）
- ❑ 自定义画板案例

10.1 Opacity（透明度处理）

Opacity 组件里有一个 opacity 属性，能调整子组件的不透明度，使子组件部分透明，不透明度的值从 0.0 到 1.0 之间，0.0 表示完全透明，1.0 表示完全不透明。这样就可以根据需要做出半透明或者毛玻璃的效果。很多应用做成半透明形式，效果会更好。

Opacity 组件的主要属性如下所示：

属性名	类型	说明
opacity	double	不透明度值，可为从 0.0 到 1.0 之间的数值，0.0 表示完全透明，1.0 表示完全不透明。
child	Widget	组件的子组件，只能有一个子组件，子组件受 opacity 属性影响。

接下来编写一个例子，添加一个容器，外围放一个 Opacity 组件包装，不透明度值设置为 0.3，容器加了一个纯黑的底色，主要是为了演示不透明度值对它的显示影响程度，当设置了 0.3 以后，容器变成了灰色。

完整的示例代码如下：

```
class LayoutDemo extends StatelessWidget {
  @override
  Widget build(BuildContext context) {
    return Scaffold(
      appBar: AppBar(
        title: Text('Opacity 不透明度示例 '),
      ),
      body: Center(
        child: Opacity(
          opacity: 0.3, // 不透明度值设置为 0.3
          child: Container(
            width: 250.0,
            height: 100.0,
            // 添加装饰器
            decoration: BoxDecoration(
              color: Colors.black, // 背景色设置为纯黑
            ),
            child: Text(
              ' 不透明度为 0.3',
              style: TextStyle(
                color: Colors.white,
                fontSize: 28.0,
              ),
            ),
          ),
        ),
      ),
    );
  }
}

void main() {
  runApp(
    MaterialApp(
      title: 'Opacity 不透明度示例 ',
      home: LayoutDemo(),
    ),
  );
}
```

上述示例代码的运行效果大致如图 10-1 所示。

图 10-1 Opacity 组件示例

10.2 DecoratedBox（装饰盒子）

DecoratedBox 可以从多方面进行装饰处理，如颜色、形状、阴影、渐变及背景图片等。它有一个非常重要的属性是

decoration，类型为 BoxDecoration。

那么，我们重点列一下 BoxDecoration 的主要属性，如表 10-1 所示。

表 10-1　BoxDecoration 组件属性及描述

属性名	类型	默认值	说明
shape	BoxShape	BoxShape.rectangle	形状取值
corlor	Corlor		用来渲染容器的背景色
boxShadow	List<BoxShadow>		阴影效果
gradient	Gradient		渐变色取值有：线性渐变、环形渐变
image	DecorationImage		背景图片
border	BoxBorder		边框样式
borderRadius	BorderRadiusGeometry		边框的弧度

接下来编写几个例子来演示各种装饰的效果。

1. 背景图效果

给容器添加背景图，只需要给 image 属性指定一个 DecorationImage 对象即可。它和 Image 的属性基本一致。

示例代码如下所示：

```
import 'package:flutter/material.dart';
class LayoutDemo extends StatelessWidget {
  @override
  Widget build(BuildContext context) {
    return Scaffold(
      appBar: AppBar(
        title: Text('BoxDecoration 装饰盒子 - 背景图示例 '),
      ),
      body: Center(
          child: Container(
            width: 300.0,
            height: 300.0,
            // 装饰器
            decoration: BoxDecoration(
              // 背景色
              color: Colors.grey,
              // 图片装饰器
              image: DecorationImage(
                image: ExactAssetImage('images/1.jpeg'),// 添加 image 属性
                fit: BoxFit.cover,// 填充类型
              ),
            ),
          )
      ),
    );
  }
}
void main() {
  runApp(
```

```
    MaterialApp(
      title: 'BoxDecoration 装饰盒子 - 背景图示例 ',
      home: LayoutDemo(),
    ),
  );
}
```

上述示例代码的运行效果大致如图 10-2 所示。

图 10-2　背景图示例

2. 边框圆角处理

给容器添加边框，既可以添加所有边框，也可以只加某一个边框。为了使容器显得平滑，可以添加 borderRadius 属性值，值越大弧度越大。边框设置的代码如下所示：

```
border: Border.all(color: Colors.grey, width: 4.0),
```

其中 EdgeInsets 支持多种自定义方法：

- EdgeInsets.all()，所有方向。
- EdgeInsets.only(left，top，right，bottom)，分别定义各个方向的边框。
- EdgeInsets.symmetric(vertical，horizontal)，自定义垂直、水平方向边框。
- EdgeInsets.fromWindowPadding(ui.WindowPadding padding, double devicePixelRatio)，根据机型屏幕尺寸定义。

在“背景图效果”示例的基础上，添加一个边框及圆角处理。完整的示例代码如下所示：

```
class LayoutDemo extends StatelessWidget {
  @override
  Widget build(BuildContext context) {
    return Scaffold(
      appBar: AppBar(
        title: Text('BoxDecoration 装饰盒子 - 边框圆角示例 '),
      ),
      body: Center(
        child: Container(
          width: 260.0,
          height: 260.0,
          // 装饰器
          decoration: BoxDecoration(
            // 背景色
            color: Colors.white,
            // 添加所有的边框，颜色为灰色，宽度为 4.0
            border: Border.all(color: Colors.grey, width: 4.0),
            // 添加边框弧度，这样会有一个圆角效果
            borderRadius: BorderRadius.circular(36.0),
            // 添加背景图片
            image: DecorationImage(
```

```
                image: ExactAssetImage('images/1.jpeg'),        // 添加 image 属性
                fit: BoxFit.cover,                              // 填充类型
              ),
            ),
          ),
        ),
      );
    }
}

void main() {
  runApp(
    MaterialApp(
      title: 'BoxDecoration 装饰盒子 - 边框圆角示例',
      home: LayoutDemo(),
    ),
  );
}
```

图 10-3　边框圆角处理示例

上述示例代码的运行效果大致如图 10-3 所示。

3. 边框阴影处理

为容器的边框加上阴影，会使容器显得更有立体感。在 DecoratedBox 组中添加 BoxShadow 即可实现。BoxShadow 有几个重要属性，如下所示：

- color：阴影颜色。
- blurRadius：模糊值。
- spreadRadius：扩展阴影半径。
- offset：x 和 y 方向偏移量。

BoxShadow 的使用如下所示：

```
boxShadow: <BoxShadow>[
  BoxShadow(
    color: Colors.grey,            // 阴影颜色
    blurRadius: 8.0,               // 模糊值
    spreadRadius: 8.0,             // 扩展阴影半径
    offset: Offset(-1.0, 1.0),     // x 和 y 方向偏移量
  ),
],
```

编写一个例子，添加一个容器并加上 BoxShadow 处理。完整的示例代码如下所示：

```
import 'package:flutter/material.dart';

class LayoutDemo extends StatelessWidget {
  @override
  Widget build(BuildContext context) {
    return Scaffold(
      appBar: AppBar(
        title: Text('BoxDecoration 装饰盒子 - 边框阴影示例'),
      ),
```

```
      body: Center(
        child: Container(
          width: 300.0,
          height: 300.0,
          decoration: BoxDecoration(
            color: Colors.white,
            // 边框阴影效果，可添加多个 BoxShadow，是一种组合效果
            boxShadow: <BoxShadow>[
              BoxShadow(
                color: Colors.grey,            // 阴影颜色
                blurRadius: 8.0,               // 模糊值
                spreadRadius: 8.0,             // 扩展阴影半径
                offset: Offset(-1.0, 1.0),     // x/y 方向偏移量
              ),
            ],
          ),
          child: Text(
            'BoxShadow 阴影效果 ',
            style: TextStyle(
              color: Colors.black,
              fontSize: 28.0,
            ),
          ),
        ),
      ),
    );
  }
}

void main() {
  runApp(
    MaterialApp(
      title: 'BoxDecoration 装饰盒子 - 边框阴影示例 ',
      home: LayoutDemo(),
    ),
  );
}
```

上述示例代码的运行效果大致如图 10-4 所示。

图 10-4 边框阴影处理示例

4. 渐变处理

渐变有两种形式，一种是 LinearGradient 线性渐变，另一种是 RadialGradient 环形渐变。不管是哪种渐变形式都有一个共性，即需要一组数组数据来逐步渲染界面。

LinearGradient 线性渐变参数包括：

- begin：起始偏移量。
- end：终止偏移量。
- colors：渐变颜色数据集。

LinearGradient 的使用如下所示：

```
gradient: LinearGradient(
```

```
  begin: const FractionalOffset(0.5, 0.0), //起始偏移量
  end: const FractionalOffset(1.0, 1.0),   //终止偏移量
  //渐变颜色数据集
  colors: <Color>[
    Colors.red,
    Colors.green,
    Colors.blue,
    Colors.grey,
  ],
),
```

编写一个例子，添加一个容器并加上线性渐变处理。完整的示例代码如下所示：

```
import 'package:flutter/material.dart';

class LayoutDemo extends StatelessWidget {
  @override
  Widget build(BuildContext context) {
    return Scaffold(
      appBar: AppBar(
        title: Text('LinearGradient 线性渐变效果'),
      ),
      body: Center(
        child: DecoratedBox(
          decoration: BoxDecoration(
            //线性渐变
            gradient: LinearGradient(
              begin: const FractionalOffset(0.5, 0.0),       //起始偏移量
              end: const FractionalOffset(1.0, 1.0),         //终止偏移量
              //渐变颜色数据集
              colors: <Color>[
                Colors.red,
                Colors.green,
                Colors.blue,
                Colors.grey,
              ],
            ),
          ),
          child: Container(
            width: 280.0,
            height: 280.0,
            child: Center(
              child: Text(
                'LinearGradient 线性渐变效果',
                style: TextStyle(
                  color: Colors.black,
                  fontSize: 28.0,
                ),
              ),
            ),
          ),
        ),
      ),
    );
  }
}
```

```
void main() {
  runApp(
    MaterialApp(
      title: 'DecoratedBox 装饰盒子示例 ',
      home: LayoutDemo(),
    ),
  );
}
```

图 10-5　LinearGradient 线性渐变

上述示例代码的运行效果大致如图 10-5 所示。

RadialGradient 环形渐变参数包括：

- center：中心点偏移量，即 x 和 y 方向偏移量。
- radius：圆形半径。
- colors：渐变颜色数据集。

RadialGradient 的使用如下代码所示：

```
gradient: RadialGradient(
  center: const Alignment(-0.0, -0.0),
  // 中心点偏移量，x 和 y 均为 0.0 表示在正中心位置
  radius: 0.50,  // 圆形半径
  // 渐变颜色数据集
  colors: <Color>[
    Colors.red,
    Colors.green,
    Colors.blue,
    Colors.grey,
    ],
  ),
```

编写一个例子，添加一个容器并加上环形渐变处理。完整的示例代码如下所示：

```
import 'package:flutter/material.dart';

class LayoutDemo extends StatelessWidget {
  @override
  Widget build(BuildContext context) {
    return Scaffold(
      appBar: AppBar(
        title: Text('RadialGradient 环形渐变效果 '),
      ),
      body: Center(
        child: DecoratedBox(
          decoration: BoxDecoration(
            // 环形渐变
            gradient: RadialGradient(
              // 中心点偏移量，x 和 y 均为 0.0 表示在正中心位置
              center: const Alignment(-0.0, -0.0),
              // 圆形半径
              radius: 0.50,
              // 渐变颜色数据集
              colors: <Color>[
                Colors.red,
```

```
                    Colors.green,
                    Colors.blue,
                    Colors.grey,
                  ],
                ),
              ),
              child: Container(
                width: 280.0,
                height: 280.0,
                child: new Center(
                  child: Text(
                    'RadialGradient 环形渐变效果',
                    style: TextStyle(
                      color: Colors.black,
                      fontSize: 28.0,
                    ),
                  ),
                ),
              ),
            ),
          ),
        );
  }
}

void main() {
  runApp(
    MaterialApp(
      title: 'DecoratedBox 装饰盒子示例',
      home: LayoutDemo(),
    ),
  );
}
```

上述示例代码的运行效果大致如图 10-6 所示。

图 10-6 RadialGradient 环形渐变示例

10.3 RotatedBox（旋转盒子）

RotatedBox 组件即为旋转组件，可以使 child 发生旋转，旋转的度数是 90° 的整数倍。每一次旋转只能是 90° 。例如当它的属性 quarterTurns 为 3 时，表示旋转了 270° 。旋转盒子通常用于图片的旋转，比如在相册里，用户想把照片横着看或者竖着看，那么旋转盒子使用起来就非常方便了。

接下来我们写一个例子，添加一个文本，让它旋转 3 次，即旋转 270° 。完整的示例代码如下：

```
import 'package:flutter/material.dart';

void main() => runApp(new MyApp());

class MyApp extends StatelessWidget {
```

```
  @override
  Widget build(BuildContext context) {
    return new MaterialApp(
      title: 'RotatedBox 旋转盒子示例 ',
      home: Scaffold(
        appBar: AppBar(
          title: Text(
            'RotatedBox 旋转盒子示例 ',
            style: TextStyle(color: Colors.white),
          ),
        ),
        body: Center(
          child: RotatedBox(
            quarterTurns: 3,// 旋转次数，一次为 90°
            child: Text(
              'RotatedBox 旋转盒子 ',
              style: TextStyle(fontSize: 28.0),
            ),
          ),
        ),
      ),
    );
  }
}
```

上述示例代码的运行效果大致如图 10-7 所示。

图 10-7 RotatedBox 组件示例

10.4 Clip（剪裁处理）

Clip 组件的功能是把一个组件剪掉一部分。Flutter 里有多个组件可以完成此类功能，如下所示：

- ❑ ClipOval：圆形剪裁。
- ❑ ClipRRect：圆角矩形剪裁。
- ❑ ClipRect：矩形剪裁。
- ❑ ClipPath：路径剪裁。

这几类剪裁组件都有两个共同属性，如下所示：

属性名	类型	说明
clipper	CustomClipper<Path>	剪裁路径，比如椭圆、矩形等。
clipBehavior	Clip	剪裁方式。

1. ClipOval（圆形剪裁）

圆形剪裁可以用来剪裁圆形头像，做一个类似 Avatar 的组件。示例代码如下所示：

```
import 'package:flutter/material.dart';

void main() => runApp(MyApp());
```

```
class MyApp extends StatelessWidget {
  @override
  Widget build(BuildContext context) {
    return MaterialApp(
      title: 'ClipOval 圆形剪裁示例',
      home: Scaffold(
        appBar: AppBar(
          title: Text(
            'ClipOval 圆形剪裁示例',
            style: TextStyle(color: Colors.white),
          ),
        ),
        body: Center(
          //圆形剪裁
          child: ClipOval(
            //固定大小
            child: SizedBox(
              width: 300.0,
              height: 300.0,
              //添加图片
              child: Image.asset(
                "images/8.jpeg",
                fit: BoxFit.fill,
              ),
            ),
          ),
        ),
      ),
    );
  }
}
```

上述示例代码的运行效果大致如图 10-8 所示。

图 10-8　ClipOval 组件示例

2. ClipRRect（圆角矩形剪裁）

ClipRRect 这个组件用 borderRadius 参数来控制圆角的位置大小。示例代码如下所示：

```
import 'package:flutter/material.dart';

void main() => runApp(MyApp());

class MyApp extends StatelessWidget {
  @override
  Widget build(BuildContext context) {
    return MaterialApp(
      title: 'ClipRRect 圆角矩形剪裁示例',
      home: Scaffold(
        appBar: AppBar(
          title: Text(
            'ClipRRect 圆角矩形剪裁示例',
            style: TextStyle(color: Colors.white),
```

```
          ),
        ),
        body: Center(
          // 圆角矩形
          child: ClipRRect(
            borderRadius: BorderRadius.all(
                // 圆角弧度，值越大弧度越大
                Radius.circular(30.0)),
            // 固定大小
            child: SizedBox(
              width: 300.0,
              height: 300.0,
              child: Image.asset(
                "images/8.jpeg",
                fit: BoxFit.fill,
              ),
            ),
          ),
        ),
      ),
    );
  }
}
```

上述示例代码的运行效果大致如图 10-9 所示。

图 10-9　ClipRRect 组件示例

3. ClipRect（矩形剪裁）

ClipRect 组件需要自定义 clipper 属性才能使用，否则没有效果。自定义 clipper 需要继承 CustomClipper 类，并且需要重写 getClip 及 shouldReclip 两个方法。

完整的示例代码如下所示：

```
import 'package:flutter/material.dart';

void main() => runApp(MyApp());

class MyApp extends StatelessWidget {
  @override
  Widget build(BuildContext context) {
    return MaterialApp(
      title: 'ClipRect 矩形剪裁示例 ',
      home: Scaffold(
        appBar: AppBar(
          title: Text(
            'ClipRect 矩形剪裁示例 ',
            style: TextStyle(color: Colors.white),
          ),
        ),
        body: Center(
          child: ClipRect(
            // 指定自定义 Clipper
            clipper: RectClipper(),
            child: SizedBox(
```

```
              width: 300.0,
              height:300.0,
              child: Image.asset("images/8.jpeg",fit: BoxFit.fill,),
            ),
          ),
        ),
      ),
    );
  }
}

//自定义Clipper，类型为Rect
class RectClipper extends CustomClipper<Rect>{

  //重写获取剪裁范围
  @override
  Rect getClip(Size size) {
    return Rect.fromLTRB(100.0, 100.0, size.width - 100.0,  size.height- 100.0);
  }

  //重写是否重新剪裁
  @override
  bool shouldReclip(CustomClipper<Rect> oldClipper) {
    return true;
  }

}
```

上述示例代码的运行效果大致如图 10-10 所示。

图 10-10　ClipRect 组件示例

4. ClipPath（路径剪裁）

ClipPath 这个组件采用了矢量路径 path，所以可以把组件剪裁为任意类型的形状，比如三角形、矩形、星形及多边形等。自定义 clipper 需要继承 CustomClipper 类，并且需要重写 getClip 及 shouldReclip 两个方法。

完整的示例代码如下所示：

```
import 'package:flutter/material.dart';

void main() => runApp(MyApp());

class MyApp extends StatelessWidget {
  @override
  Widget build(BuildContext context) {
    return MaterialApp(
      title: 'ClipPath路径剪裁示例',
      home: Scaffold(
        appBar: AppBar(
          title: Text(
            'ClipPath路径剪裁示例',
            style: TextStyle(color: Colors.white),
          ),
        ),
```

```
        body: Center(
          child: ClipPath(
            clipper: TriangleCliper(), //指定自定义三角形 Clipper
            child: SizedBox(
              width: 100.0,
              height:100.0,
              child: Image.asset("images/8.jpeg",fit: BoxFit.fill,),
            ) ,
          ),
        ),
      ),
    );
  }
}

//自定义三角形 Clipper，类型为 Path
class TriangleCliper extends CustomClipper<Path>{
  //重写获取剪裁范围
  @override
  Path getClip(Size size) {
    Path path = Path();
    path.moveTo(50.0,50.0); //移动至起始点
    path.lineTo(50.0,10.0); //开始画线，起始点为 (50.0,
                            //50.0)，终止点 (50.0,10.0)
    path.lineTo(100.0,50.0); //开始画线，起始点为 (50.0,
                             //10.0)，终止点 (100.0,50.0)
    path.close();            //使这些点构成三角形
    return path;
  }
  //重写是否重新剪裁
  @override
  bool shouldReclip(TriangleCliper oldClipper) {
    return true;
  }
}
```

图 10-11　ClipPath 组件示例

上述示例代码的运行效果大致如图 10-11 所示。

10.5　案例—自定义画板

此案例将实现可以在画板中画任意图形，如点、线、路径、矩形、圆形以及添加图像。最典型的应用场景就是远程教育和视频会议里的电子白板功能。如图 10-12 所示是笔者实现的视频会议产品里的电子白板功能。电子白板里功能丰富，有画板、画笔、颜色粗细属性及添加图片等功能。接下来分别讲述一下这些概念。

1. 画布（Canvas）与画笔（Paint）

画布好比是教室里的黑板或者白板，Canvas 是一个矩形区域，我们可以在上面任意涂鸦。在 Canvas 上可以画点、线、路径、矩形、圆形以及添加图像。与 Canvas 相关的方法如下：

- ❑ 画直线：drawLine()
- ❑ 画圆：drawCircle ()

图 10-12　电子白板示例

- 画椭圆：drawOval()
- 画矩形：drawRect()
- 画点：drawPoints()
- 画圆弧：drawArc()

仅有画布还不行，还需要画笔，Paint 为绘制方法提供颜色及粗细等参数。如何创建画笔呢？需要提供一系列参数给 Paint，如表 10-2 所示。

表 10-2　Paint 类参数说明

属性名	类型	参考值	说明
color	Colors	Colors.blueAccent	画笔颜色
strokeCap	StrokeCap	StrokeCap.round	画笔笔触类型
isAntiAlias	bool	true	是否启动抗锯齿
blendMode	BlendMode	BlendMode.exclusion	颜色混合模式
style	PaintingStyle	PaintingStyle.fill	绘画样式，默认为填充
colorFilter	ColorFilter	ColorFilter.mode (Colors.blueAccent, BlendMode.exclusion)	颜色渲染模式
maskFilter	MaskFilter	MaskFilter.blur(BlurStyle.inner, 3.0)	模糊遮罩效果，Flutter 中只有这个
filterQuality	FilterQuality	FilterQuality.high	颜色渲染模式的质量
strokeWidth	double	16.0	画笔的粗细

提示　颜色混合模式有很多种，详细内容请参考：https://docs.flutter.io/flutter/dart-ui/BlendMode-class.html。

读懂这些参数后，实例化一支画笔即可，代码如下所示：

```
Paint _paint = Paint()
  ..color = Colors.green                          // 画笔颜色
  ..strokeCap = StrokeCap.round                   // 画笔笔触类型
  ..isAntiAlias = true                            // 是否启动抗锯齿
  ..blendMode = BlendMode.exclusion               // 颜色混合模式
  ..style = PaintingStyle.fill                    // 绘画风格，默认为填充
  ..colorFilter = ColorFilter.mode(Colors.blueAccent,
      BlendMode.exclusion)                        // 颜色渲染模式
  ..maskFilter =
  MaskFilter.blur(BlurStyle.inner, 3.0)           // 模糊遮罩效果
  ..filterQuality = FilterQuality.high            // 颜色渲染模式的质量
  ..strokeWidth = 16.0 ;                          // 画笔的宽度
```

提示 实际使用中不需要传入这么多参数，一般传入画笔颜色、粗细及填充色即可。

2. 绘制直线

绘制直线需要调用 Canvas 的 drawLine 方法，传入起点及终点的坐标即可，代码如下所示：

```
canvas.drawLine(Offset(20.0, 20.0), Offset(300.0, 20.0), _paint);
```

完整代码如下所示：

```
import 'package:flutter/material.dart';

void main() => runApp(MyApp());

class MyApp extends StatelessWidget {
  @override
  Widget build(BuildContext context) {
    return MaterialApp(
      title: 'CustomPaint 绘制直线示例',
      home: Scaffold(
        appBar: AppBar(
          title: Text(
            'CustomPaint 绘制直线示例',
            style: TextStyle(color: Colors.white),
          ),
        ),
        body: Center(
            child: SizedBox(
              width: 500.0,
              height: 500.0,
              child: CustomPaint(
                painter: LinePainter(),
                child: Center(
                  child: Text(
                    '绘制直线',
                    style: const TextStyle(
                      fontSize: 38.0,
                      fontWeight: FontWeight.w600,
```

```
                    color: Colors.black,
                  ),
                ),
              ),
            ),
          )
        ),
      ),
    );
  }
}

//继承自 CustomPainter 并且实现 CustomPainter 里面的 paint 和 shouldRepaint 方法
class LinePainter extends CustomPainter {

  //定义画笔
  Paint _paint = Paint()
    ..color = Colors.black
    ..strokeCap = StrokeCap.square
    ..isAntiAlias = true
    ..strokeWidth = 3.0
    ..style = PaintingStyle.stroke;

  //重写绘制内容方法
  @override
  void paint(Canvas canvas, Size size) {
    //绘制直线
     canvas.drawLine(Offset(20.0, 20.0),
Offset(300.0, 20.0), _paint);
  }

  //重写是否需要重绘
  @override
  bool shouldRepaint(CustomPainter oldDelegate) {
    return false;
  }
}
```

上述示例代码的运行效果大致如图 10-13 所示。

图 10-13 用 CustomPaint 绘制直线示例

3. 绘制圆

绘制圆需要调用 Canvas 的 drawCircle 方法，需要传入中心点的坐标、半径及画笔，如下代码所示：

```
canvas.drawCircle(Offset(200.0, 150.0), 150.0, _paint);
```

其中画笔可以对应有填充色及没有填充色两种情况：

- PaintingStyle.fill：填充绘制。
- PaintingStyle.stroke：非填充绘制。

完整代码如下所示：

```
import 'package:flutter/material.dart';
```

```
void main() => runApp(MyApp());

class MyApp extends StatelessWidget {
  @override
  Widget build(BuildContext context) {
    return MaterialApp(
      title: 'CustomPaint 绘制圆示例',
      home: Scaffold(
        appBar: AppBar(
          title: Text(
            'CustomPaint 绘制圆示例',
            style: TextStyle(color: Colors.white),
          ),
        ),
        body: Center(
            child: SizedBox(
              width: 500.0,
              height: 500.0,
              child: CustomPaint(
                painter: LinePainter(),
                child: Center(
                  child: Text(
                    '绘制圆',
                    style: const TextStyle(
                      fontSize: 38.0,
                      fontWeight: FontWeight.w600,
                      color: Colors.black,
                    ),
                  ),
                ),
              ),
            )
        ),
      ),
    );
  }
}

//继承于CustomPainter并且实现CustomPainter里面的paint和shouldRepaint方法
class LinePainter extends CustomPainter {

  //定义画笔
  Paint _paint = Paint()
    ..color = Colors.grey
    ..strokeCap = StrokeCap.square
    ..isAntiAlias = true
    ..strokeWidth = 3.0
    ..style = PaintingStyle.stroke;//画笔样式有填充(PaintingStyle.fill)及没有填充
                                   //(PaintingStyle.stroke)两种

  //重写绘制内容方法
  @override
  void paint(Canvas canvas, Size size) {
    //绘制圆，参数为中心点、半径、画笔
    canvas.drawCircle(Offset(200.0, 150.0), 150.0, _paint);
  }
```

```
  //重写是否需要重绘的
  @override
  bool shouldRepaint(CustomPainter oldDelegate) {
    return false;
  }
}
```

上述示例代码的运行效果大致如图 10-14 所示，图中展示了填充及非填充两种样式。

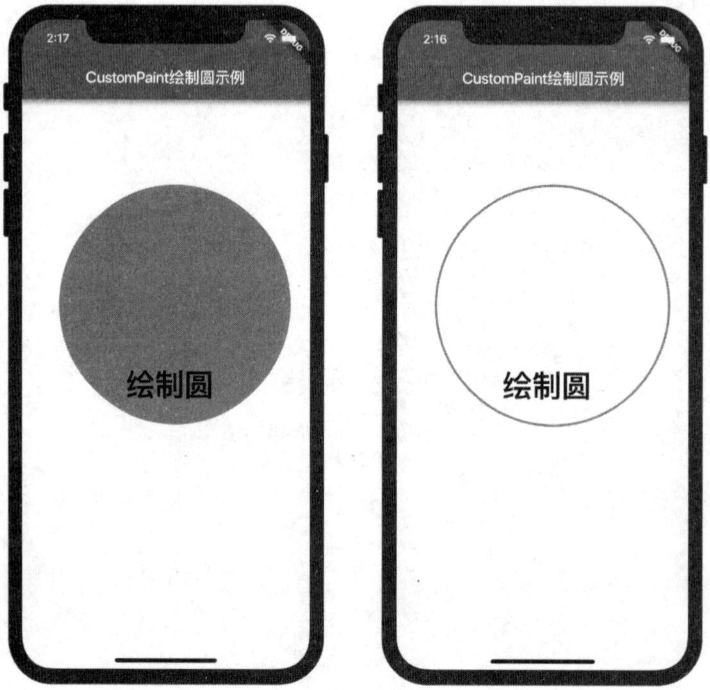

图 10-14　用 CustomPaint 绘制圆填充及非填充示例

4. 绘制椭圆

绘制椭圆需要调用 Canvas 的 drawOval 方法，同时需要使用一个矩形来确定绘制的范围，椭圆是在这个矩形之中内切的，其中第一个参数为左上角坐标，第二个参数为右下角坐标。如下代码所示：

```
Rect rect = Rect.fromPoints(Offset(80.0, 200.0), Offset(300.0, 300.0));
canvas.drawOval(rect, _paint);
```

另外画笔也是有填充色及没有填充色两种情况。具体参考“绘制圆”部分所述。

创建 Rect 有多种方式：

- fromPoints（Offset a, Offset b）：使用左上和右下角坐标来确定内切矩形的大小和位置。
- fromCircle（{ Offset center, double radius }）：使用圆的中心点坐标和半径确定外切矩形的大小和位置。

- fromLTRB（double left, double top, double right, double bottom）：使用矩形的上下左右的 X、Y 边界值来确定矩形的大小和位置。
- fromLTWH（double left, double top, double width, double height）：使用矩形左上角的 X、Y 坐标及矩形的宽高来确定矩形的大小和位置。

完整代码如下所示：

```
import 'package:flutter/material.dart';

void main() => runApp(MyApp());

class MyApp extends StatelessWidget {
  @override
  Widget build(BuildContext context) {
    return MaterialApp(
      title: 'CustomPaint 绘制椭圆示例 ',
      home: Scaffold(
        appBar: AppBar(
          title: Text(
            'CustomPaint 绘制椭圆示例 ',
            style: TextStyle(color: Colors.white),
          ),
        ),
        body: Center(
            child: SizedBox(
              width: 500.0,
              height: 500.0,
              child: CustomPaint(
                painter: LinePainter(),
                child: Center(
                  child: Text(
                    ' 绘制椭圆 ',
                    style: const TextStyle(
                      fontSize: 38.0,
                      fontWeight: FontWeight.w600,
                      color: Colors.black,
                    ),
                  ),
                ),
              ),
            )
        ),
      ),
    );
  }
}

// 继承于 CustomPainter 并且实现 CustomPainter 里面的 paint 和 shouldRepaint 方法
class LinePainter extends CustomPainter {

  // 定义画笔
  Paint _paint = Paint()
    ..color = Colors.grey
    ..strokeCap = StrokeCap.square
```

```
    ..isAntiAlias = true
    ..strokeWidth = 3.0
    ..style = PaintingStyle.fill;// 画笔样式有填充 (PaintingStyle.fill) 及没有填充
                                 //(PaintingStyle.stroke) 两种

  // 重写绘制内容方法
  @override
  void paint(Canvas canvas, Size size) {
    // 绘制椭圆
    // 使用一个矩形来确定绘制的范围，椭圆是在这个矩形之中内切的，第一个参数为左上角坐标，第二个
   // 参数为右下角坐标
    Rect rect = Rect.fromPoints(Offset(80.0, 200.0), Offset(300.0, 300.0));
    canvas.drawOval(rect, _paint);
  }

  /// 重写是否需要重绘
  @override
  bool shouldRepaint(CustomPainter oldDelegate) {
    return false;
  }
}
```

上述示例代码的运行效果大致如图 10-15 所示，图中展示了填充及非填充两种样式。

图 10-15 用 CustomPaint 绘制椭圆填充及非填充示例

5. 绘制圆角矩形

绘制圆角矩形需要调用 Canvas 的 drawRRect 方法。另外画笔同样是有填充色及没有填充色两种情况。下面是一个范例。

首先创建一个中心点坐标为（200,200），边长为 100 的矩形，如下面代码所示：

```
Rect rect = Rect.fromCircle(center: Offset(200.0, 200.0), radius: 100.0);
```

然后再把这个矩形转换成圆角矩形，角度为 20。如下面代码所示：

```
RRect rrect = RRect.fromRectAndRadius(rect, Radius.circular(20.0));
```

最后绘制这个带圆角的矩形即可，如下面代码所示：

```
canvas.drawRRect(rrect, _paint);
```

完整代码如下所示：

```
import 'package:flutter/material.dart';

void main() => runApp(MyApp());

class MyApp extends StatelessWidget {
  @override
  Widget build(BuildContext context) {
    return MaterialApp(
      title: 'CustomPaint 绘制圆角矩形示例',
      home: Scaffold(
        appBar: AppBar(
          title: Text(
            'CustomPaint 绘制圆角矩形示例',
            style: TextStyle(color: Colors.white),
          ),
        ),
        body: Center(
            child: SizedBox(
              width: 500.0,
              height: 500.0,
              child: CustomPaint(
                painter: LinePainter(),
                child: Center(
                  child: Text(
                    '绘制圆角矩形',
                    style: const TextStyle(
                      fontSize: 18.0,
                      fontWeight: FontWeight.w600,
                      color: Colors.black,
                    ),
                  ),
                ),
              ),
            )
        ),
      ),
    );
  }
}

// 继承于 CustomPainter 并且实现 CustomPainter 里面的 paint 和 shouldRepaint 方法
class LinePainter extends CustomPainter {
```

```
  //定义画笔
  Paint _paint = Paint()
    ..color = Colors.grey
    ..strokeCap = StrokeCap.square
    ..isAntiAlias = true
    ..strokeWidth = 3.0
    ..style = PaintingStyle.stroke;// 画笔样式有填充 (PaintingStyle.fill) 及没有填充
                                   //(PaintingStyle.stroke) 两种

  /// 重写绘制内容方法
  @override
  void paint(Canvas canvas, Size size) {

    // 中心点坐标为 (200,200), 边长为 100
    Rect rect = Rect.fromCircle(center: Offset(200.0, 200.0), radius: 100.0);
    // 根据矩形创建一个角度为 10 的圆角矩形
    RRect rrect = RRect.fromRectAndRadius(rect, Radius.circular(20.0));
    // 开始绘制圆角矩形
    canvas.drawRRect(rrect, _paint);
  }

  /// 是否需要重绘
  @override
  bool shouldRepaint(CustomPainter oldDelegate) {
    return false;
  }
}
```

上述示例代码的运行效果大致如图 10-16 所示，图中展示了填充及非填充两种样式。

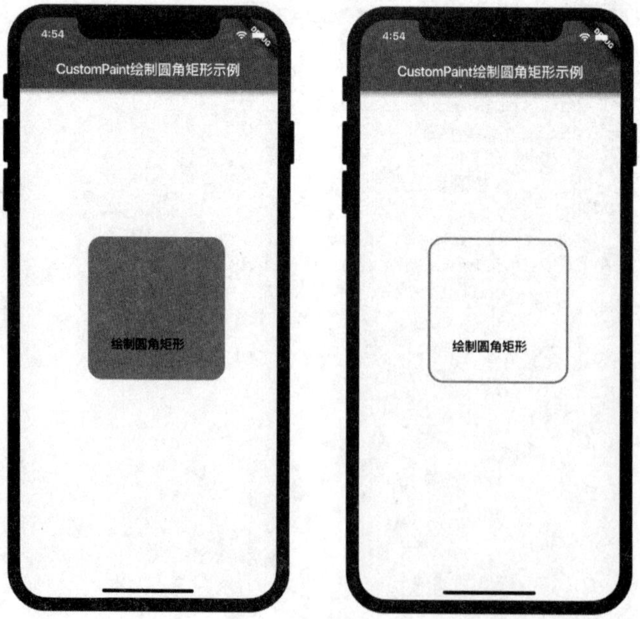

图 10-16 用 CustomPaint 绘制圆角矩形填充及非填充示例

6. 绘制嵌套矩形

绘制嵌套矩形需要调用 Canvas 的 drawDRRect 方法。函数中的 D 就是 Double 的意思，也就是可以绘制两个矩形。另外画笔同样也分为有填充色及没有填充色两种情况。下面是一个范例。

首先初始化两个矩形，如下面代码所示：

```
Rect rect1 = Rect.fromCircle(center: Offset(150.0, 150.0), radius: 80.0);
Rect rect2 = Rect.fromCircle(center: Offset(150.0, 150.0), radius: 40.0);
```

然后再把这两个矩形转化成圆角矩形。如下面代码所示：

```
RRect outer = RRect.fromRectAndRadius(rect1, Radius.circular(20.0));
RRect inner = RRect.fromRectAndRadius(rect2, Radius.circular(10.0));
```

最后绘制这个嵌套矩形即可，参数传入外部矩形、内部矩形及画笔。如下面代码所示：

```
canvas.drawDRRect(outer, inner, _paint);
```

完整代码如下所示：

```
import 'package:flutter/material.dart';

void main() => runApp(new MyApp());

class MyApp extends StatelessWidget {
  @override
  Widget build(BuildContext context) {
    return MaterialApp(
      title: 'CustomPaint 绘制嵌套矩形示例',
      home: Scaffold(
        appBar: AppBar(
          title: Text(
            'CustomPaint 绘制嵌套矩形示例',
            style: TextStyle(color: Colors.white),
          ),
        ),
        body: Center(
            child: SizedBox(
              width: 500.0,
              height: 500.0,
              child: CustomPaint(
                painter: LinePainter(),
              ),
            )
        ),
      ),
    );
  }
}

// 继承于 CustomPainter 并且实现 CustomPainter 里面的 paint 和 shouldRepaint 方法
class LinePainter extends CustomPainter {
```

```
  //定义画笔
  Paint _paint = Paint()
    ..color = Colors.grey
    ..strokeCap = StrokeCap.square
    ..isAntiAlias = true
    ..strokeWidth = 3.0
    ..style = PaintingStyle.stroke;  // 画笔样式有填充(PaintingStyle.fill)及没有填
                                     // 充(PaintingStyle.stroke)两种

  ///重写绘制内容方法
  @override
  void paint(Canvas canvas, Size size) {

    //初始化两个矩形
    Rect rect1 = Rect.fromCircle(center: Offset(150.0, 150.0), radius: 80.0);
    Rect rect2 = Rect.fromCircle(center: Offset(150.0, 150.0), radius: 40.0);
    //再把这两个矩形转化成圆角矩形
    RRect outer = RRect.fromRectAndRadius(rect1, Radius.circular(20.0));
    RRect inner = RRect.fromRectAndRadius(rect2, Radius.circular(10.0));
    canvas.drawDRRect(outer, inner, _paint);
  }

  //是否需要重绘
  @override
  bool shouldRepaint(CustomPainter oldDelegate) {
    return false;
  }
}
```

上述示例代码的运行效果大致如图 10-17 所示，图中展示了填充及非填充两种样式。

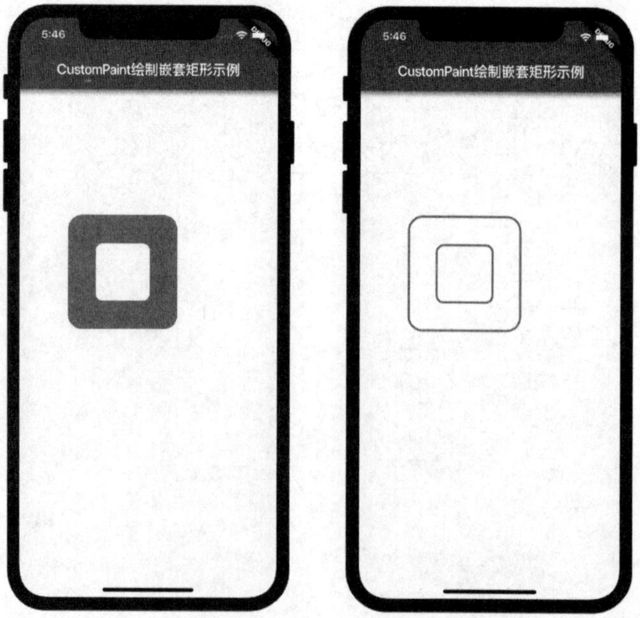

图 10-17　用 CustomPaint 绘制嵌套矩形填充及非填充示例

提示 嵌套矩形如果是填充样式，不会全部填充，中心位置会留空。

7. 绘制多个点

绘制多个点需要调用 Canvas 的 drawPoints 方法。传入的参数 PointMode 的枚举类型有三个，分别是 points（点）、lines（隔点连接线）及 polygon（相邻连接线）。这里以绘制多个点为例来讲解 drawPoints 的使用方法。如下面代码所示：

```
PointMode.points,
  [
    Offset(50.0, 60.0),
    Offset(40.0, 90.0),
    Offset(100.0, 100.0),
    Offset(300.0, 350.0),
    Offset(400.0, 80.0),
    Offset(200.0, 200.0),
  ],
  _paint..color = Colors.grey);
```

这里编写一个示例，示例中将 strokeWidth 的值设置为 20.0，目的是使画笔更粗一些，这样能显示得更明显。画笔的 strokeCap 属性 StrokeCap.round 为圆点，StrokeCap.square 为方形，对应提供两种画笔笔触样式。完整代码如下所示：

```
import 'package:flutter/material.dart';
import 'dart:ui';

void main() => runApp(MyApp());

class MyApp extends StatelessWidget {
  @override
  Widget build(BuildContext context) {
    return MaterialApp(
      title: 'CustomPaint 绘制多个点示例 ',
      home: Scaffold(
        appBar: AppBar(
          title: Text(
            'CustomPaint 绘制多个点示例 ',
            style: TextStyle(color: Colors.white),
          ),
        ),
        body: Center(
            child: SizedBox(
              width: 500.0,
              height: 500.0,
              child: CustomPaint(
                painter: LinePainter(),
              ),
            )),
      ),
    );
  }
```

```
}

// 继承于 CustomPainter 并且实现 CustomPainter 里面的 paint 和 shouldRepaint 方法
class LinePainter extends CustomPainter {
  // 定义画笔
  Paint _paint = Paint()
    ..color = Colors.grey
    ..strokeCap = StrokeCap.round// StrokeCap.round 为圆点 StrokeCap.square 为方形
    ..isAntiAlias = true
    ..strokeWidth = 20.0                  // 画笔粗细，将值设置得大一些，这样点看起来更明显
    ..style = PaintingStyle.fill;         // 用于绘制点时 PaintingStyle 值无效

  // 重写绘制内容方法
  @override
  void paint(Canvas canvas, Size size) {
    // 绘制点
    canvas.drawPoints(

      // PointMode 的枚举类型有三个，points 点，lines 隔点连接线，polygon 相邻连接线
        PointMode.points,
        [
          Offset(50.0, 60.0),
          Offset(40.0, 90.0),
          Offset(100.0, 100.0),
          Offset(300.0, 350.0),
          Offset(400.0, 80.0),
          Offset(200.0, 200.0),
        ],
        _paint..color = Colors.grey);
  }

  // 是否需要重绘
  @override
  bool shouldRepaint(CustomPainter oldDelegate) {
    return false;
  }
}
```

上述示例代码的运行效果大致如图 10-18 所示。

若更改上述示例代码中的 PointMode.points 为 PointMode.lines，则图像变为隔点连接线样式。视图展现大致如图 10-19 所示。

继续更改上述示例代码中的 PointMode.points 为 PointMode.polygon，则图像变为相邻连接线样式。视图展现大致如图 10-20 所示。

8. 绘制圆弧

绘制圆弧需要调用 Canvas 的 drawArc 方法。需要传入绘制区域、弧度及画笔等参数。如下面代码所示：

```
// 定义矩形
Rect rect1 = Rect.fromCircle(center: Offset(100.0, 0.0), radius: 100.0);
// 画 1/2PI 弧度的圆弧
canvas.drawArc(rect1, 0.0, PI / 2, true, _paint);
```

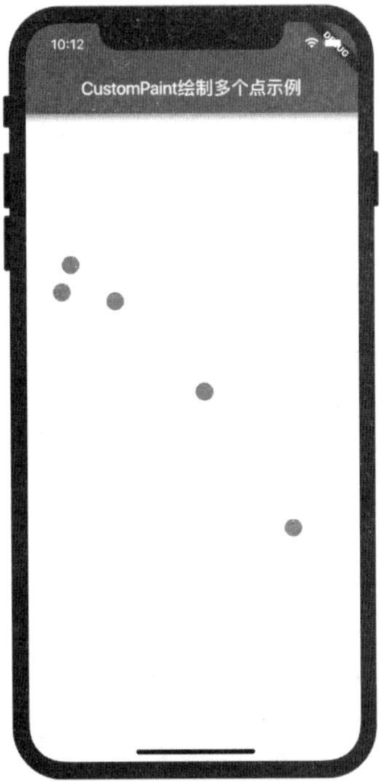

图 10-18　用 CustomPaint 绘制多个点方格及圆点示例

图 10-19　用 CustomPaint 绘制多个点 PointMode.lines 样式图

图 10-20　用 CustomPaint 绘制多个点 PointMode.polygon 样式图

这里写一个示例，需要用到一些几何知识。圆的完整弧度为 2，示例中演示了如何绘制 1/4 及 1/2 弧度的圆弧。完整代码如下所示：

```
import 'package:flutter/material.dart';
import 'dart:ui';

void main() => runApp(MyApp());

class MyApp extends StatelessWidget {
  @override
  Widget build(BuildContext context) {
    return MaterialApp(
      title: 'CustomPaint 绘制圆弧示例',
      home: Scaffold(
        appBar: AppBar(
          title: Text(
            'CustomPaint 绘制圆弧示例',
            style: TextStyle(color: Colors.white),
          ),
        ),
        body: Center(
            child: SizedBox(
              width: 500.0,
              height: 500.0,
              child: CustomPaint(
                painter: LinePainter(),
              ),
            )),
      ),
    );
  }
}

//继承于 CustomPainter 并且实现 CustomPainter 里面的 paint 和 shouldRepaint 方法
class LinePainter extends CustomPainter {
  //定义画笔
  Paint _paint = Paint()
    ..color = Colors.grey
    ..strokeCap = StrokeCap.round
    ..isAntiAlias = true
    ..strokeWidth = 2.0// 画笔粗细
    ..style = PaintingStyle.stroke; //用于绘制点时 PaintingStyle 值无效

  //重写绘制内容方法
  @override
  void paint(Canvas canvas, Size size) {
    //绘制圆弧
    const PI = 3.1415926;
    //定义矩形
    Rect rect1 = Rect.fromCircle(center: Offset(100.0, 0.0), radius: 100.0);
    //画 1/2PI 弧度的圆弧
    canvas.drawArc(rect1, 0.0, PI / 2, true, _paint);
    //画 PI 弧度的圆弧
    Rect rect2 = Rect.fromCircle(center: Offset(200.0, 150.0), radius: 100.0);
    canvas.drawArc(rect2, 0.0, PI, true, _paint);
```

```
  }

  // 是否需要重绘
  @override
  bool shouldRepaint(CustomPainter oldDelegate) {
    return false;
  }
}
```

上述示例代码的运行效果大致如图 10-21 所示。

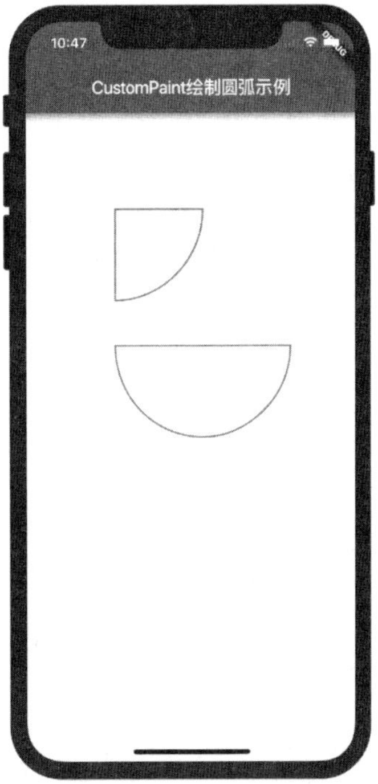

图 10-21　用 CustomPaint 绘制圆弧示例

9. 绘制路径

使用 Canvas 的 drawPath 方法理论上可以绘制任意矢量图。绘制路径的主要方法如下所示：

- moveTo：将路径起始点移动到指定的位置。
- lineTo：从当前位置连接指定点。
- arcTo：曲线。
- conicTo：贝济埃曲线。
- close：关闭路径，连接路径的起始点。

这里写一个示例，调用 Canvas 的 drawPath 方法绘制一个任意图形，完整代码如下所示：

```
import 'package:flutter/material.dart';
import 'dart:ui';

void main() => runApp(MyApp());

class MyApp extends StatelessWidget {
  @override
  Widget build(BuildContext context) {
    return MaterialApp(
      title: 'CustomPaint 绘制路径示例 ',
      home: Scaffold(
        appBar: AppBar(
          title: Text(
            'CustomPaint 绘制路径示例 ',
            style: TextStyle(color: Colors.white),
          ),
        ),
        body: Center(
            child: SizedBox(
              width: 500.0,
              height: 500.0,
              child: CustomPaint(
                painter: LinePainter(),
              ),
            )),
      ),
    );
  }
```

```
}

//继承于CustomPainter并且实现CustomPainter里面的paint和shouldRepaint方法
class LinePainter extends CustomPainter {
  //定义画笔
  Paint _paint = Paint()
    ..color = Colors.grey
    ..strokeCap = StrokeCap.round
    ..isAntiAlias = true
    ..strokeWidth = 2.0 // 画笔粗细
    ..style = PaintingStyle.stroke;
      // 用于绘制点时PaintingStyle值无效

  //重写绘制内容方法
  @override
  void paint(Canvas canvas, Size size) {
    //新建一个path移动到一个位置，然后画各种线
    Path path = Path()..moveTo(100.0, 100.0);
    path.lineTo(200.0, 300.0);
    path.lineTo(100.0, 200.0);
    path.lineTo(150.0, 250.0);
    path.lineTo(150.0, 500.0);
    canvas.drawPath(path, _paint);
  }

  //是否需要重绘
  @override
  bool shouldRepaint(CustomPainter oldDelegate) {
    return false;
  }
}
```

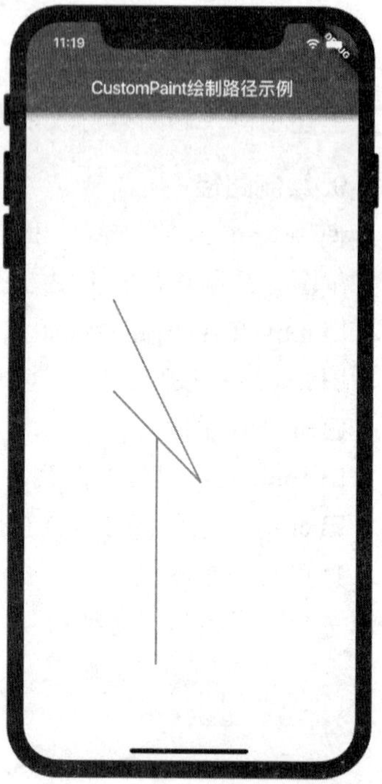

图 10-22 用 CustomPaint 绘制路径示例

上述示例代码的运行效果大致如图 10-22 所示。

第 11 章 Chapter 11

路由和持久化

在实际的项目中，应用往往有很多页面，这些页面之间需要相互传递数据及切换处理，就需要用到路由。

开发应用时会有很多数据存储需求，这时就需要用到持久化存储技术，与 iOS、安卓一样，Flutter 中也有很多种持久化存储方式，比如 Key-Value 存储、文件存储、数据库存储等，都是通过平台对应的模块来实现的。

本章讲解的路由及持久化技术为 Flutter 的高级知识，包含以下几个内容：

- 路由的基本应用
- Fluro 企业级路由
- Key-Value 存储简介
- 文件存储
- Sqflite 的应用

11.1 路由的基本应用

移动应用通常通过“屏幕”或“页面”来显示其内容，在 Flutter 中，页面之间的路由是通过导航器（Navigator）组件来管理的。导航器管理一组路由（Route）对象，并采用堆栈方法进行管理，如下所示：

- Navigator.push 将一个元素插入堆栈的顶部。比如在 Screen1 中 push 一个页面 Screen2，将 Screen2 的压到堆栈的顶部。
- Navigator.pop 将堆栈的顶部元素进行删除，回退到上一个界面。

在 Flutter 中，我们会用到这些方法，例如 showDialog()、showMenu()、showModalBottomSheet() 等，这些方法其实本质上是在创建了一个页面后，调用 Navigator 的 push 方法以显示到当前的屏幕上。

接下来我们通过一个查看商品页面跳转的示例来讲解路由的基本使用方法。

1. 页面跳转的基本操作

步骤 1 新建第一个页面 FirstScreen，添加一个“查看商品详情页面”的按钮，用来示范按下跳转处理。关键代码如下所示：

```
// 压栈处理
Navigator.push(context, MaterialPageRoute(builder: (context) => SecondScreen())
```

FirstScreen 效果图如图 11-1 所示。

步骤 2 再添加一个页面，命名为 SecondScreen，在页面中添加一个“返回页面”按钮，按下则会返回第一个页面，关键代码如下所示：

```
// 出栈处理
Navigator.pop(context);
```

SecondScreen 页面效果如图 11-2 所示。

图 11-1 查看商品详情页面操作

图 11-2 返回页面操作

完整示例代码如下所示：

```
import 'package:flutter/material.dart';

void main() {
  runApp(MaterialApp(
    title: '导航页面示例',
    home: FirstScreen(),
  ));
}
//第一个页面
class FirstScreen extends StatelessWidget {

  @override
  Widget build(BuildContext context) {
    return Scaffold(
      appBar: AppBar(
        title: Text('导航页面示例'),
      ),
      body: Center(
        child: RaisedButton(
          child: Text('查看商品详情页面'),
          onPressed: (){
            //压栈处理，路由至第二个页面
              Navigator.push(context, MaterialPageRoute(builder: (context) =>
SecondScreen())
            );
          },
        ),
      ),
    );
  }
}
//第二个页面
class SecondScreen extends StatelessWidget {
  @override
  Widget build(BuildContext context) {

    return Scaffold(
      appBar: AppBar(
        title: Text("导航页面示例"),
      ),
      body: Center(
        child: RaisedButton(
          onPressed: (){
            //出栈处理，返回至上一个页面
            Navigator.pop(context);
          },
          child: Text('返回页面'),
        ),
      ),
    );
  }
}
```

2. 页面跳转发送数据

页面跳转时有时需要发送数据到第二个页面，比如从订单列表跳转到商品详情页面时，通常需要发送商品 id 参数。接下来我们通过一个商品列表跳转到商品页面的示例来讲解页面跳转发送数据的实现方法。具体步骤如下：

步骤 1 新建第一个页面 ProductList，使用 List.generate 方法构造 20 条模拟数据。主要代码如下所示：

```
//商品列表
home: ProductList(
  //构造20条数据
  products: List.generate(20, (i) => Product('商品 $i', '这是一个商品详情 $i')),
),
```

接下来使用 ListView.builder 方法渲染商品列表，主要代码如下所示：

```
body: ListView.builder(
  //列表长度
    itemCount: products.length,
    //列表项构造器
    itemBuilder: (context, index) {
      //返回列表项
      return ListTile(
        title: Text(products[index].title),
        //点击跳转至商品详情页，传入 Product 对象
          onTap: () {
              Navigator.push(context, MaterialPageRoute(builder: (context) =>
                ProductDetail(product: products[index])),
              );
            },
          );
        }),
```

注意 代码中 ProductDetail(product: products[index])) 即为发送 product 数据。

ProductList 的效果图如图 11-3 所示。

步骤 2 当按下商品列表里某一项时，页面会跳转至商品详情页面，商品详情页面命名为 ProductDetail，此页面展示商品的标题及描述内容，主要代码如下所示：

```
@override
Widget build(BuildContext context) {
    return Scaffold(
      appBar: AppBar(
        //展示数据
        title: Text("${product.title}"),
      ),
      body: Padding(
        padding: EdgeInsets.all(16.0),
        //展示数据
        child: Text('${product.description}'),
      ),
    );
}
```

ProductDetail 的页面效果如图 11-4 所示。

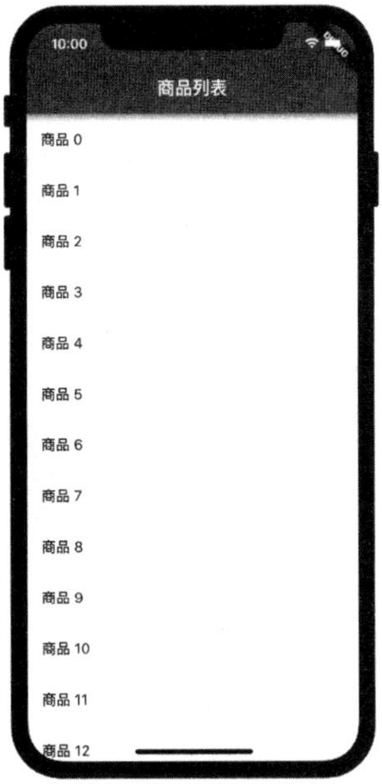

图 11-3 商品列表页面

图 11-4 商品详情页面

完整的示例代码如下所示：

```
import 'package:flutter/material.dart';

// 产品 VO 类
class Product {
  final String title;
  final String description;

  Product(this.title, this.description);
}

void main() {
  runApp(MaterialApp(
    title: '传递数据示例',
    // 商品列表
    home: ProductList(
      // 构造 20 条数据
      products: List.generate(20, (i) => Product('商品 $i', '这是一个商品详情 $i')),
    ),
  ));
}

// 商品列表页
class ProductList extends StatelessWidget {
  final List<Product> products;

  ProductList({Key key, @required this.products}) : super(key: key);

  @override
  Widget build(BuildContext context) {
```

```
    return Scaffold(
      appBar: AppBar(
        title: Text(" 商品列表 "),
      ),
      // 商品列表
      body: ListView.builder(
        // 列表长度
          itemCount: products.length,
          // 列表项构造器
          itemBuilder: (context, index) {
            // 返回列表项
            return ListTile(
              title: Text(products[index].title),
              // 点击跳转至商品详情页，传入 Product 对象
              onTap: () {
                Navigator.push(context, MaterialPageRoute(builder: (context) =>
                    ProductDetail(product: products[index])),
                );
              },
            );
          }),
    );
  }
}

// 商品详情页
class ProductDetail extends StatelessWidget {
  // 商品数据
  final Product product;

  // 构造方法，将传入的商品数据赋值给 product
  ProductDetail({Key key, @required this.product}) : super(key: key);

  @override
  Widget build(BuildContext context) {
    return Scaffold(
      appBar: AppBar(
        // 展示数据
        title: Text("${product.title}"),
      ),
      body: Padding(
        padding: EdgeInsets.all(16.0),
        // 展示数据
        child: Text('${product.description}'),
      ),
    );
  }
}
```

3. 页面跳转返回数据

页面跳转不仅要发送数据，有时还需要从第二个页面返回数据，接下来我们通过一个示例来展示页面跳转返回数据的实现方法。具体步骤如下：

步骤 1 新建第一个页面 FirstPage，编写一个跳转至第二个页面的方法，主要代码如下所示：

```
//路由至第二个页面
_navigateToSecondPage(BuildContext context) async {
  //压栈操作并等待页面返回操作
  final result = await Navigator.push(
    context,
    MaterialPageRoute(builder: (context) => SecondPage()),
  );
  //读取并显示返回值
  Scaffold.of(context).showSnackBar(SnackBar(content: Text("$result")));
}
```

接着创建一个 RaisedButton 按钮，在它的 onPressed 方法里调用上面那个方法，代码如下：

```
return RaisedButton(
  onPressed: () {
    _navigateToSecondPage(context);
  },
  child: Text('跳转到第二个页面'),
);
```

FirstPage 的效果图如图 11-5 所示。

步骤 2　当按下“跳转到第二个页面”时，页面会跳转至第二个页面，页面的类名命名为 SecondPage，在第二个页面里需要添加一个按钮，调用 Navigator.pop 方法来返回至第一个页面，主要代码如下所示：

```
//出栈带上参数
Navigator.pop(context, 'hi flutter');
```

SecondPage 的页面效果如图 11-6 所示。

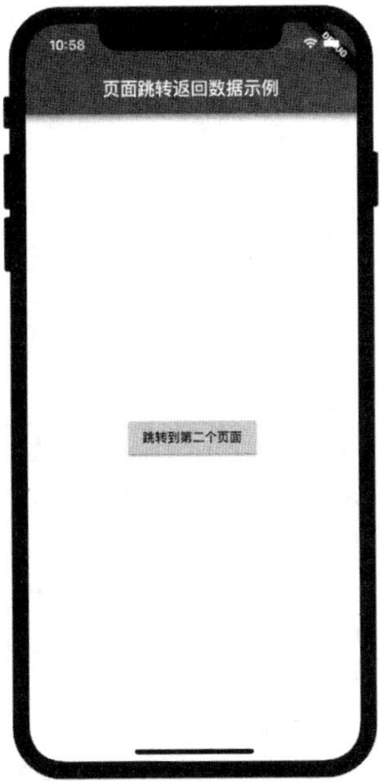

图 11-5　页面跳转返回数据页面一

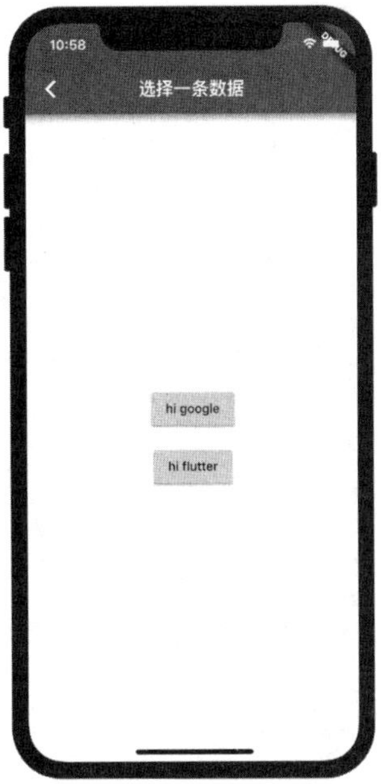

图 11-6　页面跳转返回数据页面二

当点击"hi flutter"按钮后，页面又返回至第一个页面，如图 11-7 所示。同时页面的下方会弹出一个提示消息为"hi flutter"，表示返回数据成功。提示消息的代码如下：

```
Scaffold.of(context).showSnackBar(SnackBar(content: Text("$result")));
```

完整的示例代码如下所示：

```
import 'package:flutter/material.dart';

void main() {
  runApp(MaterialApp(
    title: '页面跳转返回数据示例',
    home: FirstPage(),
  ));
}

//第一个页面
class FirstPage extends StatelessWidget {
  @override
  Widget build(BuildContext context) {
    return Scaffold(
      appBar: AppBar(
        title: Text("页面跳转返回数据示例"),
      ),
      body: Center(
        child: RouteButton(),
      ),
    );
  }
}

//跳转按钮
class RouteButton extends StatelessWidget {
  @override
  Widget build(BuildContext context) {
    return RaisedButton(
      onPressed: () {
        _navigateToSecondPage(context);
      },
      child: Text('跳转到第二个页面'),
    );
  }

  //路由至第二个页面
  _navigateToSecondPage(BuildContext context) async {
    //压栈操作并等待页面返回操作
    final result = await Navigator.push(
      context,
      MaterialPageRoute(builder: (context) => SecondPage()),
    );
    //读取并显示返回值
    Scaffold.of(context).showSnackBar(SnackBar(content: Text("$result")));
  }
}
```

```
//第二个页面
class SecondPage extends StatelessWidget {
  @override
  Widget build(BuildContext context) {
    return Scaffold(
      appBar: AppBar(
        title: Text("选择一条数据"),
      ),
      body: Center(
        child: Column(
          mainAxisAlignment: MainAxisAlignment.center,
          children: <Widget>[
            Padding(
              padding: const EdgeInsets.all(8.0),
              child: RaisedButton(
                onPressed: () {
                  //出栈带上参数，返回到上一个页面
                  Navigator.pop(context, 'hi google');
                },
                child: Text('hi google'),
              ),
            ),
            Padding(
              padding: const EdgeInsets.all(8.0),
              child: RaisedButton(
                onPressed: () {
                  //出栈带上参数，返回到上一个页面
                  Navigator.pop(context, 'hi
flutter');
                },
                child: Text('hi flutter'),
              ),
            ),
          ],
        ),
      ),
    );
  }
}
```

图 11-7　页面跳转返回数据页面三

11.2　Fluro 企业级路由

Flutter 的路由机制很烦琐，如果是小型应用还勉强适用，但是真实开发中我们都会使用企业级的路由机制，让路由清晰可用。Fluro 是目前我们认为最好的企业级 Flutter 路由。接下来我们通过一个示例来展示 Fluro 的使用方法。

步骤 1　在 pubspec.yaml 文件里添加 Fluro 库。

步骤 2　在工程 lib 目录下创建一个 routers 的目录

用于存放导航路由相关的处理文件。首先创建一个 application.dart 的文件，定义 Application 类，此类主要是定义静态变量创建 Router 对象。代码如下所示：

```
import 'package:fluro/fluro.dart';

//定义 Application 类
class Application{
  //使用静态变量创建 Router 对象
  static Router router;
}
```

然后在 lib/routers 目录下添加 routers.dart 文件。编写路由集类 Routes，此类用来定义请求路径及配置路由的 Handler。请求路径定义如下所示：

```
//根路径
static String root = '/';
//第二个页面路径
static String secondPage = '/secondPage';
```

注意 首页一定要用“/”，其他路径无此要求。

请求路径定义好后，还需要定义路径对应的 Handler 处理，通常要创建一个 Handler 对象用来处理请求参数及返回的页面。routers.dart 完整代码如下所示：

```
import 'package:fluro/fluro.dart';
import 'package:flutter/material.dart';
import 'router_handler.dart';


//路由集
class Routes{
  //根路径
  static String root = '/';
  //第二个页面路径
  static String secondPage = '/secondPage';

  //配置路由对象
  static void configureRoutes(Router router){

    //没有找到路由的回调方法
    router.notFoundHandler = Handler(
      handlerFunc: (BuildContext context,Map<String,List<String>> params){
        print('error::: router 没有找到 ');
      }
    );

    //定义第二页面路由的 Handler
    router.define(secondPage, handler: secondPageHandler);

  }

}
```

实际的应用中路径会非常多，那么在 routers.dart 文件里主要定义请求路径及定义路径对应的 Handler。另外还需要专门建立一个文件来添加各种 Handler，在 lib/routers 目录下添加 router_handler.dart 文件，以定义第二页面路由的 Handler 为例，定义如下所示：

```
import 'package:fluro/fluro.dart';
import '../pages/second_page.dart';
import 'package:flutter/material.dart';

//创建 Handler 用来接收路由参数及返回第二个页面对象
Handler secondPageHandler = Handler(
  handlerFunc: (BuildContext context,Map<String,List<String>> params){
    //读取 goodId 参数，first 即为第一个数据
    String goodId = params['goodId'].first;
    return SecondPage(goodId);
  }
);
```

其中 params 即为请求参数 Map 对象，通过键值对的方式可以取出 goodId 参数，最后需要返回页面。

步骤 3　打开 lib/main.dart 文件。创建路由对象，配置路由集 Routes 的路由对象并指定 Application 的路由对象。如下所示：

```
//创建路由对象
final router = Router();
//配置路由集 Routes 的路由对象
Routes.configureRoutes(router);
//指定 Application 的路由对象
Application.router = router;
```

在 MaterialApp 组件里为 onGenerateRoute 属性指定生成路由的回调函数。如下所示：

```
//生成路由的回调函数，当导航到目标路由时，会使用回调函数来生成界面
onGenerateRoute: Application.router.generator,
```

main.dart 的完整代码如下所示：

```
import 'package:flutter/material.dart';
import './routers/routes.dart';
import 'package:fluro/fluro.dart';
import './routers/application.dart';
import './pages/first_page.dart';

void main() {
  runApp(MyApp());
}

class MyApp extends StatelessWidget {

  @override
  Widget build(BuildContext context) {

    //创建路由对象
```

```
    final router = Router();
    //配置路由集 Routes 的路由对象
    Routes.configureRoutes(router);
    //指定 Application 的路由对象
    Application.router = router;

    return Container(
      child: MaterialApp(
        title: "Fluro 路由导航示例 ",
        debugShowCheckedModeBanner: false,
        //生成路由的回调函数，当导航到目标路由时，会使用回调函数来生成界面
        onGenerateRoute: Application.router.generator,
        //主页指定为第一个页面
        home: FirstPage(),
      ),
    );
  }


}
```

步骤 4 在工程 lib 下创建 pages 目录用于存放路由导航所涉及的页面，分别为 first_page.dart 及 second._page.dart。其中第一个页面为发起路由请求页面，路由跳转方法如下所示：

```
//路由带的参数
String goodId  = '001';
//通过 Application 类里的路由 router 导航至第二个页面，可指定页面切换动画类型
Application.router.navigateTo(context, "/secondPage?goodId=$goodId",transiti
on: TransitionType.fadeIn).then((result) {//回传值
  //当第二个页面返回时带的参数为 result 值
  if (result != null) {
    print(result);
  }
});
```

其中 goodId 为路由携带的参数，navigateTo 为路由方法，"/secondPage?goodId=$goodId" 为请求路径。在请求方法里还可以加上页面切换动画，其中 TransitionType.fadeIn 即为页面切换动画类型。当请求的页面返回时还可以返回参数，使用 result 变量接收返回的参数。

第一个页面 first_page.dart 的完整代码如下所示：

```
import 'package:flutter/material.dart';
import '../routers/application.dart';
import 'package:fluro/fluro.dart';


//第一个页面
class FirstPage extends StatelessWidget {
  @override
  Widget build(BuildContext context) {
    return Scaffold(
      appBar: AppBar(
```

```
        title: Text("Fluro 路由导航示例 "),
      ),
      body: Center(
        child: RaisedButton(
          // 点击处理
          onPressed: () {
            _navigateToSecondPage(context);
          },
          child: Text(' 打开第二个页面 '),
        ),
      ),
    );
  }

  // 路由至第二个页面
  _navigateToSecondPage(BuildContext context) async {
    // 路由带的参数
    String goodId  = '001';
    // 通过 Application 类里的路由 router 导航至第二个页面，可指定页面切换动画类型
     Application.router.navigateTo(context, "/secondPage?goodId=$goodId",trans
ition: TransitionType.fadeIn).then((result) {// 回传值
      // 当第二个页面返回时带的参数为 result 值
      if (result != null) {
        print(result);
      }
    });
  }
}
```

第一个页面效果如图 11-8 所示。

点击“打开第二个页面”按钮会跳转至第二个页面，并传入 goodId 参数，那么在定义第二个页面类时需要添加接收参数。如下所示：

```
// 传递参数值
final String goodId;

SecondPage(this.goodId);
```

第二个页面完整代码如下所示：

```
import 'package:flutter/material.dart';

// 第二个页面
class SecondPage extends StatelessWidget {
  // 传递参数值
  final String goodId;

  SecondPage(this.goodId);

  @override
  Widget build(BuildContext context) {
    return Scaffold(
```

图 11-8　Fluro 路由导航第一个页面

```
        appBar: AppBar(
          title: Text("第二个页面"),
        ),
        body: Center(
          child: Column(
            mainAxisAlignment: MainAxisAlignment.center,
            children: <Widget>[
              //显示传递参数值
              Text(
                '$goodId',
                style: TextStyle(
                  fontSize: 28.0,
                  color: Colors.red,
                ),
              ),
              Padding(
                padding: const EdgeInsets.all(8.0),
                child: RaisedButton(
                  onPressed: () {
                    //出栈带上参数，返回至第一个页面
                    Navigator.pop(context, '第二个页面返回参数($goodId)');
                  },
                  child: Text('点击返回'),
                ),
              ),
            ],
          ),
        ),
      );
    }
  }
```

第二个页面效果如图 11-9 所示。

其中“001”即为所传参数 goodId。点击“点击返回”按钮返回至第一个页面并带上返回参数。返回参数值请查看控制台输出信息即可。方法如下所示：

```
//出栈带上参数，返回至第一个页面
Navigator.pop(context, '第二个页面返回参数($goodId)');
```

图 11-9 Fluro 路由导航第二页面

11.3 Key-Value 存储简介

Key-Value（键值对）存储主要是平台提供特定的 API 来供我们操作，其本质依然是将数据存储到特定文件中，只不过这些工作都由平台帮我们做，类似的工具如 iOS 平台中的 NSUserDefaults、安卓平台的 SharedPreferences 等。

11.3.1 shared_preferences 的应用

Flutter 中可以使用 shared_preferences 插件来实现 Key-Value 存储。主要存储数据类型包括 bool、int、double、String、List 等。接下来通过一个例子来详细讲解 shared_preferences 的用法。

步骤 1　引入插件，在 pubspec.yaml 文件中添加 shared_preferences 插件，如下：

```
dependencies:
  flutter:
    sdk: flutter
  cupertino_icons: ^0.1.2
  #shared_preferences 插件
  shared_preferences: ^0.5.3+4
```

然后在命令行执行 flutter packages get 即可将插件下载到本地。

步骤 2　将插件引入项目后，在使用的 dart 文件中导入 shared_preferences.dart 文件，如下所示：

```
import 'package:shared_preferences/shared_preferences.dart';
```

导入文件后需要实例化其对象，获取 SharedPreferences 的单例方法是一个异步方法，所以在使用时需要注意使用 await 获取其真实对象，如下：

```
Future<SharedPreferences> _prefs = SharedPreferences.getInstance();
```

步骤 3　编写保存数据及获取数据方法，代码如下所示：

```
// 保存数据
void saveMethodName() async {
  SharedPreferences prefs = await _prefs;
  prefs.setString("strKey", "strValue");
  ...
}

// 获取数据
void initFromCache() async {
  SharedPreferences prefs = await _prefs;
  String strValue = prefs.getString("strKey");
  ...
}
```

步骤 4　编写 UI 组件，调用保存数据方法及在页面初始化时获取数据方法。完整代码如下所示：

```
import 'package:flutter/material.dart';
import 'package:shared_preferences/shared_preferences.dart';

void main() => runApp(MyApp());

class MyApp extends StatelessWidget {
  @override
```

```
  Widget build(BuildContext context) {
    return MaterialApp(
      title: 'SharedPreferences 示例',
      theme: ThemeData(
        primarySwatch: Colors.blue,
      ),
      home: PersistentDemo(),
    );
  }
}

// 本地存储，使用 Key-Value 存储
class PersistentDemo extends StatefulWidget {
  @override
  State<StatefulWidget> createState() => PersistentDemoState();
}

class PersistentDemoState extends State<PersistentDemo> {
  // 实例化本地存储对象
  Future<SharedPreferences> _prefs = SharedPreferences.getInstance();
  // 昵称及选择语言的值
  var controller = TextEditingController();
  bool value_dart = false;
  bool value_js = false;
  bool value_java = false;

  @override
  void initState() {
    super.initState();
    initFromCache();
  }

  @override
  void dispose() {
    super.dispose();
    controller = null;
  }

  // 从缓存中获取信息填充
  void initFromCache() async {
    final SharedPreferences prefs = await _prefs;
    // 根据键 (key) 获取本地存储的值 (value)
    final value_nickname = prefs.getString("key_nickname");
    final value_dart = prefs.getBool("key_dart");
    final value_js = prefs.getBool("key_js");
    final value_java = prefs.getBool("key_java");

    // 获取到缓存中的值后，使用 setState 更新界面信息
    setState(() {
      controller.text = (value_nickname == null ? "" : value_nickname);
      this.value_dart = (value_dart == null ? false : value_dart);
      this.value_js = (value_js == null ? false : value_js);
      this.value_java = (value_java == null ? false : value_java);
    });
  }
```

```
//保存界面的输入选择信息
void saveInfo(String value_nickname) async {
  final SharedPreferences prefs = await _prefs;
  prefs.setString("key_nickname", value_nickname);
  prefs.setBool("key_dart", value_dart);
  prefs.setBool("key_js", value_js);
  prefs.setBool("key_java", value_java);
}

@override
Widget build(BuildContext context) {
  return Scaffold(
      appBar: AppBar(
        title: Text('SharedPreferences 示例 '),
      ),
      body: Container(
        padding: EdgeInsets.all(15),
        child: Column(
          crossAxisAlignment: CrossAxisAlignment.center,
          children: <Widget>[
            TextField(
              controller: controller,
              decoration: InputDecoration(
                labelText: ' 昵称 :',
                hintText: ' 请输入名称 ',
              ),
            ),
            Text(' 你喜欢的编程语言 '),
            Row(
              mainAxisAlignment: MainAxisAlignment.spaceBetween,
              children: <Widget>[
                Text('Dart'),
                Switch(
                  value: value_dart,
                  onChanged: (isChanged) {
                    //设置状态改变要存储的值
                    setState(() {
                      this.value_dart = isChanged;
                    });
                  },
                )
              ],
            ),
            Row(
              mainAxisAlignment: MainAxisAlignment.spaceBetween,
              children: <Widget>[
                Text('JavaScript'),
                Switch(
                  value: value_js,
                  onChanged: (isChanged) {
                    setState(() {
                      this.value_js = isChanged;
                    });
                  },
                )
```

```
                ],
              ),
              Row(
                mainAxisAlignment: MainAxisAlignment.spaceBetween,
                children: <Widget>[
                  Text('Java'),
                  Switch(
                    value: value_java,
                    onChanged: (isChanged) {
                      setState(() {
                        this.value_java = isChanged;
                      });
                    },
                  )
                ],
              ),
              MaterialButton(
                child: Text('保存'),
                onPressed: () {
                  saveInfo(controller.text);
                },
              ),
            ],
          ),
        )
    );
  }
}
```

运行示例后，首先输入一个名字“kevin”，然后选中“Dart”，最后点击“保存”按钮。当我们再次运行示例后发现页面显示的为上一次保存的页面内容。示例的运行效果如图 11-10 所示。

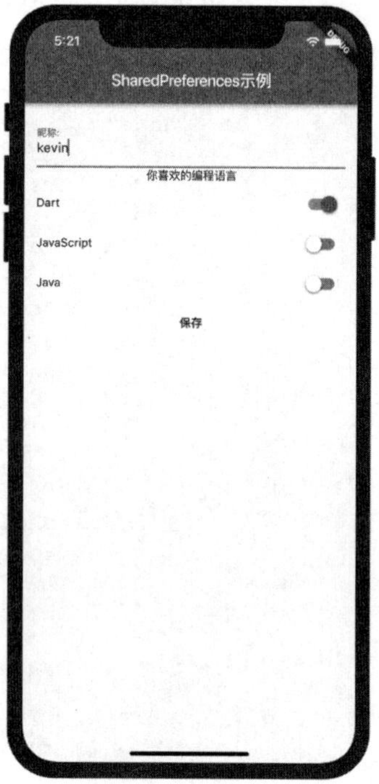

图 11-10　SharedPreferences 示例图

11.3.2　shared_preferences 的实现原理

shared_preferences 插件的实现原理很简单，通过源码分析，我们发现主要是通过 Channel 与原生平台进行交互，通过 iOS 平台的 NSUserDefaults、安卓平台的 SharedPreferences 来实现具体数据存取操作。

1. iOS 平台

iOS 平台插件关键代码如下所示：

```
+ (void)registerWithRegistrar:(NSObject<FlutterPluginRegistrar> *)registrar {
  FlutterMethodChannel *channel =
      [FlutterMethodChannel methodChannelWithName:CHANNEL_NAME binaryMessenger:
registrar.messenger];
  [channel setMethodCallHandler:^(FlutterMethodCall *call, FlutterResult result) {
    NSString *method = [call method];
```

```
    NSDictionary *arguments = [call arguments];

    if ([method isEqualToString:@"getAll"]) {
      result(getAllPrefs());
    } else if ([method isEqualToString:@"setBool"]) {
      NSString *key = arguments[@"key"];
      NSNumber *value = arguments[@"value"];
      [[NSUserDefaults standardUserDefaults] setBool:value.boolValue forKey:key];
      result(@YES);
    } else if ([method isEqualToString:@"setInt"]) {
      NSString *key = arguments[@"key"];
      NSNumber *value = arguments[@"value"];
      // int type in Dart can come to native side in a variety of forms
      // It is best to store it as is and send it back when needed.
      // Platform channel will handle the conversion.
      [[NSUserDefaults standardUserDefaults] setValue:value forKey:key];
      result(@YES);
    } else {
            .
            .
            .
    }
  }];
}
```

由源码可以看出，Flutter 通过传输指定的 method 和对应的存储数据给 iOS 平台，iOS 端接收到指令数据后会根据方法名来判断执行操作的类型，然后进行对应的操作，比如 setBool 就会通过 [NSUserDefaults standardUserDefaults] 对象来保存 bool 类型的数据。

2. Android 平台

Android 平台插件关键代码如下所示：

```
private final android.content.SharedPreferences preferences;

public static void registerWith(PluginRegistry.Registrar registrar) {
  MethodChannel channel = new MethodChannel(registrar.messenger(), CHANNEL_NAME);
  SharedPreferencesPlugin instance = new SharedPreferencesPlugin(registrar.context());
  channel.setMethodCallHandler(instance);
}

private SharedPreferencesPlugin(Context context) {
   preferences = context.getSharedPreferences(SHARED_PREFERENCES_NAME,
Context.MODE_PRIVATE);
}

@Override
public void onMethodCall(MethodCall call, MethodChannel.Result result) {
  String key = call.argument("key");
  boolean status = false;
  try {
    switch (call.method) {
      case "setBool":
        status = preferences.edit().putBoolean(key, (boolean) call.argument
```

```
("value")).commit();
          break;
        case "setDouble":
          float floatValue = ((Number) call.argument("value")).floatValue();
          status = preferences.edit().putFloat(key, floatValue).commit();
          break;
            .
            .
            .
      }
      result.success(status);
    } catch (IOException e) {
      result.error("IOException encountered", call.method, e);
    }
  }
```

Android 端和 iOS 端类似，会通过一个 SharedPreferences 实例对象 preferences 来根据指定 method 做对应的存取数据操作。想对 Flutter 插件开发有更多的了解，请参见第 13 章。

11.4 文件存储

本节将介绍 Flutter 中的文件存储功能，比如编写一个记事本，将事情记录在一个 txt 文件里，下次打开可以查看到之前记录的事情。Flutter 里可以通过 path_provider 插件来实现文件存储。

通过查看插件中的 path_provider.dart 代码，我们发现它提供了三个方法：

- getTemporaryDirectory：获取临时目录。
- getApplicationDocumentsDirectory：获取应用文档目录。
- getExternalStorageDirectory：获取外部存储目录，此方法中代码有平台类型的判断，其中 iOS 平台没有外部存储目录的概念，所以无法获取外部存储目录路径，使用时要注意区分。

接下来编写一个日志读写文件的例子，来熟悉 path_provider 插件的具体用法。关键步骤如下：

步骤 1 在 pubspec.yaml 文件中添加 path_provider 插件如下：

```
dependencies:
  flutter:
    sdk: flutter
  path_provider: ^0.4.1
```

然后在命令行执行 flutter packages get 即可将插件下载到本地。

步骤 2 创建文件对象，主要代码如下所示：

```
//获取文件所在目录路径
String dir = (await getApplicationDocumentsDirectory()).path;
//创建文件
if(file == null){
```

```
    file = File('$dir/log.txt');
  }
```

步骤 3 编写读写文件内容方法，读取日志及写入日志信息方法如下所示：

```
//读取日志信息
  Future<String> readLogInfo() async {
    try {
      //...
      String contents = await file.readAsString();
      //...
    } on FileSystemException {
      //...
    }
  }

  //写入日志信息
  Future<Null> writeLogInfo() async {
    await (await getFile()).writeAsString('写入信息',mode: FileMode.append);
  }
```

步骤 4 在 initState 里调用读取日志内容方法，然后再编写 UI 界面就可以测试了。完整的代码如下所示：

```
import 'dart:io';
import 'dart:async';
import 'package:flutter/material.dart';
import 'package:path_provider/path_provider.dart';

void main() {
  runApp(MaterialApp(
      title: '文件存储示例',
      home: LogInfo(),
    ),
  );
}

class LogInfo extends StatefulWidget {
  @override
  LogInfoState createState() => LogInfoState();
}
class LogInfoState extends State<LogInfo> {
  //日志id
  int log_id = 0;
  //日志内容
  String log_info = '';
  //文件对象
  File file;

  @override
  void initState() {
    super.initState();
    //读取日志信息
    readLogInfo().then((String value) {
      setState(() {
```

```
        log_info = value;
      });
    });
  }
  // 获取文件对象
  Future<File> getFile() async {
    // 获取文件所在目录路径
    String dir = (await getApplicationDocumentsDirectory()).path;
    // 创建文件
    if(file == null){
      file = File('$dir/log.txt');
    }
    return file;
  }

  // 读取日志信息
  Future<String> readLogInfo() async {
    try {
      File file = await getFile();
      // 读取文件中存储的内容并返回
      String contents = await file.readAsString();
      return contents;
    } on FileSystemException {
      return '';
    }
  }

  // 写入日志信息
  Future<Null> writeLogInfo() async {
    // 日志 id 号自增
    setState(() {
      log_id++;
    });
    // getFile: 获取 File 对象
    // writeAsString: 写入数据
    // FileMode: 文件写入模式为追加模式，这样就可以把每次写入的信息记录起来
    // 两个 await 是因为有两个异步操作
    await (await getFile()).writeAsString(' 日志信息 :$log_id\n',mode: FileMode.append);
  }

  @override
  Widget build(BuildContext context) {
    return Scaffold(
      appBar: AppBar(title: Text(' 文件存储示例 ')),
      body: Center(
        child: Text('$log_info'),
      ),
      floatingActionButton: FloatingActionButton(
        onPressed: writeLogInfo,
        tooltip: ' 写入日志 ',
        child: Icon(Icons.add),
      ),
    );
  }
}
```

> **注意** 此示例中日志写入需要使用 FileMode.append（追加）模式，这样才能保证每条日志被记录下来，如果采用默认的写入模式，日志内容会被替换。

运行示例后点击右下角的“+”按钮即可向文件中写入一条日志信息，当再次运行示例打开界面后，即可展示读取到的日志信息，如图 11-11 所示。

图 11-11　文件存储示例效果图

11.5　Sqflite 的应用

Sqflite 是一款轻量级的关系型数据库，类似 SQLite，支持 iOS 和 Android，适用于存储数据库、表类型的数据。具体特性如下：

- 支持事务和批处理。
- 支持打开期间进行自动版本管理。
- 支持插入 / 查询 / 更新 /删除操作。
- 支持在 iOS 和 Android 上的后台线程中执行数据库操作。

Sqflite 支持的存储类型如下所示：

存储类型	描述
NULL	值是一个 NULL 值。
INTEGER	值是一个带符号的整数，根据值的大小存储在 1、2、3、4、6 或 8 字节中。
REAL	值是一个浮点值，存储为 8 字节的 IEEE 浮点数字。
TEXT	值是一个文本字符串，使用数据库编码（UTF-8、UTF-16BE 或 UTF-16LE）存储。
BLOB	值是一个 blob 数据，完全根据它的输入存储。

11.5.1　常用操作方法

Sqflite 具有常见数据库的操作方法，如增删改查、打开、关闭数据库等。我们分别来看一下具体操作。

1. 获取数据库

获取数据之前首先要确定数据库存储的位置，代码如下所示：

```
// 获取文档目录对象
  Directory documentsDirectory = await getApplicationDocumentsDirectory();
  // 获取默认数据库位置（在 Android 上，目录通常是 data/data/<package_name>/databases，在 iOS 上，是 Documents 目录）
  String path = join(documentsDirectory.path, "client.db");
```

2. 打开数据库

打开数据库及创建数据表是一个异步的过程，需要添加 async /await 关键字。如下面代码打开数据库后创建了一个“Client”表，在创建表时要指定表的字段名及字段类型。

```
await openDatabase(path, version: 1, onOpen: (db) {},
  onCreate: (Database db, int version) async {
    // 数据库创建完成后创建 Client 表
    await db.execute("CREATE TABLE Client ("
      "id INTEGER PRIMARY KEY,"
      "name TEXT,"
      "age INTEGER,"
      "sex BIT"
      ")");
});
```

3. 查询数据

查询主要是使用 query 方法，下面的代码会根据 id 查询出表中对应的记录，并转换成 Client 对象返回。如下所示：

```
getClient(int id) async {
  final db = await database;
  // 根据 id 查询表记录
  var res = await db.query("Client", where: "id = ?", whereArgs: [id]);
  // 将查询返回的数据转换为 Client 对象并返回
  return res.isNotEmpty ? Client.fromMap(res.first) : null;
}
```

4. 插入数据

插入数据有两个方法，如下所示：

- ❑ rawInsert 方法：第一个参数为 sql 语句，使用“?”作为占位符，第二个参数为要插入的值。
- ❑ Insert 方法：第一个参数为表名，第二个参数为要插入的字段名及字段值。

下面的代码表示向表里插入一条数据：

```
var raw = await db.rawInsert(
  "INSERT Into Client (id,name,age,sex)"
  " VALUES (?,?,?,?)",
  [id, '张三', 20, true]);
```

5. 修改数据

修改数据使用 update 方法，下面的代码根据传入的 Client 对象进行整条数据的更新：

```
updateClient(Client newClient) async {
  final db = await database;
  var res = await db.update("Client", newClient.toMap(),
    where: "id = ?", whereArgs: [newClient.id]);
  return res;
}
```

newClient.toMap 方法为传入一个包含字段名及字段值的 Map 对象。

6. 删除数据

删除数据使用 delete 方法，下面的代码根据 id 删除与之对应的数据：

```
db.delete("Client", where: "id = ?", whereArgs: [id]);
```

11.5.2　客户表操作示例

接下来我们编写一个客户表的增删除改查示例。具体步骤如下：

步骤 1　打开项目根目录下的 pubspec.yaml 文件，添加 sqflite，如下所示：

```
dependencies:
  flutter:
    sdk: flutter
  # 数据库
  sqflite: ^1.1.6+4
  # 路径
  path_provider: ^0.4.1
```

步骤 2　封装数据库操作方法。添加 database.dart 文件，编写 DBProvider 类，完整代码如下所示：

```
import 'dart:async';
import 'dart:io';
import 'package:path/path.dart';
import 'package:path_provider/path_provider.dart';
import 'client.dart';
import 'package:sqflite/sqflite.dart';

// 数据库操作封装类
class DBProvider {
  DBProvider._();

  static final DBProvider db = DBProvider._();

  Database _database;

  // 获取 Database 对象
  Future<Database> get database async {
    // 使用单例模式创建 Database 对象
    if (_database != null) {
      return _database;
    }
    _database = await initDB();
    return _database;
  }

  // 初始化数据库
  initDB() async {
    // 获取文档目录对象
    Directory documentsDirectory = await getApplicationDocumentsDirectory();
     // 获取默认数据库位置（在 Android 上，它通常是 data/data/<package_name>/databases,
在 iOS 上，它是 Documents 目录）
    String path = join(documentsDirectory.path, "client.db");
```

```
    //打开数据库，传入路径、版本号，打开完成回调函数
    return await openDatabase(path, version: 1, onOpen: (db) {},
        onCreate: (Database db, int version) async {
          //数据库创建完成后创建Client表
          await db.execute("CREATE TABLE Client ("
              "id INTEGER PRIMARY KEY,"
              "name TEXT,"
              "age INTEGER,"
              "sex BIT"
              ")");
    });
  }

  //新增Client
  insertClient(Client newClient) async {
    final db = await database;
    //获取表中最大的id再加1作为新的id
    var table = await db.rawQuery("SELECT MAX(id)+1 as id FROM Client");
    int id = table.first["id"];
    //向表中插入一条数据
    var raw = await db.rawInsert(
        "INSERT Into Client (id,name,age,sex)"
        " VALUES (?,?,?,?)",
        [id, newClient.name, newClient.age, newClient.sex]);
    return raw;
  }

  //修改性别
  updateSex(Client client) async {
    final db = await database;
    Client newClient = Client(
        id: client.id,
        name: client.name,
        age: client.age,
        sex: !client.sex);
    //更新当前Client的性别
    var res = await db.update("Client", newClient.toMap(),
        where: "id = ?", whereArgs: [client.id]);
    return res;
  }

  //更新Client
  updateClient(Client newClient) async {
    final db = await database;
    var res = await db.update("Client", newClient.toMap(),
        where: "id = ?", whereArgs: [newClient.id]);
    return res;
  }

  //根据id获取Client
  getClient(int id) async {
    final db = await database;
    //根据id查询表记录
    var res = await db.query("Client", where: "id = ?", whereArgs: [id]);
    //将查询返回的数据转换为Client对象并返回
    return res.isNotEmpty ? Client.fromMap(res.first) : null;
```

```
    }

    // 获取所有 Client
    Future<List<Client>> getAllClients() async {
      final db = await database;
      var res = await db.query("Client");
       List<Client> list = res.isNotEmpty ? res.map((c) => Client.fromMap(c)).
toList() : [];
      return list;
    }

    // 根据 id 删除 Client
    deleteClient(int id) async {
      final db = await database;
      return db.delete("Client", where: "id = ?", whereArgs: [id]);
    }

    // 删除所有 Client
    deleteAll() async {
      final db = await database;
      db.rawDelete("Delete * from Client");
    }
  }
```

步骤 3　创建客户 Client 数据模型类。添加 client.dart 文件创建 Client 类，定义的变量需要和数据表一一对应，并同时提供 Json 与 Client 互转方法。完整代码如下所示：

```
// 客户数据模型类
class Client {
  //id
  int id;
  // 姓名
  String name;
  // 年龄
  int age;
  // 性别
  bool sex;

  Client({this.id, this.name, this.age, this.sex,});

  // 将 Json 数据转换成数据模型
  factory Client.fromMap(Map<String, dynamic> json) => Client(
        id: json["id"],
        name: json["name"],
        age: json["age"],
        sex: json["sex"] == 1,
      );

  // 将数据模型转换成 Json
  Map<String, dynamic> toMap() => {
        "id": id,
        "name": name,
        "age": age,
        "sex": sex,
      };
}
```

步骤 4 编写客户数据操作及展示界面。主要是提供以下测试：

- ❑ 增加一条数据。
- ❑ 删除一条数据。
- ❑ 修改一条数据。
- ❑ 更改一条数据。
- ❑ 查询并渲染所有数据。

完整代码如下所示：

```
import 'package:flutter/material.dart';
import 'dart:math' as math;
import 'client.dart';
import 'database.dart';

void main() => runApp(MaterialApp(home: MyApp()));

class MyApp extends StatefulWidget {
  @override
  _MyAppState createState() => _MyAppState();
}

class _MyAppState extends State<MyApp> {
  // 测试数据
  List<Client> clients = [
    Client(name: " 张三 ", age: 20, sex: false),
    Client(name: " 李四 ", age: 22, sex: true),
    Client(name: " 王五 ", age: 28, sex: false),
  ];

  @override
  Widget build(BuildContext context) {
    return Scaffold(
      appBar: AppBar(title: Text("Sqflite 示例 ")),
      body: FutureBuilder<List<Client>>(
        // 获取所有 Client
        future: DBProvider.db.getAllClients(),
        builder: (BuildContext context, AsyncSnapshot<List<Client>> snapshot) {
          // 如果有数据用列表展示
          if (snapshot.hasData) {
            return ListView.builder(
              // 数据项个数，对应返回的表记录的条数
              itemCount: snapshot.data.length,
              itemBuilder: (BuildContext context, int index) {
                // 数据项 Client 对象
                Client item = snapshot.data[index];
                // 滑动删除组件
                return Dismissible(
                  key: UniqueKey(),
                  background: Container(color: Colors.red),
                  // 删除 Client
                  onDismissed: (direction) {
                    // 根据 id 删除 Client 对象
                    DBProvider.db.deleteClient(item.id);
```

```
                            },
                            child: ListTile(
                              // 展示 Client 对象数据
                              title: Text(item.name.toString()),
                              leading: Text(item.id.toString()),
                              trailing: Checkbox(
                                onChanged: (bool value) {
                                  // 更新性别
                                  DBProvider.db.updateSex(item);
                                  setState(() {});
                                },
                                // 显示性别
                                value: item.sex,
                              ),
                            ),
                          );
                        },
                      );
                    }
                    // 没有数据显示缓冲动画
                    else {
                      return Center(
                          child: CircularProgressIndicator()
                      );
                    }
                  },
                ),
                floatingActionButton: FloatingActionButton(
                  child: Icon(Icons.add),
                  onPressed: () async {
                    // 随机取测试数据中的一条数据作为 Client 对象
                       Client rnd = clients[math.Random().
nextInt(clients.length)];
                    // 新增加一个 Client 对象
                    await DBProvider.db.insertClient(rnd);
                    setState(() {});
                  },
                ),
              );
            }
          }
```

图 11-12 Sqflite 示例效果图

运行示例后的效果如图 11-12 所示，点击右下角的“+”按钮可以随机增加一条客户信息，滑动其中一条数据可以删除数据，点击数据的右侧复选框按钮可以修改客户的性别。当这些操作都执行过之后再次运行此示例，你会发现执行结果和上一次一致。

Chapter 12 第 12 章

动　　画

随着技术的发展，很多网页都带有动画效果，比如淡入淡出、渐变、变大变小，等等。Flutter 中的动画效果可以用酷炫来形容，这也是 Flutter 的一大特色。现代的应用程序不仅仅需要程序稳定、好用，还需要好看、体验好。那么动画效果是必不可少的。

本章我们通过以下几部分，带领大家进入 Flutter 动画领域：

- 动画的基本概念
- 动画核心类的简介和使用
- 自定义动画示例
- 动画组件

12.1　动画的基本概念

顾名思义，动画就是动起来的画面。如果一直持续地动，再加上音频，那就是我们平时看的动画电影了。那么画面为什么会动起来呢？在回答这个问题之前，我们先介绍一些基本概念。

人眼在观察景物时，光信号传入大脑神经，需要经过一段短暂的时间，光的作用结束后，视觉形象并不立即消失，这种残留的视觉称“后像”，视觉的这一现象则称为“视觉暂留”。

视觉暂留被认为是电影的最重要的一个理论基础。我们看到的动画，实际上是由一连串的画面组成的，只不过是以很快的速度播放，人眼在下一个画面出来之前，还残留着上一个画面的视觉，看起来就像是在没有间隔地播放这一系列图片，也就是动画。

1. 帧与 FPS

帧就是影像动画中最小单位的单幅影像画面，一帧就是一幅静止的画面。比如我们看到的电影胶片中的每一格即为一帧。

帧又分为关键帧和过渡帧，如下所示：

- 关键帧：指角色或者物体运动或变化中的关键动作所处的那一帧。
- 过渡帧：关键帧与关键帧之间的其他画面，也叫作中间帧。

FPS（Frame Per Second）即每秒显示帧的数量。电影每秒播放 24 帧，即帧率为 24FPS。帧率越大则显示的画面越流畅，动画及视频是同一个原理。

2. 插值器 / 估值器

为了使得动画呈现丰富的动画效果，就需要使用非线性动画，插值器与估值器可以解决这个问题。概念如下所示：

- 插值器：设置属性值从初始值过渡到结束值的变化规律，如匀速、加速及减速等，即确定了动画效果变化的模式，如匀速变化、加速变化等，主要应用于实现非线性动画效果。
- 估值器：设置属性值从初始值过渡到结束值的变化具体数值。估值器的作用是协助插值器实现非线性运动的动画效果。

插值器决定值的变化规律（匀速、加速），即决定的是变化趋势，而接下来的具体变化数值则交给估值器。

例如，动画进行了 50%（初始值 = 100，结束值 = 200），那么匀速插值器计算出了当前属性值改变的百分比是 50%，估值器则负责计算当前属性值：

$$100 + (200 - 100) \times 50\% = 150$$

插值器其实并不复杂，只是一个数学函数，设置属性值从初始值过渡到结束值的变化规律。每个平台都有自己定义好的一系列插值器，可以供开发者选择使用，也提供自定义的接口，本质上是一个贝塞尔函数。

3. Flutter 中的动画类型

Flutter 中动画分为两类，如下所示：

- 补间（Tween）动画：定义开始点、结束点、时间和速度等参数，然后由框架自动计算如何从开始点到达结束点。
- 基于物理的动画：模拟真实世界的行为。例如，当你掷球时，球在何处落地，取决于抛球速度有多快、球有多重、距离地面有多远。

12.2 Flutter 的动画相关类

首先来看一下 Flutter 的动画基础概念和相关类，如下所示：

- Animation：Flutter 中动画的核心类。
- AnimationController：动画管理类。
- CurvedAnimation：用于定义非线性曲线动画。
- Tween：补间对象，用于计算动画使用的数据范围之间的插值。
- Listeners 和 StatusListeners：用于监听动画状态改变。

12.2.1 Animation 简介

Flutter 中的动画核心类，我们可以理解为 Animation 是 Flutter 中动画的基类。它是一个抽象类（abstract），所以不能直接创建其对象来使用动画。Animation 具有以下特性：

- Animation 对象知道动画的当前状态（例如，它是开始、停止还是向前或向后移动），但它不知道屏幕上显示的内容。
- Flutter 中的 Animation 对象是一个在一段时间内依次生成一个区间之间值的类。Animation 对象的输出可以是线性的、曲线的，可以是一个步进函数或者任何其他可设计的映射。根据 Animation 对象的控制方式，动画可以反向运行，甚至可以在中间切换方向。
- Animation 还可以生成除 double 之外的其他类型值，如 Animation<Color> 或 Animation <Size>。
- Animation 对象有状态，可以通过访问其 value 属性获取动画的当前值。
- Animation 对象本身和 UI 渲染没有任何关系。

12.2.2 AnimationController（动画管理类）

AnimationController 是一个特殊的 Animation 对象，继承自 Animation，因此可以在需要 Animation 对象的任何地方使用它。默认情况下，AnimationController 在给定的持续时间内线性生成从 0.0 到 1.0 的值。在不使用 AnimationController 的时候需要 dispose 处理，否则会造成资源的泄漏。AnimationController 对象创建如下所示：

```
AnimationController controller = AnimationController(
  duration: const Duration(milliseconds: 2000),
  vsync: this);
```

上述是 AnimationController 对象的创建方式，构造函数中，第一个参数 duration 是动画执行的时间，单位是毫秒，第二个参数 vsync 用于防止动画离屏之后继续消耗资源。

vsync 对象会绑定动画的定时器到一个可视的 Widget，所以当 Widget 不显示时，动画定时器将会暂停，当 Widget 再次显示时，动画定时器重新恢复执行，这样就可以避免动画相关 UI 不在当前屏幕时消耗资源。如果要使用自定义的 State 对象作为 vsync，请包含 TickerProviderStateMixin，代码结构大致如下所示：

```
class MyApp extends StatefulWidget {
```

```
  _AnimationApp createState() => _AnimationApp();
}

class _AnimationApp extends State<MyApp> with SingleTickerProviderStateMixin {
    // 动画实现
}
```

这里需要介绍一下 TickerProvider 类，其主要作用是获取每一帧刷新的通知，作用相当于给动画添加了一个动起来的引擎。

AnimationController 提供了几个常用的方法，示例如下：

```
<!-- 开始动画，从开始值向结束值 -->
TickerFuture forward({ double from }) {}

<!-- 开始反向运行此动画 -->
TickerFuture reverse({ double from }) {}

<!-- 开始运行动画，结束后重新启动 -->
TickerFuture repeat({ double min, double max, Duration period }) {}

<!-- 使用阻尼效果驱动动画 -->
TickerFuture fling({ double velocity: 1.0 }) {}

<!-- 停止动画 -->
void stop({ bool canceled: true }) {}

<!-- 释放此对象使用的资源，调用此方法后控制器对象不再可用 -->
void dispose() {}
```

12.2.3　CurvedAnimation（非线性动画类）

CurvedAnimation 继承自 Animation，它将动画过程定义为一个非线性曲线，属于 Animation<double> 类型。构建其对象的方式如下所示：

```
CurvedAnimation curve = CurvedAnimation(parent: controller, curve: Curves.easeIn);
```

构造函数中传入控制器和要执行的曲线方式。Curves 类定义了许多常用的曲线，也可以自己创建，例如我们使用数学函数 Math.sin 方法构建一个抖动的曲线，代码如下所示：

```
class ShakeCurve extends Curve {
  @override
  double transform(double t) {
    return math.sin(t * math.PI * 2);
  }
}
```

Flutter 定义了一系列的插值器，封装在 Curves 类中，有下面 13 种效果：

- ❑ linear
- ❑ decelerate
- ❑ ease

- easeIn
- easeOut
- easeInOut
- fastOutSlowIn
- bounceIn
- bounceOut
- bounceInOut
- elasticIn
- elasticOut
- elasticInOut

12.2.4 Tween（补间值生成类）

AnimationController 对象的范围为 0.0 到 1.0。如果需要不同的范围或不同的数据类型，可以使用 Tween 将动画配置为插入不同的范围或数据类型。例如，以下 Tween 从 0.0 变为 500.0：

```
Tween doubleTween = Tween<double>(begin: 0.0, end: 500.0);
```

构造函数中只需要传入 begin 和 end 两个值，当然这里不一定只是 double 值。

Tween 继承自 Animatable<T>，而不是继承自 Animation<T>。Animatable 与 Animation 相似，不是必须输出 double 值。例如，ColorTween 指定两种颜色之间的过渡：

```
final Tween colorTween =
ColorTween(begin: Colors.transparent, end: Colors.black54);
```

要使用 Tween 对象，请调用其 animate() 方法，传入一个控制器对象。例如，以下代码在 100 毫秒内生成从 0 到 200 的整数值：

```
final AnimationController controller = AnimationController(
  duration: const Duration(milliseconds: 100), vsync: this);
Animation<int> alpha = IntTween(begin: 0, end: 200).animate(controller);
```

注意 animate() 返回的是一个 Animation，而不是一个 Animatable。

Flutter 通过抽象类 Animatable 来实现估值器。Animatable 可以根据不同的输入产出不同的数值。通过重载下面的函数来产生不同的估值器：

```
T transform(double t);
```

它的最主要的子类是 Tween——一个线性的估值器，实现如下，非常简单，只是一个线性函数：

```
T lerp(double t) {
  assert(begin != null);
  assert(end != null);
  //返回值 = 开始值 + (结束值 - 开始值) * 传入值
  return begin + (end - begin) * t;
}

@override
T transform(double t) {
  //开始
  if (t == 0.0)
    return begin;
  //结束
  if (t == 1.0)
    return end;
  //中间值
  return lerp(t);
}
```

在 Tween 的基础上实现了不同类型的估值器，如下所示：

- ReverseTween
- ColorTween
- SizeTween
- RectTween
- IntTween
- StepTween
- ConstantTween

12.2.5 Listeners 和 StatusListeners（动画监听类）

Animation 对象有 Listeners 和 StatusListeners，用 addListener 来进行动画监听，用 addStatusListener 进行动画状态添加监听。只要动画的值发生变化，就会调用监听器。我们通常可用调用 setState 将动画状态重置。动画开始、结束、前进或后退时调用 StatusListener，下面是 Flutter 提供的动画的监听方法。

```
<!-- 动画添加监听 -->
void addListener(VoidCallback listener);

<!-- 动画移除监听 -->
void removeListener(VoidCallback listener);

<!-- 动画状态添加监听 -->
void addStatusListener(AnimationStatusListener listener);

<!-- 动画状态移除监听 -->
void removeStatusListener(AnimationStatusListener listener);
```

动画状态如下：

```
<!-- 动画状态 -->
enum AnimationStatus {

  <!-- 动画在开始时停止 -->
  dismissed,

  <!-- 动画从开始状态执行到结束状态 -->
  forward,

 <!-- 动画反向执行，从结束状态执行到开始状态 -->
  reverse,

 <!-- 动画执行完成 -->
  completed,

}
```

12.2.6 动画控制流程

当我们理解了插值器（Curve）、估值器（Tween）以及 Ticker 回调的原理后，就可以理出动画控制（AnimationController）大致的工作流程。

随着时间的流逝，插值器根据时间产生的值作为输入，提供给估值器，产生动画的实际效果值，结合 Ticker 的回调，渲染出当前动画值的图像。这也是补间动画的工作原理，如图 12-1 所示。

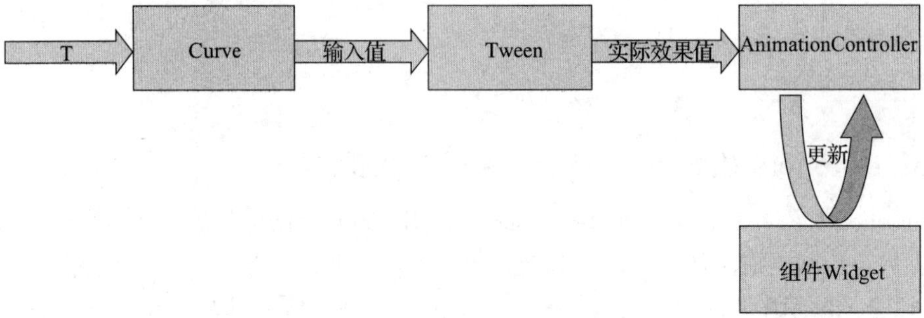

图 12-1　动画控制流程图

12.3 动画示例

理解了 Flutter 动画的基本概念及相关类的用途后，我们通过一些具体的动画示例进一步理解其应用。

12.3.1 字体放大动画

我们通过一个字体放大动画来运用 Animation、AnimationController、Tween、Duration 这几个类。具体步骤如下：

步骤1 创建字体放大动画类FontAnimation，此类必须继承自有状态组件。_FontAnimation类需要混合SingleTickerProviderStateMixin以防止动画离屏之后继续消耗资源。代码结构如下所示：

```
class FontAnimation extends StatefulWidget {
  _FontAnimation createState() => _FontAnimation();
}
class _FontAnimation extends State<FontAnimation> with SingleTickerProviderStateMixin {
    //…
}
```

步骤2 创建动画控制类对象AnimationController，传入如下两个参数：

- ❑ duration：动画执行的时间，单位是毫秒。
- ❑ vsync：防止动画离屏之后继续消耗资源。

代码如下所示：

```
    controller = AnimationController(duration: const Duration(milliseconds:
2000), vsync: this);
```

步骤3 创建补间动画对象，指定起始值，同时添加动画监听事件，创建完成后开始执行动画。代码结构如下所示：

```
tween = Tween(begin: 0.0, end: 1.0)
      .animate(controller)
    ..addListener((){    //添加监听
      //...
    });
  controller.forward(); //执行动画
```

步骤4 添加文本组件显示动画当前值，如下所示：

```
TextStyle(fontSize: 60 * controller.value),
```

步骤5 添加重新执行动画及销毁动画方法，如下所示：

```
//重新执行动画
startAnimtaion() {
  //...
}
//销毁动画
dispose() {
  //...
}
```

完整的处理代码如下所示：

```
import 'package:flutter/material.dart';

//字体放大动画
class FontAnimation extends StatefulWidget {
  _FontAnimation createState() => _FontAnimation();
}
```

```
//TickerProvider 提供动画驱动
class _FontAnimation extends State<FontAnimation> with SingleTickerProviderStateMixin {
  //补间动画
  Animation<double> tween;
  //动画控制对象
  AnimationController controller;
  /* 初始化状态 */
  initState() {
    super.initState();
    /**
     * 创建动画控制类对象
     * duration: 动画执行的时间，单位是毫秒
     * vsync: 防止动画离屏之后继续消耗资源
     */
    controller = AnimationController(duration: const Duration(milliseconds: 2000),
vsync: this);
    /* 创建补间对象 */
    tween = Tween(begin: 0.0, end: 1.0)
        .animate(controller)              //返回 Animation 对象
      ..addListener((){                   //添加监听
        setState((){
          print(tween.value);             //打印补间插值
        });
      });
    controller.forward();                 //执行动画
  }

  Widget build(BuildContext context) {
    return Scaffold(
      appBar: AppBar(
        title: Text('Flutter 动画 ',
        ),
      ),
      //添加手势组件
      body: GestureDetector(
          onTap:(){
            //点击文本重新执行动画
            startAnimtaion();
          },
          child: Center(
              child: Text(
                " 字体放大 ",
                //根据动画执行过程中产生的value 更改文本字体大小
                style: TextStyle(fontSize: 60 * controller.value),
              )
          )
      ),
    );
  }
  //开始执行动画
  startAnimtaion() {
    setState(() {
      //从起始值执行动画
      controller.forward(from: 0.0);
    });
  }
```

```
    // 销毁动画
    dispose() {
      // 销毁控制器对象
      controller.dispose();
      super.dispose();
    }
  }
```

运行上述示例代码，需要把动画组件添加至应用主程序中即可。动画运行的效果如图 12-2 所示。

图 12-2　字体放大动画效果图

当打开动画界面后，界面中间的字会慢慢变大，最后停止。当点击“字体放大”几个字后动画会再次执行。程序的控制台会同时输出动画变化的值，如下所示：

```
Performing hot restart...
Syncing files to device iPhone XR...
Restarted application in 1,088ms.
flutter: 0.0025336
flutter: 0.0042455
flutter: 0.005018349999999995
flutter: 0.0058332
flutter: 0.006672050000000005
flutter: 0.0076423
flutter: 0.00846155
flutter: 0.009220299999999999
```

```
flutter: 0.0100837
flutter: 0.010953250000000001
flutter: 0.01181605
flutter: 0.01256445
flutter: 0.0134105
flutter: 0.0142931
flutter: 0.01516505
flutter: 0.018462700000000002
```

12.3.2 缓动动画

在游戏开发中缓动动画比较常见，它是提升游戏 UI 体验的重要因素之一，例如对话框弹出、关闭，按钮的出现与消失，道具飞入背包等。当然在普通应用开发中也经常使用。Flutter 的 Curves 类提供了丰富的缓动类型。

接下来编写一个正方形方块从手机屏幕左侧快速飞入，慢速停止，然后又快速飞出的动画。整个动画过程需要分解成两步，第一步飞入，第二步飞出，所以我们要同时创建两套 AnimationController、Tween 及 CurvedAnimation。

示例的主要步骤和“字体放大动画”基本一致，其中缓动部分如下所示：

```
//非线性动画
CurvedAnimation(
  parent: _controller,
  //缓动动画，决定了运行的轨迹，快出慢进
  curve: Curves.fastOutSlowIn,
),
```

色块的移动我们采用了矩阵转换知识，根据当前动画的值及页面宽度计算出色块 X 方向的值即可。代码结构如下所示：

```
return Transform(
  //X 方向值 = 当前动画值 * 宽度
  transform: Matrix4.translationValues(
    _animation.value * width,
    //Y = 0
    0.0,
    //Z = 0
    0.0,
  ),
  //移动的色块
  child: Center(
    child: Container(
      //…
    ),
  ),
```

最后要定义一个 AnimatedBuilder 专门处理动画，即它是一个中间件，将 Animation 和要作用的 Widget 关联起来，Animation 和 Widget 本身毫无关联。通常用法如下所示：

```
AnimatedBuilder(
  //指定动画控制器
```

```
  animation: animation,
  //构建Widget
  builder: (BuildContext context, Widget child) {
    return Container(
        //根据动画值设置Widget属性值
      height: animation.value,
      width: animation.value,
      );
  },
),
```

缓动动画示例完整代码如下所示：

```
import 'package:flutter/material.dart';
import 'package:flutter/cupertino.dart';

//缓动动画
class EasingAnimation extends StatefulWidget {
  @override
  _EasingAnimationState createState() => _EasingAnimationState();
}

class _EasingAnimationState extends State<EasingAnimation> with TickerProvider-
StateMixin {
  //动画控制器
  AnimationController _controller;
  //补间动画
  Animation _animation;

  @override
  void initState() {
    super.initState();
    //创建动画控制器，时长设置为2秒
    _controller = AnimationController(vsync: this, duration: const Duration
(seconds: 2),);
    //创建补间对象，从-1.0到0.0进行估值
    _animation = Tween(begin: -1.0, end: 0.0).animate(
      //非线性动画
      CurvedAnimation(
        parent: _controller,
        //缓动动画，决定了运行的轨迹，快出慢进
        curve: Curves.fastOutSlowIn,
      ),
    )..addStatusListener(_handler);
  }

  //动画运行状态回调
  _handler(status) {
    //动画执行完成
    if (status == AnimationStatus.completed) {
      //移除状态监听
      _animation.removeStatusListener(_handler);
      //动画重置
      _controller.reset();
      //再次创建补间对象，从0.0到1.0进行估值
```

```
      _animation = Tween(begin: 0.0, end: 1.0).animate(
        //缓动动画，决定了运行的轨迹
        CurvedAnimation(parent: _controller, curve: Curves.fastOutSlowIn),
      )..addStatusListener(
          (status) {
            //监听动画状态
            if (status == AnimationStatus.completed) {
              Navigator.pop(context);
            }
          },
        );
      //执行动画
      _controller.forward();
    }
  }

  @override
  Widget build(BuildContext context) {
    //计算当前页面宽度
    final double width = MediaQuery.of(context).size.width;
    //执行动画
    _controller.forward();
    return Scaffold(
      appBar: AppBar(
        title: Text('缓动动画'),
      ),
      //动画构建器
      body: AnimatedBuilder(
        //动画控制器
        animation: _controller,
        //构建动画
        builder: (context, child) {
          //采用矩阵转换
          return Transform(
            //X方向值 = 当前动画值 * 宽度
            transform: Matrix4.translationValues(
              _animation.value * width,
              //Y = 0
              0.0,
              //Z = 0
              0.0,
            ),
            //移动的色块
            child: Center(
              child: Container(
                width: 200.0,
                height: 200.0,
                color: Colors.blue,
              ),
            ),
          );
        },
      ),
    );
  }
```

```
  // 销毁动画
  @override
  void dispose() {
    _controller.dispose();
    super.dispose();
  }
}
```

动画运行的效果如图 12-3 所示。

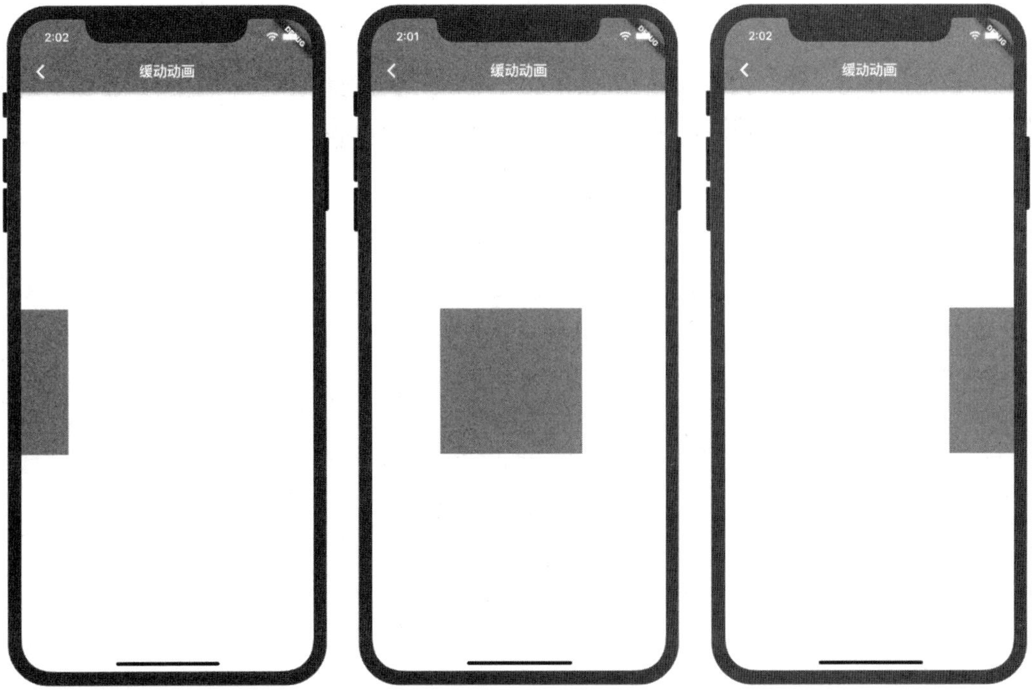

图 12-3　缓动动画效果

12.3.3　遮罩动画

遮罩动画即为一个容器把另一个容器遮住的动画。这里我们需要添加两个容器并把它们层叠放起来。下层容器不做任何改变，为上层容器变化提供视觉参照。下层容器则根据补间对象产生的值进行宽度及边框弧度的变化，最后将下层容器整个遮住。代码结构如下所示：

```
child: Stack(
    children: <Widget>[
      Center(
        // 下层容器始终不变，为上层容器变化提供视觉参照
        child: Container(
          // ...
        ),
```

```
        ),
        Center(
          //上层容器根据补间对象改变属性值进行形变
          child: Container(
            //根据补间对象值改变宽高
            decoration: BoxDecoration(
              //根据 BorderRadiusTween 补间对象改为边框弧度
            ),
          ),
        ),
      ],
    ),
```

这里我们学习一个新的补间类 BorderRadiusTween，它可以为容器的边框弧度提供属性值。如下代码可以控制容器边框弧度，变化范围从 75.0 到 0.0。

```
  borderRadius = BorderRadiusTween(
begin: BorderRadius.circular(75.0),
end: BorderRadius.circular(0.0),
```

完整的示例代码如下所示：

```
import 'package:flutter/material.dart';
import 'package:flutter/cupertino.dart';

//遮罩动画
class MaskAnimation extends StatefulWidget {
  @override
  _MaskAnimationState createState() => _MaskAnimationState();
}

class _MaskAnimationState extends State<MaskAnimation> with TickerProvider
StateMixin {
  //动画控制器
  AnimationController _controller;
  //容器宽高值补间对象
  Animation<double> transitionTween;
  //容器边框弧度补间对象
  Animation<BorderRadius> borderRadius;

  @override
  void initState() {
    super.initState();
    //构造动画控制器对象，动画时长 2 秒
     _controller = AnimationController(duration: const Duration(seconds: 2),
vsync: this)
          ..addStatusListener((status) {
            //动画执行完返回上一页面
            if (status == AnimationStatus.completed) {
              Navigator.pop(context);
            }
          });

    //创建补间对象，控制容器宽高，变化范围从 50.0 到 200.0
    transitionTween = Tween<double>(
```

```
      begin: 50.0,
      end: 200.0,
    ).animate(
      //设置非线性动画
      CurvedAnimation(
        parent: _controller,
        curve: Curves.ease,
      ),
    );
    //创建补间对象，控制容器边框弧度，变化范围从75.0到0.0
    borderRadius = BorderRadiusTween(
      begin: BorderRadius.circular(75.0),
      end: BorderRadius.circular(0.0),
    ).animate(
      //设置非线性动画
      CurvedAnimation(
        parent: _controller,
        curve: Curves.ease,
      ),
    );
    //执行动画
    _controller.forward();
  }

  @override
  void dispose() {
    _controller.dispose();
    super.dispose();
  }

  @override
  Widget build(BuildContext context) {
    //动画构建器
    return AnimatedBuilder(
      //动画控制器
      animation: _controller,
      builder: (BuildContext context, Widget child) {
        return Scaffold(
          appBar: AppBar(
            title: Text('遮罩动画'),
          ),
          //居中展示
          body: Center(
            //使用层叠组件，提供上下两个容器
            child: Stack(
              children: <Widget>[
                Center(
                  //下层容器始终不变，为上层容器变化提供视觉参照
                  child: Container(
                    width: 200.0,
                    height: 200.0,
                    color: Colors.black12,
                  ),
                ),
                Center(
                  //上层容器根据补间对象改变属性值进行形变
```

```
                  child: Container(
                    alignment: Alignment.bottomCenter,
                    // 根据补间对象值改变宽高
                    width: transitionTween.value,
                    height: transitionTween.value,
                    decoration: BoxDecoration(
                      color: Colors.black12,
                      // 根据 BorderRadiusTween 补间对象改为边框弧度
                      borderRadius: borderRadius.value,
                    ),
                  ),
                ),
              ],
            ),
          ),
        );
      },
    );
  }
}
```

动画执行过程中的状态如图 12-4 所示，具体以实际执行效果为准。

图 12-4 遮罩动画效果

12.3.4 数字变化动画

数字变化动画示例模拟数字从 0 动态切换到 10。示例中主要用了一个整形补间类 IntTween。下面的代码将产生一个从 0 到 10 的整型补间对象。

```
animation = IntTween(begin: 0, end: 10).animate(curve)
```

动画示例的完整代码如下所示：

```
import 'package:flutter/material.dart';
import 'package:flutter/cupertino.dart';

// 数字变化动画
class ValueAnimation extends StatefulWidget {
  @override
  _ValueAnimationState createState() => _ValueAnimationState();
}

class _ValueAnimationState extends State<ValueAnimation> with TickerProviderStateMixin {
  // 动画控制器
  AnimationController controller;
  // 补间对象
  Animation animation;

  @override
  void initState() {
    super.initState();
    // 创建动画控制器，时长设置为 1 秒
     controller = AnimationController(duration: const Duration(milliseconds:
1000), vsync: this);
    // 创建非线性动画，让数字在切换时有一种动感
    final Animation curve = CurvedAnimation(parent: controller, curve: Curves.
easeOut);
    // 创建整型补间对象，产生从 0 到 10 的数字
    animation = IntTween(begin: 0, end: 10).animate(curve)..addStatusListener
((status) {
        if (status == AnimationStatus.completed) {
          // 当动画执行完成后，执行反转动画，如 0...10，然后是 10...0
          controller.reverse();
        }
        if (status == AnimationStatus.dismissed) {
          Navigator.pop(context);
        }
      });
  }

  @override
  Widget build(BuildContext context) {
    controller.forward();
    return AnimatedBuilder(
        animation: controller,
        builder: (BuildContext context, Widget child) {
          return Scaffold(
              appBar: AppBar(
                title: Text('数字变化动画'),
              ),
              body: Center(
                // 根据补间对象产生的数字显示
                child: Text(animation.value.toString(), style: TextStyle(fontSize:
 48.0)),
```

```
                ));
            });
    }
    //销毁动画
    @override
    void dispose() {
      controller.dispose();
      super.dispose();
    }
  }
```

动画执行的效果是先从 0 变化到 10，然后再从 10 变化到 0，最后返加到上一页。动画执行过程中的大致状态如图 12-5 所示。

图 12-5　数字变化动画效果

12.3.5　图表动画

图表在数据统计场景下经常使用，为了使图表数据呈现更丰富的效果，往往需要添加动画。这里我们采用一个经过封装的动画容器类 AnimatedContainer 来实现它，其属性如表 12-1 所示。

表 12-1　AnimatedContainer 取值及描述

取值	描述
alignment	对齐方式

（续）

取值	描述
padding	内边距
margin	外边距
color	颜色
decoration	动画执行时长
width	容器宽度
height	容器高度

AnimatedContainer 和其他的容器类控件一样，设置各种属性，当我们通过 setState 改变其属性值时就会出现动画效果。用法如下所示：

```
//动画容器
AnimatedContainer(
  //动画时长
  duration: Duration(seconds: 1),
  //宽度不变
  width: 40.0,
  //当高度发生变化时，会有一个缓动效果
  height: height - 40,
  color: Colors.greenAccent,
),
```

动画示例完整代码如下所示：

```
import 'package:flutter/material.dart';
import 'package:flutter/cupertino.dart';

//图表动画
class ChartsAnimation extends StatefulWidget {
  @override
  _ChartsAnimationState createState() => _ChartsAnimationState();
}

class _ChartsAnimationState extends State<ChartsAnimation> {
  //定义图表高度
  var height = 100.0;

  @override
  Widget build(BuildContext context) {
    return Scaffold(
      appBar: AppBar(
        title: Text('图表动画'),
      ),
      body: Center(
        child: Container(
          height: 400,
          alignment: AlignmentDirectional.bottomStart,
          //点击处理
          child: InkWell(
```

```
          onTap: (){
            //设置状态改变图表高度
            setState(() {
              height = 320;
            });
          },
          //水平布局，放三个容器用于展示三个柱状图
          child: Row(
            crossAxisAlignment: CrossAxisAlignment.end,
            mainAxisAlignment: MainAxisAlignment.center,
            children: <Widget>[
              //动画容器
              AnimatedContainer(
                //动画时长
                duration: Duration(seconds: 1),
                //宽度不变
                width: 40.0,
                //当高度发生变化时，会有一个缓动效果
                height: height - 40,
                color: Colors.greenAccent,
              ),
              AnimatedContainer(
                margin: EdgeInsets.only(left: 10.0),
                duration: Duration(seconds: 2),
                width: 40.0,
                height: height - 10,
                color: Colors.yellow,
              ),
              AnimatedContainer(
                margin: EdgeInsets.only(left: 10.0),
                duration: Duration(seconds: 3),
                width: 40.0,
                height: height - 60,
                color: Colors.red,
              ),
              AnimatedContainer(
                margin: EdgeInsets.only(left: 10.0),
                duration: Duration(seconds: 2),
                width: 40.0,
                height: height - 50,
                color: Colors.blue,
              ),
            ],
          ),
        ),
      ),
    ),
  );
 }
}
```

动画执行的效果是当点击柱状图时柱状图高度会变高，变动的过程有一个缓动效果。

动画执行过程中的大致状态如图 12-6 所示。

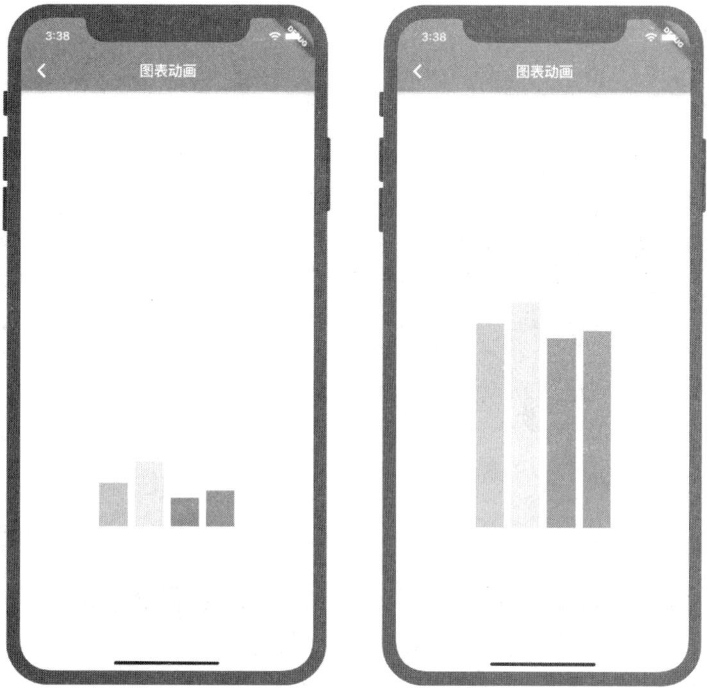

图 12-6　图表动画效果

12.4　动画组件

以上的示例是我们运用了 Flutter 动画的很多基础类来实现的。为了实现一个简单的动画，往往要编写相对复杂的逻辑，Flutter 为我们提供了丰富的动画组件以简化动画的编写工作。

12.4.1　用 AnimatedOpacity 实现渐变效果

在移动端开发中，经常会有一些动画交互，比如淡入淡出。AnimatedOpacity 组件可以自动地在给定的一段时间内改变 child 的透明度。AnimatedOpacity 组件属性如下所示：

属性名	类型	说明
opacity	double	组件透明度。
child	Widget	AnimatedOpacity 子元素。

淡入淡出动画效果如图 12-7 所示。

图 12-7 淡入淡出效果图

右图中右下角的 floatingActionButton 按钮会设置 visiable 为状态值，opacity 会对 visiable 状态值从 0.0 到 1.0 之间取值。左图为从隐藏到显示的效果，也就是淡入效果；右图为从显示到隐藏的效果，也就是淡出效果。完整的示例代码如下所示：

```
import 'package:flutter/material.dart';

// 淡入淡出动画
class OpacityAnimation extends StatefulWidget {
  @override
  _OpacityAnimationState createState() => _OpacityAnimationState();
}

class _OpacityAnimationState extends State<OpacityAnimation> {
  // 控制动画显示状态变量
  bool _visible = true;

  @override
  Widget build(BuildContext context) {
    return Scaffold(
      appBar: AppBar(
        title: Text(' 淡入淡出动画 '),
      ),
      body: Center(
        // 添加 Opacity 动画
        child: AnimatedOpacity(
```

```
            //控制 opacity 值，范围从 0.0 到 1.0
            opacity: _visible ? 1.0 : 0.0,
            //设置动画时长
            duration: Duration(
                milliseconds: 1000
            ),
            child: Container(
              width: 300.0,
              height: 300.0,
              color: Colors.deepPurple,
            ),
          ),
        ),
        floatingActionButton: FloatingActionButton(
          onPressed: (){
            //控制动画显示状态
            setState(() {
              _visible = !_visible;
            });
          },
          tooltip: "显示隐藏",
          child: Icon(Icons.flip),
        ),
      );
    }
  }
```

12.4.2 用 Hero 实现页面切换动画

页面切换时有时需要增加一些动画，这样可以增强应用的体验，其中一种做法是在页面元素里添加 Hero 组件，就会自带一种过渡的动画效果。

Hero 动画是在两个页面切换过程中发生的。如图 12-8 所示，左侧的页面切换到右侧页面时，有一种推拉的效果。

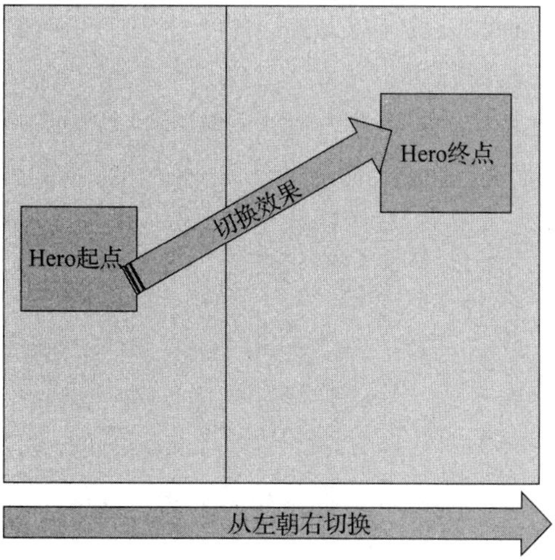

图 12-8　Hero 动画

接下来先写两个页面，各放一张图片。两个页面里的图片都用 Hero 组件包裹，Hero 组件外面再包裹一个 GestureDetector 组件。这样按下图片就可以来回切换，切换过程中会有一个过渡效果，如图 12-9 所示。

图 12-9 页面切换动画

页面切换动画的示例代码如下所示：

```
import 'package:flutter/material.dart';

//页面切换动画
class HeroAnimation extends StatelessWidget {
  @override
  Widget build(BuildContext context) {
    return Scaffold(
      appBar: AppBar(
        title: Text("页面切换动画图一"),
      ),
      //点击切换
      body: GestureDetector(
        //添加动画组件
        child: Hero(
          tag: '第一张图片',
          child: Image.network(
      "https://timgsa.baidu.com/timg?image&quality=80&size=b9999_10000&sec=154175
3399410&di=05760e1c65686b018cf28d440a6ddf5c&imgtype=0&src=http%3A%2F%2Fimg1.cache.
netease.com%2Fcatchpic%2FD%2FD7%2FD7D7640C07A00D831EFD2AC270ED7FA7.jpg",
          ),
```

```
          ),
          onTap: (){
            //路由至第二个页面
            Navigator.push(context, MaterialPageRoute(builder: (_){
              return DestinationPage();
            }));
          },
        ),
      );
    }
  }
  //第二个页面即目标页面
  class DestinationPage extends StatelessWidget {
    @override
    Widget build(BuildContext context) {
      return Scaffold(
        appBar: AppBar(
          title: Text("页面切换动画图二"),
        ),
        //点击返回
        body: GestureDetector(
          //添加动画组件
          child: Hero(
            tag: "第二张图片",
            child: Image.network("https://timgsa.baidu.com/timg?image&quality=80
&size=b9999_10000&sec=1541753302014&di=9edfe992f8b9d395134fd977dbfeab28&imgtype=0
&src=http%3A%2F%2Fimgsrc.baidu.com%2Fimgad%2Fpic%2Fitem%2F2f738bd4b31c870143a3a1d
c2c7f9e2f0708fff7.jpg"),
          ),
          onTap: (){
            //页面返回
            Navigator.pop(context);
          },
        ),
      );
    }
  }
```

Chapter 13 第13章

Flutter 插件开发

Flutter 插件就是一种 Flutter 的库，只是这个库相对特殊，可以和原生程序交互，比如调用蓝牙，启用 WiFi，打开手电筒，等等。Flutter 的上层 Dart 语言是无法完成底层操作的，它只能做一些 UI 相关的事情，所以插件开发显得尤为重要。

插件开发需要涉及两大移动平台的知识，例如：

- iOS：Objective-C 及 Swift 语言。
- Android：Java 及 Kotlin 语言。

本章通过案例详细讲解在各种场景下 Flutter 插件是如何开发的以及其背后的原理。在本章中我们把 Flutter 端统一称为上层，把 Plantform 端（iOS/Android）统一称为原生层。

13.1 获取系统版本插件

本节通过编写一个获取系统版本信息的插件，带领大家学习如何新建插件，打开 Android/iOS 模块，使用模拟器以及测试插件等。

13.1.1 新建插件

创建插件有两种方式，一种方式是使用命令行，另一种方式是使用 IDE（Android Studio 或 VS Code）。本节我们通过 AndroidStudio 方式来创建一个插件，步骤如下所示。

步骤 1 从菜单里新建一个 Flutter 工程，如图 13-1 所示。

步骤 2 选择 Flutter Plugin 选项，点击 Next 按钮，如图 13-2 所示。

步骤 3　输入工程名（即插件名称），指定 SDK 路径、工程位置及工程描述。点击 Next 按钮，如图 13-3 所示。

步骤 4　输入域名，通常作为包名使用。在 Platform channel language 一项，根据插件的实际需要进行勾选，默认不用勾选，点击 Finish 按钮，如图 13-4 所示。

步骤 5　和 Flutter 工程一样，创建好的插件也包含了 android 和 ios 两个目录，如图 13-5 所示。

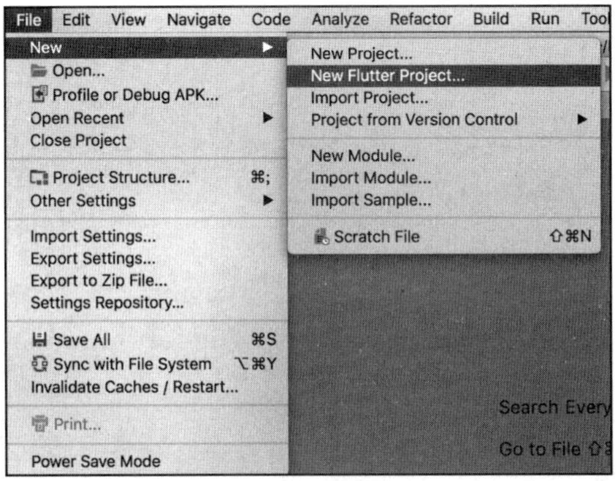

图 13-1　新建插件工程

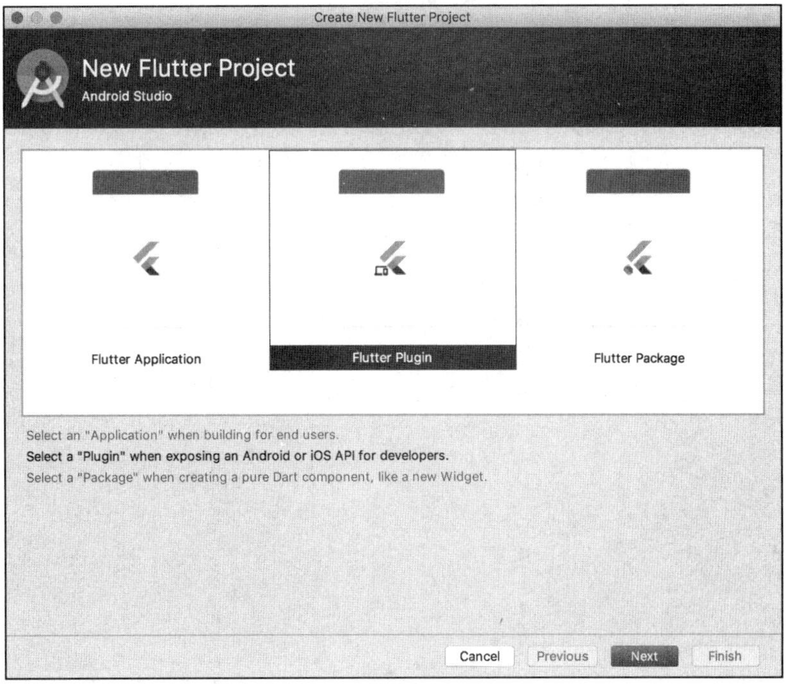

图 13-2　选择工程类型

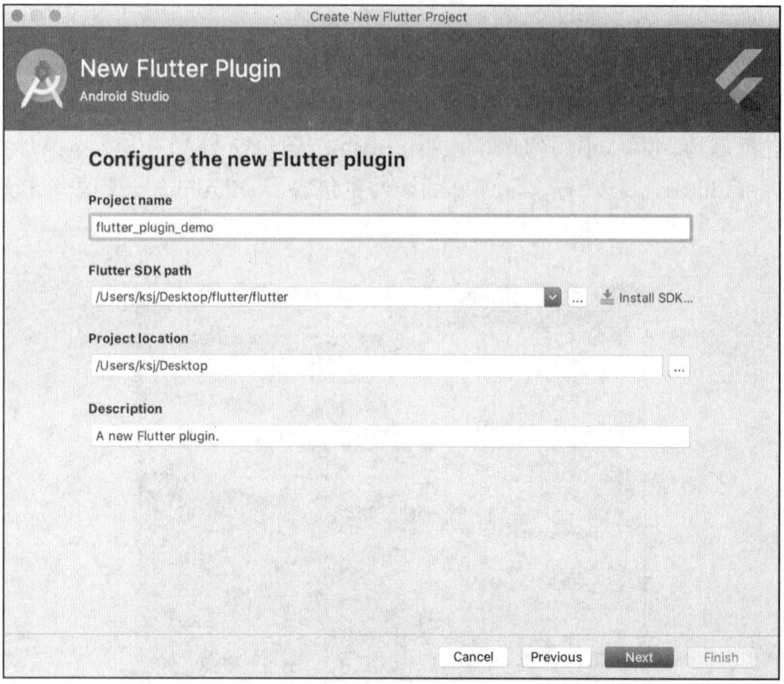

图 13-3 配置工程

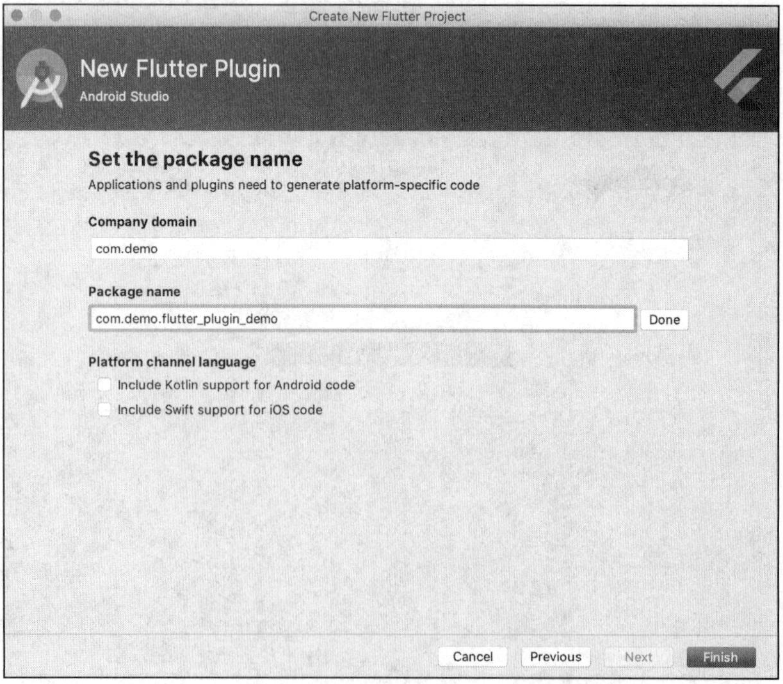

图 13-4 设置包名

13.1.2　运行插件

1. Android 运行

选择 Android 模拟器，点击运行或者调试按钮即可，如图 13-6 所示。

打开模拟器后，中间会显示一行文本，表明当前运行在 Android 的某个版本之上。这个版本的信息就是读取原生获取系统版本信息的 API，如图 13-7 所示。

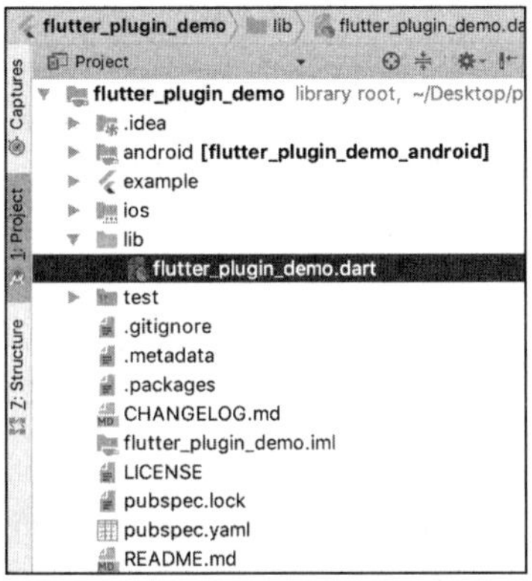

图 13-5　插件工程创建完成

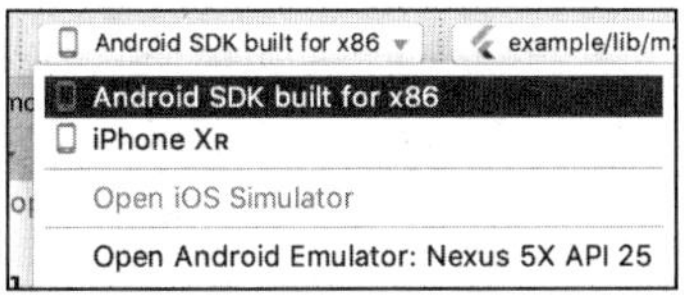

图 13-6　选择 Android 模拟器

图 13-7　插件在 Android 模拟器上运行

2. iOS 运行

选择 iOS 模拟器，点击运行或者调试按钮即可，如图 13-8 所示。

打开模拟器后，中间也会输出一行文本，表明运行在 iOS 的某个版本之上。这个版本的信息就是读取原生获取系统版本信息的 API，如图 13-9 所示。

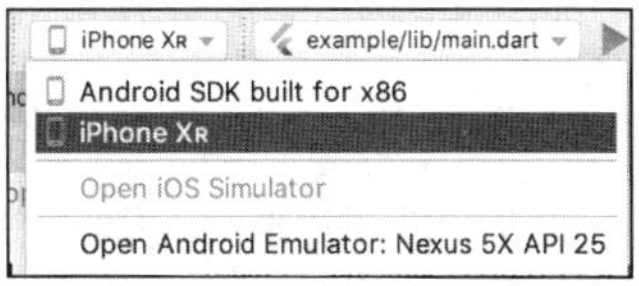

图 13-8　选择 iOS 模拟器

3. 真机运行

真机和模拟器的运行是一样的，当真机连上开发计算机以后，会在设备列表里出现真机的名称，选择对应的名称，点击运行或者调试按钮即可。

当有些应用在模拟器上模拟不出来时，就可以考虑接入真机测试，比如调用摄像头及麦克风等情况。

图 13-9 插件在 iOS 模拟器上运行

13.1.3 示例代码分析

本节主要分析如何获取 Android 及 iOS 版本信息，理解插件的通信原理以及插件上层的 Dart 代码、Android 及 iOS 底层代码是如何编写的，最后再带领大家编写一个插件的测试代码，测试插件功能是否正常。

1. 理解通信原理

Flutter 插件提供 Android 或者 iOS 的底层封装，在 Flutter 层提供组件功能，使 Flutter 可以较方便地调取 Native 的模块。很多平台相关性或者用 Flutter 实现比较复杂的部分，都可以封装成插件，其原理如图 13-10 所示。消息在 client 和 host 之间通过平台通道传递，它们之间的通信都是异步的。

2. flutter_plugin_demo.dart 插件分析

flutter_plugin_demo.dart 是插件用来对外提供接口的文件，编写步骤如下：

1）首先要导入 services 及 async 库。services 提供与底层通信的方法，async 作为异步处理。

2）定义通道方法 MethodChannel。注意它的参数为一个标识符，通常为一个字符串，这个字符串必需和原生代码保持一致，否则会导致无法正常通信。

3）编写 platformVersion 方法，此方法用来对外提供服务。注意此方法需要添加异步处理 async/await。使用 channel 的 invokeMethod 方法来调用原生方法获取版本，getPlatform Version 即为原生方法名。

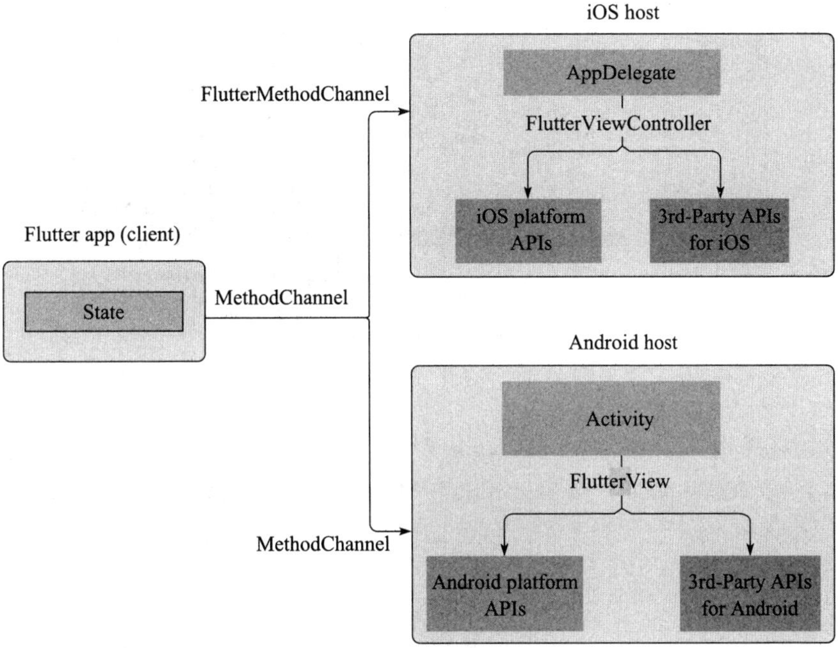

图 13-10 插件通信原理

完整的代码如下所示：

```
import 'dart:async';

import 'package:flutter/services.dart';

class FlutterPluginDemo {
  //定义通道方法 MethodChannel，通道标识和原生代码是对应的，要保持一致
  static const MethodChannel _channel =
      const MethodChannel('flutter_plugin_demo');

  //提供外部调用的方法，注意此方法要加异步处理
  static Future<String> get platformVersion async {
    //调用原生程序获取系统版本
    final String version = await _channel.invokeMethod('getPlatformVersion');
    return version;
  }
}
```

3. Android 部分分析

Android 部分即为 Android 原生模块，代码编写步骤如下所示。

步骤 1 打开插件的 Android 部分源码，不建议直接在主工程里编辑，可采用打开 Android 模块的方式，这样在调试时才能断点到原生模块，如图 13-11 所示。

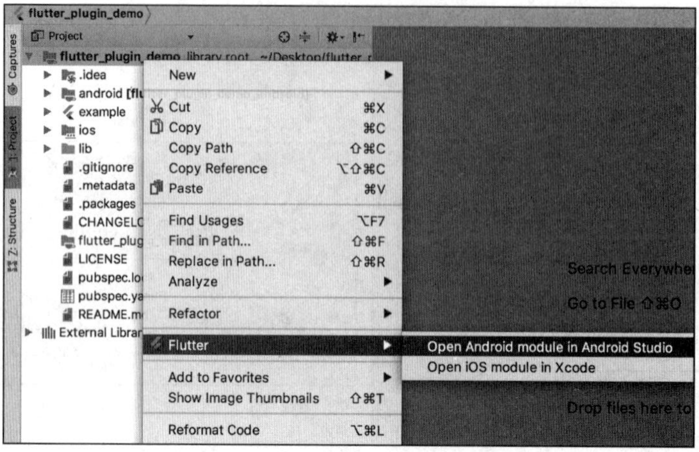

图 13-11 打开插件 Android 模块

步骤 2 打开 FlutterPluginDemoPlugin 文件，路径如图 13-12 所示。

步骤 3 导入通信相关库，如 MethodCall、MethodChannel、Registrar 等，例如导入 MethodCall，如下所示：

```
import io.flutter.plugin.common.MethodCall;
```

步骤 4 新建一个类 FlutterPluginDemoPlugin，继承自 MethodCallHandler，代码如下所示：

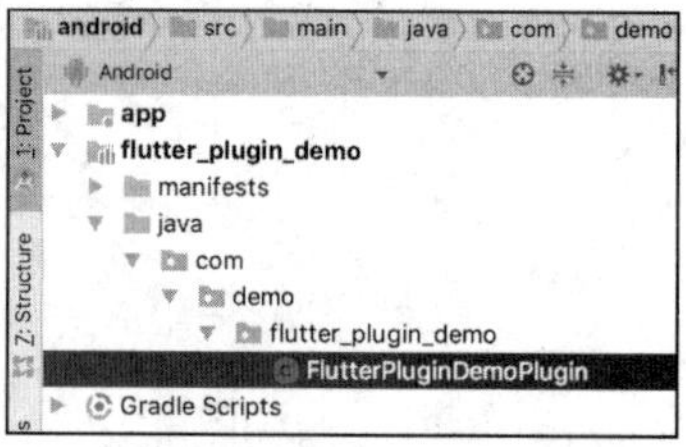

图 13-12 FlutterPluginDemoPlugin 路径

```
public class FlutterPluginDemoPlugin implements MethodCallHandler
```

步骤 5 实现插件注册方法，这个方法主要用来定义与上层代码通信的通道，同时设置上层代码调用 handler 方法：

```
MethodChannel(registrar.messenger(), "flutter_plugin_demo");
```

注意 flutter_plugin_demo 标识符一定要与上层保持一致。

步骤 6 重写 onMethodCall 方法，用来响应上层调用。判断 getPlatformVersion 后获取系统版本并返回，重写方法如下所示：

```
@Override
public void onMethodCall(MethodCall call, Result result)
```

FlutterPluginDemoPlugin 完整实现代码如下所示：

```
package demo.com.flutterplugindemo;

import io.flutter.plugin.common.MethodCall;
```

```
import io.flutter.plugin.common.MethodChannel;
import io.flutter.plugin.common.MethodChannel.MethodCallHandler;
import io.flutter.plugin.common.MethodChannel.Result;
import io.flutter.plugin.common.PluginRegistry.Registrar;

/** FlutterPluginDemoPlugin */
public class FlutterPluginDemoPlugin implements MethodCallHandler {
  /** 插件注册 */
  public static void registerWith(Registrar registrar) {
    // 定义与上层代码通信的通道，注意标识符要与上层代码保持一致
      final MethodChannel channel = new MethodChannel(registrar.messenger(),
"flutter_plugin_demo");
    channel.setMethodCallHandler(new FlutterPluginDemoPlugin());
  }

  @Override
  public void onMethodCall(MethodCall call, Result result) {
    // 判断上层调用的方法
    if (call.method.equals("getPlatformVersion")) {
      // 调用成功后返回系统版本
      result.success("Android " + android.os.Build.VERSION.RELEASE);
    } else {
      result.notImplemented();
    }
  }
}
```

4. iOS 部分分析

iOS 部分即为 iOS 原生模块，代码编写步骤如下所示。

步骤 1　打开插件的 iOS 部分源码，不建议直接在主工程里编辑。可采用打开 iOS 模块的方式，这样在调试时才能断点到原生模块。另外，在主工程里编写 Objective-C 代码也不是很方便，提示不够友好。建议使用 Xcode 进行编辑，如图 13-13 所示。

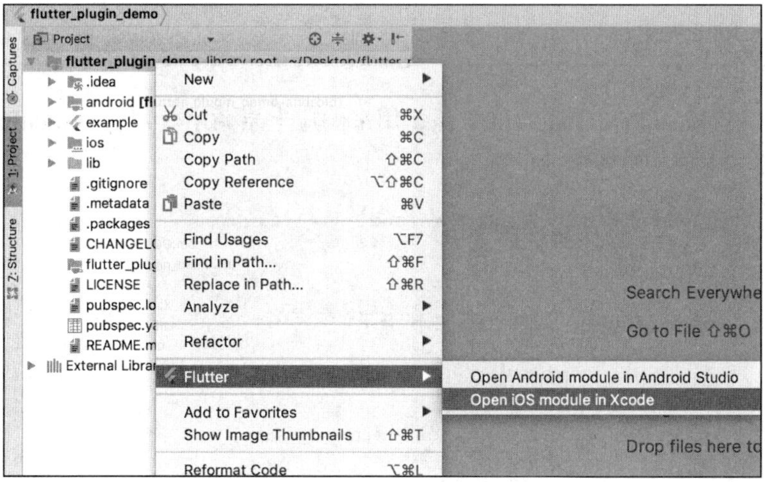

图 13-13　打开插件 iOS 模块

步骤 2　打开 FlutterPluginDemoPlugin 文件，路径如图 13-14 所示。

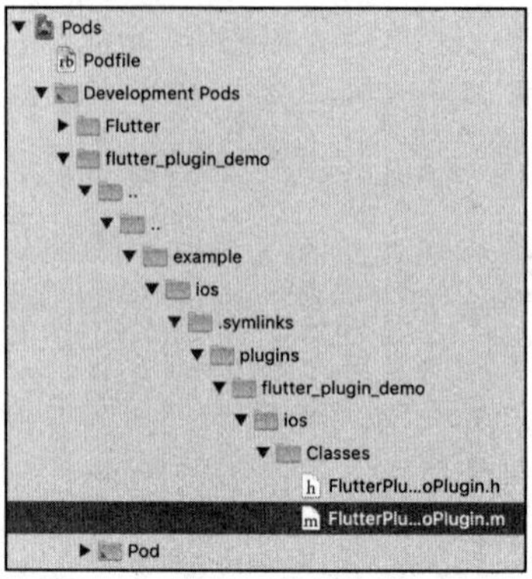

图 13-14　FlutterPluginDemoPlugin 路径

步骤 3　导入头文件，代码如下所示：

```
#import "FlutterPluginDemoPlugin.h"
```

步骤 4　使用 implementation 实现 FlutterPluginDemoPlugin 接口，代码如下所示：

```
@implementation FlutterPluginDemoPlugin
```

步骤 5　实现插件注册方法，这个方法主要是用来定义与上层代码通信的通道，方法体如下所示：

```
+ (void)registerWithRegistrar:(NSObject<FlutterPluginRegistrar>*)registrar {
  // TODO
}
```

注意　flutter_plugin_demo 标识符一定要与上层保持一致。

步骤 6　编写 handleMethodCall 方法，用来响应上层调用。判断 getPlatformVersion 后获取系统版本并返回，方法体如下所示：

```
- (void)handleMethodCall:(FlutterMethodCall*)call result:(FlutterResult)result {
  // TODO
}
```

FlutterPluginDemoPlugin 完整代码如下所示：

```
#import "FlutterPluginDemoPlugin.h"

@implementation FlutterPluginDemoPlugin
/** 插件注册 */
+ (void)registerWithRegistrar:(NSObject<FlutterPluginRegistrar>*)registrar {
  // 定义与上层代码通信的通道，注意标识符要与上层代码保持一致
```

```
  FlutterMethodChannel* channel = [FlutterMethodChannel
      methodChannelWithName:@"flutter_plugin_demo"
            binaryMessenger:[registrar messenger]];
  FlutterPluginDemoPlugin* instance = [[FlutterPluginDemoPlugin alloc] init];
  [registrar addMethodCallDelegate:instance channel:channel];
}

- (void)handleMethodCall:(FlutterMethodCall*)call result:(FlutterResult)result {
  // 判断上层调用的方法
  if ([@"getPlatformVersion" isEqualToString:call.method]) {
    // 调用成功后返回系统版本
    result([@"iOS " stringByAppendingString:[[UIDevice currentDevice] systemVersion]]);
  } else {
    result(FlutterMethodNotImplemented);
  }
}

@end
```

5. 测试插件分析

插件编写完成后，还需要写一个测试工程来验证插件是否有 bug。这个工程命名为 example，如图 13-15 所示。

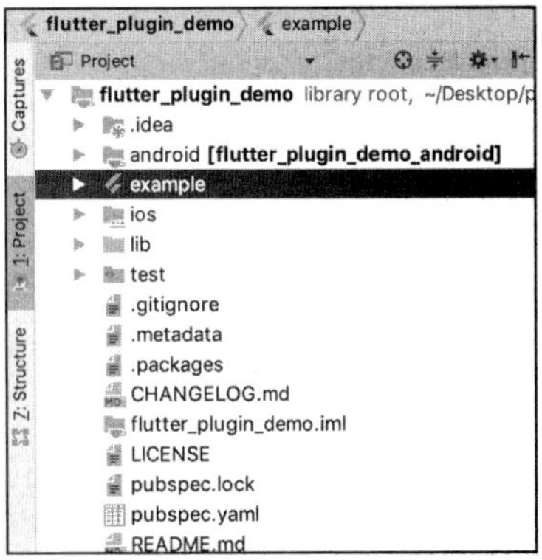

图 13-15　插件测试工程

测试工程编写的步骤如下：

步骤 1　打开 example/test/pubspec.yaml 文件，添加插件 flutter_plugin_demo 至开发库标签下，如图 13-16 所示。

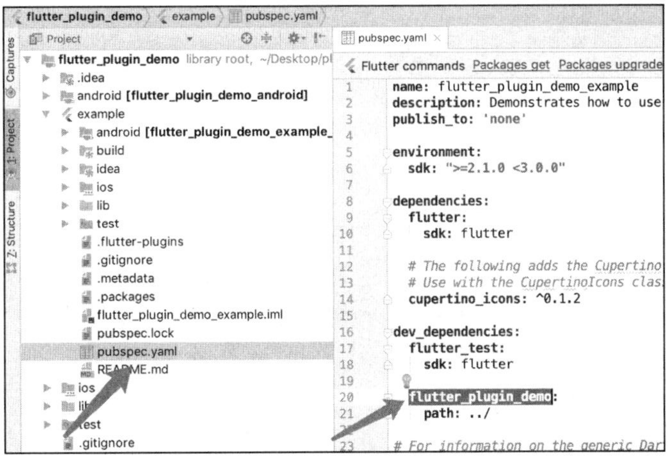

图 13-16　添加插件库至工程配置文件

> **注意**　flutter_plugin_demo 是放在 dev_dependencies 标签下的。插件的路径是一个相对路径，如果路径配置错误，会导致找不到插件、引用失败的错误。

步骤 2　打开 examples/lib/main.dart 文件，编写调用插件方法，如下所示：

```
platformVersion = await FlutterPluginDemo.platformVersion;
```

步骤 3 添加 UI 界面部分代码，运行并查看结果。

完整的测试插件代码如下所示：

```
import 'package:flutter/material.dart';
import 'dart:async';

import 'package:flutter/services.dart';
import 'package:flutter_plugin_demo/flutter_plugin_demo.dart';

void main() => runApp(MyApp());

class MyApp extends StatefulWidget {
  @override
  _MyAppState createState() => _MyAppState();
}

class _MyAppState extends State<MyApp> {
  String _platformVersion = 'Unknown';

  @override
  void initState() {
    super.initState();
    initPlatformState();
  }

  //获取底层的方法是异步的，所以调用的方法也要异步处理
  Future<void> initPlatformState() async {
    String platformVersion;
    //底层方法有可能会调用失败，所以要使用 try on catch 语句
    try {
      platformVersion = await FlutterPluginDemo.platformVersion;
    } on PlatformException {
      platformVersion = 'Failed to get platform version.';
    } catch (e){
      print('Exception: $e');
    }

    setState(() {
      _platformVersion = platformVersion;
    });
  }

  @override
  Widget build(BuildContext context) {
    return MaterialApp(
      home: Scaffold(
        appBar: AppBar(
          title: const Text('Plugin example app'),
        ),
        body: Center(
          child: Text('Running on: $_platformVersion\n'),
        ),
      ),
```

```
        );
    }
}
```

上述代码运行的效果请参考 13.1.2 节。

13.2 电池电量插件

通过 13.1 节我们学会了 MethodChannel 的使用方法。本节我们来编写一个关于获取电池电量及读取电池充电状态的插件。手机的电池状态是不停变化的，我们要把这样的电池状态变化由原生层及时通过 EventChannel 来告诉上层。这种情况下使用 MethodChannel 方法是不行的，这意味着上层需要用轮询的方式不停调用原生层的方法来获取当前电量，显然是不正确的做法。而用 EventChannel 的方式，则是将当前电池状态“推送”给上层。

13.2.1 新建插件

新建插件请参考 13.1.1 节中的步骤。将插件名称改为 battery，同时将插件包名改为 io.flutter.plugins.battery，其他部分保持一致即可。

13.2.2 插件上层处理

当创建好插件工程后，首先要做的是进行插件上层的处理。步骤如下：

步骤 1 打开工程根目录下的 pubspec.yaml 文件，添加 iOS 前缀 iosPrefix 为 FLT，同时将文件内容替换为如下内容：

```
# 插件名称
name: battery
description: A new Flutter plugin.
version: 0.0.1
author:
homepage:

environment:
  sdk: ">=2.1.0 <3.0.0"

dependencies:
  flutter:
    sdk: flutter

dev_dependencies:
  flutter_test:
    sdk: flutter

flutter:
  plugin:
    #Android 包名
    androidPackage: io.flutter.plugins.battery
    #iOS 前缀
```

```
    iosPrefix: FLT
    #插件类名
    pluginClass: BatteryPlugin
```

替换完配置文件内容后，需要点击右上角“Packages get”按钮进行更新操作。

> 注意 iOS的前缀需要和原生层iOS前缀保持一致。

步骤2 打开工程根目录下的lib/battery.dart文件定义电池充电状态枚举值，如下所示：

```
//定义电池的三种状态：充满电、充电、未充电
enum BatteryState { full, charging, discharging }
```

接着创建方法通道及事件通道，用来建立起与原生层通信的通道。其中方法通道用来获取原生层电池的电量值，事件通道用来接收由原生层“推送”的电池充电状态值。定义内容如下所示：

```
//创建方法通道，名称必须与原生层保持一致
final MethodChannel methodChannel = const MethodChannel('method_battery_level');
//创建事件通道，名称必须与原生层保持一致
final EventChannel eventChannel = const EventChannel('event_battery_charging');
```

然后提供一个获取电池电量的方法，此方法是供插件的使用者调用的，命名为batteryLevel。最后再提供一个获取电池充电状态的方法，同样也是供插件的使用者调用的，命名为onBatteryStateChanged。关于这两个方法的具体实现请参见代码注释。Battery类的完整代码如下所示：

```
import 'dart:async';
import 'package:flutter/services.dart';

//定义电池的三种状态：充满电、充电、未充电
enum BatteryState { full, charging, discharging }

class Battery {

  //静态实例
  static Battery _instance;

  //私有构造方法
  Battery.private(this._methodChannel, this._eventChannel);

  //使用工厂模式只创建一个实例
  factory Battery() {
    if (_instance == null) {
      //创建方法通道，名称必须与原生层保持一致
      final MethodChannel methodChannel = const MethodChannel('method_battery_level');
      //创建事件通道，名称必须与原生层保持一致
      final EventChannel eventChannel = const EventChannel('event_battery_charging');
      _instance = Battery.private(methodChannel, eventChannel);
    }
```

```
    return _instance;
  }

  //定义方法通道
  final MethodChannel _methodChannel;
  //定义事件通道
  final EventChannel _eventChannel;
  Stream<BatteryState> _onBatteryStateChanged;

  /**
   * 返回当前电池电量的百分比
   * 调用底层方法 getBatteryLevel
   * 调用成功后通过 then 方法获取值 result
   */
  Future<int> get batteryLevel => _methodChannel
      .invokeMethod<int>('getBatteryLevel')
      .then<int>((dynamic result) => result);

  /**
   * 获取当前电池状态
   * 通过事件通道 EventChannel 的 receiveBroadcastStream 方法接收广播事件流
   * 事件里带的数据即为电池状态 BatteryState
   */
  Stream<BatteryState> get onBatteryStateChanged {
    if (_onBatteryStateChanged == null) {
      _onBatteryStateChanged = _eventChannel
          .receiveBroadcastStream()
          .map((dynamic event) => _parseBatteryState(event));
    }
    return _onBatteryStateChanged;
  }
}

//处理不同的电池状态值
BatteryState _parseBatteryState(String state) {
  switch (state) {
    case 'full':
      return BatteryState.full;
    case 'charging':
      return BatteryState.charging;
    case 'discharging':
      return BatteryState.discharging;
    default:
      throw ArgumentError('没有此状态:$state');
  }
}
```

上述代码中获取当前电池状态方法 onBatteryStateChanged 返回的是包含电池状态的数据流对象 Stream<BatteryState>。此方法的调用者即插件的使用者，需要调用 Stream 的 listen 方法监听数据的变化，这样就达到了监听电池状态变化的目的。

13.2.3　Android 原生层处理

Android 原生层主要用来提供原生层获取电池电量的方法以供上层调用，同时添加电池充电状态事件派发至上层。具体编写步骤如下：

步骤 1 打开 Android 目录下的 BatteryPlugin.java 文件，创建 BatteryPlugin 类。此类必须实现两个接口——MethodCallHandler 及 StreamHandler，如下所示：

```
/**
 * 电池电量插件需要实现 MethodCallHandler 及 StreamHandler 接口
 */
public class BatteryPlugin implements MethodCallHandler, StreamHandler {
```

步骤 2 创建 MethodChannel 及 EventChannel 对象，名字需要和上层的名字一一对应，如下所示：

```
//实例化方法通道的名字需要和上层保持一致
final MethodChannel methodChannel =
  new MethodChannel(registrar.messenger(), "method_battery_level");
//实例化事件通道的名字需要和上层保持一致
final EventChannel eventChannel =
  new EventChannel(registrar.messenger(), "event_battery_charging");
```

步骤 3 重写 MethodCallHandler 的 onMethodCall 方法，判断上层调用原生层的方法名，调用对应的原生方法，如下所示：

```
/**
 * 重写 MethodCallHandler 的 onMethodCall 方法
 * 此方法用于处理上层方法调用底层方法的情况
 */
  @Override
  public void onMethodCall(MethodCall call, Result result) {
    //判断方法名
    if (call.method.equals("getBatteryLevel")) {
      //调用原生获取电池电量方法
    } else {
      result.notImplemented();
    }
  }
```

步骤 4 编写 getBatteryLevel 方法获取电池当前的电量值，如下所示：

```
//调用原生层 API 获取系统电池电量
private int getBatteryLevel() {
  //使用电池管理类获取系统电量值
}
```

步骤 5 MethodCallHandler 的方法实现完成后，需要实现 StreamHandler 的方法。首先重写 StreamHandler 的 onListen 方法，此方法表示 EventSink 准备完毕，可以向上层发送数据了，如下所示：

```
/**
 * 重写 StreamHandler 的 onListen 方法
 * 此方法表示 EventSink 准备完毕，可以向上层发送数据了
 */
@Override
```

```
public void onListen(Object arguments, EventSink events) {
  // 注册原生层接收者对象，用于接收电池状态变化值
}
```

然后再重写 StreamHandler 的 onCancel 方法，此方法主要用于取消原生层接收电池状态变化值，如下所示：

```
/**
 * 重写 StreamHandler 的 onCancel 方法
 * 此方法主要用于取消原生层接收电池状态变化值
 */
@Override
public void onCancel(Object arguments) {
  // 取消注册
}
```

步骤 6　最后在原生层广播接收方法里调用 EventSink.success 方法通知上层接收事件流数据，如下所示：

```
// 使用 EventSink 返回充电状态
events.success("charging");
```

BatteryPlugin.java 的完整代码如下所示：

```
package io.flutter.plugins.battery;

import android.content.BroadcastReceiver;
import android.content.Context;
import android.content.ContextWrapper;
import android.content.Intent;
import android.content.IntentFilter;
import android.os.BatteryManager;
import android.os.Build.VERSION;
import android.os.Build.VERSION_CODES;

import io.flutter.plugin.common.EventChannel;
import io.flutter.plugin.common.EventChannel.EventSink;
import io.flutter.plugin.common.EventChannel.StreamHandler;
import io.flutter.plugin.common.MethodCall;
import io.flutter.plugin.common.MethodChannel;
import io.flutter.plugin.common.MethodChannel.MethodCallHandler;
import io.flutter.plugin.common.MethodChannel.Result;
import io.flutter.plugin.common.PluginRegistry;

/**
 * 电池电量插件需要实现 MethodCallHandler 及 StreamHandler 接口
 */
public class BatteryPlugin implements MethodCallHandler, StreamHandler {

  /* 插件注册 */
  public static void registerWith(PluginRegistry.Registrar registrar) {
    // 实例化方法通道的名字需要和上层保持一致
    final MethodChannel methodChannel =
        new MethodChannel(registrar.messenger(), "method_battery_level");
    // 实例化事件通道的名字需要和上层保持一致
```

```
    final EventChannel eventChannel =
        new EventChannel(registrar.messenger(), "event_battery_charging");
    //实例化电池电量插件并传入PluginRegistry.Registrar对象
    final BatteryPlugin instance = new BatteryPlugin(registrar);
    //绑定方法通道的Handler对象
    eventChannel.setStreamHandler(instance);
    //绑定事件通道的Handler对象
    methodChannel.setMethodCallHandler(instance);
  }

  //构建方法，传入的参数即为MainActivity
  BatteryPlugin(PluginRegistry.Registrar registrar) {
    this.registrar = registrar;
  }

  //定义插件注册对象
  private final PluginRegistry.Registrar registrar;
  //定义广播接收对象
  private BroadcastReceiver chargingStateChangeReceiver;

  /**
   * 重写MethodCallHandler的onMethodCall方法
   * 此方法用于上层调用底层方法处理
   */
  @Override
  public void onMethodCall(MethodCall call, Result result) {
    //判断方法名
    if (call.method.equals("getBatteryLevel")) {
      //获取手机电量值
      int batteryLevel = getBatteryLevel();

      if (batteryLevel != -1) {
        //获取电量值成功后将值返回给上层使用
        result.success(batteryLevel);
      } else {
        //获取电量值失败后返回错误信息
        result.error("UNAVAILABLE", "电池电量无法获取", null);
      }
    } else {
      result.notImplemented();
    }
  }

  /**
   * 重写StreamHandler的onListen方法
   * 此方法表示EventSink准备完成，可以向上层发送数据了
   */
  @Override
  public void onListen(Object arguments, EventSink events) {
    //注册原生层接收者对象，用于接收电池状态变化值
    chargingStateChangeReceiver = createChargingStateChangeReceiver(events);
    registrar
        .context()
        .registerReceiver(
            chargingStateChangeReceiver, new IntentFilter(Intent.ACTION_BATTERY_
CHANGED));
```

```
    }

    /**
     * 重写 StreamHandler 的 onCancel 方法
     * 此方法主要用于取消原生层接收电池状态变化值
     */
    @Override
    public void onCancel(Object arguments) {
      registrar.context().unregisterReceiver(chargingStateChangeReceiver);
      chargingStateChangeReceiver = null;
    }

    //调用原生层 API 获取系统电池电量
    private int getBatteryLevel() {
      int batteryLevel = -1;
      Context context = registrar.context();
      if (VERSION.SDK_INT >= VERSION_CODES.LOLLIPOP) {
        BatteryManager batteryManager =
            (BatteryManager) context.getSystemService(context.BATTERY_SERVICE);
        batteryLevel = batteryManager.getIntProperty(BatteryManager.BATTERY_PROPERTY_
CAPACITY);
      } else {
        Intent intent =
            new ContextWrapper(context)
              .registerReceiver(null, new IntentFilter(Intent.ACTION_BATTERY_CHANGED));
        batteryLevel =
            (intent.getIntExtra(BatteryManager.EXTRA_LEVEL, -1) * 100)
                / intent.getIntExtra(BatteryManager.EXTRA_SCALE, -1);
      }

      return batteryLevel;
    }

    /**
     * 返回原生层广播消息接收者对象
     */
    private BroadcastReceiver createChargingStateChangeReceiver(final EventSink events) {
      return new BroadcastReceiver() {
        @Override
        public void onReceive(Context context, Intent intent) {
          //电池状态
          int status = intent.getIntExtra(BatteryManager.EXTRA_STATUS, -1);

          switch (status) {
            //充电状态
            case BatteryManager.BATTERY_STATUS_CHARGING:
              //使用 EventSink 返回充电状态
              events.success("charging");
              break;
              //已充满状态
            case BatteryManager.BATTERY_STATUS_FULL:
              //使用 EventSink 返回已充满状态
              events.success("full");
              break;
              //未充电状态
            case BatteryManager.BATTERY_STATUS_DISCHARGING:
```

```
                //使用 EventSink 返回未充电状态
                events.success("discharging");
                break;
              default:
                //当未能读到充电状态值时返回错误信息
                events.error("UNAVAILABLE", "不能读取到充电状态值", null);
                break;
            }
          }
        };
      }
    }
```

13.2.4 iOS 原生层处理

iOS 层实现的原理和 Android 层大致相同，这里我们主要做一下语法转换即可。具体编写步骤如下：

步骤 1 打开 iOS 目录下的 Classes 目录，创建 BatteryPlugin.h 及 BatteryPlugin.m 文件。打开 BatteryPlugin.h 文件，添加接口 FLTBatteryPlugin，如下所示：

```
#import <Flutter/Flutter.h>

@interface FLTBatteryPlugin : NSObject <FlutterPlugin>
@end
```

> 注意 FLTBatteryPlugin 需要添加前缀 FLT。

然后打开 BatteryPlugin.m 文件，添加 FlutterStreamHandler 协议，原生层事件流处理必须实现此协议，如下所示：

```
//电池电量插件实现 FlutterStreamHandler 协议
@interface FLTBatteryPlugin () <FlutterStreamHandler>
@end
```

步骤 2 创建 FlutterMethodChannel 及 FlutterEventChannel 对象，名字需要和上层的名字一一对应，如下所示：

```
//实例化方法通道的名字需要和上层保持一致
FlutterMethodChannel* channel =
  [FlutterMethodChannel methodChannelWithName:@"method_battery_level"
                              binaryMessenger:[registrar messenger]];

[registrar addMethodCallDelegate:instance channel:channel];

//实例化事件通道的名字需要和上层保持一致
FlutterEventChannel* chargingChannel =
  [FlutterEventChannel eventChannelWithName:@"event_battery_charging"
                            binaryMessenger:[registrar messenger]];
```

步骤 3 实现 handleMethodCall 代理方法，判断上层调用原生层的方法名，调用对应的原生方法，如下所示：

```
// 此方法用于处理上层方法调用底层方法的情况
- (void)handleMethodCall:(FlutterMethodCall*)call result:(FlutterResult)result {
  // 判断方法名
  if ([@"getBatteryLevel" isEqualToString:call.method]) {
    // 获取手机电量值
    } else {
      // 获取电量值成功后将值返回给上层使用
      result(@(batteryLevel));
    }
  } else {
    result(FlutterMethodNotImplemented);
  }
}
```

步骤 4 编写 getBatteryLevel 方法用来获取电池当前电量值，如下所示：

```
// 调用原生层 API 获取系统电池电量
- (int)getBatteryLevel {
  // 使用 UIDevice 获取系统电量值
}
```

步骤 5 handleMethodCall 代理方法实现完成后，需要实现 FlutterStreamHandler 的代理方法。首先重写 onListenWithArguments 方法，此方法表示 FlutterEventSink 准备完成可以向上层发送数据了，如下所示：

```
/**
 * 实现 FlutterStreamHandler 的 onListenWithArguments 方法
 * 此方法表示 FlutterEventSink 准备完成，可以向上层发送数据了
 */
- (FlutterError*)onListenWithArguments:(id)arguments eventSink:(FlutterEventSink)
eventSink {
  _eventSink = eventSink;
  // 系统消息中心处理，用于监听电池充电状态变化
}
```

提示 此方法使用了 NSNotificationCenter 的 UIDeviceBatteryStateDidChangeNotification 消息类型。观察者设置为当前对象，用于接收系统发现的电池充电状态的通知消息。

步骤 6 最后在原生层广播接收方法里调用 FlutterEventSink，通知上层接收事件流数据，方法如下所示：

```
// 使用 FlutterEventSink 返回已充满状态
_eventSink(@"full");
```

BatteryPlugin.m 的完整代码如下所示：

```
#import "BatteryPlugin.h"

// 电池电量插件实现 FlutterStreamHandler 协议
```

```
@interface FLTBatteryPlugin () <FlutterStreamHandler>
@end

@implementation FLTBatteryPlugin {
  // 此对象用于通知上层事件并返回原生层数据
  FlutterEventSink _eventSink;
}

/* 插件注册 */
+ (void)registerWithRegistrar:(NSObject<FlutterPluginRegistrar>*)registrar {
  FLTBatteryPlugin* instance = [[FLTBatteryPlugin alloc] init];

  // 实例化方法通道的名字需要和上层保持一致
  FlutterMethodChannel* channel =
      [FlutterMethodChannel methodChannelWithName:@"method_battery_level"
                                  binaryMessenger:[registrar messenger]];

  [registrar addMethodCallDelegate:instance channel:channel];

  // 实例化事件通道的名字需要和上层保持一致
  FlutterEventChannel* chargingChannel =
      [FlutterEventChannel eventChannelWithName:@"event_battery_charging"
                                binaryMessenger:[registrar messenger]];
  [chargingChannel setStreamHandler:instance];
}

// 此方法适用于上层方法调用底层方法的情况
- (void)handleMethodCall:(FlutterMethodCall*)call result:(FlutterResult)result {
  // 判断方法名
  if ([@"getBatteryLevel" isEqualToString:call.method]) {
    // 获取手机电量值
    int batteryLevel = [self getBatteryLevel];
    if (batteryLevel == -1) {
      // 获取电量值失败，返回错误信息
      result([FlutterError errorWithCode:@"UNAVAILABLE"
                                 message:@"电池电量无法获取"
                                 details:nil]);
    } else {
      // 获取电量值成功后将值返回给上层使用
      result(@(batteryLevel));
    }
  } else {
    result(FlutterMethodNotImplemented);
  }
}

// 消息中心观察者回调方法，用于接收电池充电状态消息
- (void)onBatteryStateDidChange:(NSNotification*)notification {
  [self sendBatteryStateEvent];
}

// 发送电池充电状态值给上层使用
- (void)sendBatteryStateEvent {
  if (!_eventSink) return;
  // 获取当前电池充电状态
```

```
  UIDeviceBatteryState state = [[UIDevice currentDevice] batteryState];
  switch (state) {
    //已充满状态
    case UIDeviceBatteryStateFull:
      //使用 FlutterEventSink 返回已充满状态
      _eventSink(@"full");
      break;
    //充电状态
    case UIDeviceBatteryStateCharging:
      //使用 FlutterEventSink 返回充电状态
      _eventSink(@"charging");
      break;
    //未充电状态
    case UIDeviceBatteryStateUnplugged:
      //使用 FlutterEventSink 返回未充电状态
      _eventSink(@"discharging");
      break;
    default:
      //当未能读到充电状态值时返回错误信息
      _eventSink([FlutterError errorWithCode:@"UNAVAILABLE"
                               message:@" 不能读取到充电状态 "
                               details:nil]);
      break;
  }
}

//调用原生层 API 获取系统电池电量
- (int)getBatteryLevel {
  UIDevice* device = UIDevice.currentDevice;
  device.batteryMonitoringEnabled = YES;
  if (device.batteryState == UIDeviceBatteryStateUnknown) {
    return -1;
  } else {
    return ((int)(device.batteryLevel * 100));
  }
}

#pragma mark FlutterStreamHandler impl

/**
 * 实现 FlutterStreamHandler 的 onListenWithArguments 方法
 * 此方法表示 FlutterEventSink 准备完毕，可以向上层发送数据了
 */
- (FlutterError*)onListenWithArguments:(id)arguments eventSink:(FlutterEventSink)
eventSink {
  _eventSink = eventSink;
  //启动本地电池充电状态监听
  [[UIDevice currentDevice] setBatteryMonitoringEnabled:YES];
  [self sendBatteryStateEvent];
  //添加消息中心观察者为当前对象 self 并设置回调方法 onBatteryStateDidChange
  [[NSNotificationCenter defaultCenter] addObserver:self
selector:@selector(onBatteryStateDidChange:)
name:UIDeviceBatteryStateDidChangeNotification
                                     object:nil];
  return nil;
```

```
}

/**
 * 重写 FlutterStreamHandler 的 onCancelWithArguments 方法
 * 此方法主要用于取消原生层接收电池状态变化值
 */
- (FlutterError*)onCancelWithArguments:(id)arguments {
  [[NSNotificationCenter defaultCenter] removeObserver:self];
  _eventSink = nil;
  return nil;
}

@end
```

13.2.5 测试插件

在插件工程目录下有一个 example 目录，用于测试所编写的插件功能。这里我们需要对代码做一些修改，具体的修改及测试步骤如下：

步骤 1 打开 example/pubspec.yaml 文件，将 battery 下的 path 设置为 ../。修改后的配置文件如下所示：

```
name: battery_example
description: 电池电量插件使用示例

dependencies:
  flutter:
    sdk: flutter
  battery:
    path: ../

flutter:
  uses-material-design: true
```

步骤 2 打开 example/lib/main.dart。实例化 Battery 对象，定义本地电池状态变量 BatteryState，同时定义事件流注册对象 StreamSubscription<BatteryState>。如下所示：

```
//调用电池电量插件并实例化 Battery 对象
  Battery _battery = Battery();

  //定义本地电池状态变量
  BatteryState _batteryState;
  //注册事件流，接收电池状态值 BatteryState
  StreamSubscription<BatteryState> _batteryStateSubscription;
```

步骤 3 在当前页面 State 初始化完成后，添加监听电池状态值改变事件，如下所示：

```
//监听电池状态值改变事件
    _batteryStateSubscription = _battery.onBatteryStateChanged.listen((BatteryState
state) {
        setState(() {
          //将返回的电池状态设置到本地变量
          _batteryState = state;
```

```
    });
  });
```

步骤 4　获取电池电量直接调用插件的 batteryLevel 方法即可，如下所示：

```
final int batteryLevel = await _battery.batteryLevel;
```

测试主类 main.dart 的完整代码如下所示：

```
import 'dart:async';
import 'package:flutter/material.dart';
import 'package:battery/battery.dart';

void main() {
  runApp(MyApp());
}

class MyApp extends StatelessWidget {
  @override
  Widget build(BuildContext context) {
    return MaterialApp(
      title: 'Flutter 电池电量插件示例 ',
      theme: ThemeData(
        primarySwatch: Colors.blue,
      ),
      home: MyHomePage(title: 'Flutter 电池电量插件示例 '),
    );
  }
}

class MyHomePage extends StatefulWidget {
  MyHomePage({Key key, this.title}) : super(key: key);

  final String title;

  @override
  _MyHomePageState createState() => _MyHomePageState();
}

class _MyHomePageState extends State<MyHomePage> {
  // 调用电池电量插件并实例化 Battery 对象
  Battery _battery = Battery();

  // 定义本地电池状态变量
  BatteryState _batteryState;
  // 注册事件流，接收电池状态值 BatteryState
  StreamSubscription<BatteryState> _batteryStateSubscription;

  @override
  void initState() {
    super.initState();
    // 监听电池状态值改变事件
    _batteryStateSubscription = _battery.onBatteryStateChanged.listen((Battery-
State state) {
      setState(() {
        // 将返回的电池状态设置到本地变量
```

```
        _batteryState = state;
      });
    });
  }

  @override
  Widget build(BuildContext context) {
    return Scaffold(
      appBar: AppBar(
        title: const Text('电池电量插件'),
      ),
      body: Center(
        //展示电量状态
        child: Text('$_batteryState'),
      ),
      floatingActionButton: FloatingActionButton(
        child: const Icon(Icons.battery_unknown),
        onPressed: () async {
          //通过插件获取电池电量值
          final int batteryLevel = await _battery.batteryLevel;
          showDialog<void>(
            context: context,
            builder: (_) => AlertDialog(
              //展示电量值
              content: Text('电量：$batteryLevel%'),
              actions: <Widget>[
                FlatButton(
                  child: const Text('确定'),
                  onPressed: () {
                    Navigator.pop(context);
                  },
                )
              ],
            ),
          );
        },
      ),
    );
  }

  @override
  void dispose() {
    super.dispose();
    //当组件销毁时取消监听电池状态
    if (_batteryStateSubscription != null) {
      _batteryStateSubscription.cancel();
    }
  }
}
```

步骤 5 参照 13.1.2 节的测试步骤运行 Android 模拟器，即可获取当前电池状态为充电状态，效果如图 13-17 所示。

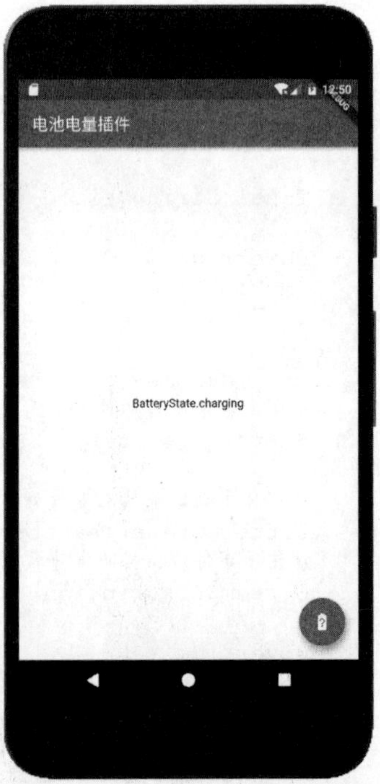

图 13-17 Android 电池插件充电状态效果

点击 Android 模拟器设置里的电池设置，将当前充电状态调整为 Full，如图 13-18 所示。

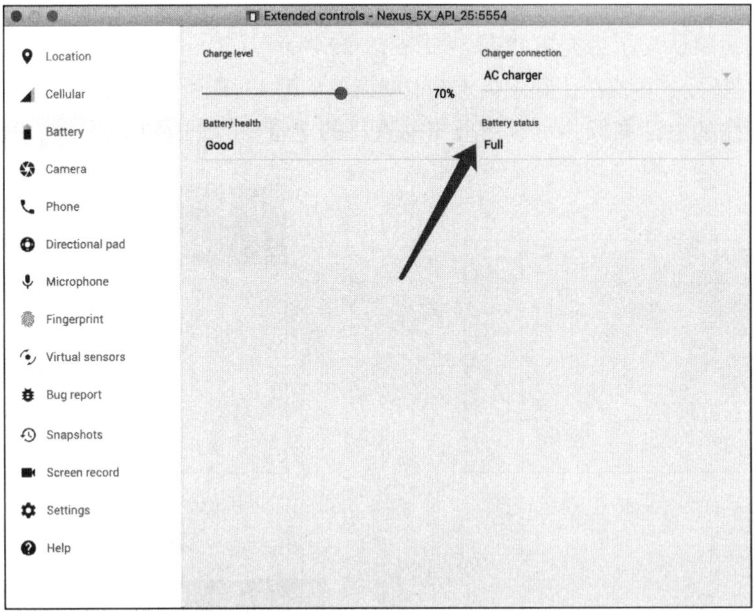

图 13-18　Android 模拟器改变电池充电状态

此时 Android 模拟器界面值发生变化，变为 BatteryState.full，如图 13-19 所示。点击右下角的电池图标，可以获取当前模拟器的电量值，如图 13-20 所示。

图 13-19　Android 模拟器电池充满状态

图 13-20　Android 模拟器电池电量显示

步骤 6 测试电池电量插件在 iOS 上的运行情况需要使用真机，iPhone 和 iPad 均可，这里用的是 iPad。打开插件 Xcode 工程，插入真机并点击运行按钮，如图 13-21 所示。

成功启动后默认显示为充电状态，如图 13-22 所示。

当拔掉电源后，iOS 真机上显示为未充电状态，如图 13-23 所示。

点击右下角的电池图标，可以获取当前真机的电量值，如图 13-24 所示。

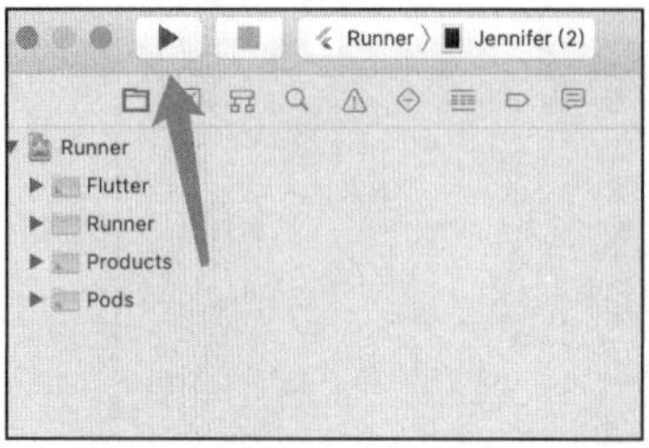

图 13-21 Xcode 工程运行图

图 13-22 iOS 真机充电状态

图 13-23 iOS 真机未充电状态

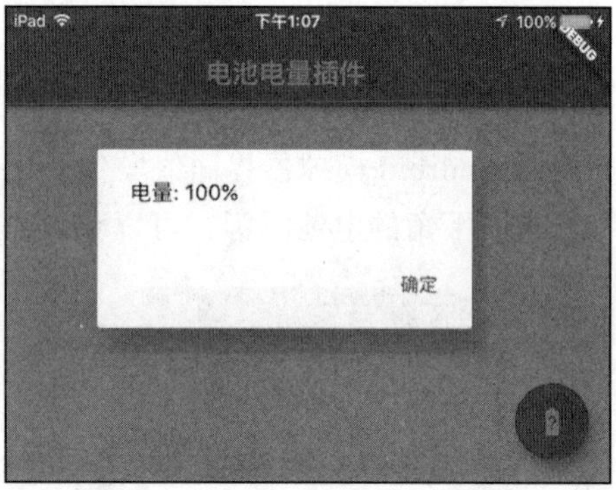

图 13-24 iOS 真机电池电量

13.3 Channel 详解

通过对 13.1 节及 13.2 节内容的学习，我们掌握了 MethodChannel 及 EventChannel 的用法。Flutter 总共为我们提供了三种 Channel，如下所示：

- BasicMessageChannel：用于传递数据。Flutter 与原生项目的资源是不共享的，可以通过 BasicMessageChannel 来获取 Native 项目的图标等资源。
- MethodChannel：传递方法调用。Flutter 主动调用 Native 的方法，并获取相应的返回值。比如获取系统电量，发起 Toast 等调用系统 API，可以通过 MethodChannel 完成。
- EventChannel：传递事件。这里是 Native 将事件通知到 Flutter。比如 Flutter 需要

监听网络情况，这时 MethodChannel 就无法满足这个需求了。EventChannel 可以将 Flutter 的一个监听交给 Native，Native 去做网络广播的监听，当收到广播后借助 EventChannel 调用 Flutter 注册的监听，完成对 Flutter 的事件通知。

三种 Channel 之间互相独立，各有用途，但它们在设计上却非常相近。每种 Channel 均有三个重要成员变量：

- name：String 类型，代表 Channel 的名字，也是其唯一标识符。
- messager：BinaryMessager 类型，代表消息信使，是消息的发送与接收的工具。
- codec：MessageCodec 类型或 MethodCodec 类型，代表消息的编解码器。

13.3.1 通道名称

每个 Flutter 应用中可以创建多个 Channel，每个 Channel 在创建时必须指定一个唯一的 name，Channel 之间使用 name 来区分彼此。当有消息从 Flutter 端发送到 Platform 端时，会根据其传递过来的 Channel name 找到该 Channel 对应的 Handler（消息处理器）。

13.3.2 通信工具 BinaryMessager

三种 Channel 为数据传输提供了通道，那么就需要一个工具来传输数据，这个工具即 BinaryMessager。它是原生层与上层通信的工具，其通信使用的消息格式为二进制格式数据。当我们初始化一个 Channel，并向该 Channel 注册处理消息的消息处理器 Binary MessageHandler 时，使用 Channel name 作为 Key，注册到 BinaryMessager 中。当上层发送消息到 BinaryMessager 时，BinaryMessager 会根据其传入的 Channel 找到对应的 BinaryMessageHandler，并交由其处理。BinaryMessager 和 Channel 不能直接通信，它只和 BinaryMessageHandler 通信。而 Channel 和 BinaryMessageHandler 是可以通信的。这样 BinaryMessager 就通过各种 Handler 把消息交给 Channel 处理。当 Handler 处理完消息之后，会通过回调函数返回 Result，并将数据通过 BinaryMessager 发送回上层，如图 13-25 所示。

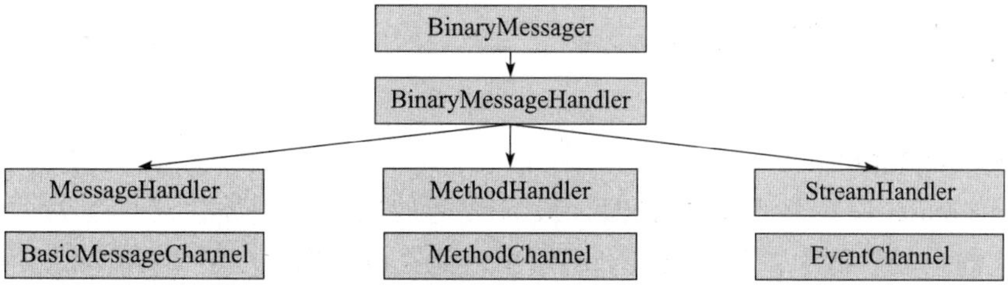

图 13-25 BinaryMessager 消息传递示意图

13.3.3 消息编解码器 Codec

Codec 主要用于将二进制格式的数据转化为 Handler 能够识别的数据。Flutter 定义了两种 Codec：MessageCodec 和 MethodCodec。

1. MessageCodec

MessageCodec 用于二进制与基本数据之间的编解码。BasicMessageChannel 所使用的编解码器就是 MessageCodec，有以下几种格式：

- BinaryCodec：二进制格式。
- JSONMessageCodec：Json 转二进制及二进制转 Json。
- StandardMessageCodec：BasicMessageChannel 的默认编解码器，其支持基础数据类型、二进制数据、列表、字典。
- StringCodec：支持字符串转二进制及二进制转字符串，其编码格式为 UTF-8。

2. MethodCodec

MethodCodec 用于 MethodCall 对象的编解码，一个 MethodCall 对象代表一次从 Flutter 端发起的方法调用。对于 MethodChannel 和 EventChannel 两种方式，有两种编解码器，均实现自 MethodCodec，分别为 StandardMethodCodec 和 JsonMethodCodec。

13.3.4 消息处理器 Handler

当我们解码好数据后就可以交给 Handler 进行处理。Flutter 有三种 Channel，那么对应就有三种 Handler——MessageHandler、MethodHandler 和 StreamHandler。接下来我们讲解这三种 Handler 的作用。

1. MessageHandler

MessageHandler 用户处理字符串或者半结构化的消息，其 onMessage 方法接收一个 T 类型的消息，并异步返回一个相同类型结果。MessageHandler 的功能比较基础，适用场景较少，但是其配合 BinaryCodec 使用时，能够方便地传递二进制数据消息。

2. MethodHandler

MethodHandler 用于处理方法的调用，其 onMessage 方法接收一个 MethodCall 类型的消息，并根据 MethodCall 的成员变量 method 去调用对应的 API，比如电池电量插件示例中，获取电量方法即为调用原生层的方法。当处理完成后，根据方法调用的成功或失败返回对应的结果。

3. StreamHandler

StreamHandler 用于事件流的通信，最为常见的用途就是原生层向上层发送事件消息。比如电池电量示例中，原生层向上层发出电池充电状态改变的事件就需要用到 Stream Handler。当我们实现一个 StreamHandler 时，需要实现其 onListen 和 onCancel 方法。而在 onListen 方法的参数中，有一个 EventSink。用此对象即可通过 EventSink 向 Flutter 端发送事件消息。事件处理的流程如图 13-26 所示。

实际上，StreamHandler 的工作原理并不复杂。当注册了一个 StreamHandler 后，实际上会注册一个对应的 BinaryMessageHandler 到 BinaryMessager。而当 Flutter 上层开始监

听事件时，会发送一个二进制消息到原生层。原生层端用 MethodCodec 将该消息解码为 MethodCall，如果 MethodCall 的 method 值为 listen，则调用 StreamHandler 的 onListen 方法，向 StreamHandler 传递一个 EventSink。而通过 EventSink 向上层发送消息时，实际上就是通过 BinaryMessager 的 send 方法将消息传递过去。

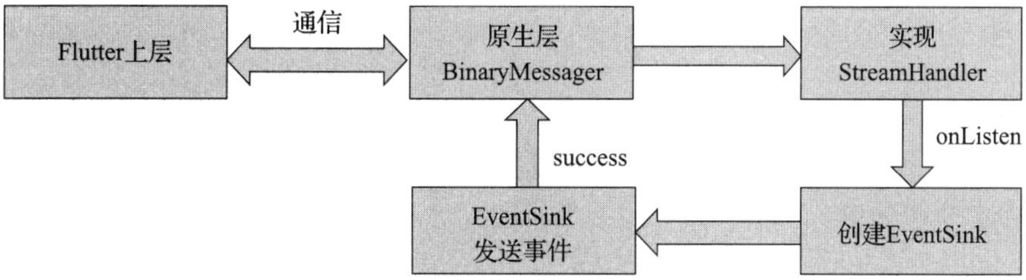

图 13-26　StreamHandler 处理流程

13.4　PlatformView 显示原生视图

PlatformView 是 Flutter 官方提供的一个可以嵌入 Android 和 iOS 平台原生 View 的组件。在实际开发中，当我们遇到一些 Flutter 官方没有提供的插件时，可以自己编写插件来实现部分功能，但是原生 View 在 Flutter 中会遮挡住 Flutter 中的组件，比如你想使用高德地图、视频播放器、直播等原生控件，就无法很好地与 Flutter 项目结合。PlatformView 为我们实现显示原生视图提供了可能。

在 Flutter 提供的 UI 组件里没有加载网页的组件，这里我们需要自己来实现一个加载网页的插件或者寻找第三方组件。上层视图组件与原生视图组件对应关系如下所示：

- AndroidView：对应 Android 原生组件 WebView。
- UiKitView：对应 iOS 原生组件 WKWebView。

13.4.1　新建插件

新建加载原生网页插件，具体步骤可参考 13.1.1 节。将插件名称改为 nativeweb，同时将插件包名改为 com.nativeweb，其他部分保持一致即可。

13.4.2　插件上层处理

插件工程建好后首先做上层的处理，具体步骤如下：

步骤 1　打开工程的 lib/nativeweb.dart 文件并创建 WebController 类。此类用来创建 MethodChannel 并且提供加载网页 URL 的方法。代码如下所示：

```
class WebController {

  //定义方法通道
  MethodChannel _channel;
```

```
  //提供加载 URL 的方法，参数为网址
  Future<void> loadUrl(String url) async{
   //
  }
}
```

定义视图创建完成回调方法，如下所示：

```
//View 创建完成回调
typedef void WebViewCreatedCallback(WebController controller);
```

步骤 2 在 lib/nativeweb.dart 文件里再创建一个组件用来渲染原生视图，如下所示：

```
//View 上层组件
class NativeWeb extends StatefulWidget
```

在 build 方法里返回 AndroidView（Android）及 UiKitView（iOS）两个视图，如下所示：

```
if(defaultTargetPlatform == TargetPlatform.android) {
  return AndroidView(
  );
} else if(defaultTargetPlatform == TargetPlatform.iOS) {
  return UiKitView(
  );
}
```

AndroidView 及 UiKitView 均需要传入如下三个参数：

```
//viewType 与原生层 registerViewFactory 的参数 id 对应
viewType: 'nativeweb',
//原生层视图创建完成回调
onPlatformViewCreated: onPlatformViewCreated,
//创建参数编解码器
creationParamsCodec: const StandardMessageCodec(),
```

> **注意** viewType 的值一定要与原生层 registerViewFactory 的参数保持一致，否则视图渲染不出来。

lib/nativeweb.dart 完整的代码如下所示：

```
import 'dart:async';
import 'package:flutter/services.dart';
import 'package:flutter/material.dart';
import 'package:flutter/foundation.dart';

//View 创建完成回调
typedef void WebViewCreatedCallback(WebController controller);

//View 上层组件
class NativeWeb extends StatefulWidget {

  //WebView 创建完成回调
```

```
  final WebViewCreatedCallback onWebCreated;

  NativeWeb({Key key, @required this.onWebCreated,});

  @override
  _NativeWebState createState() => _NativeWebState();
}

class _NativeWebState extends State<NativeWeb>{

  @override
  Widget build(BuildContext context) {

    //判断当前平台是否为 Android 平台
    if(defaultTargetPlatform == TargetPlatform.android){
      //Android 平台使用的是 AndroidView 组件
      return AndroidView(
        //viewType 与原生层 registerViewFactory 的参数 id 对应
        viewType: 'nativeweb',
        //原生层视图创建完成回调
        onPlatformViewCreated: onPlatformViewCreated,
        //创建参数编解码器
        creationParamsCodec: const StandardMessageCodec(),
      );
      //判断当前平台是否为 iOS 平台
    } else if(defaultTargetPlatform == TargetPlatform.iOS){
      //iOS 平台使用的是 UiKitView 组件
      return UiKitView(
        //viewType 与原生层 registerViewFactory 的参数 id 对应
        viewType: 'nativeweb',
        //原生层视图创建完成回调
        onPlatformViewCreated: onPlatformViewCreated,
        //创建参数编解码器
        creationParamsCodec: const StandardMessageCodec(),
      );
    }
    return Text('$defaultTargetPlatform 不支持此插件');

  }

  //视图创建完成，参数 id 为 Platform 原生层对应的视图 View 的 id
  Future<void> onPlatformViewCreated(id) async{
    if(widget.onWebCreated == null){
      return;
    }
    widget.onWebCreated(WebController.init(id));
  }
}


/**
 * Web 控制类
 * 创建 MethodChannel 及提供加载网页的方法
 */
class WebController {
```

```
  //定义方法通道
  MethodChannel _channel;

  WebController.init(int id){
    //视图id作为通道name的组成部分
    _channel = MethodChannel('nativeweb_$id');
  }

  //提供加载URL的方法，参数为网址
  Future<void> loadUrl(String url) async{
    assert(url != null);
    return _channel.invokeMethod('loadUrl',url);
  }

}
```

13.4.3 Android 原生层处理

Android 原生层主要是提供加载网页的原生层方法，同时返回原生层视图。具体步骤如下：

步骤 1 打开 Android 原生模块的 NativewebPlugin.java 文件，创建 NativewebPlugin 类并添加注册插件方法。代码如下所示：

```
package com.nativeweb;
import io.flutter.plugin.common.PluginRegistry.Registrar;

/** NativewebPlugin */
public class NativewebPlugin{
  /**
   * 插件注册
   * @param registrar
   */
  public static void registerWith(Registrar registrar) {

    //这里的nativeweb要与上层viewType值保持一致
    registrar
            .platformViewRegistry()
            .registerViewFactory("nativeweb",new WebFactory(registrar));

  }

}
```

步骤 2 新建 WebFactory.java 文件，创建 WebFactory 类，此类主要用来创建并返回 PlatformView 的实例。完整代码如下所示：

```
package com.nativeweb;
import android.content.Context;
import io.flutter.plugin.common.StandardMessageCodec;
import io.flutter.plugin.platform.PlatformView;
import io.flutter.plugin.platform.PlatformViewFactory;
import static io.flutter.plugin.common.PluginRegistry.Registrar;

/**
```

```
 * PlatformView 工厂类
 * 创建并返回 PlatformView 的实例
 */
public class WebFactory extends PlatformViewFactory {

  //定义注册器
  private final Registrar mPluginRegistrar;

  /**
   * 构造方法，传入注册器
   * @param registrar
   */
  public WebFactory(Registrar registrar){
    //使用标准消息编解码器
    super(StandardMessageCodec.INSTANCE);
    mPluginRegistrar = registrar;
  }

  /**
   * 重写 create 方法
   * 创建并返回 PlatformView 的实例
   * FlutterWeb 是实现 PlatformView 接口的类
   */
  @Override
  public PlatformView create(Context context, int i, Object o){
    return new FlutterWeb(context,mPluginRegistrar,i);
  }

}
```

步骤 3 新建 FlutterWeb.java 文件，创建 FlutterWeb 类。此类必须实现 PlatformView 及 MethodCallHandler 两个接口，这两个接口定义了如下内容：

- PlatformView：getView（返回视图）及 dispose（销毁视图）方法。
- MethodCallHandler：onMethodCall 方法。

类定义代码如下所示：

```
public class FlutterWeb implements PlatformView,MethodCallHandler
```

FlutterWeb 的构造方法如下所示：

```
  //设置 JavaScript 支持
  @SuppressLint("SetJavaScriptEnabled")
  FlutterWeb(Context context,Registrar registrar, int id){
    //获取原生 WebView 组件实例
    //实例化方法通道
    //设置方法调用处理器
  }
```

> 注意 构建方法需要添加 @SuppressLint("SetJavaScriptEnabled")，使得 JavaScript 和 Android 可以进行交互。

接下来重写三个方法，如下所示：

```
//返回原生视图，即 WebView 组件实例
public View getView(){}

//销毁视图
public void dispose(){}

//此方法用于上层调用底层方法处理
public void onMethodCall(MethodCall call,MethodChannel.Result result){}
```

FlutterWeb.java 完整代码如下所示：

```
package com.nativeweb;

import android.annotation.SuppressLint;
import android.content.Context;
import android.view.View;
import android.webkit.WebView;
import android.webkit.WebViewClient;

import io.flutter.plugin.common.MethodCall;
import io.flutter.plugin.common.MethodChannel;
import io.flutter.plugin.platform.PlatformView;
import io.flutter.plugin.common.PluginRegistry.Registrar;
import static io.flutter.plugin.common.MethodChannel.MethodCallHandler;

/**
 * 实现 PlatformView 及 MethodCallHandler 接口
 * PlatformView 接口主要定义了 getView(返回视图)及 dispose(销毁视图)两个方法
 * MethodCallHandler 接口主要定义了 onMethodCall 方法
 */
public class FlutterWeb implements PlatformView,MethodCallHandler {

  //上下文
  Context context;
  //注册器
  Registrar registrar;
  //原生 WebView 组件
  WebView webView;
  //方法通道
  MethodChannel channel;

  //设置 JavaScript 支持
  @SuppressLint("SetJavaScriptEnabled")
  FlutterWeb(Context context,Registrar registrar, int id){
    this.context = context;
    this.registrar = registrar;
    //获取原生 WebView 组件实例
    webView = getWebView(registrar);
    //实例化方法通道 channel 的名字要和上层保持一致
    channel = new MethodChannel(registrar.messenger(),"nativeweb_"+ id);
    //设置方法调用处理器
    channel.setMethodCallHandler(this);
  }
```

```
  // 返回原生视图，即 WebView 组件实例
  @Override
  public View getView(){ return  webView; }

  // 销毁视图
  @Override
  public void dispose(){
  }

  // 创建原生 WebView 对象
  private WebView getWebView(Registrar registrar){
    WebView webView = new WebView(registrar.context());
    webView.setWebViewClient(new WebViewClient());
    // 设置 JavaScript 支持
    webView.getSettings().setJavaScriptEnabled(true);
    return webView;
  }

  /**
   * 重写 MethodCallHandler 的 onMethodCall 方法
   * 此方法用于上层调用底层方法处理
   */
  @Override
  public void onMethodCall(MethodCall call,MethodChannel.Result result){
    switch (call.method){
      // 调用 WebView 的 loadUrl 方法加载网页，传入参数为网址
      case "loadUrl":
        String url = call.arguments.toString();
        webView.loadUrl(url);
        break;
      default:
        result.notImplemented();
    }
  }
}
```

13.4.4 iOS 原生层处理

下面我们参照 Android 原生处理的步骤及思路来做 iOS 原生层处理。步骤如下所示：

步骤 1　添加 NativewebPlugin.h 及 NativewebPlugin.m 文件。NativewebPlugin 的接口定义如下所示。

```
#import <Flutter/Flutter.h>
@interface NativewebPlugin : NSObject<FlutterPlugin>
@end
```

打开 NativewebPlugin.m 文件，添加插件注册代码，如下所示：

```
#import "NativewebPlugin.h"
#import "FlutterWeb.h"
@implementation NativewebPlugin
// 插件注册
+ (void)registerWithRegistrar:(NSObject<FlutterPluginRegistrar>*)registrar {
```

```
  FlutterWebFactory* webviewFactory =
  [[FlutterWebFactory alloc] initWithMessenger:registrar.messenger];
  //这里的 nativeweb 要与上层 viewType 值保持一致
  [registrar registerViewFactory:webviewFactory withId:@"nativeweb"];
}
@end
```

步骤 2 添加 FlutterWeb.h 文件，并添加 FlutterWebController 及 FlutterWebFactory 两个接口。这两个接口的作用如下：

- FlutterWebController：实现 FlutterPlatformView 协议，协议里定义了返回原生视图的方法。
- FlutterWebFactory：实现 FlutterPlatformViewFactory，协议里定义了初始化消息通信工具的方法。

FlutterWeb.h 的完整代码如下所示：

```
#import <Flutter/Flutter.h>
#import <WebKit/WebKit.h>

/**
 * 定义 FlutterWebController 接口
 * 实现 FlutterPlatformView 协议
 * 协议里定义了返回原生视图的方法
 */
@interface FlutterWebController : NSObject <FlutterPlatformView>

//定义初始化 Frame 方法，传入视图 id 及消息通信工具 messenger
-(instancetype)initWithWithFrame:(CGRect)frame
         viewIdentifier:(int64_t)viewId
            arguments:(id _Nullable)args
         binaryMessenger:(NSObject<FlutterBinaryMessenger>*)messenger;

@end

/**
 * FlutterPlatformViewFactory 工厂类
 * 初始化消息通信工具方法 initWithMessenger
 * 创建并返回 PlatformView 的实例 createWithFrame，在其实现类中提供此方法
 */
@interface FlutterWebFactory : NSObject <FlutterPlatformViewFactory>

//定义初始化消息通信工具 messenger 方法
- (instancetype)initWithMessenger:(NSObject<FlutterBinaryMessenger>*)messenger;

@end
```

步骤 3 添加 FlutterWeb.m 文件。实现 FlutterWebController 及 FlutterWebFactory 两个接口中定义的方法。

首先实现初始化消息通信工具 messenger 方法，代码如下所示：

```
- (instancetype)initWithMessenger:(NSObject<FlutterBinaryMessenger>*)messenger
```

然后在 createWithFrame 方法里创建并返回 FlutterWebController 对象，即返回 FlutterPlatformView 实例。代码如下所示：

```
-(NSObject<FlutterPlatformView>*)createWithFrame:(CGRect)frame viewIdentifier:(int64_t)viewId arguments:(id)args
```

在 FlutterWebController 的 initWithWithFrame 方法中创建 WebView 对象，创建方法通道并设置方法调用处理器。代码如下所示：

```
-(instancetype)initWithWithFrame:(CGRect)frame
         viewIdentifier:(int64_t)viewId arguments:(id)args
        binaryMessenger:(NSObject<FlutterBinaryMessenger> *)messenger {
  if([super init]){
    // 初始化 WKWebView 对象
    // 实例化方法通道
    // 设置方法调用处理器
  }
  return self;
}
```

最后再实现两个方法，返回原生视图及重写 onMethodCall 方法。如下所示：

```
// 获取原生视图
- (UIView*)view{}

-(void)onMethodCall:(FlutterMethodCall*)call result:(FlutterResult)result{
    // 判断参数并调用加载网页方法
}
```

FlutterWeb.m 完整的代码如下所示：

```
#import "FlutterWeb.h"

//FlutterWebFactory 实现
@implementation FlutterWebFactory{
  // 定义消息通信工具对象
  NSObject<FlutterBinaryMessenger>* _messenger;
}

// 初始化消息通信工具 messenger 方法实现
- (instancetype)initWithMessenger:(NSObject<FlutterBinaryMessenger>*)messenger{
  self = [super init];
  if(self){
    _messenger = messenger;
  }
  return self;
}

// 创建方法编解码器
-(NSObject<FlutterMethodCodec>*)createArgsCodec{
  return [FlutterStandardMethodCodec sharedInstance];
}

// 创建并返回 FlutterWebController，即返回 FlutterPlatformView 实例
```

```
-(NSObject<FlutterPlatformView>*)createWithFrame:(CGRect)frame viewIdentifier:(int64_
t)viewId arguments:(id)args{
    FlutterWebController* webviewController =
    [[FlutterWebController alloc] initWithWithFrame:frame
                  viewIdentifier:viewId
                    arguments:args
                    binaryMessenger:_messenger];
    return webviewController;
}
@end

//FlutterWebController 实现
@implementation FlutterWebController{
  //原生 WKWebView 组件
  WKWebView* _webView;
  //视图 id
  int64_t _viewId;
  //方法通道
  FlutterMethodChannel* _channel;
}

//创建 WebView 对象，并且添加方法监听
-(instancetype)initWithWithFrame:(CGRect)frame
          viewIdentifier:(int64_t)viewId arguments:(id)args
         binaryMessenger:(NSObject<FlutterBinaryMessenger> *)messenger {
  if([super init]){
    //视图 id
    _viewId = viewId;
    //初始化 WKWebView 对象
    _webView = [[WKWebView alloc] initWithFrame:frame];
    //channelName 的名字需要和上层保持一致
    NSString* channelName = [NSString stringWithFormat:@"nativeweb_%lld",viewId];
    //实例化方法通道
     _channel = [FlutterMethodChannel methodChannelWithName:channelName
binaryMessenger:messenger];
    __weak __typeof__(self) weakSelf = self;
    //设置方法调用处理器
    [_channel setMethodCallHandler:^(FlutterMethodCall*call, FlutterResult result){
      [weakSelf onMethodCall:call result:result];
    }];
  }
  return self;
}

//获取原生视图
- (UIView*)view{
    return _webView;
}

/**
 * 方法调用处理器
 * 此方法用于处理上层方法调用底层方法的情况
 */
-(void)onMethodCall:(FlutterMethodCall*)call result:(FlutterResult)result{
  //判断参数并调用加载网页方法
  if([[call method] isEqualToString:@"loadUrl"]){
```

```
        [self onLoadUrl:call result:result];
      }else{
        result(FlutterMethodNotImplemented);
      }
    }

    -(void)onLoadUrl:(FlutterMethodCall*)call result:(FlutterResult)result{
      NSString* url = [call arguments];
      if(![self loadUrl:url]){
        result([FlutterError errorWithCode:@"error code" message:@"error message"
details:@"error details"]);
      }else{
        result(nil);
      }
    }

    //WebView 加载页面
    -(bool)loadUrl:(NSString*)url{
      NSURL* nsUrl = [NSURL URLWithString:url];
      if(!nsUrl){
        return false;
      }
      NSURLRequest* req = [NSURLRequest requestWithURL:nsUrl];
      [_webView loadRequest:req];
      return true;
    }

    @end
```

13.4.5 测试插件

在插件工程目录下有一个 example 目录，用于测试编写的插件功能。这里我们需要做一些代码修改。具体的修改及测试步骤如下：

步骤 1 打开 example/pubspec.yaml 文件，添加 nativeweb 插件路径至配置文件中，如下所示：

```
name: nativeweb_example
description: 加载网页插件示例
publish_to: 'none'

environment:
  sdk: ">=2.0.0-dev.68.0 <3.0.0"

dependencies:
  flutter:
    sdk: flutter
  cupertino_icons: ^0.1.2

dev_dependencies:
  flutter_test:
    sdk: flutter

  # 插件路径
```

```
  nativeweb:
    path: ../

flutter:
  uses-material-design: true
```

步骤 2 打开 example/lib/main.dart。实例化 NativeWeb 及 WebController 对象，当 View 创建完成后，调用 WebController 的 loadUrl 方法开始加载网页，最后将 NativeWeb 对象添加到容器里进行渲染。代码如下所示：

```
import 'package:flutter/material.dart';
import 'package:nativeweb/nativeweb.dart';

void main() => runApp(MyApp());

class MyApp extends StatefulWidget {
  @override
  _MyAppState createState() => _MyAppState();
}

class _MyAppState extends State<MyApp> {

  //定义 WebController 对象
  WebController webController;
  //定义 NativeWeb 插件对象
  NativeWeb nativeWeb;

  @override
  void initState() {
    super.initState();
    //创建 NativeWeb 插件对象，创建完成后提供回调方法
    nativeWeb = NativeWeb(onWebCreated: onWebCreated,);
  }

  @override
  Widget build(BuildContext context) {

    return MaterialApp(
      home: Scaffold(
        appBar: AppBar(
          title: const Text('PlatformView 示例'),
        ),
        body: Container(
          //渲染插件显示加载的网页内容
          child: nativeWeb,
          height: 600.0,
        ),
      ),
    );

  }

  //执行网页加载动作
  void onWebCreated(webController){
```

```
    this.webController = webController;
    this.webController.loadUrl("https:// www.github.com");
  }

}
```

步骤 3　参照 13.1.2 节 Android 相关的测试步骤运行 Android 模拟器，运行后会自动加载 GitHub 网站的页面，效果如图 13-27 所示。

步骤 4　在测试插件在 iOS 上的效果前还需要添加一项重要的配置，打开示例目录 iOS 项目文件 example/ios/Runner/Info.plist，添加如下配置即可。

```
<key>io.flutter.embedded_views_preview</key>
<string>YES</string>
```

参照 13.1.2 节 iOS 相关的测试步骤运行 iOS 模拟器，iOS 模拟器运行后会自动加载 GitHub 网站的页面，效果如图 13-28 所示。

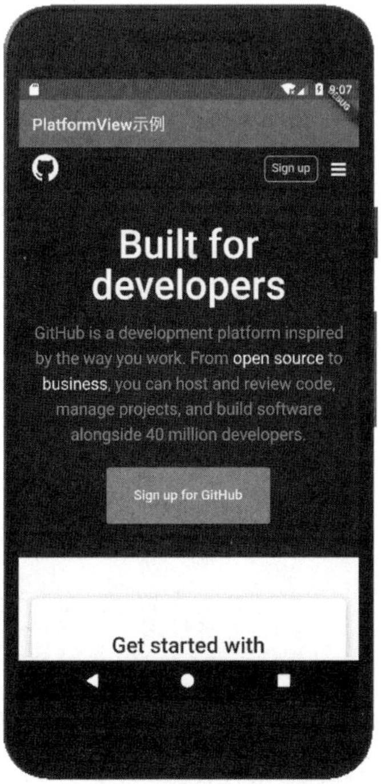

图 13-27　Android 网页加载插件效果

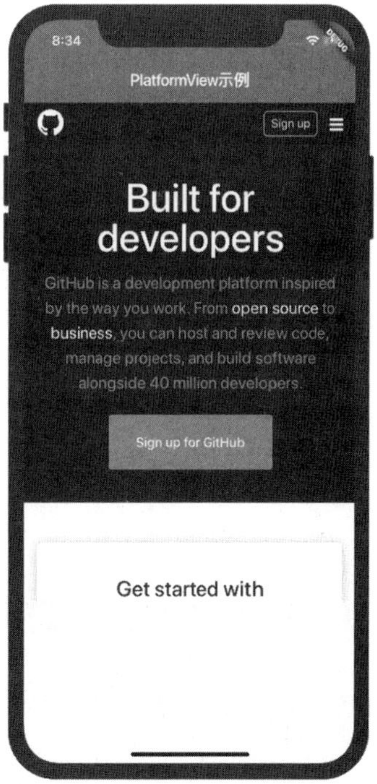

图 13-28　iOS 网页加载插件效果

Chapter 14 第 14 章

开发工具及使用技巧

熟练使用工具可以节省大量的开发时间，并提高代码质量。在本章中我们会介绍几款常用的 IDE，并从代码的编写、增加辅助功能、调试、性能分析等方面讲解工具及使用技巧。

本章涉及的内容有：

- IDE 集成开发环境
- Flutter SDK
- 使用热重载
- 格式化代码
- Flutter 组件检查器

14.1 IDE 集成开发环境

14.1.1 Android Studio / IntelliJ

Flutter 插件在 Android Studio 或 IntelliJ IDE 中提供完全集成的开发体验，所以这两个开发工具的操作方法基本一致。

先参考 1.2.1 节中内容安装 Dart 和 Flutter 插件。

1. 创建项目

创建项目有两种方式。

第一种，从欢迎页面创建。选择 Start a new Flutter project 创建一个新的 Flutter 项目，如图 14-1 所示。

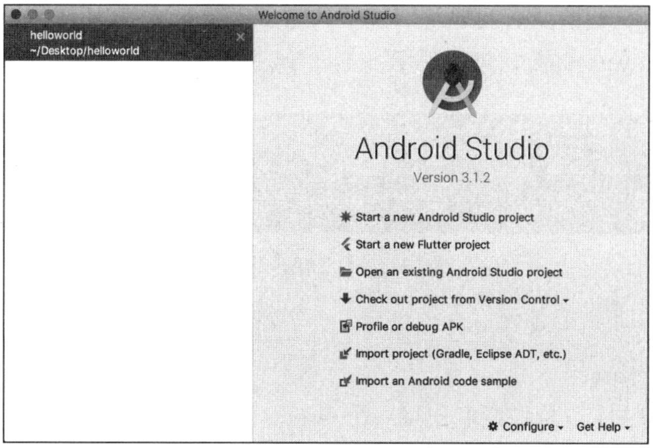

图 14-1　Android Studio 欢迎页面

第二种，从 Android Studio 主界面中依次点击 File → New → New Flutter Project，可以打开创建工程页面，如图 14-2 所示。

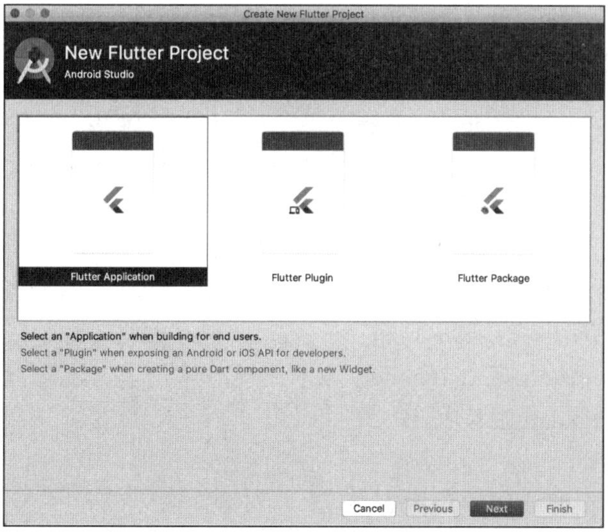

图 14-2　新建 Flutter 工程页面

2. 编辑代码和查看代码问题

Dart 插件可执行代码分析，有以下功能：

- 语法高亮显示。
- 基于丰富类型分析的代码补全。
- 导航到类型声明（Navigate → Declaration），查找类型使用的地方（Edit → Find → Find Usages）。

- 查看当前源代码的所有问题（View → Tool Windows → Dart Analysis）。任何分析问题将在 Analysis pane 窗口中显示，如图 14-3 所示。

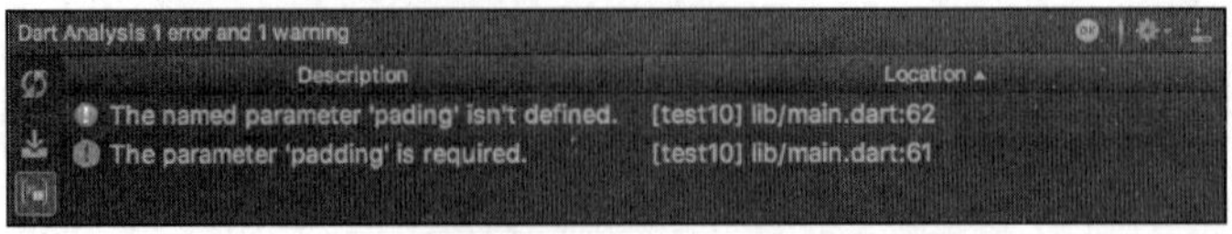

图 14-3　Dart Analysis 图

3. 运行和调试

（1）选择一个 target

运行和调试由主工具栏控制。选择一个 target。在 Android Studio 中打开一个 Flutter 项目时，在工具栏的右侧将显示一组 Flutter 特定的按钮，如图 14-4 所示，从左至右依次为目标设备、主程序、运行按钮、调试按钮、覆盖率查看按钮、性能分析按钮、热更新按钮、添加测试到进程按钮、停止按钮。

图 14-4　主工具栏图

> **注意**　如果运行和调试按钮被禁用，并且没有列出任何目标，则说明 Flutter 没有发现任何连接的 iOS/Android 设备或模拟器。需要连接设备或启动模拟器才能继续。
>
> 点击 Flutter Target Selector（目标设备）下拉按钮，将显示可用的设备列表，选择要运行的设备。当连接新的设备或启动新的模拟器时，里面会添加新的选项。

（2）无断点运行

点击运行图标，或者调用 Run → Run，底部的 Run 窗格中将会显示日志输出。如图 14-5 所示输出了在 iPhone X 设备上启动 lib/main.dart 主程序。

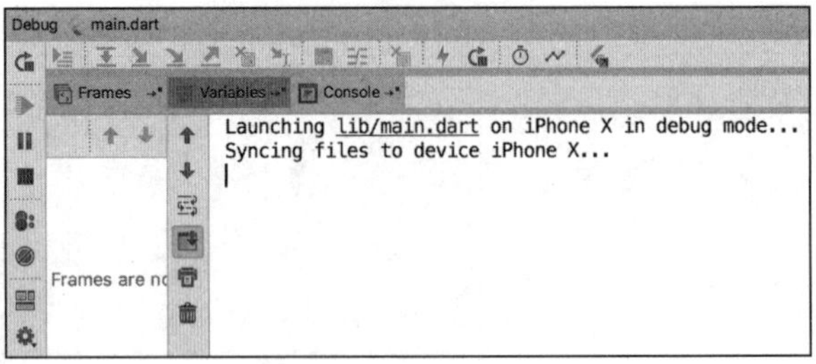

图 14-5　控制台输出

（3）有断点运行

如果需要，可在源代码中设置断点，选中需要设置代码的那一行，在它的左侧点击一下会出现一个小红点，表示设置断点成功，如图 14-6 所示。

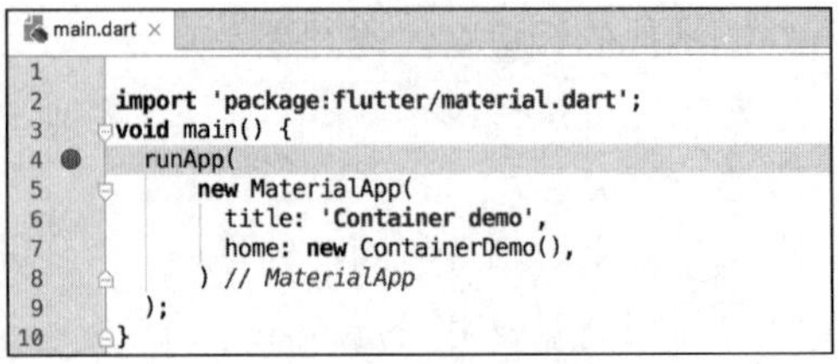

图 14-6　设置断点

点击工具栏的“调试”图标，或者调用 Run → Debug，如图 14-7 所示。

底部的调试窗口将显示调用栈和变量，如图 14-8 所示。在这里可以一步步地向下测试，查看变量值及控制台输出内容。大部分的程序 bug 都是使用这种方式解决的。

4. Observatory 的应用

Observatory 是一个附带的基于 HTML 用户界面的调试和分析工具，在 Debug 窗口点击秒表图标，如图 14-9 所示，IDE 会弹出一个网页，生成一个关于整个应用程序的详细报告。

图 14-7　启动 Debugger

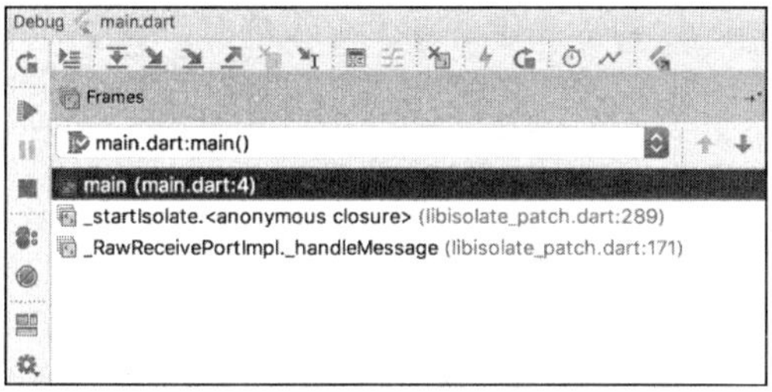

图 14-8　调试窗口

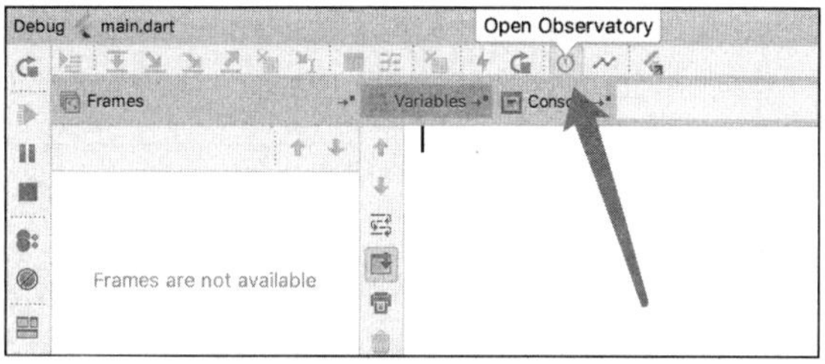

图 14-9　打开 Observatory 窗口

提示　报告详情请参考 https:// dart-lang.github.io/observatory/。

5. Flutter 代码提示

（1）辅助 & 快速修正

辅助是与特定代码标识符相关的代码更改。当将光标放置在某个组件的标识符上时，会出现一个黄色灯泡图标，点击这个图标会显示一些提示内容。根据需要选择对应的辅助功能即可，如图 14-10 所示。

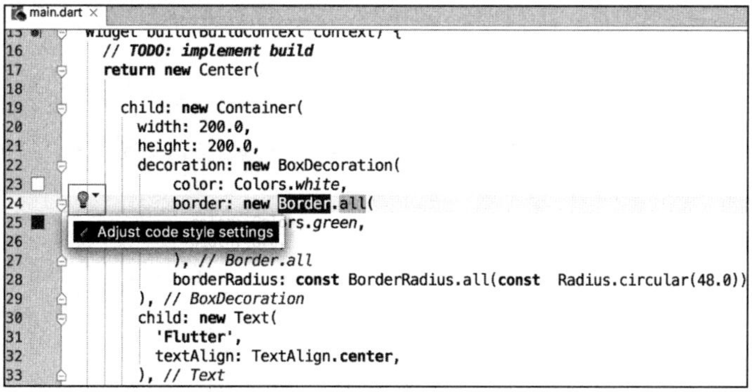

图 14-10　辅助功能面板

快速修正与辅助是类似的，只有显示一段有错误的代码时，才帮助你纠正。快速修正用一个红色灯泡表示。

（2）实时模板

实时模板可用于加速输入常用的代码结构块。通常只需要输入一两个字母编辑器就会提示可能要实现的内容。如图 14-11 所示，ContainerLayout 即将添加一个重写 build 的方法模板。

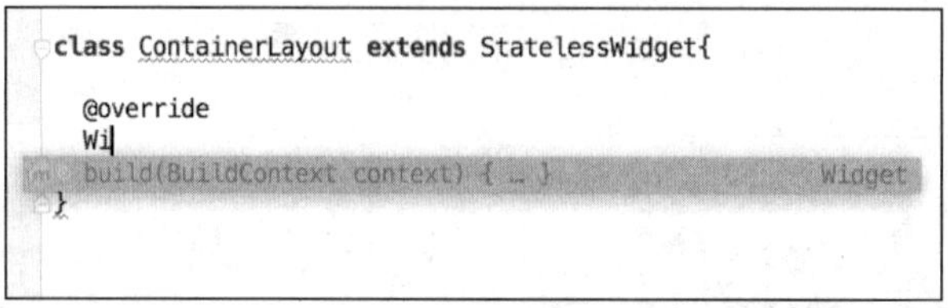

图 14-11　实时模板面板

当添加完模板后，按照提示内容实现 build 方法即可，如图 14-12 所示。

Flutter 插件包含以下模板：

❑ 前缀 stless：创建一个 StatelessWidget 的子类。

❑ 前缀 stful：创建一个 StatefulWidget 子类并且关联到一个 State 子类。

❑ 前缀 stanim：创建一个 StatefulWidget 子类，并且它关联的 State 子类包括一个 AnimationController。

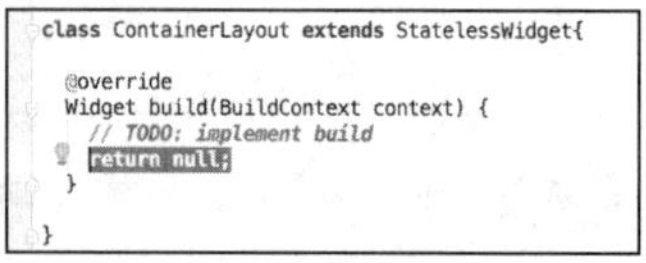

图 14-12　模板创建完成

（3）Android Studio 键盘快捷键

在 Linux（Android Studio 键盘映射默认为 XWin）和 Windows 键盘中，快捷键是 Ctrl-Alt-; 和 Ctrl-\。

在 MacOS（Android Studio 键盘映射 Mac OS X 10.5+ copy）上，键盘快捷键是 --; 和 -\。

键盘映射可以在设置面板中更改，选择 Keymap，然后在右上角的搜索框中输入 flutter。右击要更改的绑定并添加键盘快捷键即可。快捷键设备如图 14-13 所示。

（4）热重载 VS 完全重启

热重载通过将更新的源代码文件注入正在运行的 Dart VM（虚拟机）中工作。这不仅包括添加新类，还包括向现有类添加方法和字段以及更改现有函数。有几种类型的代码更改无法热重载：

❑ 全局变量初始化器。

❑ 静态字段初始化器。

❑ app 的 main() 方法。

对于这些更改，可以完全重新启动应用程序，而无须结束调试会话：不要点击停止按钮，只需重新点击运行按钮（如果在运行会话中）或调试按钮（如果在调试会话中），或者按住 Shift 键并点击“热重载”按钮。

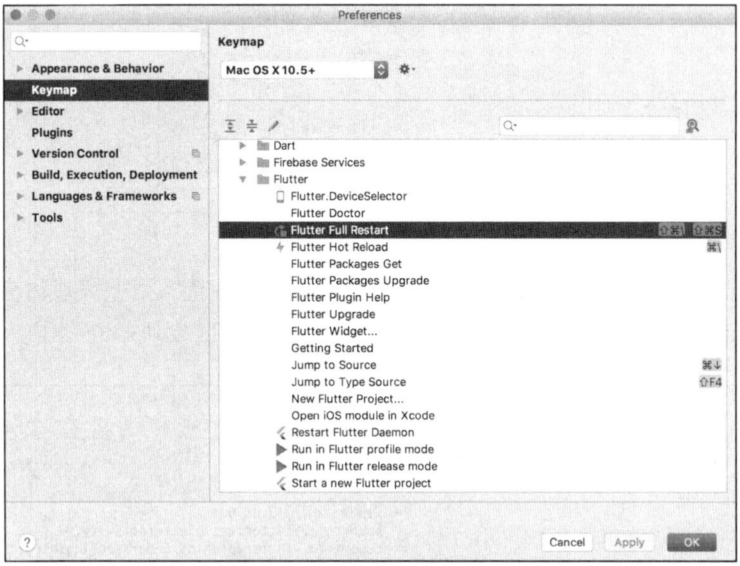

图 14-13　键盘快捷键设置图

6. 在 Android Studio 中编辑 Android 代码

要在 Android Studio 中编辑 Flutter 项目的 Android 代码，可以右击工程，选择 Flutter → Open Android module in Android Studio 选项打开 Android 模块，如图 14-14 所示。

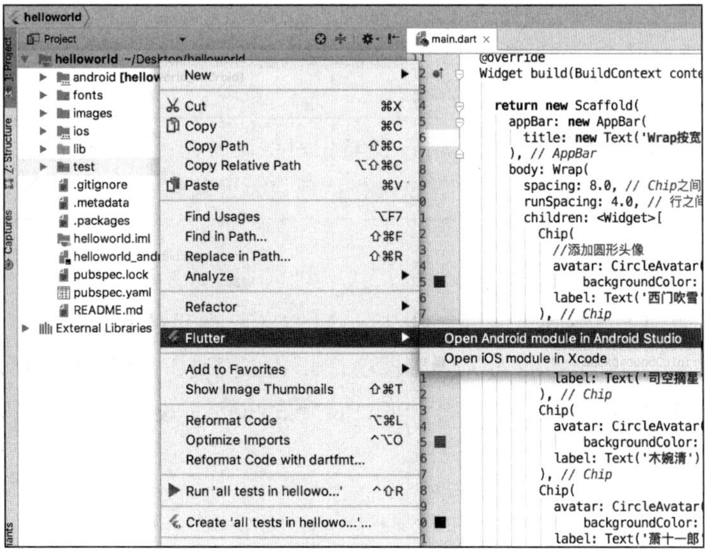

图 14-14　打开 Android 模块

此时会弹出一个窗口，选择新建窗口或者使用当前窗口均可，如图 14-15 所示。

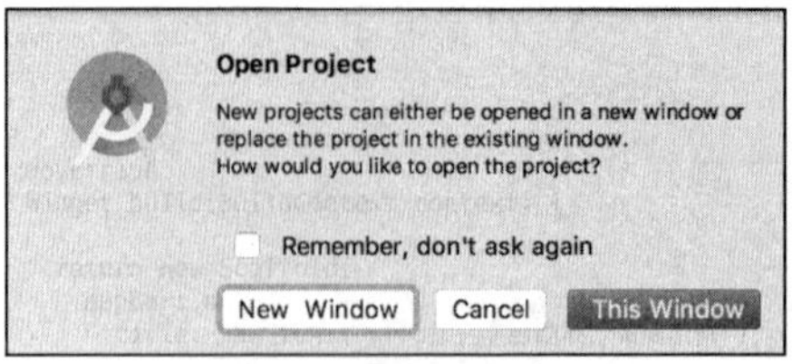

图 14-15　打开工程窗口

接下来 Android Studio 会下载相关的一些库，请耐心等待，下载完成后会打开 Android 工程的编辑界面，如图 14-16 所示。这样就可以进行 Android 模块的开发了。

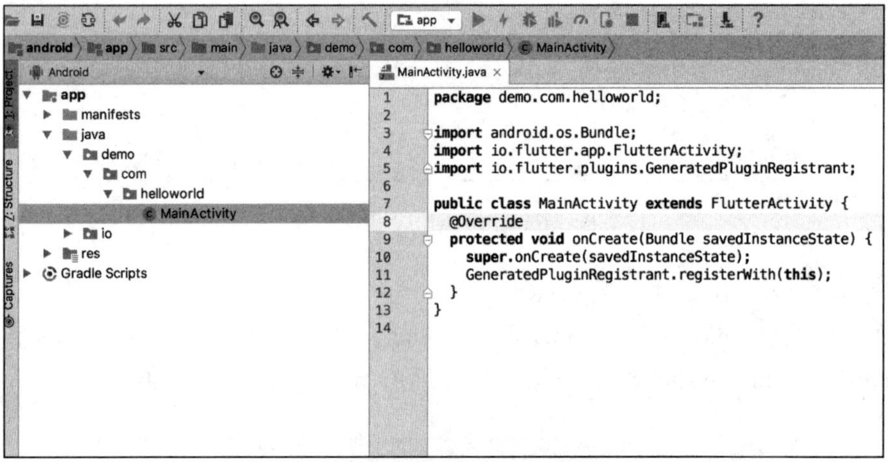

图 14-16　Android 模块编辑界面

注意　打开这个界面有时需要很长时间，请确保网络通畅，否则由于网络加载的问题而使一些库未能成功下载，会导致很多奇怪的问题，解决起来非常棘手。

---

7. 在 Xcode 中编辑 iOS 代码

假定你的计算机是 Mac，要在 Xcode 中编辑 Flutter 项目的 iOS 代码，可以右击工程，选择 Flutter → Open iOS module in Xcode 选项打开 iOS 模块，如图 14-17 所示。

Android Studio 会启动 Xcode 并打开 Flutter 下的 iOS 工程，如图 14-18 所示，这样就可以进行 iOS 模块的开发了。

14.1.2　Visual Studio Code

Visual Studio Code（VS Code）是一款免费开源的现代化轻量级代码编辑器。安装好

Flutter 及 Dart 插件后，可以用 VS Code 开发 Flutter 应用。

1. 安装和设置

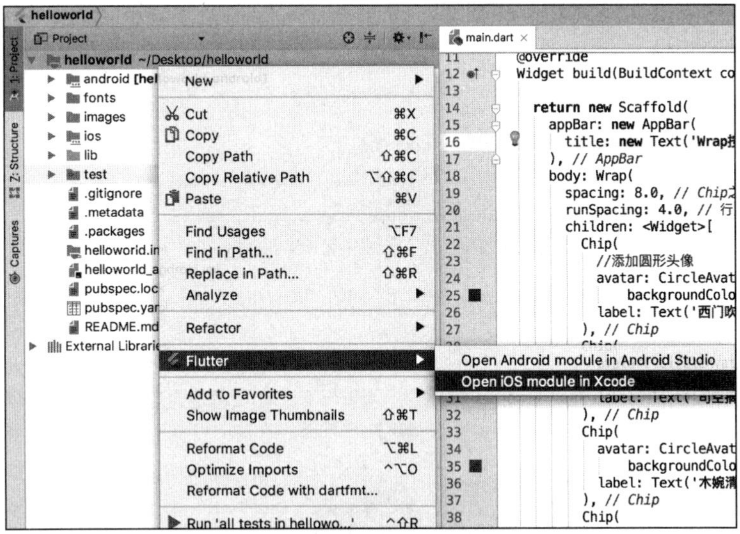

图 14-17　打开 iOS 模块示意图

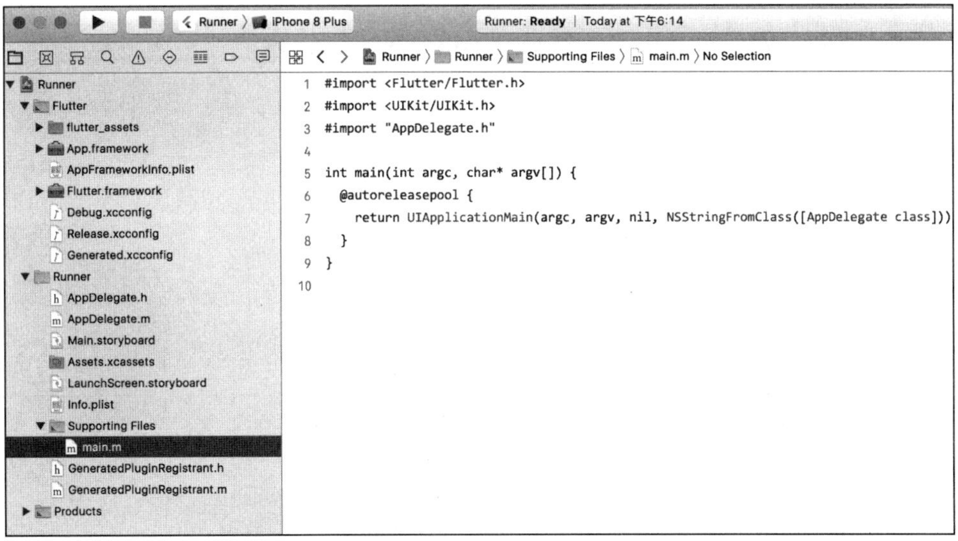

图 14-18　iOS 模块编辑界面

打开 VS Code，点击左侧工具栏的“扩展”按钮，如图 14-19 中箭头方向所指，再输入 flutter，左侧列表中会出现 Flutter 插件，点击“安装”按钮即可。图中显示“禁用”和“卸载”按钮，表示已经安装过了，如果没有安装，则会提示安装。

图 14-19 安装 Flutter 插件

同理，安装 Dart 插件采用相同的步骤，区别在于将输入 flutter 改为输入 Dart，如图 14-20 所示。

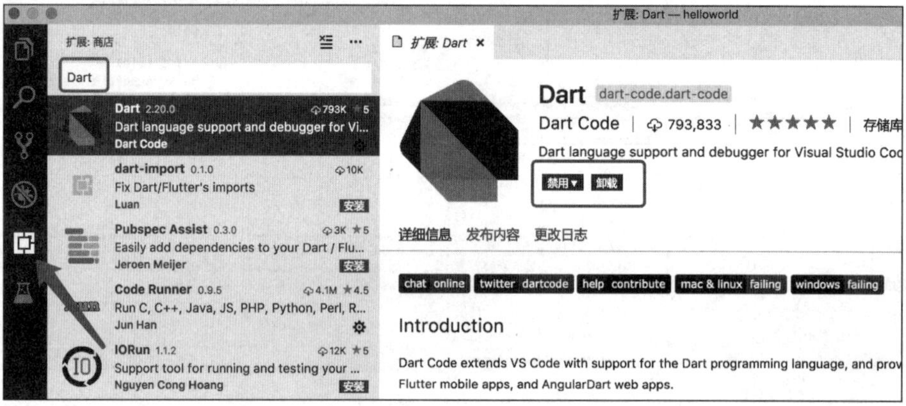

图 14-20 安装 Dart 插件

2. 创建项目

新建一个工程的步骤如下。

步骤 1 打开命令面板（Ctrl+Shift+P（MacOS 中为 Cmd+Shift+P)），如图 14-21 所示。

步骤 2 点击 Flutter:New Project 新建一个工程，如图 14-22 所示。

步骤 3 输入工程名，然后按 Enter 键即可，如图 14-23 所示。

步骤 4 选择工程需要放置的目录，如图 14-24 所示。

步骤 5 等待一会儿，VS Code 会创建一个工程，一开始创建的工程，由于还没有下载好依赖库，所以工程的有些文件夹会有错误颜色显示，

图 14-21 打开命令面板菜单

如图 14-25 所示，一般为红色。再等待一会儿工程创建完成，就可以编写代码了。创建好的工程如图 14-26 所示。

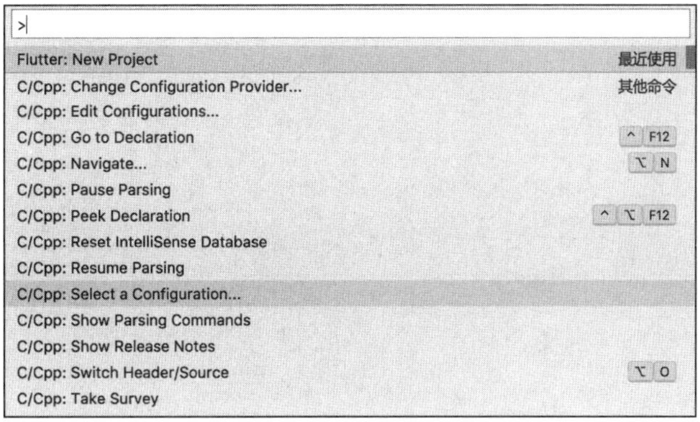

图 14-22　选择新建工程命令

图 14-23　输入工程名

图 14-24　选择工程放置目录

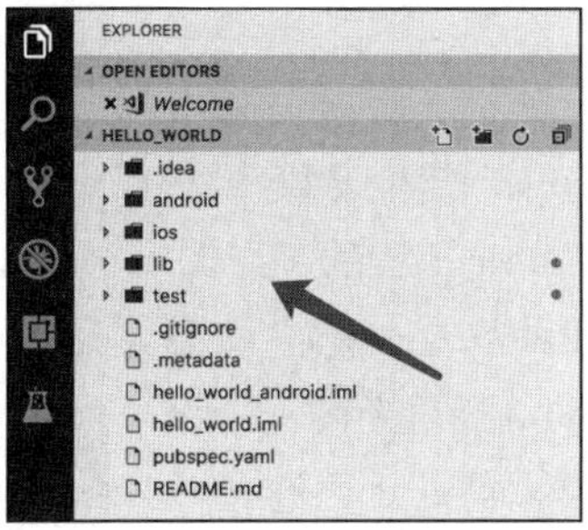

图 14-25　带有错误提示的工程

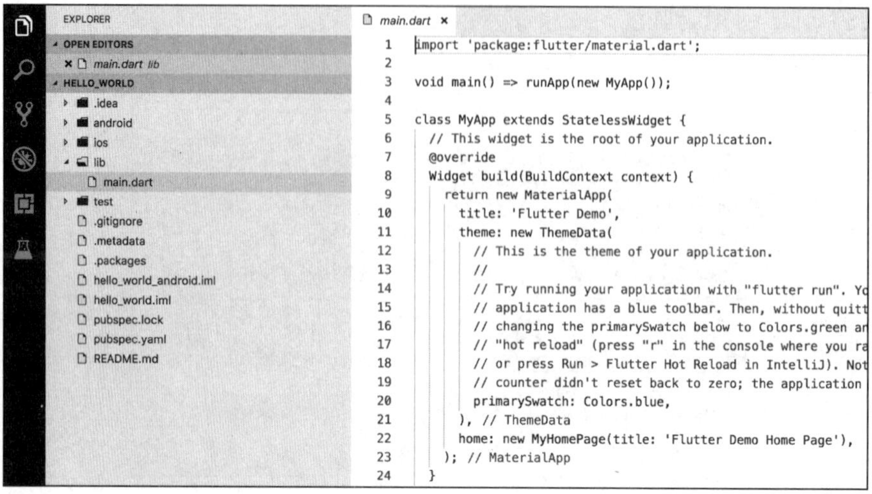

图 14-26　创建好的工程

3. 编辑代码和查看代码问题

Dart 插件执行代码分析，可以：

- ❑ 语法高亮显示。
- ❑ 基于丰富类型分析的代码补全。
- ❑ 导航到类型声明（跳到定义或者 F12），查找类型使用的地方（查找所有的引用或者 Shift+F12）。
- ❑ 查看当前源代码的所有问题（View → Problems 或者 Ctrl+Shift+M（MacOS 中为 Cmd+Shift+M））。任何分析问题将在 Analysis pane 窗口中显示，如图 14-27 所示。

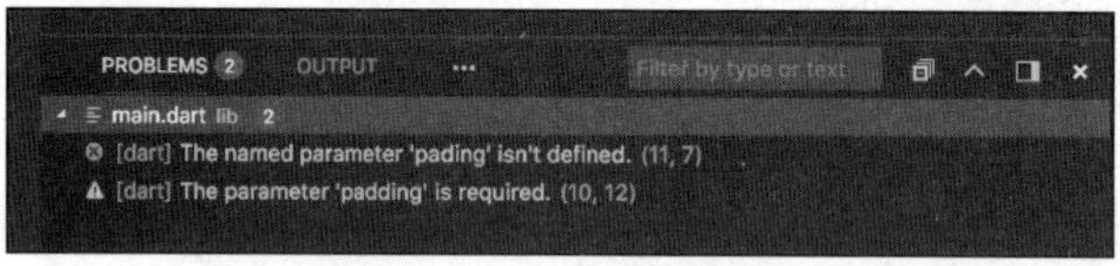

图 14-27　问题窗口

4. 运行和调试

点击 Debug → Start Debugging，或者按 F5 键可以启动调试程序。

当从 VS Code 里打开了一个 Flutter 工程后，需要观察状态栏的一些特殊信息，包括 Flutter SDK 版本和设备名称（或者找不到设备的信息）。状态栏如图 14-28 所示。VS Code 会自动选择最新的一个设备进行连接，如果有多个设备 / 模拟器处于已连接状态，点击状态栏设备按钮选择一个设备即可。

图 14-28　VS Code 状态栏信息

注意 如果没有发现 Flutter 版本或者设备信息，那么你的工程可能还没有被 VS Code 检测成 Flutter 工程。请确保你的工程文件夹下有 pubspec.yaml 文件。如果状态栏里的信息显示没有设备，没有连接 iOS/Android 设备或者模拟器，那么需要连接一台设备或者启动一个模拟器，然后重启。

（1）无断点运行

在 IDE 的窗口里点击 Debug → Start，或者按下 Ctrl+F5 快捷键，状态栏会显示一个橙色的信息，表示已经启动调试程序，如图 14-29 所示。

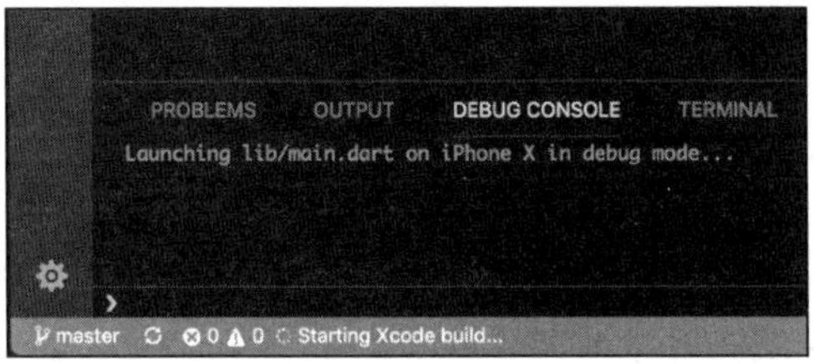

图 14-29 调试控制台面板

（2）有断点运行

在源代码中设置断点，如图 14-30 所示，代码左侧的几个小点就表示设置好了断点。

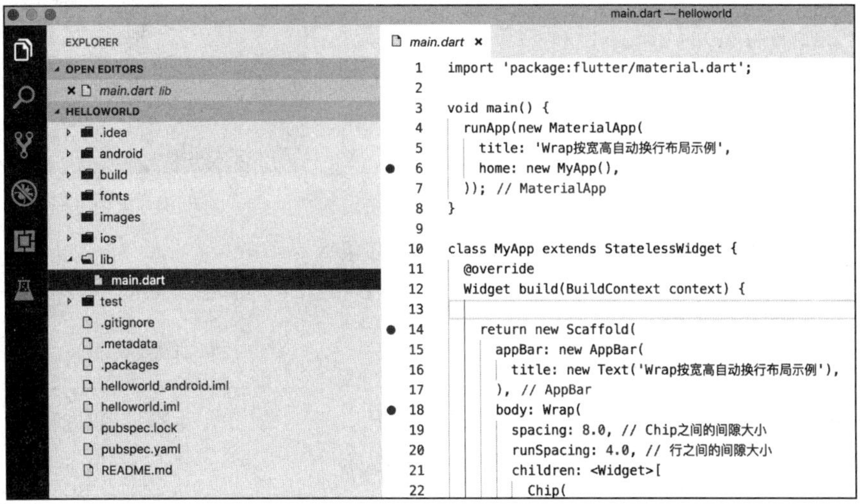

图 14-30 设置断点

在 IDE 的窗口里点击 Debug → Start Debugging，或者按下 F5 键，可以启动调试面板，如图 14-31 所示。其中左侧的 Debug Sidebar 显示栈及变量信息，底部的 Debug Console 显示日志信息。

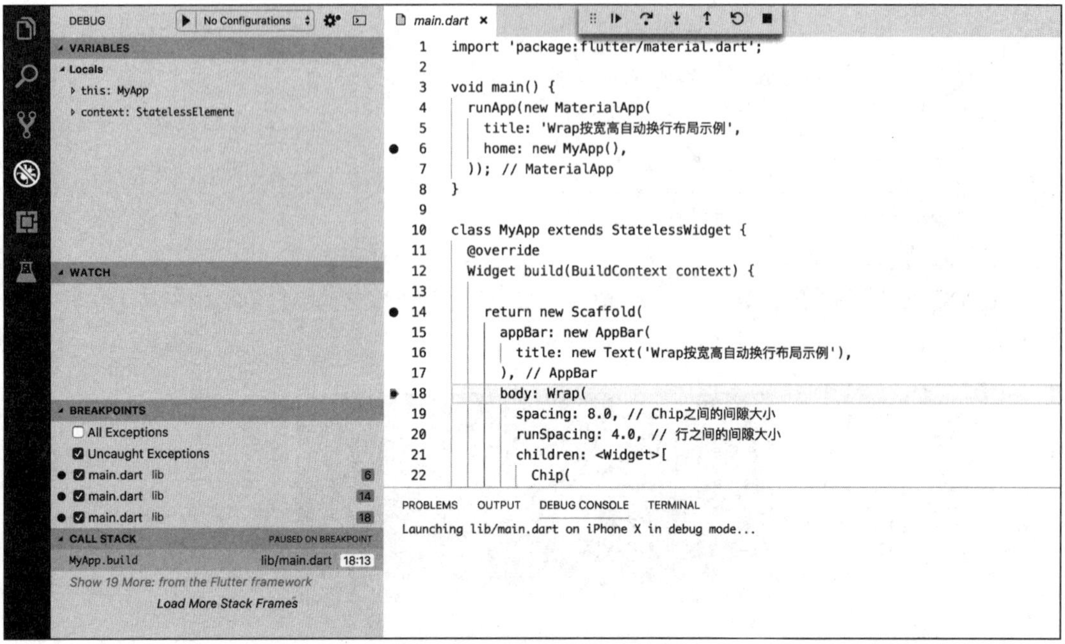

图 14-31　VS Code 调试面板

5. Flutter 代码提示

（1）辅助 & 快速修正

辅助功能是与特定代码标识符相关的代码更改。当光标放置在某个组件的标识符上时，会出现一个黄色灯泡图标，点击这个灯泡会显示一些提示内容。根据需要选择对应的辅助功能即可，如图 14-32 所示。

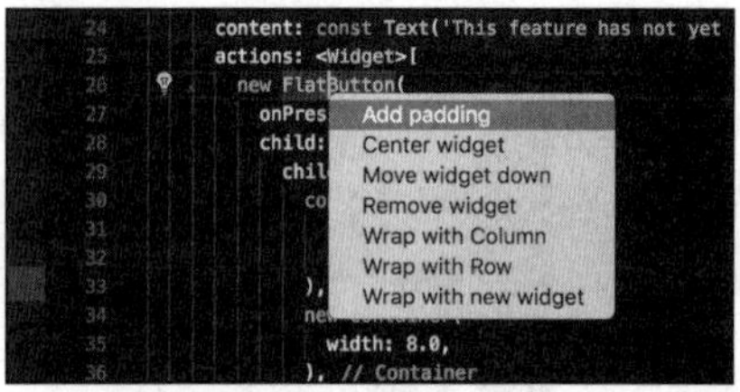

图 14-32　代码提示

快速修正功能与此类似，当一段代码有错误时，快速修正功能可以帮助你纠正错误。错误代码用红色波浪线显示。

（2）实时模板

实时模板有助于加速输入常用的代码结构块。仅输入“前缀”就可调用代码块，然后在代码补全窗口中选择即可。如图 14-33 所示，当输入 bu，立刻提示是否插入一个 build 方法的模板。

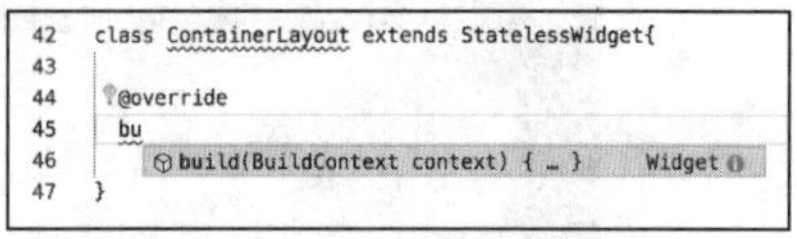

图 14-33　实时模板面板

代码补充完以后如图 14-34 所示，只需要继续实现 build 方法即可。

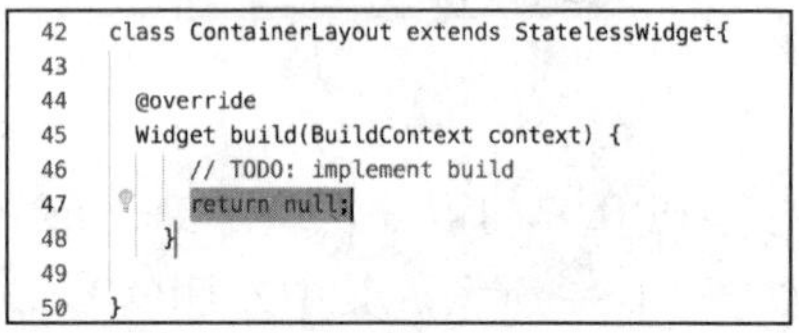

图 14-34　实时模板补充完成

Flutter 插件包含以下前缀：

❑ stless：创建一个 StatelessWidget 子类。

- stful：创建一个 StatefulWidget 子类并且关联到一个 State 子类。
- stanim：创建一个 StatefulWidget 子类，且它关联的 State 子类包括 AnimationController。

（3）热重载 VS 完全重启

热重载通过将更新的源代码文件注入正在运行的 Dart VM（虚拟机）中工作。这不仅包括添加新类，还包括向现有类添加方法和字段以及更改现有函数。但是有几种类型的代码更改无法热重载：

- 全局变量初始化器。
- 静态字段初始化器。
- app 的 main() 方法。

对于这些更改，可以完全重新启动应用程序，而无须结束调试会话：不要点击停止按钮，只需重新单击运行按钮（如果在运行会话中）或调试按钮（如果在调试会话中），或者按下 Ctrl+F5 键。

14.2　Flutter SDK

Flutter SDK 更新非常频繁，在开发过程中强烈建议使用 Releases 版本。下载地址为 https:// github.com/flutter/flutter/releases。选择最新版本即可。

1. 项目指定 Flutter SDK

可以在 pubspec.yaml 文件中指定 Flutter SDK 的环境。例如，以下代码片段指定 Flutter SDK 在一个版本范围内：

```
name: helloworld
description: A new Flutter application.

# The following defines the version and build number for your application.
# A version number is three numbers separated by dots, like 1.2.43
# followed by an optional build number separated by a +.
# Both the version and the builder number may be overridden in flutter
# build by specifying --build-name and --build-number, respectively.
# Read more about versioning at semver.org.
version: 1.0.0+1

environment:
  sdk: ">=2.0.0-dev.68.0 <3.0.0"

dependencies:
  flutter:
```

2. 升级 Flutter Channel 和 Packages

要同时更新 Flutter SDK 及其依赖包，可在应用程序根目录（包含 pubspec.yaml 文件的目录）中运行 flutter upgrade 命令：

```
$ flutter upgrade
```

14.3 使用热重载

Flutter 的热重载功能可以帮助用户在无须重新启动应用的情况下快速、轻松地测试、构建用户界面，添加功能以及修复错误。当更新了代码并且进行保存后，IDE 就自动进行重载。Android Studio 的热重载效果如图 14-35 所示。

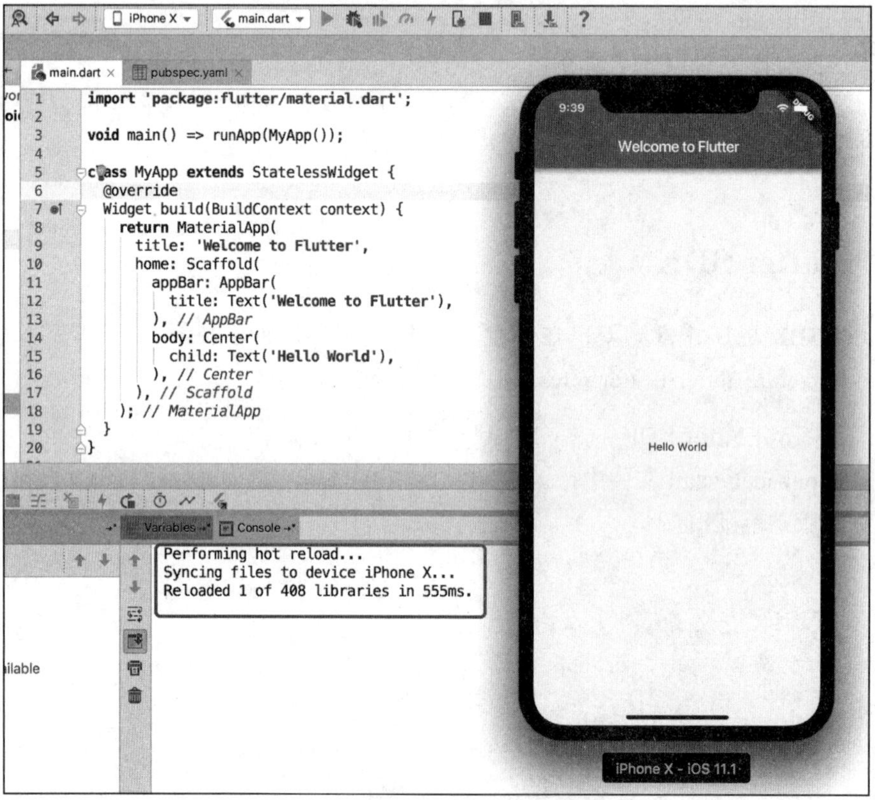

图 14-35 Android Studio 热重载

VS Code 的热重载的效果如图 14-36 所示，可以点击刷新按钮进行刷新。

如果正在使用 flutter run 运行应用程序，热重载后，将在控制台中看到类似于如下内容的消息：

```
Performing hot reload...
Reloaded 1 of 448 libraries in 2,777ms.
```

当代码更改后引入了编译错误时，热重载会生成类似于如下内容的错误消息。在这种情况下，只需要纠正代码错误，就可以继续使用热重载：

图 14-36 VS Code 热重载

```
Hot reload was rejected:
'/Users/obiwan/Library/Developer/CoreSimulator/Devices/AC94F0FF-16F7-46C8-B4BF-
218B73C547AC/data/Containers/Data/Application/4F72B076-42AD-44A4-A7CF-57D9F93E895E/
tmp/ios_testWIDYdS/ios_test/lib/main.dart': warning: line 16 pos 38: unbalanced '{'
opens here
    Widget build(BuildContext context) {
                                       ^
'/Users/obiwan/Library/Developer/CoreSimulator/Devices/AC94F0FF-16F7-46C8-B4BF-
218B73C547AC/data/Containers/Data/Application/4F72B076-42AD-44A4-A7CF-57D9F93E895E/
tmp/ios_testWIDYdS/ios_test/lib/main.dart': error: line 33 pos 5: unbalanced ')'
    );
    ^
```

14.4 格式化代码

格式化代码分两种：在 Android Studio 和 IntelliJ 中进行和在 VS Code 中进行。在 Android Studio 和 IntelliJ 中格式化代码的步骤如下：

1）选中要格式化的代码，如图 14-37 所示。

2）点击 Code → Reformat Code 格式化代码，如图 14-38 所示。

3）格式化完成后如图 14-39 所示。请仔细观察步骤 1 及步骤 3 中的代码，看有什么变化。

在 VS Code 中格式化代码时，首先选中代码，然后请右击代码窗口并选择“格式化文件”选项，如图 14-40 所示。要在保存文件时自动格式化代码，请将 editor.formatOnSave 设置为 true。

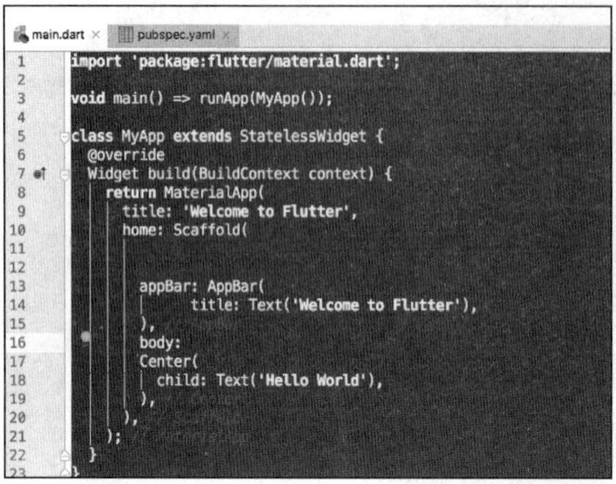

图 14-37　选中要格式化的代码

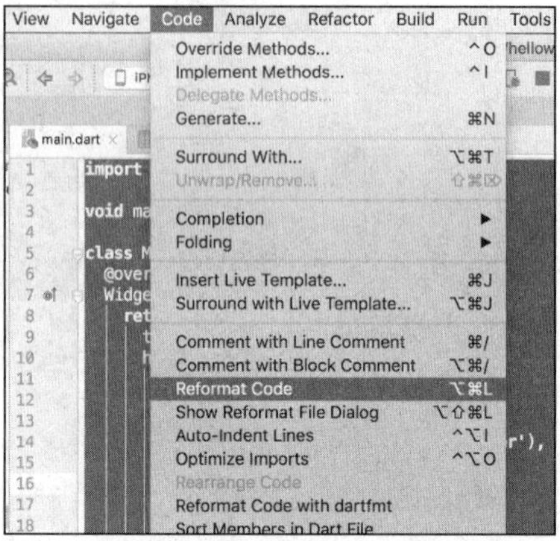

图 14-38　代码格式化菜单

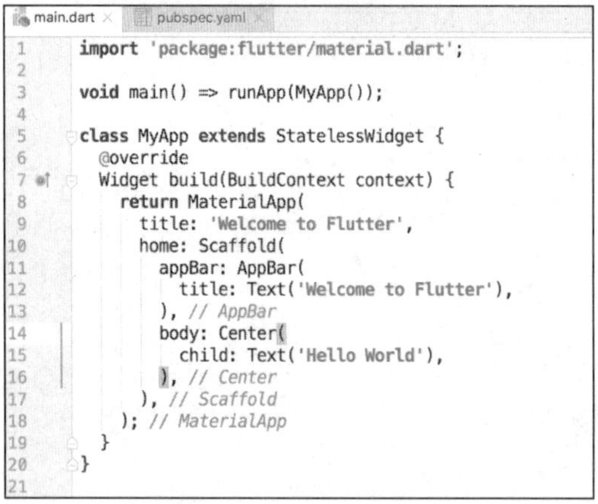

图 14-39　代码格式化完成

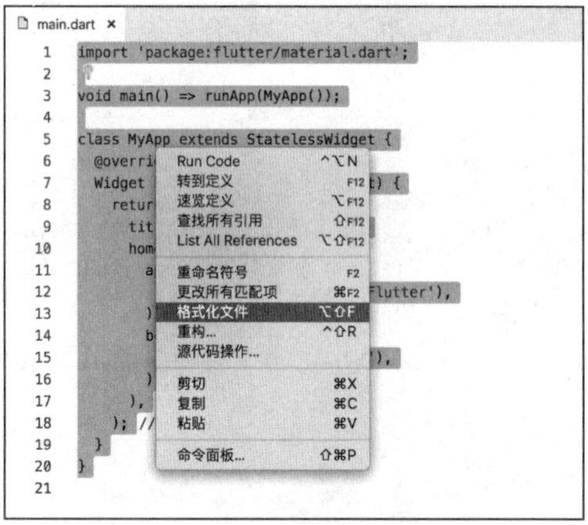

图 14-40　VS Code 格式化代码

14.5　Flutter 组件检查器

Flutter Widget Inspector 是用于可视化和浏览 Flutter Widget 的强大工具，如图 14-41 所示。这款工具类似于浏览器里的开发者工具。Inspector 目前可用于 Android Studio 或 IntelliJ IDEA 的 Flutter 插件。

Flutter 框架使用 Widget 作为核心构建块，从组件（文本、按钮、toggle 等）到布局（居中、填充、行、列等）的任何内容都是如此。在以下情况下使用这个工具可能会有帮助：

- ❑ 不清楚现有布局。
- ❑ 诊断布局问题。

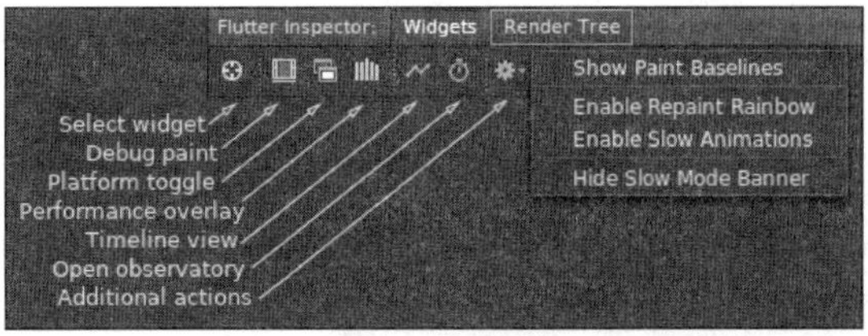

图 14-41　Flutter Widget Inspector 窗口

点击 Flutter Inspector 工具栏上的 Select widget，然后点击设备（真机或虚拟机）以选择一个 Widget。所选 Widget 将在设备和 Widget 树中高亮显示。如图 14-42 所示，当点击左侧的 Text 节点时，右侧的模拟器中文本“0”处于选中状态。同样，当鼠标移动到右侧的组件上时，左侧的检查工具也会处于选中状态。

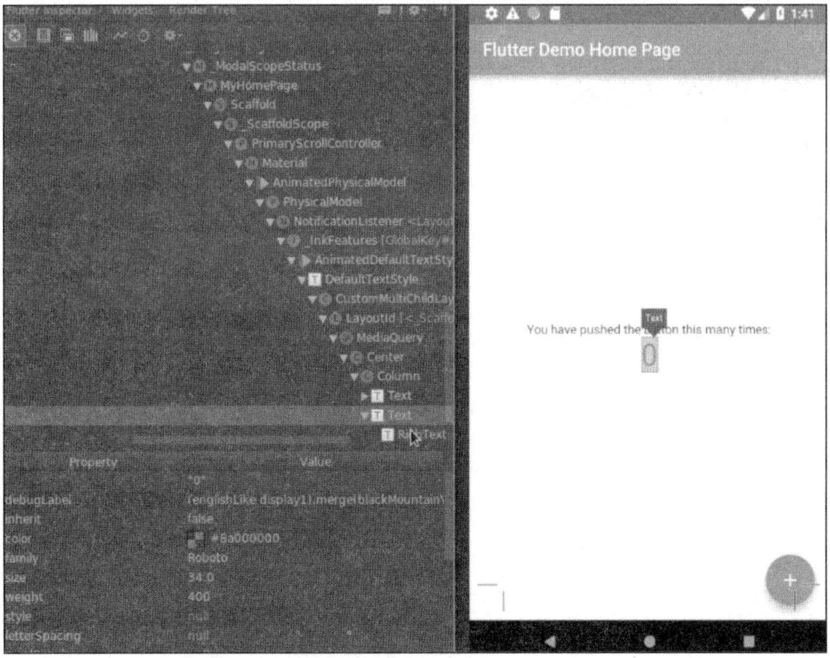

图 14-42　Flutter Widget Inspector 操作

然后，可以浏览 IDE 中的交互式 Widget 树，以查看附近的 Widget 并查看其字段值。如果想调试布局问题，那么 Widgets 树可能不够详细。在这种情况下，点击 Render Tree 选项卡查看树中相同位置的渲染树，如图 14-43 所示。当调试布局问题时，关键是看 size 和 constraints 字段。约束沿着树向下传递，尺寸向上传递。

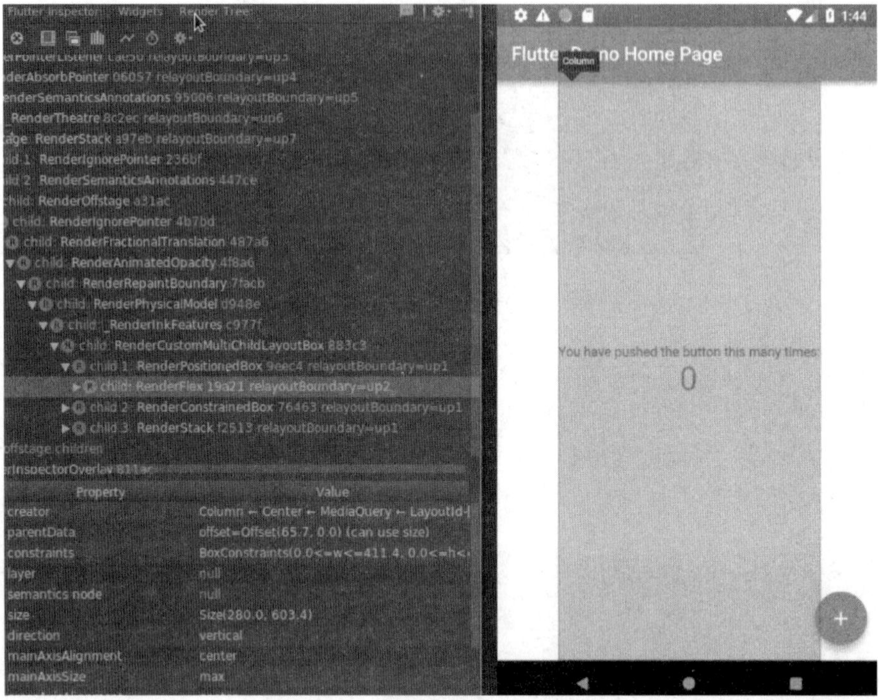

图 14-43　Render Tree 调试

第 15 章 Chapter 15

测试与发布应用

前面的章节主要讲解了与开发相关的知识。程序开发完成后，首先就是要进行测试，然后构建打包发布应用，所以本章主要讲述的是软件应用开发的后续环节。

本章围绕以下几个方面给大家讲解：

- 测试应用
- 发布 Android 版 App
- 发布 iOS 版 App

15.1 测试应用

15.1.1 简介

如果应用较小，比如只有几个页面，那么手动测试即可。当功能页面达到几十个时，手动测试的难度就变大了。一套完整的自动化测试体系将有助于确保应用在发布之前正确执行，同时快速修复错误。

有很多种自动化测试方法。总结如下：

- **单元测试**：测试单一功能、方法或类。例如，将测试单元的外部依赖性模拟出来，如 package:mockito。单元测试通常不会读取 / 写入磁盘、渲染到屏幕，也不会从运行测试的进程外部接收用户操作。单元测试的目标是在各种条件下验证逻辑单元的正确性。
- **组件测试**：测试单个 Widget，目标是验证其外观和交互功能与预期是否相符。测试 Widget 涉及多个类，并且需要提供适当的 Widget 生命周期上下文的测试环境。例如，它应该能够接收和响应用户操作和事件，执行布局并实例化子 Widget。Widget 测试比单元测试更全面。

- **集成测试**：测试整个应用程序或应用程序的很大一部分。通常，集成测试可以在真实设备或模拟器上运行，例如 iOS Simulator 或 Android Emulator。集成测试的目标是验证应用程序作为一个整体是否正确运行，它所组成的所有 Widget 如预期的那样相互集成。还可以使用集成测试来验证应用的性能，比如在使用到音视频的场景下就需要详细测试性能。

表 15-1 总结了在不同类型测试之间进行选择的权衡因素。

表 15-1　不同测试类型对比

类目	单元测试	Widget 测试	集成测试
维护成本	低	高	很高
依赖	少	多	很多
执行速度	快	慢	非常慢

> **提示** 经过充分测试的应用程序，往往也经过了非常多的单元测试和 Widget 测试，通过代码覆盖进行跟踪，并覆盖所有重要使用场景的大量集成测试。

15.1.2 单元测试

某些 Flutter 库，如 dart:ui，在独立的 Dart VM 附带的 Dart SDK 中是不可用。flutter test 命令允许用户在本地 Dart VM 中运行测试，使用无头版（不会显示 UI）的 Flutter 引擎。使用这个命令可以运行任何测试，不管它是否依赖 Flutter 的库。

使用 package:test 编写一个 Flutter 单元测试，package:test 文档地址为 https:// github.com/dart-lang/test/blob/master/README.md。

例如，将此文件添加到 test/unit_test.dart，代码如下所示：

```
import 'package:test/test.dart';

void main() {
  test('my first unit test', () {
    var answer = 42;
    expect(answer, 42);
  });
}
```

另外，必须将以下内容添加到 pubspec.yaml：

```
dev_dependencies:
  flutter_test:
    sdk: flutter
```

即使测试本身没有明确导入 flutter_test，也需要这样做，因为测试框架本身在后台也使用了它。

要运行测试，则从项目目录（而不是从 test 子目录）运行 flutter test test/unit_test.dart。要运行所有测试，请从项目目录运行 flutter test。

15.1.3 Widget 测试

类似于单元测试，实现 Widget 测试要在测试中执行与 Widget 的交互，请使用 Flutter 提供的 WidgetTester。例如，可以发送点击和滚动手势，还可以使用 WidgetTester 在 Widget 树中查找子 Widget、读取文本、验证 Widget 属性的值是否正确。

例如，新建一个 widget_test.dart 文件，将此文件添加到 test/widget_test.dart。代码如下所示：

```
import 'package:flutter/material.dart';
import 'package:flutter_test/flutter_test.dart';

void main() {
  testWidgets('my first widget test', (WidgetTester tester) async {
    // 可以使用 Keys 来定位需要测试的组件
    var sliderKey = new UniqueKey();
    var value = 0.0;

    // 传递一个 UI 组件给测试对象
    await tester.pumpWidget(
      new StatefulBuilder(
        builder: (BuildContext context, StateSetter setState) {
          return new MaterialApp(
            home: new Material(
              child: new Center(
                child: new Slider(
                  key: sliderKey,
                  value: value,
                  onChanged: (double newValue) {
                    setState(() {
                      value = newValue;
                    });
                  },
                ),
              ),
            ),
          );
        },
      ),
    );
    expect(value, equals(0.0));

    // Taps on the widget found by key
    await tester.tap(find.byKey(sliderKey));
    // 验证组件更新的值是否正确
    expect(value, equals(0.5));
  });
}
```

运行 flutter test test/widget_test.dart，查看所有可用于 widget 测试的 package:flutter_test API。

为了帮助调试 Widget 测试，可以使用 debugDumpApp() 函数对测试的 UI 状态进行可视化，或者只是简单地在首选运行时环境（例如模拟器或设备）中运行 flutter run test/widget_test.dart 以查看测试运行。在运行 flutter run 进行测试的会话期间，还可以点击 Flutter 工具的部分屏幕来打印建议的 Finder。

15.1.4 集成测试

也许你熟悉 Selenium/WebDriver（Web）、Espresso（Android）或 UI Automation（iOS）集成测试工具，Flutter Driver 也是集成测试工具。此外，Flutter Driver 还提供 API 以跟踪测试执行的操作的性能。

Flutter Driver 包括：

- 一个命令行工具 flutter drive。
- 一个包 package:flutter_driver (API)。

Flutter Driver 的功能包括：

- 创建指令化的应用程序。
- 写一个测试。
- 运行测试。

下面介绍用 Flutter Driver 进行集成测试的步骤。

1. 添加 flutter_driver 依赖项

要使用 flutter_driver，必须将以下代码块添加到 pubspec.yaml：

```
dev_dependencies:
  flutter_driver:
    sdk: flutter
```

2. 创建指令化的 Flutter 应用程序

一个指令化的应用程序是一个 Flutter 应用程序，它启用了 Flutter Driver 扩展。启用扩展请调用 enableFlutterDriverExtension()。

例如，有一个入口点的应用程序 my_app/lib/main.dart。要创建它的指令化版本，可在 my_app/test_driver/ 下创建一个 Dart 文件。接下来定位到 my_app/test_driver/user_list_scrolling.dart。代码如下所示：

```
// 这一行导入扩展
import 'package:flutter_driver/driver_extension.dart';

void main() {
  // 启用扩展
  enableFlutterDriverExtension();

  // 调用 main() 程序或调用 runApp 方法，测试你想要测试的程序
}
```

3. 编写集成测试

集成测试是一个简单的 package:test 测试，它使用 Flutter Driver API 告诉应用程序执行什么操作，然后验证应用程序是否执行了此操作。

例如，让我们的测试记录下性能跟踪（performance timeline）。创建一个 user_list_scrolling_test.dart 测试文件，位于 my_app/test_driver/ 下。代码如下所示：

```
import 'dart:async';

// 导入 Flutter Driver API
import 'package:flutter_driver/flutter_driver.dart';
import 'package:test/test.dart';

void main() {
  group('scrolling performance test', () {
    FlutterDriver driver;

    setUpAll(() async {
      // 连接 App
      driver = await FlutterDriver.connect();
    });

    tearDownAll(() async {
      if (driver != null) {
        // 关闭连接
        driver.close();
      }
    });

    test('measure', () async {
      // 记录闭包中的 performance timeline
      Timeline timeline = await driver.traceAction(() async {
        // 找到滚动的 user list
        SerializableFinder userList = find.byValueKey('user-list');

        // 向下滚动 5 次
        for (int i = 0; i < 5; i++) {
          // 向下滚动 300 像素，使用 300 毫秒
          await driver.scroll(
              userList, 0.0, -300.0, new Duration(milliseconds: 300));

          // 模拟用户的手势，延长 500 毫秒进行下一次滚动
          await new Future<Null>.delayed(new Duration(milliseconds: 500));
        }

        // 向上滚动 5 次
        for (int i = 0; i < 5; i++) {
          await driver.scroll(
              userList, 0.0, 300.0, new Duration(milliseconds: 300));
          await new Future<Null>.delayed(new Duration(milliseconds: 500));
        }
      });

      // timeline 对象包含了滚动中性能方面的数据，比如平均每帧的渲染时间，这很有用
```

```
      TimelineSummary summary = new TimelineSummary.summarize(timeline);
      summary.writeSummaryToFile('stocks_scroll_perf', pretty: true);
      summary.writeTimelineToFile('stocks_scroll_perf', pretty: true);
    });
  });
}
```

4. 运行集成测试

要在 Android 设备上运行测试，请通过 USB 将设备连接到计算机并启用 USB 调试，然后运行以下命令：

```
flutter drive --target=my_app/test_driver/user_list_scrolling.dart
```

该命令将：

- 构建 --target 应用，并将其安装在设备上。
- 启动应用。
- 运行 my_app/test_driver/ 下的 user_list_scrolling_test.dart。

你可能想知道该命令如何找到正确的测试文件。flutter drive 命令使用一种约定来查找测试文件，这种测试文件与 --target 应用程序在同一目录中具有相同文件名，但具有 _test 后缀。

15.2 发布 Android 版 App

在开发过程中，当使用 flutter run 命令行或者 Android Studio 中通过工具栏运行和调试按钮进行测试时，默认情况下，Flutter 构建的是 debug 版本。

当为 Android 准备发布版本时，例如要发布到应用商店，请按照如下步骤操作。

此处以 1.3 节的 helloworld 工程为例讲解，实际操作中将各步骤中的 helloworld 工程换成实际工程名即可。

15.2.1 检查 App Manifest

查看默认应用程序清单文件（路径请参考 helloworld 工程 AndroidManifest.xml 文件路径，如图 15-1 所示），并验证这些值是否正确，特别需要重点检查如下几项：

- application：编辑 application 标签，这是应用的名称。
- uses-permission：是否开启相关权限，比如网络。
- 其他硬件相关的权限，比如摄像头、麦克风、蓝牙等。

提示 应用程序清单请访问如下地址：https:// developer.android.com/guide/topics/manifest/manifest-intro。

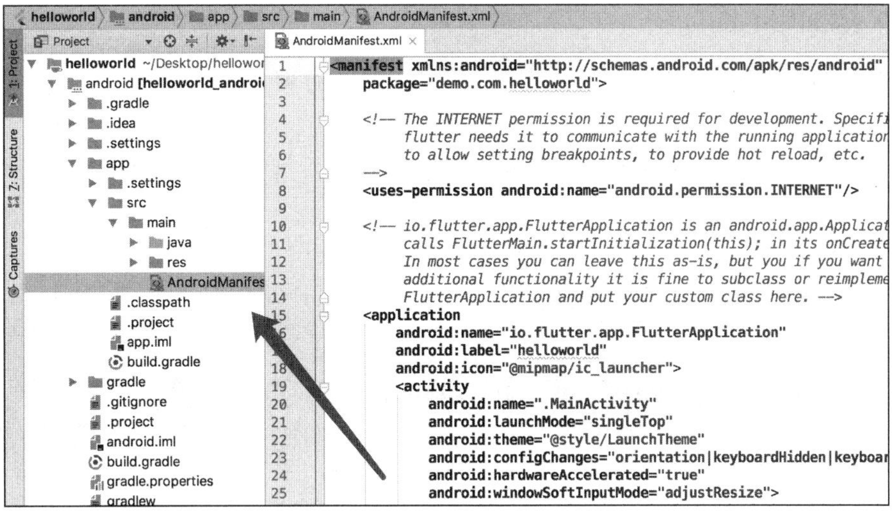

图 15-1 AndroidManifest.xml 路径

15.2.2 查看构建配置

Android 开发采用的是 Gradle 构建文件 build.gradle，文件路径如图 15-2 所示。验证这些值是否正确，特别需要重点检查如下几项：

- applicationId：指定始终唯一的 AppId，如 demo.com.helloworld。
- versionCode：指定应用程序版本号。
- versionName：指定应用程序版本号字符串。
- minSdkVersion：指定最低的 API 级别。
- targetSdkVersion：指定应用程序设计运行的 API 级别。

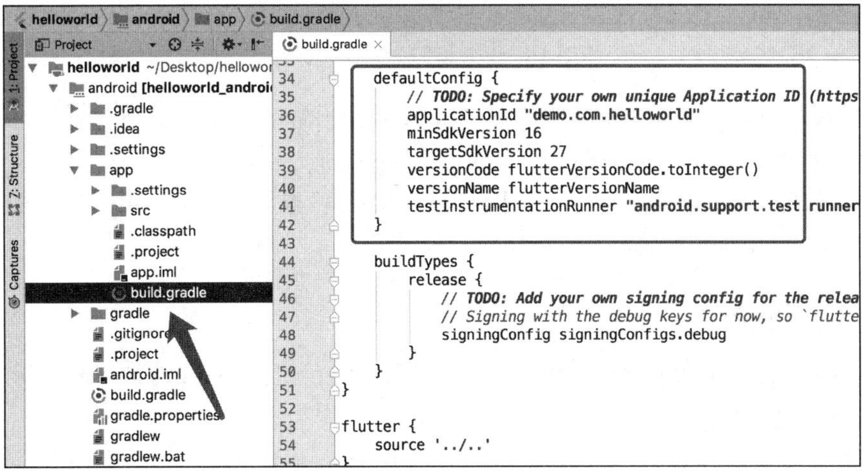

图 15-2 构建配置文件的 build.gradle 路径

15.2.3 添加启动图标

所有的App应用安装在真机上都要有一个图标，图标通常为产品的logo。从以下几个方面自定义此图标：

1）查看Android启动图标设计指南，然后创建图标。文档地址为https:// material.io/design/iconography/。

2）在helloworld/android/app/src/main/res/目录中（如图15-3所示），为每个目录都添加一个启动图标并统一命名。建议分别准备几种不同分辨率的图标，以适应不同手机的展示需要。

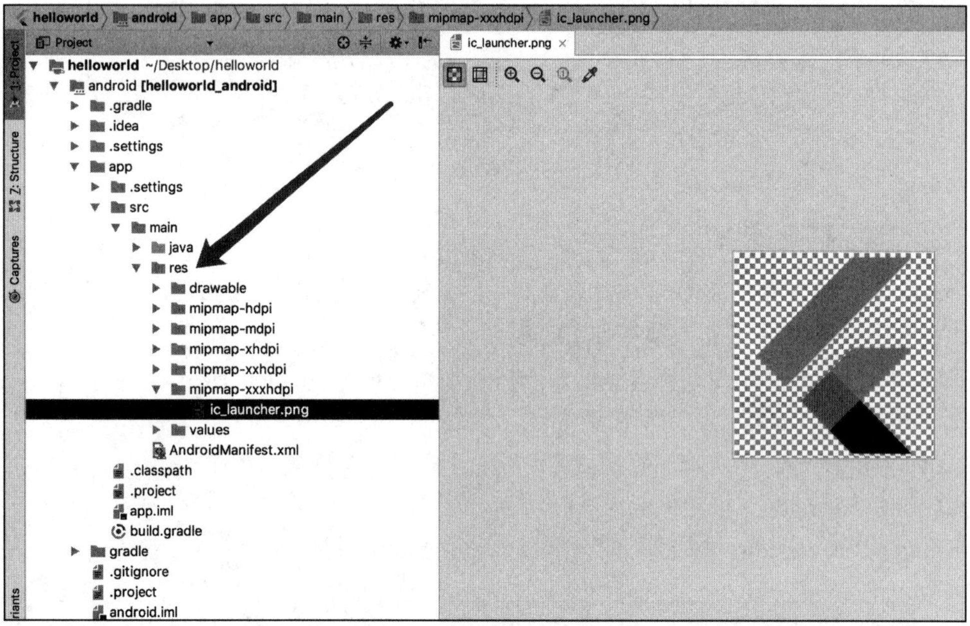

图15-3 替换图标资源目录

3）在AndroidManifest.xml中，将application标记的android:icon属性更新为引用上一步中的图标（例如<application android:icon="@mipmap/ic_launcher"...），如图15-4所示。

4）要验证图标是否已被替换，请运行应用程序并检查应用图标。图标最终的安装效果如图15-5所示。请核对应用名及图标样式。

15.2.4 App签名

App签名的目的是确保App的安装包来自原创作者，且App没有被篡改，所以这里需要添加App签名。具体步骤如下：

步骤1 创建keystore。如果有创建好的keystore，请跳至下一步。如果没有，请通过运行以下命令创建一个：

```
keytool -genkey -v -keystore ~/key.jks -keyalg RSA -keysize 2048 -validity 10000 -alias key
```

注意　保持文件私密性，不要将它加入公共源代码控制中。keytool 可能不在你的系统路径中，它是 Java JDK 的一部分，是作为 Android Studio 的一部分安装的。有关具体路径，请查找 Java JDK 相关知识。

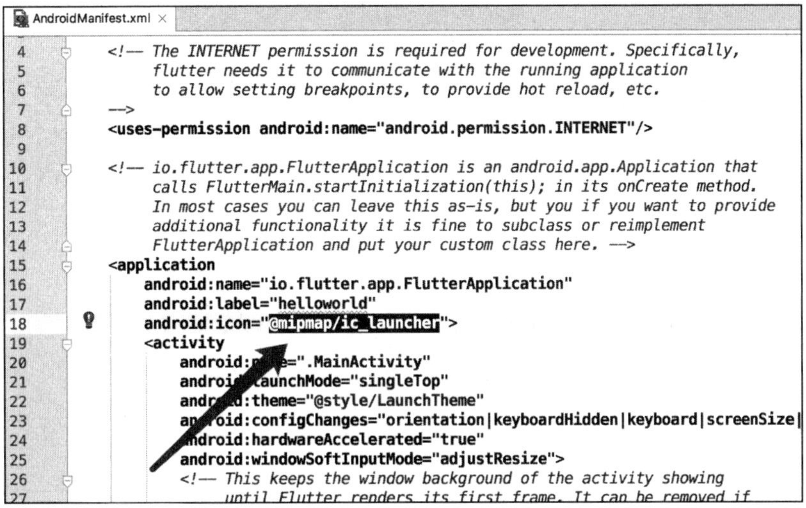

图 15-4　更新属性

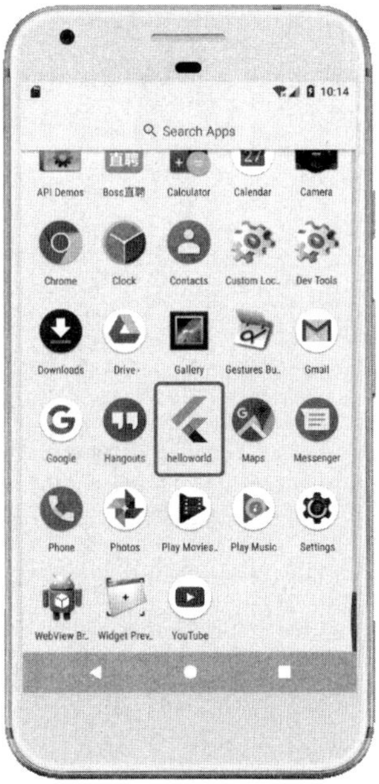

图 15-5　安装后的图标

步骤 2 引用应用程序中的keystore，创建一个名为helloworld/android/key.properties的文件，其中包含对密钥库的引用：

```
storePassword=<password from previous step>
keyPassword=<password from previous step>
keyAlias=key
storeFile=<location of the key store file, e.g. /Users/<user name>/key.jks>
```

注意 继续保持文件私密性，不要将它加入公共源代码控制中。

步骤 3 在Gradle中配置签名。通过编辑helloworld/android/app/build.gradle文件为应用配置签名。

将如下内容：

```
android {
```

替换为：

```
def keystorePropertiesFile = rootProject.file("key.properties")
def keystoreProperties = new Properties()
keystoreProperties.load(new FileInputStream(keystorePropertiesFile))

android {
```

将如下内容：

```
buildTypes {
  release {
    // TODO: 添加你的 release 版的签名配置，现在可以使用 debug 版的 key
    // flutter run --release 命令可以使用了
    signingConfig signingConfigs.debug
  }
}
```

替换为：

```
signingConfigs {
  release {
    keyAlias keystoreProperties['keyAlias']
    keyPassword keystoreProperties['keyPassword']
    storeFile file(keystoreProperties['storeFile'])
    storePassword keystoreProperties['storePassword']
  }
}
buildTypes {
  release {
    signingConfig signingConfigs.release
  }
}
```

现在，你的应用的发布版本将自动进行签名。

15.2.5　构建发布版 APK 并安装在设备上

有了签名后，就可以构建发布版（release）APK。以工程名为 helloworld 为例，使用命令行：

- cd helloworld（helloworld 为工程目录）。
- 运行 flutter build apk（flutter build 默认会包含 --release 选项）。

打包好的发布 APK 位于 helloworld/build/app/outputs/apk/app-release.apk。然后，按照以下步骤，使用命令行在已连接的 Android 设备上安装 APK：

- 用 USB 将 Android 设备连接到你的计算机。
- 输入 cd helloworld。
- 运行 flutter install。

最后将应用的发布版发布到 Google Play 商店。发布的详细说明请参考如下链接：https:// developer.android.com/distribute/best-practices/launch/。

15.3　发布 iOS 版 App

本节会一步步帮你将 Flutter 应用程序发布到 App Store。接下来以 helloworld 工程为例，将各步骤中提到的 helloworld 工程换成实际工程名即可。

15.3.1　准备工作

Apple 公司对应用的审核非常严格，所以在开始发布应用程序之前，请确保它符合 Apple 的 App Review Guidelines。为了将应用发布到 App Store，需要注册一个苹果开发者账号。

提示　App Review Guidelines 请访问 https:// developer.apple.com/app-store/review/。苹果开发者中心请访问 https:// developer.apple.com/。

15.3.2　在 iTunes Connect 上注册应用程序

iTunes Connect 是管理应用程序生命周期的地方，需要在 App Store 中定义应用程序的名称和说明，添加屏幕截图，设置价格并管理版本。

注册应用程序涉及两个步骤：注册唯一的 Bundle ID，并在 iTunes Connect 上创建应用程序记录。

有关 iTunes Connect 的详细概述，请参阅 iTunes Connect 开发者指南。

提示　iTunes Connect：https:// developer.apple.com/support/app-store-connect/；
iTunes Connect 开发者指南：https:// developer.apple.com/support/app-store-connect/。

15.3.3 注册一个 Bundle ID

每个 iOS 应用程序都与一个 Bundle ID 关联，这是一个在 Apple 注册的唯一标识符。要为应用注册一个 Bundle ID，请按照以下步骤操作。

步骤 1 在 Xcode 系统配置的 Accounts 选项卡中，可以打开开发者账户的 Apple IDs 页。点击左下角 + 号创建一个 Bundle ID，如图 15-6 所示。

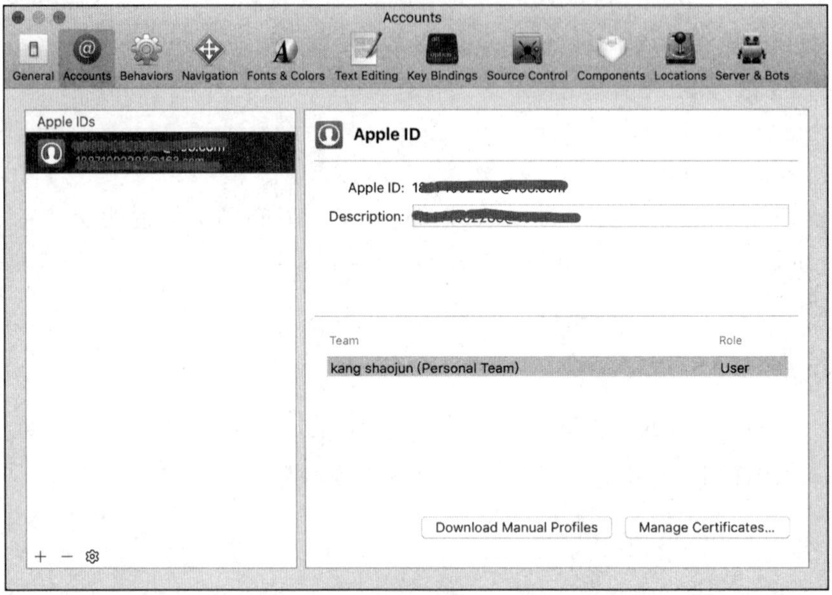

图 15-6 开发者账号窗口

步骤 2 接着在弹出的窗口里选择 Apple ID 一项，点击 Continue 按钮，如图 15-7 所示。

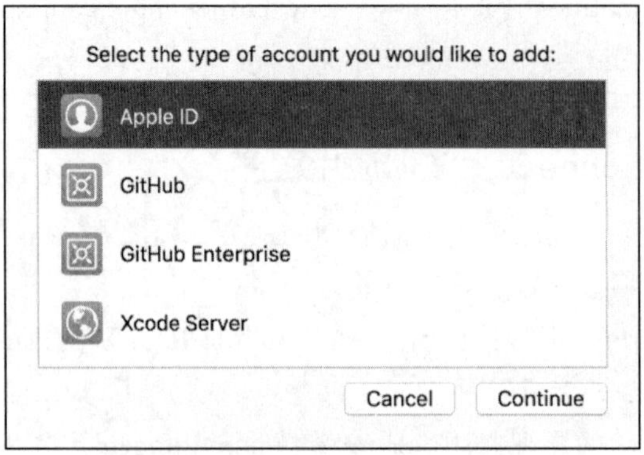

图 15-7 选择所创建账号的类型

步骤 3 接着注册一个 Apple ID 账号，如果已经有账号，输入账号及密码后点击 Sign in 按钮即可，如图 15-8 所示。

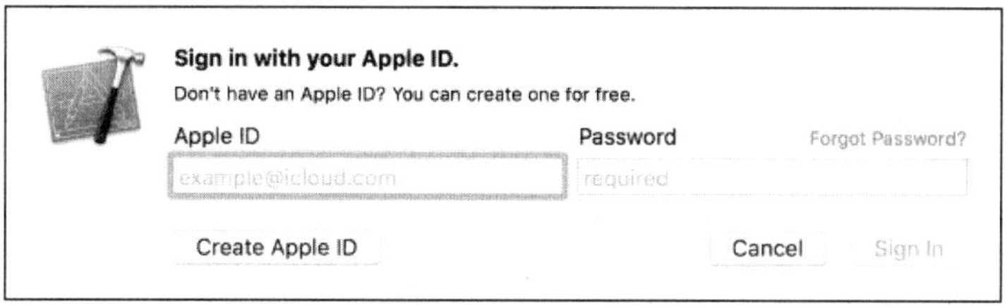

图 15-8　注册 Apple ID 窗口

> 提示　App IDs 地址为 https:// developer.apple.com/account/ios/identifier/bundle。

15.3.4　在 iTunes Connect 上创建应用程序记录

接下来，在 iTunes Connect 上注册你的应用程序：

- 在浏览器中打开 iTunes Connect。
- 在 iTunes Connect 登录页上，点击 My Apps。
- 点击 My App 页面左上角的 + 按钮，然后选择 New App。
- 填写应用的详细信息。在 Platforms 中确保已选中 iOS。由于 Flutter 目前不支持 tvOS，因此不要选中该复选框。点击 Create 按钮。
- 导航到 App 的应用程序详细信息——App Information。
- 在 General Information 部分，选择在 15.3.3 节中注册的软件包 ID。

> 提示　要了解详细内容，请参阅如下地址：https:// developer.apple.com/library/content/documentation/LanguagesUtilities/Conceptual/iTunesConnect_Guide/Chapters/CreatingiTunesConnectRecord.html。

15.3.5　查看 Xcode 项目设置

在 Xcode 中导航到你的 target 并进行详细设置，具体步骤如下。

步骤 1　打开工程选中项目，如图 15-9 如所示。详细说明如下：

在 Xcode 中的 helloworld/ios 文件夹下打开 Runner.xcworkspace。

要查看你的应用程序的设置，请在 Xcode 项目导航器中选择 Runner 项目，然后在主视图边栏中选择 Runner Target，再选择 General 选项卡。

步骤 2　验证最重要的设置。项目设置的 General 面板如图 15-10 所示。

在 Identity 部分：

- Display Name：应用程序的名称，例如 helloworld。
- Bundle Identifier：这是在 iTunes Connect 上注册的 App ID。要保证唯一，例如 demo.com.helloworld。

在 Signing 部分：

- ❑ Automatically manage signing：Xcode 是否应该自动管理应用程序签名和生成。默认设置为 true。
- ❑ Team：选择开发者账户关联的团队。如果需要，可以再添加账号，然后更新此设置。

在 Deployment Info 部分：

Deployment Target：将支持的最低 iOS 版本。Flutter 支持 iOS 8.0 及更高版本。

有的应用可能需要更高版本的配置，请根据实际需要提高最低版本。

本项目设置的 General 选项卡应该类似于图 15-10 所示。

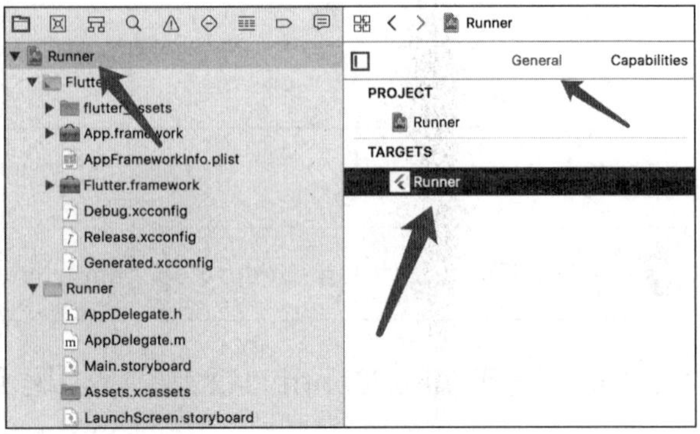

图 15-9　打开工程选中工程目标选项

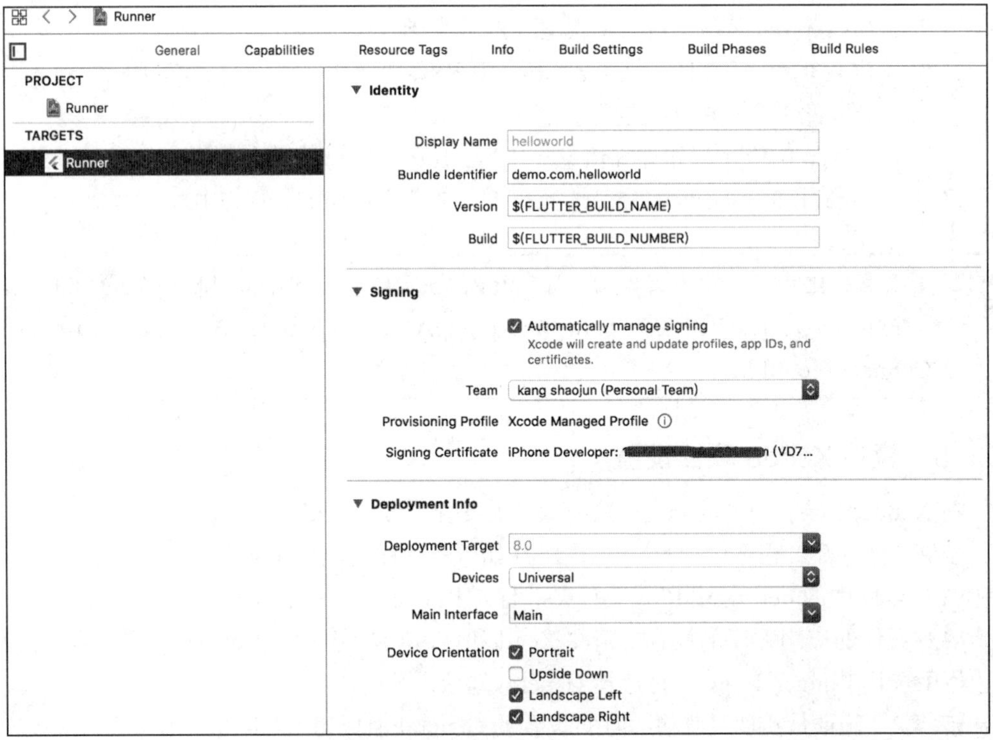

图 15-10　项目设置 General 面板

15.3.6　添加应用程序图标

iOS 应用同样需要精美的图标来更好地展示，具体步骤如下：

1）查看 iOS App Icon 指南，设计程序图标。

2）在 Xcode 项目导航器的 Runner 文件夹中选择 Assets.xcassets。使用自己的应用程序图标更换占位图标，如图 15-11 所示。你会发现需要创建很多图标，才能满足实际的应用需求。

对于应用图标所使用的名称，请查看官方示例的工程图标，并点击右键查看其目录里的文件名，如图 15-12 所示。

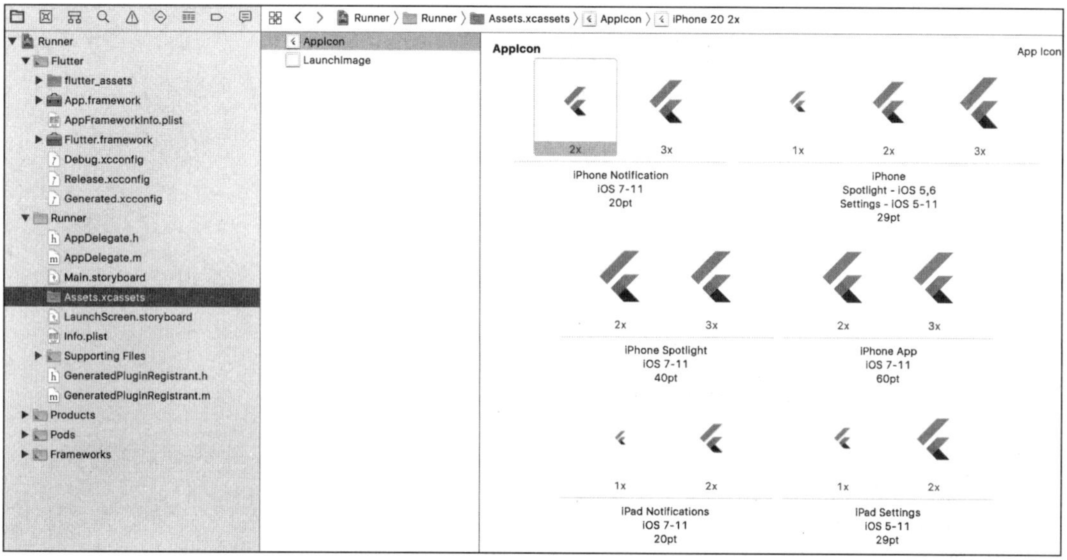

图 15-11 更换占位图标

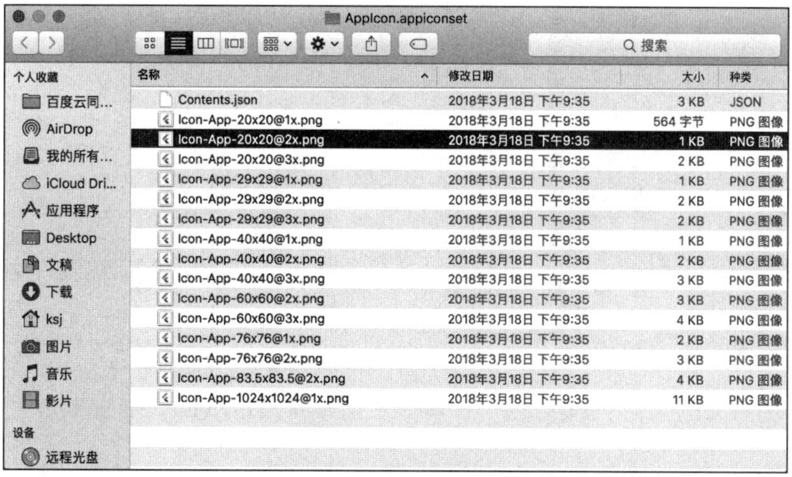

图 15-12 iOS 应用图标名称

3）运行 flutter run 命令验证应用图标已被替换。图标展示的效果如图 15-13 所示。请注意检查图标样式及工程名称是否正确。

> 提示 iOS App Icon 指南的地址为 https:// developer.apple.com/ios/human-interface-guidelines/graphics/app-icon/。

15.3.7 准备发布版本

在这一步中，将创建一个构建档案并上传到 iTunes Connect。在开发过程中，应一直在构建、调试、测试 debug 版本。当准备将应用发布到 App Store 上时，需要准备发布版本。在命令行里运行 flutter build ios 创建发布版本（flutter build 默认为 --release）。

在 Xcode 中，配置应用程序版本并构建，步骤如下：

1）在 Xcode 中你的工程目录下的 ios 文件夹中打开 Runner.xcworkspace。选择 Product → Scheme → Edit Scheme，如图 15-14 所示。

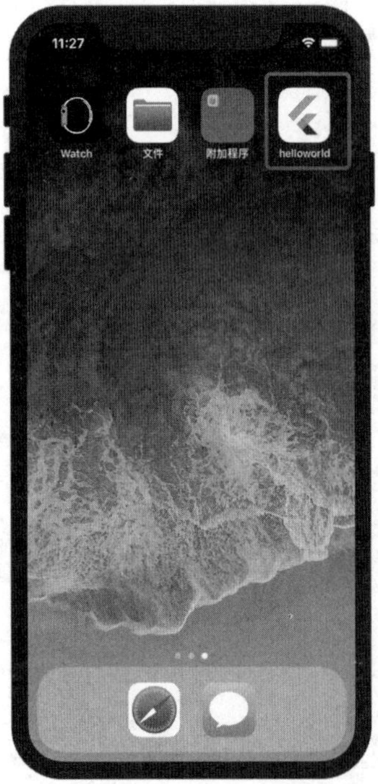

图 15-13 iOS 应用程序图标

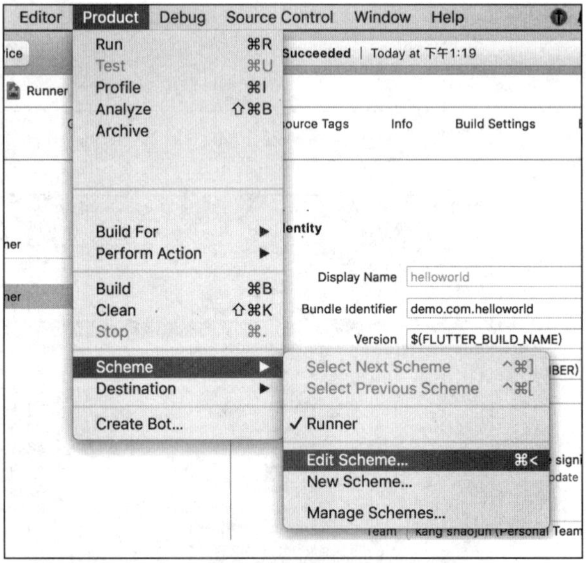

图 15-14 打开 Edit Scheme 菜单

2）把 Edit Scheme 容器左侧的选项都设置为 Release，如图 15-15 所示。

3）在 Xcode 项目导航器中选择 Runner，然后在设置视图边栏中选择 Runner target。在 Identity 部分中，将 Version 更新到你希望发布的版本号，如图 15-16 所示。

4）选择 Product → Archive 以生成构建档案，如图 15-17 所示。

5）当 Xcode 完成归档后，点击 Upload to App Store…按钮，选择开发团队，最后点击 Upload，等待几分钟，如图 15-18 所示。

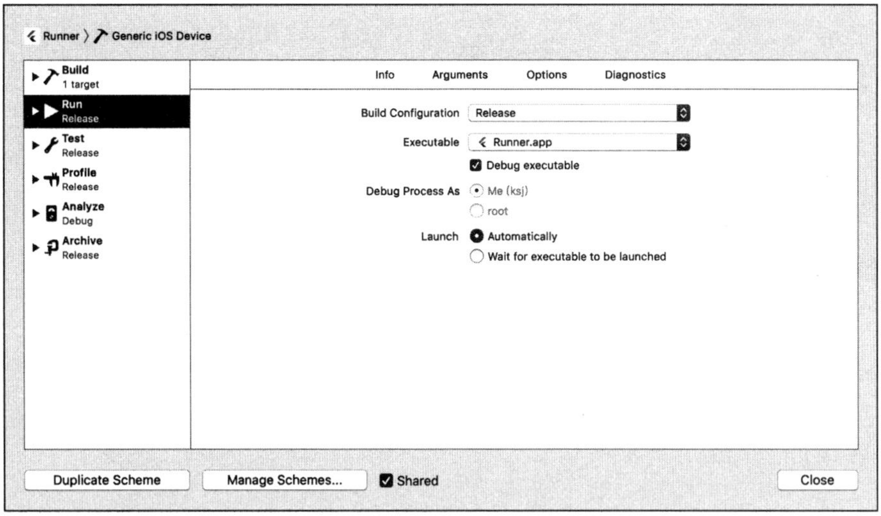

图 15-15　设置发布版

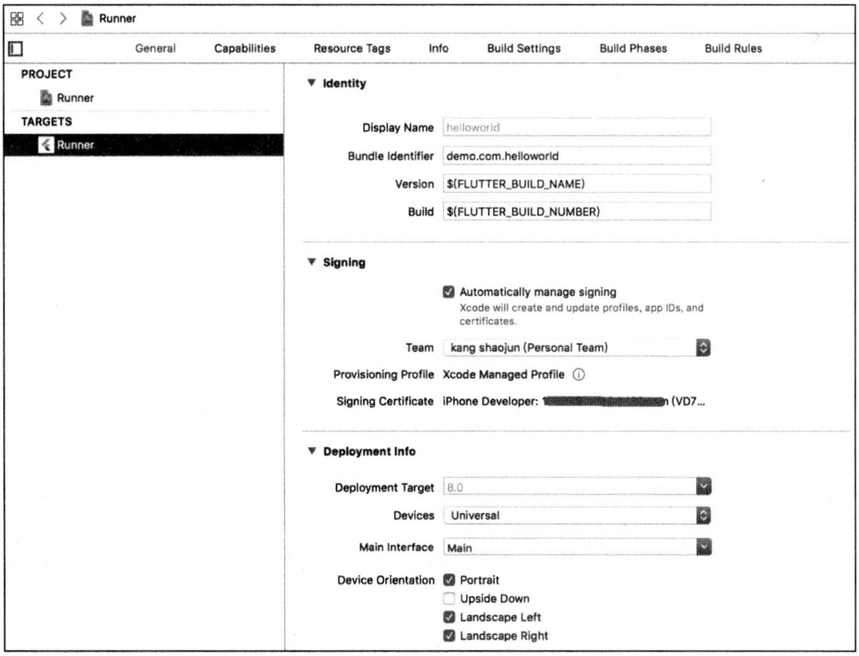

图 15-16　设置工程配置信息

6）完成后，会看到成功信息面板，如图 15-19 所示。

你应该在 30 分钟内收到一封电子邮件，通知你构建已通过验证，并可以在 TestFlight 上发布给测试人员。此时，你可以选择是否在 TestFlight 上发布，或继续将你的发布版发布到 App Store。

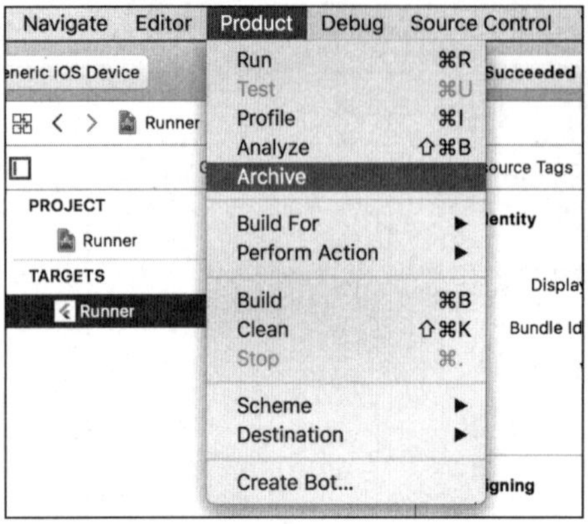

图 15-17　打包应用菜单

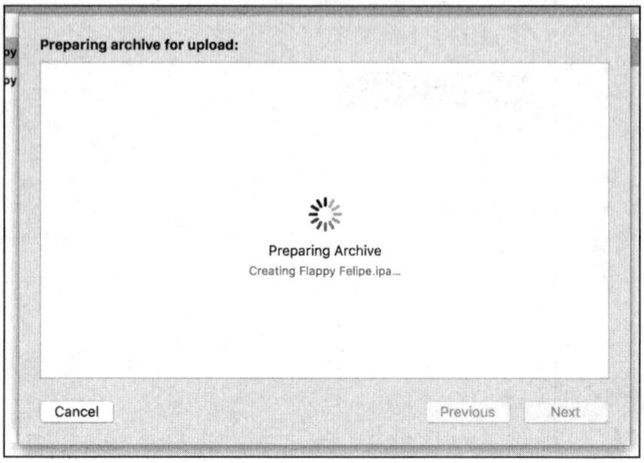

图 15-18　打包等待

提示　TestFlight Beta 测试是苹果公司的产品，旨在更容易地邀请用户，在你发布产品到 App Store 之前，让他们能够参与测试你的 iOS、watchOS 和 tvOS 应用。

图 15-19　打包成功窗口

15.3.8　将应用发布到 App Store

当你准备将应用发布到全世界时，请按照以下步骤将应用提交给 App Store 进行审查和发布：

- 从 iTunes 应用程序的“应用程序详情页”的边栏中选择 Pricing and Availability，然后填写所需信息。

- 从边栏选择状态。如果这是该应用的第一个版本，则其状态将为 1.0 Prepare for Submission。完成所有必填字段。
- 点击 Submit for Review。

Apple 公司会在应用程序审查过程完成时通知你。你的应用将根据你在 Version Release 部分指定的说明进行发布。

提示 要了解更多信息，请参阅 Submitting Your App to the Store，访问地址 https:// developer. apple. com/library/content/documentation/IDEs/Conceptual/AppDistributionGuide/SubmittingYourApp/SubmittingYourApp.html。

Chapter 16 第 16 章

综合案例

到目前为止，我们学习了 Flutter 的基础组件、页面布局、手势处理及路由导航等知识。

16.1 即时通信 App 界面实现

本节将带领大家使用 Flutter 实现一个案例——即时通信 App 的界面实现。

16.1.1 项目介绍

即时通信软件是实现在线聊天、交流的软件，典型的代表有 QQ、百度 Hi、Skype、Gtalk、新浪 UC、MSN 等。通常都包含以下几大功能：

- 文字聊天
- 群组聊天
- 好友管理
- 用户列表

Flutter 即时通信 App 界面实现不包含服务端程序。我们采用 Flutter 最新版本 Flutter Release 1.0（Flutter 第一个正式版本），整体采用 Material Design 风格设计，构建一套精美的皮肤。项目中使用的插件有：

- flutter_webview_plugin：移动端浏览网页的插件。
- date_format：日期格式化插件。

应用的效果如图 16-1 所示。

图 16-1　App 界面效果

16.1.2　项目搭建

本节带领大家一步步地把项目的框架搭建起来，包括添加资源、插件等内容。

1. 新建项目

新建项目是项目开发的第一步，包括工程创建、资源添加、库添加、项目配置等内容。具体步骤如下：

步骤 1　新建工程请参考 1.3 节。基本的步骤是一样的，但请注意此处的项目命名为 flutter_im，另外，再填写一个项目描述即可。

步骤 2　添加目录结构。请按图 16-2 所示的目录结构添加好内容。添加 images 目录，删除 test 目录。

步骤 3　准备好项目中使用的各种图标、背景图片、加载图片等位图资源。将图片放入 images 目录下即可，如图 16-3 所示。

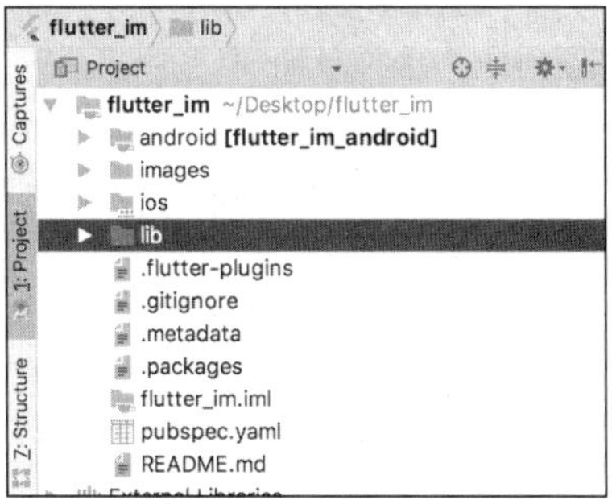

图 16-2　项目目录结构

> **提示**　图标可以从图标库中下载：http:// www.iconfont.cn。选择大小为 48×48 的图片。

打开项目配置文件 pubspec.yaml，如图 16-4 所示。

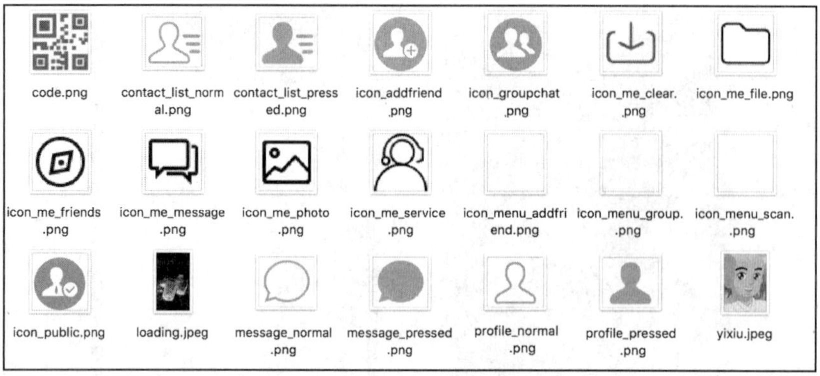

图 16-3 项目位图资源图

在 assets 资源节点下添加项目中用到的所有位图资源。代码如下所示：

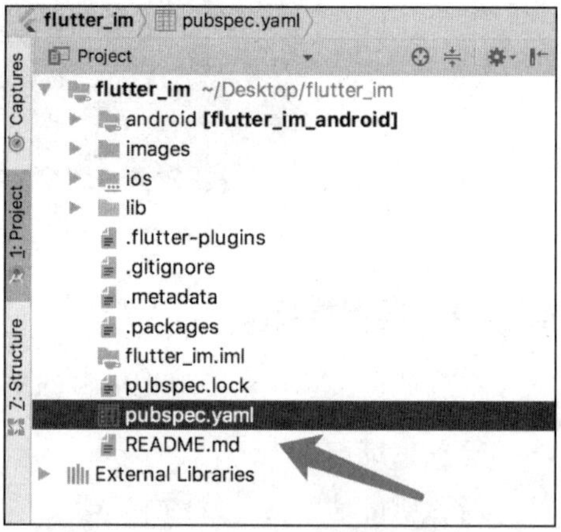

图 16-4 项目配置文件路径

```
flutter:
  uses-material-design: true

  assets:

  # 加载页面图片资源
  - images/loading.jpeg

  # 底部 tab 切换图片资源
  - images/contact_list_normal.png
  - images/contact_list_pressed.png
  - images/profile_normal.png
  - images/profile_pressed.png
  - images/message_normal.png
  - images/message_pressed.png

  # 菜单按钮
  - images/icon_menu_addfriend.png
  - images/icon_menu_group.png

  # 好友模块图标
  - images/icon_addfriend.png
  - images/icon_groupchat.png
  - images/icon_public.png

  # 我的模块图标
  - images/icon_me_friends.png
  - images/icon_me_photo.png
  - images/icon_me_file.png
  - images/icon_me_service.png
  - images/icon_me_message.png
  - images/icon_me_clear.png
  - images/code.png
  - images/yixiu.jpeg
```

提示 图片的配置要与 images 文件夹下的文件名保持一致。命名遵循一定的规则，比如 icon_menu 就表示菜单图标。

位图资源添加完成后，点击配置文件右上角的“Packages get”更新配置。

步骤 4 再次打开 pubspec.yaml 文件，添加项目所需插件 flutter_webview_plugin 及 date_format。代码如下所示：

```
dependencies:
  flutter:
    sdk: flutter

  flutter_webview_plugin: "^0.3.0+2"
  date_format: "^1.0.4"
```

添加好配置后，一定要点击配置文件右上角的“Packages get”，用来获取指定版本的插件。

2. 添加源码目录及文件

新建好项目并配置好资源后，接下来进行编码工作。项目的源码位于 lib 目录下，包含聊天模块、好友模块、我的模块、加载页面、搜索页面、主页面、公共类及主程序。请按 lib 目录添加好子目录及源码文件，如下所示：

```
├── README.md（项目说明）
├── flutter_im.iml
├── lib（源码目录）
│   ├── app.dart（主页面）
│   ├── chat（聊天模块）
│   │   ├── message_data.dart（消息数据）
│   │   ├── message_item.dart（消息项）
│   │   └── message_page.dart（消息页面）
│   ├── common（公共类）
│   │   ├── im_item.dart（IM 列表项）
│   │   └── touch_callback.dart（触摸回调封装）
│   ├── contacts（好友模块）
│   │   ├── contact_header.dart（好友列表头部）
│   │   ├── contact_item.dart（好友列表项）
│   │   ├── contact_sider_list.dart（好友列表）
│   │   ├── contact_vo.dart（好友 vo 类）
│   │   └── contacts.dart（好友页面）
│   ├── loading.dart（加载页面）
│   ├── main.dart（主程序）
│   ├── personal（我的模块）
│   │   └── personal.dart（我的页面）
│   └── search.dart（搜索页面）
├── pubspec.lock
└── pubspec.yaml（项目配置文件）
```

注意 项目结构文件是不包含 android、ios、images 及 build 目录的。

16.1.3 入口程序

所有的应用都有一个入口程序，通常是 main() 函数引导进入应用程序。入口程序主要做以下几方面的处理：

- 自定义主题
- 定义路由表
- 指定首页

入口程序实现步骤如下：

步骤 1 通过自定义将主题定义为绿色小清新风格。定义导航栏、弹出菜单为绿色。如下代码所示：

```
primaryColor: Colors.green
```

步骤 2 定义路由表，用于为整个应用程序导航，整个应用中有三部分需要路由，分别是：

- 应用程序：app。
- 好友动态：friends。
- 搜索页面：search。

这里要重点说一下 WebviewScaffold 组件，WebviewScaffold 是 Flutter 用来实现网页浏览的组件，非常实用。项目里我们用来模拟好友动态页面，大致用法如下所示：

```
"/friends": (_) => WebviewScaffold(
  url: "指定网址 url",
  appBar: AppBar(
    title:          //指定打开网页的标题
  ),
  withZoom:         //是否缩放页面
  withLocalStorage: //是否本地存储
),
```

步骤 3 打开应用的第一个页面，即首页。通常首页并不是应用程序的主页面，而是加载页面，指定方式如下所示：

```
home: LoadingPage()
```

步骤 4 打开 lib/main.dart 文件，按照上面几个步骤编写如下完整代码：

```
import 'package:flutter/material.dart';
import './app.dart';
import './loading.dart';
import 'package:flutter_webview_plugin/flutter_webview_plugin.dart';
import './search.dart';

//应用程序入口
void main() => runApp(MaterialApp(
      debugShowCheckedModeBanner: false,
      title: '聊天室',
```

```
        // 自定义主题
        theme: mDefaultTheme,
        // 添加路由表
        routes: <String, WidgetBuilder>{
          "app": (BuildContext context) => App(),
          "/friends": (_) => WebviewScaffold(
                // Webview 插件
                url: "https:// flutter.io/",
                appBar: AppBar(
                  title: Text("Flutter 官网 "),
                ),
                withZoom: true,
                withLocalStorage: true,
              ),
          'search': (BuildContext context) => Search(), // 搜索页面路由
        },
        // 指定首页，默认为加载页面
        home: LoadingPage(),
      ));

// 自定义主题，为绿色小清新风格
final ThemeData mDefaultTheme = ThemeData(
  primaryColor: Colors.green,
  scaffoldBackgroundColor: Color(0xFFebebeb),
  cardColor: Colors.green,
);
```

16.1.4 加载页面

加载页面和普通的页面并没有太大区别，唯一的区别是加载页面是伴随着应用程序的加载完成的，比如以即时通信 App 为例，应用程序需要在此阶段完成连接 socket、下载资源文件、请求广告信息等。由于这个过程是需要时间的，所以这个页面需要停留一定的时间，通常设置成几秒即可。代码如下所示：

```
Future.delayed(Duration(seconds: 3),(){
  // TODO
}
```

上面的代码使用 Future.delayed() 函数，使得加载页面停留 3 秒，3 秒过后页面马上要跳转到应用程序页面，否则应用将永远停留在加载页面。应用跳转采用 Navigator 导航器实现，代码如下所示：

```
Navigator.of(context).pushReplacementNamed("app");
```

加载页面通常为广告页面及产品介绍页面。比如用户首次使用 App，则要为用户介绍如何使用主要功能。在这里我们用一张漂亮的背景图片作为加载页面的全部展示内容。打开 lib/loading.dart 文件，添加下面的所有代码：

```
import 'package:flutter/material.dart';
import 'dart:async';
```

```
//加载页面
class LoadingPage extends StatefulWidget {
  @override
  _LoadingState createState() => _LoadingState();
}

class _LoadingState extends State<LoadingPage> {

  @override
  void initState(){
    super.initState();
    //在加载页面停顿 3 秒
    Future.delayed(Duration(seconds: 3),(){
      print("Flutter 即时通信 App 界面实现 ...");
      Navigator.of(context).pushReplacementNamed("app");
    });
  }

  @override
  Widget build(BuildContext context) {
    return Center(
      child: Stack(
        children: <Widget>[
          //加载页面居中背景图，使用 cover 模式
          Image.asset("images/loading.jpeg",fit: BoxFit.cover,),
        ],
      ),
    );
  }
}
```

注意 加载页面停顿要放在 initState() 函数中处理，原因是必须等待页面渲染完成，否则加载的画面内容就看不到了。

加载页面的效果如图 16-5 所示。

16.1.5 应用页面

应用页面为加载页面跳转后进入的页面，文件路径为 lib/app.dart。应用页面为整个 App 的核心页面，包括顶部导航栏、右上角功能菜单、中间功能模块、底部导航按钮。先看应用页面的整体效果，如图 16-6 所示。

接下来我们一步步实现它。

步骤 1 创建应用页面类 App，继承自 StatefulWidget。由于页面中有切换的状态变换，所以必需继承有状态的 Widget，同时要添加状态实现类 AppState。继承代码如下所示：

```
class App extends StatefulWidget
```

步骤 2 导入各个功能页面，当然目前还没有实现，在此处先列出，后面逐步补充完

整。需要导入的页面有以下几个：

图 16-5　加载页面效果

图 16-6　应用页面预览

- ❑ MessagePage：聊天页面。
- ❑ Contacts：好友页面。
- ❑ Personal：我的页面。

由于搜索页面属于跳转页，所以这里不需要导入。导入页面后，需要写一个方法根据当前索引返回不同的页面，代码结构如下所示：

```
currentPage() {
  switch (_currentIndex) {
    case 0:
      //返回聊天页面
    case 1:
      //返回好友页面
    case 2:
      //返回我的页面
    default:
  }
}
```

步骤 3　编写弹出菜单项方法，用 PopupMenuItem 组件构建。菜单项方法需要传入两个参数菜单标题、图片路径或图标。注意图片路径和图标参数是二选一，一次只能传入一个。方法定义如下所示：

```
_popupMenuItem(String title, {String imagePath, IconData icon})
```

菜单项的展示是左右结构的，所以这里需要使用 Row 组件包装。图片路径及图标需要做一个三元表达式的判断，代码结构如下所示：

```
imagePath != null
  ? Image.asset(
    imagePath,
    )
  : SizedBox(
    icon,
    ),
```

步骤 4 使用 Scaffold 组件来渲染整个页面，包含以下三部分：

- appBar：顶部导航栏，包含标题、搜索及菜单按钮。
- bottomNavigationBar：底部导航按钮，包含“聊天”“好友”“我的”三个按钮。
- body：中间功能模块内容，包含聊天模块、好友模块、我的模块。

步骤 5 编写标题、搜索及菜单按钮。其中点击搜索按钮后需要路由到搜索页面。代码如下所示：

```
Navigator.pushNamed(context, 'search');
```

点击菜单按钮，需要调用 showMenu 方法弹出菜单列表，调用示例如下所示：

```
showMenu(
  context: context,
  items: <PopupMenuEntry>[
   _popupMenuItem('发起会话',imagePath: 'images/icon_menu_group.png'),
   //其他菜单
   ],
);
```

由于弹出菜单在界面的右上角，所以这里还需要给菜单一个定位处理，使用 RelativeRect.fromLTRB() 函数，取距离边框左、上、右、下的值。处理代码如下所示：

```
position: RelativeRect.fromLTRB(500.0, 76.0, 10.0, 0.0),
```

注意 底部取值为 0.0，表示不考虑底部值。

编写完标题、搜索及菜单按钮后，将组装好的组件赋值给 Scaffold 组件的 appBar 属性即可。

步骤 6 底部导航按钮采用 BottomNavigationBar 组件实现，每一个按钮使用的组件是 BottomNavigationBarItem。实现的关键点在于选中及没有选中的按钮的图标及颜色的控制。以聊天按钮实现为例，采用三元表达式判断当前选中按钮的索引，代码结构如下所示：

```
BottomNavigationBarItem(
```

```
  title: new Text(
        '聊天',
        style: TextStyle(
        color: _currentIndex == 0 ? 选中颜色 : 未选中颜色,
      ),
  icon: _currentIndex == 0 ? 选中图标 : 未选中图标
```

BottomNavigationBar 还需要添加 onTap 回调方法，在回调方法中添加当前选中按钮的索引设置的处理，代码如下所示：

```
onTap: ((index) {
    setState(() {
     _currentIndex = index;
    });
}
```

编写完底部导航按钮后，将组装好的组件赋值给 Scaffold 组件的 bottomNavigationBar 属性即可。

步骤 7 调用前面编写好的 currentPage() 函数，将其返回对象赋值给 Scaffold 组件的 body 属性即可。

所有步骤的完整代码如下所示：

```
import 'package:flutter/material.dart';
import './chat/message_page.dart';
import './contacts/contacts.dart';
import './personal/personal.dart';

//应用页面使用有状态 Widget
class App extends StatefulWidget {
  @override
  AppState createState() => AppState();
}

//应用页面状态实现类
class AppState extends State<App> {
  //当前选中页面索引
  var _currentIndex = 0;

  //聊天页面
  MessagePage message;

  //好友页面
  Contacts contacts;

  //我的页面
  Personal me;

  //根据当前索引返回不同的页面
  currentPage() {
    switch (_currentIndex) {
      case 0:
        if (message == null) {
```

```
        message = MessagePage();
      }
      return message;
    case 1:
      if (contacts == null) {
        contacts = Contacts();
      }
      return contacts;
    case 2:
      if (me == null) {
        me = Personal();
      }
      return me;
    default:
  }
}

//渲染某个菜单项，传入菜单标题、图片路径或图标
_popupMenuItem(String title, {String imagePath, IconData icon}) {
  return PopupMenuItem(
    child: Row(
      children: <Widget>[
        //判断是使用图片路径还是图标
        imagePath != null
            ? Image.asset(
                imagePath,
                width: 32.0,
                height: 32.0,
              )
            : SizedBox(
                width: 32.0,
                height: 32.0,
                child: Icon(
                  icon,
                  color: Colors.white,
                ),
              ),
        //显示菜单项文本内容
        Container(
          padding: const EdgeInsets.only(left: 20.0),
          child: Text(
            title,
            style: TextStyle(color: Colors.white),
          ),
        ),
      ],
    ),
  );
}

@override
Widget build(BuildContext context) {
  return Scaffold(
    appBar: AppBar(
      title: Text('即时通讯'),
      actions: <Widget>[
```

```
    GestureDetector(
      onTap: () {
        //跳转至搜索页面
        Navigator.pushNamed(context, 'search');
      },
      child: Icon(
        //搜索图标
        Icons.search,
      ),
    ),
    Padding(
      //左右内边距
      padding: const EdgeInsets.only(left: 30.0, right: 20.0),
      child: GestureDetector(
        onTap: () {
          //弹出菜单
          showMenu(
            context: context,
            //定位在界面的右上角
            position: RelativeRect.fromLTRB(500.0, 76.0, 10.0, 0.0),
            //展示所有菜单项
            items: <PopupMenuEntry>[
              _popupMenuItem('发起会话',
                  imagePath: 'images/icon_menu_group.png'),
              _popupMenuItem('添加好友',
                  imagePath: 'images/icon_menu_addfriend.png'),
              _popupMenuItem('联系客服', icon: Icons.person),
            ],
          );
        },
        //菜单按钮
        child: Icon(Icons.add),
      ),
    ),
  ],
),
//底部导航按钮
bottomNavigationBar: BottomNavigationBar(
  //通过fixedColor设置选中item 的颜色
  type: BottomNavigationBarType.fixed,
  //当前页面索引
  currentIndex: _currentIndex,
  //按下后设置当前页面索引
  onTap: ((index) {
    setState(() {
      _currentIndex = index;
    });
  }),
  //底部导航按钮项
  items: [
    //导航按钮项传入文本及图标
    BottomNavigationBarItem(
        title: Text(
          '聊天',
          style: TextStyle(
              color: _currentIndex == 0
```

```
                ? Color(0xFF46c01b)
                : Color(0xff999999)),
        ),
        //判断当前索引以进行图片切换显示
        icon: _currentIndex == 0
            ? Image.asset(
                'images/message_pressed.png',
                width: 32.0,
                height: 28.0,
              )
            : Image.asset(
                'images/message_normal.png',
                width: 32.0,
                height: 28.0,
              )),
    BottomNavigationBarItem(
        title: Text(
          '好友',
          style: TextStyle(
              color: _currentIndex == 1
                  ? Color(0xFF46c01b)
                  : Color(0xff999999)),
        ),
        icon: _currentIndex == 1
            ? Image.asset(
                'images/contact_list_pressed.png',
                width: 32.0,
                height: 28.0,
              )
            : Image.asset(
                'images/contact_list_normal.png',
                width: 32.0,
                height: 28.0,
              )),
    BottomNavigationBarItem(
        title: Text(
          '我的',
          style: TextStyle(
              color: _currentIndex == 2
                  ? Color(0xFF46c01b)
                  : Color(0xff999999)),
        ),
        icon: _currentIndex == 2
            ? Image.asset(
                'images/profile_pressed.png',
                width: 32.0,
                height: 28.0,
              )
            : Image.asset(
                'images/profile_normal.png',
                width: 32.0,
                height: 28.0,
              )),
  ],
),
//中间显示当前页面
```

```
        body: currentPage(),
      );
    }
  }
```

16.1.6　搜索页面

点击应用页面的搜索按钮就可以跳转到搜索页面。搜索页面包含上面的导航及下面的搜索分类两大部分。其中导航部分包含返回按钮、搜索框及麦克风按钮。搜索分类部分主要包括两排常用的搜索项。

1. 布局拆分

在编写页面前需要先拆分页面。可以先画草图，明确每部分大概要用到什么布局组件。接着就是思考细节问题，如输入框下画线如何处理。搜索页面的布局拆分及效果预览如图 16-7 所示。首先把整个页面拆分成四部分，垂直方向用一个 Column 组件包裹，最上面为导航栏。导航栏使用水平组件 Row 包裹，包含返回按钮、搜索框及麦克风按钮。接下来是搜索分类标题及搜索具体分类，分别用三行表示。

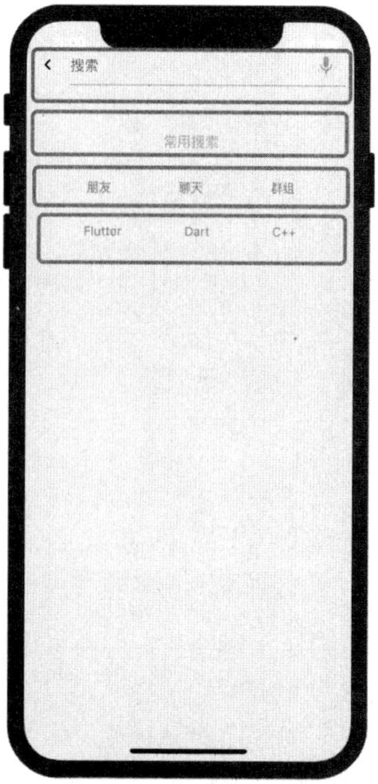

图 16-7　搜索页面布局拆分图

2. 请求获取焦点

由于搜索页面需要接收用户的输入操作，为了让用户一打开这个界面就能马上输入搜索内容，需要在界面渲染完成后让搜索框获取焦点。解决方法如下所示。

定义一个焦点节点，使用 FocusNode，代码如下所示：

```
FocusNode focusNode = FocusNode();
```

编写一个请求获取焦点的方法，把这个方法返回的对象赋值给搜索框的 focusNode 属性即可。请求方法代码如下所示：

```
requestFocus() {
  FocusScope.of(context).requestFocus(focusNode);
  return focusNode;
}
```

3. 自定义 TouchCallBack 组件

TouchCallBack 组件用于实现触摸回调。此处我们自定义这个组件，因为项目里会多次用到，自定义后可以复用，以免重复编写代码，增加代码冗余量。

TouchCallBack 组件需要传入两个最重要的参数：

- ❑ @required this.child：子组件。
- ❑ @required this.onPressed：回调函数。

注意 参数列表中加入了@required关键字，表示此参数必须传入。

另外，封装代码中需要添加GestureDetector组件，用来实现触摸响应。完整的实现代码如下所示。这段代码是放在lib/common/ touch_callback.dart文件中的，其他模块也需要用到：

```
import 'package:flutter/material.dart';

//触摸回调组件
class TouchCallBack extends StatefulWidget{
  //子组件
  final Widget child;
  //回调函数
  final VoidCallback onPressed;
  final bool isfeed;
  //背景色
  final Color background;
  //传入参数列表
  TouchCallBack({Key key,
    @required this.child,
    @required this.onPressed,
    this.isfeed:true,
    this.background:const Color(0xffd8d8d8),
  }):super(key:key);
  @override
  TouchState createState() => TouchState();
}

class TouchState extends State<TouchCallBack>{
  Color color =  Colors.transparent;
  @override
  Widget build(BuildContext context) {
    //返回GestureDetector对象
    return GestureDetector(
      //使用Container容器包裹
      child: Container(
        color: color,
        child: widget.child,
      ),
      //onTap回调
      onTap: widget.onPressed,
      onPanDown: (d){
        if(widget.isfeed == false) return;
        setState(() {
          color = widget.background;
        });
      },
      onPanCancel: (){
        setState(() {
          color = Colors.transparent;
        });
      },
```

```
    );
  }

}
```

4. 返回文本组件

由于搜索页面里需要多个搜索分类文本显示，所以最好也封装一个返回文本的方法。代码如下所示：

```
_getText(String text) {
  //返回 Text
}
```

5. 组装实现搜索页面

厘清了布局的思路，封装好复用的组件，处理好关键代码，接下来就是实现各个部分，最终完成搜索页面。打开 lib/search.dart，编写如下完整代码：

```
import 'package:flutter/material.dart';
import './common/touch_callback.dart';

//搜索模块
class Search extends StatefulWidget {
  @override
  SearchState createState() => SearchState();
}

class SearchState extends State<Search> {
  //定义焦点节点
  FocusNode focusNode = FocusNode();

  //请求获取焦点
  _requestFocus() {
    FocusScope.of(context).requestFocus(focusNode);
    return focusNode;
  }

  //返回一个文本组件
  _getText(String text) {
    return TouchCallBack(
      isfeed: false,
      onPressed: () {},
      child: Text(
        text,
        //添加文本样式
        style: TextStyle(fontSize: 14.0, color: Color(0xff1aad19)),
      ),
    );
  }

  //搜索页面渲染
  @override
  Widget build(BuildContext context) {
```

```
return Scaffold(
  body: Container(
    //顶部留一定距离
    margin: const EdgeInsets.only(top: 25.0),
    //整体垂直布局
    child: Column(
      //水平方向居中
      crossAxisAlignment: CrossAxisAlignment.center,
      children: <Widget>[
        //顶部导航栏，包括返回按钮、搜索框及麦克风按钮
        Stack(
          children: <Widget>[
            //使用触摸回调组件
            TouchCallBack(
              isfeed: false,
              onPressed: () {
                //使用导航器返回上一个页面
                Navigator.pop(context);
              },
              child: Container(
                height: 45.0,
                margin: const EdgeInsets.only(left: 12.0, right: 10.0),
                //添加返回按钮
                child: Icon(
                  Icons.chevron_left,
                  color: Colors.black,
                ),
              ),
            ),
            //搜索框容器
            Container(
              alignment: Alignment.centerLeft,
              height: 45.0,
              margin: const EdgeInsets.only(left: 50.0, right: 10.0),
              //搜索框底部边框
              decoration: BoxDecoration(
                border: Border(
                    bottom: BorderSide(width: 1.0, color: Colors.green)),
              ),
              child: Row(
                crossAxisAlignment: CrossAxisAlignment.center,
                children: <Widget>[
                  Expanded(
                    //输入框
                    child: TextField(
                      //请求获取焦点
                      focusNode: _requestFocus(),
                      style: TextStyle(
                        color: Colors.black,
                        fontSize: 16.0,
                      ),
                      onChanged: (String text) {},
                      decoration: InputDecoration(
                          hintText: '搜索', border: InputBorder.none),
                    ),
                  ),
```

```
                    //添加麦克风图标
                    Container(
                      margin: const EdgeInsets.only(right: 10.0),
                      child: Icon(
                        Icons.mic,
                        color: Color(0xffaaaaaa),
                      ),
                    ),
                  ],
                ),
              ),
            ],
          ),
          Container(
            margin: const EdgeInsets.only(top: 50.0),
            child: Text(
              '常用搜索',
              style: TextStyle(fontSize: 16.0, color: Color(0xffb5b5b5)),
            ),
          ),
          Padding(
            padding: const EdgeInsets.all(30.0),
            child: Row(
              //对齐方式采用均匀对齐
              mainAxisAlignment: MainAxisAlignment.spaceAround,
              //第一行搜索项
              children: <Widget>[
                _getText('朋友'),
                _getText('聊天'),
                _getText('群组'),
              ],
            ),
          ),
          Padding(
            padding: const EdgeInsets.only(left: 30.0, right: 30.0),
            child: Row(
              mainAxisAlignment: MainAxisAlignment.spaceAround,
              children: <Widget>[
                //第二行搜索项
                _getText('Flutter'),
                _getText('Dart'),
                _getText('C++'),
              ],
            ),
          ),
        ],
      ),
    ),
  );
 }
}
```

16.1.7 聊天页面

这里我们主要实现聊天信息列表展示功能。将代码拆分成以下三个文件：

- ❑ message_data.dart：组织聊天数据。
- ❑ message_item.dart：聊天信息列表项。
- ❑ message_page.dart：聊天信息列表页。

首先预览一下聊天页面效果，如图 16-8 所示。

图 16-8　聊天页面效果

1. 准备聊天消息数据

聊天消息数据相关代码都是放在 lib/chat/message_data.dart 文件中的，所以请将本节接下来所列代码放在这个文件中，步骤如下：

步骤 1　定义消息枚举类型，通常聊天消息有系统消息、公共消息、私聊消息、群聊消息。代码如下所示：

```
// 消息类型：枚举类型
enum MessageType { SYSTEM,PUBLIC,CHAT,GROUP }
```

步骤 2　定义聊天数据 VO 类。包含头像、主标题、子标题、消息时间、消息类型字段。代码如下所示：

```
// 聊天数据
class MessageData{
  // 头像
  String avatar;
  // 主标题
  String title;
  // 子标题
  String subTitle;
  // 消息时间
  DateTime time;
  // 消息类型
  MessageType type;

  MessageData(this.avatar,this.title,this.subTitle,this.time,this.type);
}
```

步骤 3　定义好聊天数据 VO 类及消息类型，就可以组装数据了。使用列表 List<MessageData> 进行数据存储。代码如下所示：

```
List<MessageData> messageData = [
MessageData('https:// timgsa.baidu.com/timg?image&quality=80&size=b9999_10000&sec=
1544070910437&di=86ffd13f433c252d4c49afe822e87462&imgtype=0&src=http%3A%2F%2Fimgsrc.
baidu.com%2Fforum%2Fw%3D580%2Fsign%3Debf3e26b1a4c510faec4e21250582528%2F0cf431adcbef7
6092781a53c2edda3cc7dd99e8e.jpg',
    '一休哥',
    '突然想到的',
    DateTime.now(),
    MessageType.CHAT
  ),
MessageData(
'https:// timgsa.baidu.com/timg?image&quality=80&size=b9999_10000&sec=15404
```

```
03282649&di=c4f237332e6bf94546c950817699c2fd&imgtype=0&src=http%3A%2F%2Fimg5q.
duitang.com%2Fuploads%2Fitem%2F201504%2F11%2F20150411H0128_PHr4z.jpeg',
        '哆啦 a 梦',
        '机器猫！！！',
        DateTime.now(),
        MessageType.CHAT
      ),
      //添加更多聊天消息数据
    ];
```

提示 为了让聊天列表数据更丰富，建议多加一些 MessageData。

2. 聊天消息列表项实现

这里我们先展示一条聊天消息，需要编写一个 MessageItem 组件。由于组件是纯展示界面的，所以只需要继承 StatelessWidget 即可。消息列表中需要展示消息时间，这里需要对时间进行格式化处理，所以需要导入 date_format 插件，代码如下所示：

```
import 'package:date_format/date_format.dart';
```

越是小的模块，越需要拆分得细致。如图 16-9 所示，我们用三条聊天消息来做布局拆分分析。整体采用水平布局，最左侧为头像，中间是主标题及子标题，最右侧是时间。

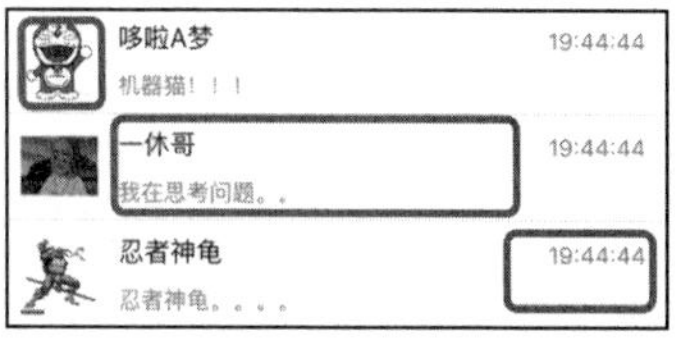

图 16-9 消息列表项布局拆分图

有了上面的分析，我们看一下聊天消息列表项的完整代码，打开 lib/chat/message_item.dart 文件，编写如下代码：

```
import 'package:flutter/material.dart';
import './message_data.dart';
import 'package:date_format/date_format.dart';
import '../common/touch_callback.dart';

//聊天信息项
class MessageItem extends StatelessWidget{
  final MessageData message;
  MessageItem(this.message);
  @override
  Widget build(BuildContext context) {
    //最外层容器
    return Container(
      decoration: BoxDecoration(
        color: Colors.white,
        //仅加一个底部边，这样整个列表的每项信息下面都会有一条边
        border: Border(bottom: BorderSide(width: 0.5,color: Color(0xFFd9d9d9))),
      ),
      height: 64.0,
      //按下回调处理，空实现
      child: TouchCallBack(
        onPressed: (){
        },
        //整体水平方向布局
```

```
        child: Row(
          //垂直方向居中显示
          crossAxisAlignment: CrossAxisAlignment.center,
          children: <Widget>[
            //展示头像
            Container(
              //头像左右留一定的外边距
              margin: const EdgeInsets.only(left: 13.0,right: 13.0),
              child: Image.network(message.avatar,width: 48.0,height: 48.0,),
            ),
            Expanded(
              //主标题和子标题采用垂直布局
              child: Column(
                //垂直方向居中对齐
                mainAxisAlignment: MainAxisAlignment.center,
                //水平方向靠左对齐
                crossAxisAlignment: CrossAxisAlignment.start,
                children: <Widget>[
                  Text(
                    message.title,
                    style: TextStyle(fontSize: 16.0,color: Color(0xFF353535)),
                    maxLines: 1,
                  ),
                  Padding(
                    padding: const EdgeInsets.only(top:8.0),
                  ),
                  Text(
                    message.subTitle,
                    style: TextStyle(fontSize: 14.0,color: Color(0xFFa9a9a9)),
                    maxLines: 1,
                    //显示不完的文本用省略号来表示
                    overflow: TextOverflow.ellipsis,
                  ),
                ],
              ),
            ),
            Container(
              //时间顶部对齐
              alignment: AlignmentDirectional.topStart,
              margin: const EdgeInsets.only(right: 12.0,top: 12.0),
              child: Text(
                //格式化时间
                formatDate(message.time, [HH,':',nn,':','ss']).toString(),
                style: TextStyle(fontSize: 14.0,color: Color(0xFFa9a9a9)),
              ),
            ),
          ],
        ),
      ),
    );
  }
}
```

3. 聊天消息列表实现

有了聊天消息数据及聊天消息列表项组件，只需要使用 ListView.builder 构造列表即可。打开 lib/chat/message_page.dart 文件，编写如下代码：

```
import 'package:flutter/material.dart';
import './message_data.dart';
import './message_item.dart';

//聊天主页面
class MessagePage extends StatefulWidget{
  @override
  MessagePageState createState() => MessagePageState();
}

class MessagePageState extends State<MessagePage>{
  @override
  Widget build(BuildContext context) {
    return Scaffold(
      //构造列表
      body: ListView.builder(
        //传入数据长度
        itemCount: messageData.length,
          //构造列表项
        itemBuilder: (BuildContext context, int index){
          //传入 messageData 返回列表项
          return MessageItem(messageData[index]);
        }
      ),
    );
  }
}
```

16.1.8 好友页面

这里我们主要实现好友列表展示功能。将代码拆分成以下几个文件：

- contact_header.dart：好友头部内容。
- contact_item.dart：好友列表项。
- contact_sider_list.dart：好友列表渲染。
- contact_vo.dart：好友列表数据。
- contacts.dart：好友列表页。

首先，预览一下好友页面效果，如图 16-10 所示。其中“新加好友”“公共聊天室”为好友列表头部信息。字母 A、B、C……将好友数据按字母顺序排列并归类。其余的是好友列表项，包含头像及名称。

图 16-10 好友列表效果图

1. 准备好友列表数据

好友列表数据相关代码都放在 lib/contacts/contact_vo.dart 文件中，所以请将接下来的两步代码编写进这个文件里，步骤如下所示：

步骤 1 定义好友数据 VO 类，将类命名为 ContactVO，包含字母排列值、名称、头像 url 字段。代码如下所示：

```
class ContactVO {
  //字母排列值
  String seationKey;
  //名称
  String name;
  //头像 url
  String avatarUrl;
  //构造函数
  ContactVO({@required this.seationKey,this.name,this.avatarUrl});
}
```

步骤 2 定义了好友数据 VO 类之后，就可以组装数据了。使用列表 List<ContactVO> 实现数据存储。代码如下所示：

```
List<ContactVO> contactData = [
  ContactVO(
    seationKey: 'A',
    name: 'A 张三 ',
    avatarUrl:
'https://timgsa.baidu.com/timg?image&quality=80&size=b9999_10000&sec=1540633615163&di=e6662df8230b7e8a87cf0017df7252b7&imgtype=0&src=http%3A%2F%2Fimgsrc.baidu.com%2Fimgad%2Fpic%2Fitem%2Fac345982b2b7d0a2d1f5b989c0ef76094b369ae2.jpg',
  ),
  ContactVO(
      seationKey: 'A',
      name: ' 阿黄 ',
      avatarUrl:

'https://timgsa.baidu.com/timg?image&quality=80&size=b9999_10000&sec=1540441383345&di=39fe0512213122b232a7861363d86ba4&imgtype=0&src=http%3A%2F%2Fimgsrc.baidu.com%2Fimgad%2Fpic%2Fitem%2F8435e5dde71190ef0795a828c41b9d16fcfa60de.jpg'),
  ContactVO(
      seationKey: 'B',
      name: ' 波波 ',
      avatarUrl:

'https://timgsa.baidu.com/timg?image&quality=80&size=b9999_10000&sec=1540441383345&di=41a9c62adb0702595cbeab1eb7935f66&imgtype=0&src=http%3A%2F%2Fimgsrc.baidu.com%2Fimgad%2Fpic%2Fitem%2F3b292df5e0fe992532fd5c7e3fa85edf8db1712e.jpg'),
//更多好友数据
];
```

提示 好友数据肯定不止这三条，可以根据需要再添加一些数据。seationKey 是用来进行列表排序的必填字段。

2. 好友列表项实现

好友列表项的布局会比聊天消息列表项简单很多，唯一的区别是好友列表项还有一个列表头需要处理，所以好友列表项多了标题名 titleName 及图片路径 imageName 两个字段。我们只需要在进行页面渲染时和 ContactVO 数据做一下区分即可。

此处对页面布局不做具体分析，直接看实现代码。打开 lib/contacts/contact_item.dart 文件。编写如下代码：

```
import 'package:flutter/material.dart';
import './contact_vo.dart';

//好友列表项
class ContactItem extends StatelessWidget {
  //好友数据VO
  final ContactVO item;
  //标题名
  final String titleName;
  //图片路径
  final String imageName;
  //构建方法
  ContactItem({this.item, this.titleName, this.imageName});

  //渲染好友列表项
  @override
  Widget build(BuildContext context) {
    //列表项容器
    return Container(
      decoration: BoxDecoration(
        color: Colors.white,
        //每条列表项底部加一个边框
        border:
            Border(bottom: BorderSide(width: 0.5, color: Color(0xFFd9d9d9))),
      ),
      height: 52.0,
      child: FlatButton(
        onPressed: () {},
        child: Row(
          crossAxisAlignment: CrossAxisAlignment.center,
          children: <Widget>[
            //展示头像或图片
            imageName == null
                ? Image.network(
                    item.avatarUrl != ''
                        ? item.avatarUrl
                        :
  'https://timgsa.baidu.com/timg?image&quality=80&size=b9999_10000&sec=154407091
0437&di=86ffd13f433c252d4c49afe822e87462&imgtype=0&src=http%3A%2F%2Fimgsrc.baidu.
com%2Fforum%2Fw%3D580%2Fsign%3Debf3e26b1a4c510faec4e21250582528%2F0cf431adcbef760
92781a53c2edda3cc7dd99e8e.jpg',
                    width: 36.0,
                    height: 36.0,
                    scale: 0.9,
                  )
                : Image.asset(
                    imageName,
                    width: 36.0,
                    height: 36.0,
```

```
                ),
              //展示名称或标题
              Container(
                margin: const EdgeInsets.only(left: 12.0),
                child: Text(
                  titleName == null ? item.name ?? '暂时':titleName,
                  style: TextStyle(fontSize: 18.0,color: Color(0xFF353535)),
                  maxLines: 1,
                ),
              ),
            ],
          ),
        ),
      );
  }
}
```

3. 好友列表头实现

好友列表头中主要添加“新加好友”及“公共聊天室”两项数据。打开 lib/contacts/contact_header.dart 文件，按如下代码编写即可：

```
import 'package:flutter/material.dart';
import './contact_item.dart';

//好友列表头部
class ContactHeader extends StatelessWidget {
  @override
  Widget build(BuildContext context) {
    return Column(children: <Widget>[
      ContactItem(titleName:'新加好友',imageName:'images/icon_addfriend.png'),
      ContactItem(titleName:'公共聊天室',imageName:'images/icon_groupchat.png'),
    ],);
  }
}
```

4. ContactSiderList 类

ContactSiderList 类是好友列表的具体实现，此类需要传入三个构造器及列表数据：

- ❑ items：好友列表数据。
- ❑ headerBuilder：好友列表头构造器。
- ❑ itemBuilder：好友列表项构造器。
- ❑ sectionBuilder：字母构造器。

打开 lib/contacts/contact_sider_list.dart 文件，按以下步骤编写代码：

步骤 1 创建 ContactSiderList 类，需要继承自 StatefulWidget。添加列表数据及构造器，代码结构如下所示：

```
class ContactSiderList extends StatefulWidget {
  //添加列表数据及构造器
}
```

步骤 2 添加好友状态类，代码如下所示：

```
class ContactState extends State<ContactSiderList> {
  //状态类实现
}
```

步骤 3 实例化一个列表滚动控制器 ScrollController，空实现即可。

步骤 4 写一个函数判断并显示头部视图，函数名为 _isShowHeaderView。如果不能显示头部，则返回一个空容器，函数结构如下所示：

```
_isShowHeaderView(index) {
    //返回消息列表头或者返回 Container
}
```

步骤 5 再写一个函数，根据定位判断是否显示好友列表头。与上一个函数不同的是这个函数用于判断是否显示，并不返回具体组件，函数结构如下所示：

```
bool _shouldShowHeader(int position) {
}
```

步骤 6 渲染整个好友列表。这里需要强调一下 AlwaysScrollableScrollPhysics 类，这个类的对象是要赋值给 ListView 的 physics 属性的，作用是当列表中的内容不足一屏时，列表也可以滑动。

完整的代码如下所示：

```
import 'package:flutter/material.dart';
import 'package:flutter/rendering.dart';
import './contact_vo.dart';

class ContactSiderList extends StatefulWidget {
  //好友列表项数据
  final List<ContactVO> items;
  //好友列表头构造器
  final IndexedWidgetBuilder headerBuilder;
  //好友列表项构造器
  final IndexedWidgetBuilder itemBuilder;
  //字母构造器
  final IndexedWidgetBuilder sectionBuilder;

  //构造方法
  ContactSiderList({
    Key key,
    @required this.items,
    this.headerBuilder,
    @required this.itemBuilder,
    @required this.sectionBuilder,
  }) : super(key: key);

  @override
  ContactState createState() => ContactState();
}

class ContactState extends State<ContactSiderList> {

  //列表滚动控制器
```

```
final ScrollController _scrollController = ScrollController();

bool _onNotification(ScrollNotification notification) {
  return true;
}

//判断并显示头部视图或空容器
_isShowHeaderView(index) {
  if (index == 0 && widget.headerBuilder != null) {
    return Offstage(
      offstage: false,
      child: widget.headerBuilder(context, index),
    );
  }
  return Container();
}

//根据定位判断是否显示好友列表头
bool _shouldShowHeader(int position) {
  if (position <= 0) {
    return false;
  }
  if (position != 0 &&
      widget.items[position].seationKey !=
          widget.items[position - 1].seationKey) {
    return false;
  }
  return true;
}

//渲染列表
@override
Widget build(BuildContext context) {
  return Scaffold(
    body: Stack(
      children: <Widget>[
        //列表加载更多
        NotificationListener(
          onNotification: _onNotification,
          child: ListView.builder(
            //滚动控制器
              controller: _scrollController,
              //列表里面的内容不足一屏时，列表也可以滑动
              physics: const AlwaysScrollableScrollPhysics(),
              //列表长度
              itemCount: widget.items.length,
              //列表项构造器
              itemBuilder: (BuildContext context, int index) {
                //列表项容器
                return Container(
                  alignment: Alignment.centerLeft,
                  child: Column(
                    children: <Widget>[
                      //显示列表头
                      _isShowHeaderView(index),
                      //用Offstage组件控制是否显示英文字母
```

```
                        Offstage(
                          offstage: _shouldShowHeader(index),
                          child: widget.sectionBuilder(context, index),
                        ),
                        //显示列表项
                        Column(
                          children: <Widget>[
                            widget.itemBuilder(context, index),
                          ],
                        ),
                      ],
                    ),
                  );
                }),
          ),
        ],
      ),
    );
  }
}
```

5. Contacts 类

Contacts 类是好友页面的主界面实现类，主要是给 ContactSiderList 类传入好友列表相关的构造器。打开 lib/contacts/contacts.dart 文件，按如下代码编写即可：

```
import 'package:flutter/material.dart';
import 'package:flutter/rendering.dart';
import './contact_sider_list.dart';
import './contact_item.dart';
import './contact_header.dart';
import './contact_vo.dart';

//好友列表主页面
class Contacts extends StatefulWidget {
  @override
  ContactState createState() => ContactState();

}

class ContactState extends State<Contacts>{
  @override
  Widget build(BuildContext context) {
    return Scaffold(
      //主体实现
      body: ContactSiderList(
        //好友列表数据
          items: contactData,
          //好友列表头构造器
          headerBuilder: (BuildContext context, int index){
            return Container(
              //好友列表头
              child: ContactHeader(),
            );
          },
        //好友列表项构造器
```

```
            itemBuilder:  (BuildContext context, int index){
              return Container(
                color: Colors.white,
                alignment: Alignment.centerLeft,
                //好友列表项
                child: ContactItem(item:contactData[index]),
              );
            },
          //字母构造器
            sectionBuilder: (BuildContext context, int index){
              return Container(
                height: 32.0,
                padding: const EdgeInsets.only(left:14.0),
                color: Colors.grey[300],
                alignment: Alignment.centerLeft,
                //显示字母
                child: Text(
                  contactData[index].seationKey,
                  style: TextStyle(fontSize: 14.0,color: Color(0xff909090)),
                ),
              );
            },
        ),
      );
    }
  }
```

16.1.9 “我的”页面

“我的”页面通常包含了用户的个人信息，比如我的相册、我的文件等。同时还有一些软件的管理操作，比如清理缓存、消息管理等。此项目中“我的”页面效果如图 16-11 所示。“我的”页面是一个纯 UI 展示的页面，没有数据的添加，布局上采用 ListView 包裹即可，所以实现起来相对简单。

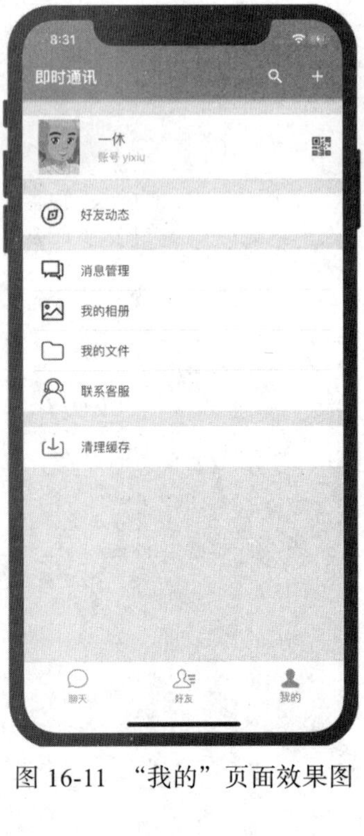

图 16-11 “我的”页面效果图

1. 通用列表项实现

由于“我的”页面中相同的项较多，所以这里可以提出一个通用组件用来展示。将这个组件命名为 ImItem。

打开 lib/common/im_item.dart，添加 ImItem 组件的实现代码，如下所示：

```
import 'package:flutter/material.dart';
import './touch_callback.dart';

//通用列表项
class ImItem extends StatelessWidget{
  //标题
  final String title;
  //图片路径
  final String imagePath;
```

```
  //图标
  final Icon icon;

  ImItem({Key key,@required this.title,this.imagePath,this.icon}):super(key:key);

  @override
  Widget build(BuildContext context) {
    //TODO: implement build
    return TouchCallBack(
      onPressed: (){
        //判断点击的项
        switch(title){
          case '好友动态':
            //路由到好友动态页面
            Navigator.pushNamed(context, '/friends');
            break;
          case '联系客服':
            break;
        }
      },
      //展示部分
      child: Container(
        height: 50.0,
        child: Row(
          children: <Widget>[
            //图标或图片
            Container(
              child: imagePath != null
                  ? Image.asset(
                imagePath,
                width: 32.0,
                height: 32.0,
              )
                  : SizedBox(
                height: 32.0,
                width: 32.0,
                child: icon,
              ),
              margin: const EdgeInsets.only(left: 22.0,right: 20.0),
            ),
            //标题
            Text(
              title,
              style: TextStyle(fontSize: 16.0,color: Color(0xFF353535)),
            ),
          ],
        ),
      ),
    );
  }
}
```

2. Personal 类

Personal 类是“我的”页面的主组件类，由于是纯静态展示，所以继承自 Stateless Widget 即可。打开 lib/personal/personal.dart 文件，按如下代码编写“我的”页面：

```
import 'package:flutter/material.dart';
import '../common/touch_callback.dart';
import '../common/im_item.dart';

//"我的"页面
class Personal extends StatelessWidget {
  @override
  Widget build(BuildContext context) {
    return Scaffold(
      //列表
      body: ListView(
        children: <Widget>[
          //头像部分实现
          Container(
            margin: const EdgeInsets.only(top: 20.0),
            color: Colors.white,
            height: 80.0,
            child: TouchCallBack(
              child: Row(
                crossAxisAlignment: CrossAxisAlignment.center,
                children: <Widget>[
                  //添加头像
                  Container(
                    margin: const EdgeInsets.only(left: 12.0, right: 15.0),
                    child: Image.asset(
                      'images/yixiu.jpeg',
                      width: 70.0,
                      height: 70.0,
                    ),
                  ),
                  //用户名及账号显示
                  Expanded(
                    child: Column(
                      mainAxisAlignment: MainAxisAlignment.center,
                      crossAxisAlignment: CrossAxisAlignment.start,
                      children: <Widget>[
                        Text(
                          '一休',
                          style: TextStyle(
                            fontSize: 18.0,
                            color: Color(0xFF353535),
                          ),
                        ),
                        Text(
                          '账号 yixiu',
                          style: TextStyle(
                            fontSize: 14.0,
                            color: Color(0xFFa9a9a9),
                          ),
                        ),
                      ],
                    ),
                  ),
                  //二维码图片显示
                  Container(
                    margin: const EdgeInsets.only(left: 12.0, right: 15.0),
```

```
                child: Image.asset(
                  'images/code.png',
                  width: 24.0,
                  height: 24.0,
                ),
              ),
            ],
          ),
          onPressed: () {},
        ),
      ),
      //列表项,使用 ImItem 渲染
      Container(
        margin: const EdgeInsets.only(top: 20.0),
        color: Colors.white,
        child: ImItem(
          title: '好友动态',
          imagePath: 'images/icon_me_friends.png',
        ),
      ),
      Container(
        margin: const EdgeInsets.only(top: 20.0),
        color: Colors.white,
        child: Column(
          children: <Widget>[
            ImItem(
              imagePath: 'images/icon_me_message.png',
              title: '消息管理',
            ),
            Padding(
              padding: const EdgeInsets.only(left: 15.0, right: 15.0),
              child: Divider(
                height: 0.5,
                color: Color(0xFFd9d9d9),
              ),
            ),
            ImItem(
              imagePath: 'images/icon_me_photo.png',
              title: '我的相册',
            ),
            Padding(
              padding: const EdgeInsets.only(left: 15.0, right: 15.0),
              child: Divider(
                height: 0.5,
                color: Color(0xFFd9d9d9),
              ),
            ),
            ImItem(
              imagePath: 'images/icon_me_file.png',
              title: '我的文件',
            ),
            Padding(
              padding: const EdgeInsets.only(left: 15.0, right: 15.0),
              child: Divider(
                height: 0.5,
                color: Color(0xFFd9d9d9),
```

```
                    ),
                  ),
                  ImItem(
                    imagePath: 'images/icon_me_service.png',
                    title: '联系客服',
                  ),
                ],
              ),
            ),
            Container(
              margin: const EdgeInsets.only(top: 20.0),
              color: Colors.white,
              child: ImItem(
                title: '清理缓存',
                imagePath: 'images/icon_me_clear.png',
              ),
            ),
          ],
        ),
      );
    }
  }
```

16.2 企业站 App 实现

通过 16.1 节的案例练习，我们主要掌握了复杂界面的布局。本节将带领大家实现一个企业站 App 的项目。

16.2.1 项目介绍

每个公司通常都有自己的一个官方网站用于介绍公司发展历史，展示公司产品，发布招聘信息等。这里我们使用 Flutter 实现一个企业的移动应用，主要实现以下几大功能：

- 首页轮播图
- 最新产品
- 产品列表
- 产品详情
- 联系我们

企业站 App 可以说是“麻雀虽小，五脏俱全”，这里我们用到了 Flutter 的很多知识，主要知识如下所示：

- dio：HTTP 网络请求库。
- fluro：企业级路由。
- provider：状态管理。
- flutter_swiper：首页轮播图。
- flutter_html：展示 HTML 数据，用于产品详情，可采用多张图片展示。

❑ web_socket_channel：socket 通信用于实现联系客服。

❑ animate：动画在实际项目中的运用。

通过该项目，不仅可以对知识点进行综合应用，还搭建了一个结构清晰的框架，为 Fluter 工程化项目提供参考。

应用的效果如图 16-12 所示。

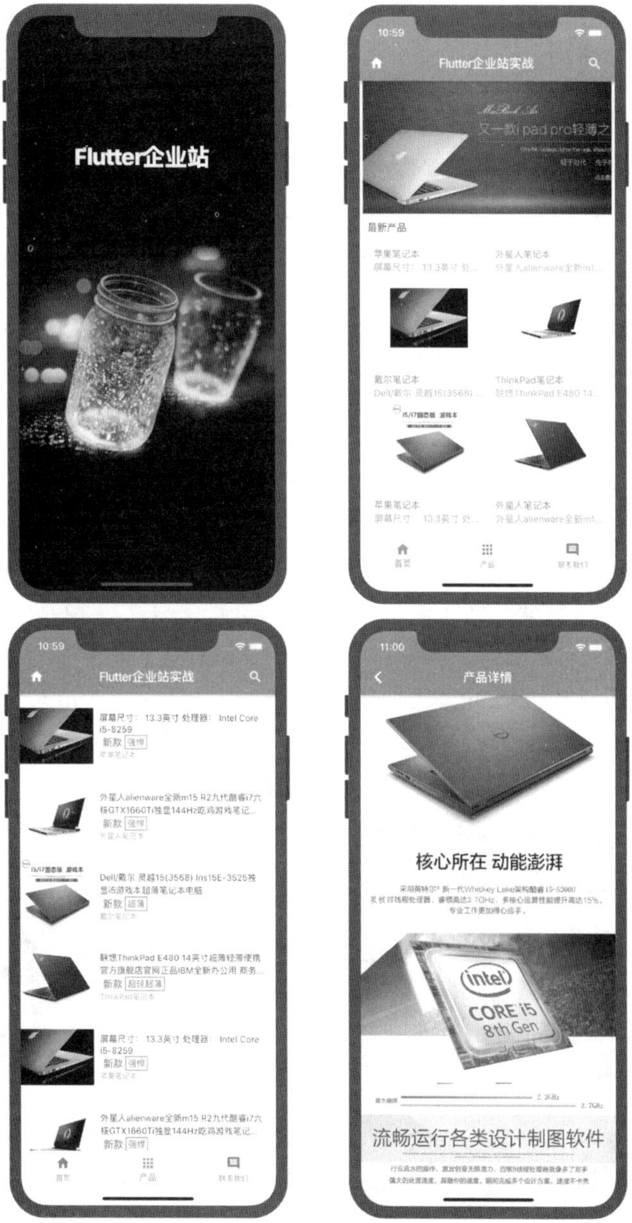

图 16-12　企业站 App 界面效果图

图 16-12 （续）

16.2.2 项目搭建

本节将带领大家把项目的框架搭建起来，项目搭建以前端为主，后端 Node 部分只要能运行即可。

1. 新建项目

新建项目包括工程创建、资源添加、库添加、项目配置等内容。具体步骤如下：

步骤 1 新建工程，步骤请参考 1.3 节，注意将项目命名为 flutter_website，并填写一个项目描述即可。

步骤 2 添加目录结构。请按图 16-13 所示的目录结构添加好内容。

步骤 3 在项目根目录下添加 images 文件夹，放入应用启动加载图及首页轮播图。将图片放入 images 目录下即可，如图 16-14 所示。

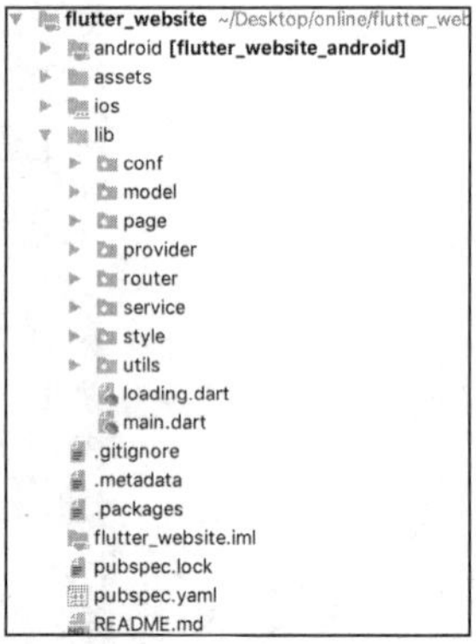

图 16-13 项目目录结构

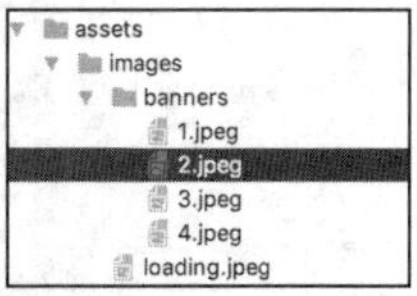

图 16-14 图片资源示意图

> **提示** 图标可以从图标库上下载，地址为 http:// www.iconfont.cn。选择大小为 48×48 的图片。

打开项目配置文件 pubspec.yaml，在 assets 资源节点下添加项目中用到的所有位图资源。代码如下所示：

```
flutter:
  uses-material-design: true

  assets:
  # 启动加载图
  - assets/images/loading.jpeg
  # 轮播图片
  - assets/images/banners/1.jpeg
  - assets/images/banners/2.jpeg
  - assets/images/banners/3.jpeg
  - assets/images/banners/4.jpeg
```

提示 图片的配置要与 images 文件夹下的文件名保持一致。命名应遵循一定的规则。

添加完位图资源后，点击配置文件右上角的“Packages get”更新配置。

步骤 4 再次打开 pubspec.yaml 文件，添加项目所需插件及库。每个插件及库的作用如下所示：

```
dependencies:
  flutter:
    sdk: flutter
  # 轮播图
  flutter_swiper: 1.1.4
  # 网络请求库
  dio: ^2.0.7
  # 状态管理
  provider: ^3.0.0+1
  # 刷新加载数据
  flutter_easyrefresh: ^1.2.7
  # 企业级路由
  fluro: ^1.4.0
  # 加载 html 数据
  flutter_html: ^0.9.6
  # 日期格式化
  date_format: ^1.0.6
  #websocket 处理
  web_socket_channel: ^1.0.12
```

添加好配置后，一定要点击配置文件右上角的“Packages get”，用来获取指定版本的插件。

2. 添加源码目录及文件

新建好项目，配置好资源后，接下来就是编码工作。项目的源码位于 lib 目录下，此处项目已搭建了一个清晰合理的框架，如果想做更多的业务模块，只需要根据此项目结构添加代码即可。请按 lib 目录添加好子目录及源码文件，如下所示：

```
├── README.md(项目说明)
├── lib(源码目录)
```

```
|   ├── conf（代码配置信息）
|   |   └── configure.dart(IP/Port 配置）
|   ├── loading.dart（加载页面）
|   ├── main.dart（主程序）
|   ├── model（数据模型）
|   |   ├── product.dart（产品数据模型）
|   |   └── product_detail_model.dart（产品详情数据模型）
|   ├── page（项目所有页面）
|   |   ├── chat_message.dart（聊天消息组件）
|   |   ├── chat_page.dart（聊天页面）
|   |   ├── home_banner.dart（首页轮播图组件）
|   |   ├── home_page.dart（首页）
|   |   ├── home_product_page.dart（首页最新产品）
|   |   ├── index_page.dart（索引切换页）
|   |   ├── product_detail_page.dart（产品详情页面）
|   |   └── product_page.dart（产品页面）
|   ├── provider（状态管理）
|   |   ├── current_index_provider.dart（当前索引状态）
|   |   ├── product_detail_provider.dart（产品详情状态）
|   |   ├── product_provider.dart（产品状态）
|   |   └── websocket_provider.dart(WebSocket 状态）
|   ├── router（路由）
|   |   ├── application.dart（存放路由对象）
|   |   ├── router_handler.dart（路由 Handler)
|   |   └── routes.dart（路由定义）
|   ├── service（服务）
|   |   └── http_service.dart(Http 服务）
|   ├── style（样式）
|   |   ├── color.dart（颜色）
|   |   ├── font.dart（字体）
|   |   └── index.dart（导出）
|   └── utils（工具）
|       ├── random_string.dart（随机数）
|       └── utils.dart（工具类）
└── pubspec.yaml（项目配置文件）
```

注意 项目结构文件是不包含 android、ios、images 及 build 目录的。

3. 启动后端程序

本节案例后端使用 Node 来处理数据。Node 端主要完成以下功能：

- 接收前端发起的 Http 请求。
- 接收前端传递的参数。
- 返回 Json 数据给前端。
- 创建 WebSocket 服务。
- 转发前端发送过来的消息至所有客户端。

Node 端主要使用了以下两个库来完成 Http 及 Socket 服务：

- express：Http 数据请求及返回服务。
- socket.io：Socket 消息转发服务。

这里我们不对 Node 展开讨论，只要知道如何正常运行 Node 即可。进入 flutter_website_server 程序，执行 npm start 命令启动程序，当看到如下信息表示启动成功：

```
server running @http://localhost:3000
```

提示 要运行 Node 程序，需要在本机安装 Node 环境。Node 环境可到如下网址下载：https:// nodejs.org/zh-cn/。后端 Node 程序请查看本书随书源码。Http 和 Socket 监听的端口均为 3000，端口相同并不影响它们正常执行。

16.2.3 入口程序

所有的应用都有一个入口程序，通常是 main() 函数引导进入应用程序。入口程序主要做以下几方面的处理：

- 自定义主题。
- Fluro 路由初始化。
- Provider 状态管理配置。
- 指定加载页面。

入口程序实现步骤如下：

步骤 1 通过自定义将主题应用的导航栏、标题栏菜单等定义为红色风格，如下代码所示：

```
primaryColor: Colors.redAccent
```

步骤 2 在 main.dart 文件里我们并不做具体的路由设置，只是将路由进行一些初始化处理，详细的设置在 lib/router 包中。初始化代码如下所示：

```
// 实例化路由
final router = Router();
// 配置路由
Routes.configureRoutes(router);
// 将路由设置成整个应用可以调用
Application.router = router;
```

初始化完成后，需要将 MaterialApp 的生成路由的回调函数指定为 Fluro 库中 Router 对象的生成器 Application.router.generator。代码如下所示：

```
// 生成路由的回调函数，当导航到目标路由的时候，会使用这个来生成界面
onGenerateRoute: Application.router.generator,
```

步骤 3 打开应用后出现的第一个页面即为首页。通常首页并不是应用程序的主画面，而是加载页面，指定方式如下所示：

```
home: LoadingPage()
```

步骤 4 进行状态管理顶层配置，用于让 Provider 管理多个共享数据类。每实现一个

状态管理类，就需要添加至如下代码的中括号里：

```
return MultiProvider(
 providers: [
   //各个模块状态管理类
   ...
   ],
```

步骤 5 打开 lib/main.dart 文件，按照上面几个步骤编写如下完整代码：

```
import 'package:flutter/material.dart';
import 'loading.dart';
import 'package:fluro/fluro.dart';
import 'package:provider/provider.dart';
import './provider/current_index_provider.dart';
import './provider/product_provider.dart';
import './provider/product_detail_provider.dart';
import './provider/websocket_provider.dart';
import './router/application.dart';
import './router/routes.dart';

//程序入口
void main() => runApp(MyApp());
//应用主程序
class MyApp extends StatelessWidget {
  @override
  Widget build(BuildContext context) {
    //实例化路由
    final router = Router();
    //配置路由
    Routes.configureRoutes(router);
    //将路由设置成整个应用可以调用
    Application.router = router;

    //管理多个共享数据类
    return MultiProvider(
      providers: [
        //底部导航页面切换
        ChangeNotifierProvider(builder: (_) => CurrentIndexProvider()),
        //获取产品数据
        ChangeNotifierProvider(builder: (_) => ProductProvider()),
        //获取产品详情数据
        ChangeNotifierProvider(builder: (_) => ProductDetailProvider()),
        //WebSocket 连接及收发消息
        ChangeNotifierProvider(builder: (_) => WebSocketProvider()),
      ],
      child: MaterialApp(
        debugShowCheckedModeBanner: false,
        title: 'Flutter 企业站实战 ',
        //自定义主题
        theme: mDefaultTheme,
        //生成路由的回调函数，当导航到目标路由的时候，会使用这个来生成界面
        onGenerateRoute: Application.router.generator,
        //指定加载页面
        home: LoadingPage(),
      ),
```

```
    );
  }
}
//自定义主题
final ThemeData mDefaultTheme = ThemeData(
  primaryColor: Colors.redAccent,
);
```

> 提示　以上代码中的路由处理、状态管理类及加载页面均未实现，后文中会逐步添加。MultiProvider 一定要放在顶层组件外层，否则将无法共享数据。

16.2.4　加载页面

加载页面即应用程序刚刚启动时的过渡页面。企业站 App 案例中加载页面的代码和“即时通信 App 界面实现”案例的基本一致，区别主要是路由采用了 Fluro 进行页面跳转。代码如下所示：

```
Application.router.navigateTo(context, "/");
```

具体实现步骤请参阅 16.1.4 节。打开 lib/loading.dart 文件添加如下完整代码：

```
import 'package:flutter/material.dart';
import 'dart:async';
import './router/application.dart';
//启动 App 加载页面
class LoadingPage extends StatefulWidget {
  @override
  _LoadingState createState() => _LoadingState();
}

class _LoadingState extends State<LoadingPage> {
  @override
  void initState() {
    super.initState();
    //在加载页面停顿 2 秒
    Future.delayed(Duration(seconds: 2), () {
      print('Flutter 企业站启动 ...');
      //使用路由跳转至应用主界面
      Application.router.navigateTo(context, "/");
    });
  }

  @override
  Widget build(BuildContext context) {
    return Center(
      child: Center(
        child: Stack(
          children: <Widget>[
            //加载页面背景图
            Image.asset(
              'assets/images/loading.jpeg',
```

```
            ),
            //加载页面文字内容
            Positioned(
              //距离顶部 100
              top: 100,
              child: Container(
                width: 400,
                child: Center(
                  child: Text(
                    'Flutter 企业站',
                    //textAlign: TextAlign.center,
                    style: TextStyle(
                        color: Colors.white,
                        fontSize: 36.0,
                        decoration: TextDecoration.none),
                  ),
                ),
              ),
            ),
          ],
        ),
      ),
    );
  }
}
```

加载页面的效果如图 16-15 所示。

图 16-15　加载页面效果

16.2.5　工具及配置文件处理

在正式编写功能模块之前，需要把项目中的工具类、颜色常量、字体常量等内容添加好。这些都是项目模块中抽取出来的代码，同时也为其提供基础支持。

1. 工具包

打开 lib/utils 包，主要添加两个文件—— random_string.dart 和 utils.dart，具体功能如下所示：

- random_string.dart：是一个库文件，用于产生随机数，详细代码请参阅 lib/utils/random_string.dart。
- utils.dart：颜色转换工具，主要实现了一个颜色转换方法，具体代码如下所示：

```
import 'package:flutter/material.dart';
import 'package:quiver/strings.dart';
//颜色转换工具
Color string2Color(String colorString) {
  int value = 0x00000000;
  if (isNotEmpty(colorString)) {
    if (colorString[0] == '#') {
      colorString = colorString.substring(1);
    }
```

```
    value = int.tryParse(colorString, radix: 16);
    if (value != null) {
      if (value < 0xFF000000) {
        value += 0xFF000000;
      }
    }
  }
  return Color(value);
}
```

2. 样式相关配置

打开 lib/style 包，主要添加字体、颜色等常量。打开 lib/style/color.dart 文件，主要添加了产品相关的颜色，如果想添加其他颜色值，可以参考如下代码：

```
import 'dart:ui';
//产品颜色
class ProductColors{
  static const Color bgColor = Color(0xFFFFFFFF);
  //分隔线颜色
  static const divideLineColor = Color.fromRGBO(245, 245, 245, 1.0);
  //产品类型颜色
  static const typeColor = Color.fromRGBO(182, 9, 9, 1.0);
  //产品卖点颜色
  static const piontColor = Color.fromRGBO(132, 95, 63, 1.0);

}
```

打开 lib/style/font.dart 文件，添加字体常量，代码如下所示：

```
import 'package:flutter/material.dart';
//产品字体
class ProductFonts {
  static TextStyle itemNameStype = TextStyle(
    fontSize: 12.0,
    color: Color(0xFF999999),
  );
}
```

打开 lib/style/index.dart 文件，将颜色及字体配置导出，代码如下所示：

```
export 'font.dart';
export 'color.dart';
```

3. IP/PORT 配置

Http 请求及 WebSocket 连接需要配置 IP 及端口信息，统一设置常量可以在整个项目多个模块里使用。打开 lib/conf/configure.dart 文件，添加如下代码：

```
class Config{
  //服务器 IP
  static const String IP = '192.168.2.168';
  //服务器监听端口
  static const String PORT = '3000';
}
```

16.2.6 Fluro 路由处理

此项目中路由采用 Fluro 企业级路由方案处理，主要完成以下功能：

- 应用模块访问路由 Router 对象。
- 路由路径配置。
- 路由 Handler 定义。
- 路由 Handler 实现。
- 路由参数传递。
- 返回路径对应页面。

具体处理步骤如下：

步骤 1 打开 lib/router/application.dart 文件，添加静态路由 Router 对象以便应用的所有模块可以通过以下方式进行访问。

```
Application.router.navigateTo(context, "/");
```

application.dart 的完整代码如下所示：

```
import 'package:fluro/fluro.dart';
//此类主要用于存放 Router 对象
class Application{
  static Router router;
}
```

步骤 2 打开 lib/router/routers.dart 文件，定义路由路径及跳转页面 Handler。完整代码如下所示：

```
import 'package:fluro/fluro.dart';
import 'package:flutter/material.dart';
import 'router_handler.dart';
//定义路径及跳转页面
class Routes{
  //根路径
  static String root = '/';
  //产品详情路径
  static String detailsPage = '/detail';
  //配置路由
  static void configureRoutes(Router router){
    //路径没找到 Handler
    router.notFoundHandler =  Handler(
      handlerFunc: (BuildContext context,Map<String,List<String>> params){
        print('error::: router 没有找到 ');
      }
    );
    //定义产品详情路由 Handler
    router.define(detailsPage, handler: detailsHandler);
    //定义根路由 Handler
    router.define(root, handler: rootHandler);
  }
}
```

提示 以上代码定义了一个特殊的 Handler，当程序路径指定错误时，会提示“没有找到”。

步骤 3 打开 lib/router/router_handler.dart 文件，处理各个路由的 Handler。主要处理如下三部分：

- 路由参数获取。
- 路由参数传递。
- 返回路由页面。

完整代码如下所示：

```
import 'package:fluro/fluro.dart';
import 'package:flutter/material.dart';
import 'package:flutter_website/page/index_page.dart';
import '../page/product_detail_page.dart';

//根路由 Handler 返回 IndexPage 页面
Handler rootHandler = Handler(
    handlerFunc: (BuildContext context,Map<String,List<String>> params){
      return IndexPage();
    }
);
//产品路由 Handler 返回产品详情页面，传入 productId 参数
Handler detailsHandler = Handler(
  handlerFunc: (BuildContext context,Map<String,List<String>> params){
    //获取 productId 产数
    String productId = params['productId'].first;
    //实例化产品详情页面并返回
    return ProductDetailPage(productId);
  }
);
```

提示 以上步骤中定义的路由页面如果还没有实现，可以先注释起来，不影响程序的运行。

16.2.7 Dio 请求方法封装

Dio 是 Dart 里使用比较广泛的一个网络请求库，这里我们做一个简单的封装以供各个模块进行网络数据请求处理。此方法封装在 lib/service/http_service.dart 文件中。

文件方法名封装为 request，传入两个参数，第一个参数为请求的 url，第二个参数为 Form 表单数据。这里需要做异步处理，需要加 async 关键字。如下所示：

```
Future request(url, {formData}) async
```

Dio 的 contentType 需要设置编写格式为 application/x-www-form-urlencoded，如下所示：

```
dio.options.contentType =
ContentType.parse('application/x-www-form-urlencoded');
```

这里我们主要发起 POST 请求，传入 url 及 data 数据，如下所示：

```
response = await dio.post(url, data: formData);
```

当服务端返回的状态码为 200 时表示数据成功返回，否则抛出异常。完整的封装代码如下所示：

```
import 'dart:io';
import 'package:dio/dio.dart';
import 'dart:async';
//Dio 请求方法封装
Future request(url, {formData}) async {
  try {
    Response response;
    Dio dio = Dio();
    dio.options.contentType = ContentType.parse('application/x-www-form-urlencoded');
    //发起 POST 请求，传入 url 及表单参数
    response = await dio.post(url, data: formData);
    //成功返回
    if (response.statusCode == 200) {
      return response;
    } else {
      throw Exception('后端接口异常，请检查测试代码和服务器运行情况...');
    }
  } catch (e) {
    return print('error:::${e}');
  }
}
```

16.2.8 索引页面

索引页面主要实现底部 Tab 选项卡，包含“首页”“产品”“联系我们”三个 Tab 以及其对应的页面，起到快速导航的作用，一般用于应用的主要功能页面切换。

在添加索引页面之前，首先添加一个索引变化的 Provider，作用是通过改变选项卡的索引，调用 notifyListeners 方法通知索引页面刷新，从而达到页面切换的目的。

打开 lib/provider/current_index_provider.dart 文件，添加如下代码：

```
import 'package:flutter/material.dart';
//切换底部导航栏
class CurrentIndexProvider with ChangeNotifier{
  //当前页面索引
  int currentIndex = 0;
  //切换页面索引
  void changeIndex(int newIndex){
    currentIndex = newIndex;
    notifyListeners();
  }
}
```

添加好索引的 Provider 后，就可以实现索引页面了。这里主要做选项卡与页面的关联以及页面切换处理。打开 lib/page/index_page.dart 文件，按以下步骤实现。

步骤 1 创建 IndexPage 页面并实例化“首页”“产品”“聊天页”。页面对象如下所示：

```
//首页
HomePage homePage;
//产品页
ProductPage productPage;
//聊天页
ChatPage chatPage;
```

这里的几个页面并未实现，可以先创建一个空页面以免出现编译错误，到后面再编码实现即可。

提示 这里的“聊天页”ChatPage 是和“关于我们”选项卡对应的。

步骤 2 接下来编写获取当前页面的方法。首先要从 Provider 中获取当前索引，如下所示：

```
int currentIndex = Provider.of<CurrentIndexProvider>(context).currentIndex;
```

取得当前索引后可根据索引返回对应页面，代码结构大致如下所示：

```
currentPage(){
  //获取当前页面索引
  int currentIndex = Provider.of<CurrentIndexProvider>(context).currentIndex;
  switch(currentIndex){
    case 0:
      if(homePage == null){
        homePage = HomePage();
      }
      return homePage;
    case 1:
      ...
    case 2:
      ...
  }
}
```

注意 这里的 homePage == null 判断是为了防止页面重复创建。

步骤 3 在 build 方法里需要先做一件事情——初始化 WebSocket，代码如下所示：

```
if(!socketInited) {
  Provider.of<WebSocketProvider>(context).init();
  socketInited = true;
}
```

WebSocketProvider 目前尚未实现，可以先注释起来。其主要作用是完成 WebSocket 的创建连接等处理，放在这里的目的是提前处理，也可以放在 Loading 页面中。socketInited

变量是为了防止重复调用 init 方法，产生多个 Socket 实例，使得收发消息混乱。

步骤 4 组装 Tab 选项卡和对应的页面。当点击某个选项卡时，调用 CurrentIndexProvider 里的 changeIndex 方法改变索引，再绑定当前索引对象为 currentIndex 变量即可。代码如下所示：

```
bottomNavigationBar: BottomNavigationBar(
  //通过 fixedColor 设置选中 item 的颜色
  type: BottomNavigationBarType.fixed,
  //当前索引
  currentIndex: currentIndex,
  onTap: ((index) {
    //点击切换当前索引
    Provider.of<CurrentIndexProvider>(context).changeIndex(index);
  }),
```

关于选项卡、页面组装以及界面布局，请参考 index_page.dart 中的完整代码：

```
import 'package:flutter/material.dart';
import 'package:provider/provider.dart';
import 'product_page.dart';
import 'chat_page.dart';
import 'home_page.dart';
import '../provider/websocket_provider.dart';
import '../provider/current_index_provider.dart';
//索引页面主要用来切换主要界面
class IndexPage extends StatefulWidget {
  @override
  IndexPageState createState() => IndexPageState();
}

class IndexPageState extends State<IndexPage> {
  //首页
  HomePage homePage;
  //产品页
  ProductPage productPage;
  //聊天页
  ChatPage chatPage;
  //用于判断 WebSocket 是否初始化
  bool socketInited = false;

  //根据当前索引返回不同的页面
  currentPage(){
    //获取当前页面索引
    int currentIndex = Provider.of<CurrentIndexProvider>(context).currentIndex;
    switch(currentIndex){
      case 0:
        if(homePage == null){
          homePage = HomePage();
        }
        return homePage;
      case 1:
        if(productPage == null){
          productPage = ProductPage();
```

```
        }
        return productPage;
      case 2:
        if(chatPage == null){
          chatPage = ChatPage();
        }
        return chatPage;
    }
  }

  @override
  Widget build(BuildContext context) {
    /**
     * 初始化WebSocket，这里需要做一个判断
     * 首次初始化完成，需要将socketInited置为true
     * 否则当页面刷新时会导致WebSocket多次连接从而创建多个实例
     */
    if(!socketInited) {
      Provider.of<WebSocketProvider>(context).init();
      socketInited = true;
    }
    //获取当前索引
    int currentIndex = Provider.of<CurrentIndexProvider>(context).currentIndex;
    return Scaffold(
      appBar: AppBar(
        title: Text('Flutter企业站实战'),
        leading: Icon(Icons.home),
        actions: <Widget>[
          //右侧内边距
          Padding(
            padding: EdgeInsets.only(right: 20.0),
            //探索按钮
            child: GestureDetector(
              onTap: () {},
              child: Icon(
                Icons.search,
              ),
            ),
          ),
        ],
      ),
      //当前页面
      body: currentPage(),
      //底部导航栏
      bottomNavigationBar: BottomNavigationBar(
          //通过fixedColor设置选中item 的颜色
          type: BottomNavigationBarType.fixed,
          //当前索引
          currentIndex: currentIndex,
          onTap: ((index) {
            //点击切换当前索引
            Provider.of<CurrentIndexProvider>(context).changeIndex(index);
          }),
          //底部导航栏
          items: [
```

```
            BottomNavigationBarItem(
              title: Text(
                '首页',
              ),
              icon: Icon(Icons.home),
            ),
            BottomNavigationBarItem(
              title: Text(
                '产品',
              ),
              icon: Icon(Icons.apps),
            ),
            BottomNavigationBarItem(
              title: Text(
                '联系我们',
              ),
              icon: Icon(Icons.insert_comment),
            ),
          ]),
    );
  }
}
```

索引页 Tab 切换效果如图 16-16 所示。

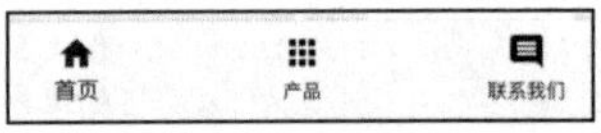

图 16-16 Tab 切换效果

16.2.9 首页

首页由轮播图及最新产品列表组成，这里需要拆分成以下两个组件：

- BannerWidget：轮播图组件。
- HomeProductPage：最新产品组件。

由于首页内容一般较长，需要滚动，因此这里使用 ListView 来组装页面，以实现上下自由滚动。打开 lib/page/home_page.dart 文件，添加如下完整代码：

```
import 'package:flutter/material.dart';
import 'home_banner.dart';
import 'home_product_page.dart';
//首页由轮播图及最新产品组成
class HomePage extends StatelessWidget{
  @override
  Widget build(BuildContext context) {
    return Scaffold(
      body: ListView(
        children: <Widget>[
          //轮播图
          BannerWidget(),
          //最新产品
          HomeProductPage(),
        ],
      ),
    );
  }
}
```

16.2.10 首页轮播图

轮播图主要用来展示公司的最主要产品，可以从右到左每隔一定时间播放一张图片。这里使用 Swiper 来实现轮播图效果。

Swiper 组件的属性及说明如表 16-1 所示。

表 16-1 Swiper 轮播组件属性

属性名	类型	默认值	说明
itemBuilder	IndexedWidgetBuilder	null	轮播项构建器
itemCount	int	0	轮播图数量
scrollDirection	Axis	Axis.horizontal	轮播方向水平或者垂直
autoplay	bool	true	是否自动播放

打开 lib/page/home_banner.dart 文件，添加如下完整代码。关于 Swiper 的详细用法请参考代码注释。

```
import 'package:flutter/material.dart';
import 'package:flutter_swiper/flutter_swiper.dart';
//首页轮播图组件
class BannerWidget extends StatelessWidget{
  //图片路径
  List<String> banners = <String>[
    'assets/images/banners/1.jpeg',
    'assets/images/banners/2.jpeg',
    'assets/images/banners/3.jpeg',
    'assets/images/banners/4.jpeg',
  ];

  @override
  Widget build(BuildContext context) {
    //计算宽高(按比例)
    double width = MediaQuery.of(context).size.width;
    double height = width * 540.0 / 1080.0;
    return Container(
      width: width,
      height: height,
      //轮播组件
      child: Swiper(
        //轮播项构建器
        itemBuilder: (BuildContext context, index){
          return Container(
            //图片左右内边距
            margin: EdgeInsets.only(left: 5, right: 5),
            child: Image.asset(
              //根据索引获取图片
              banners[index],
              width: width,
              height: height,
              //指定填充模式
              fit: BoxFit.cover,
```

```
                ),
              );
            },
            // 轮播数量
            itemCount: banners.length,
            // 方向
            scrollDirection: Axis.horizontal,
            // 是否自动播放
            autoplay: true,
          ),
        );
      }
    }
```

轮播图的效果如图 16-17 所示。

16.2.11 首页最新产品列表

首页最新产品列表主要用来展示公司最新产品，当点击某一个商品时会跳转至商品详情页面。数据采用两列多行展示。实现此功能需要从以下几方面入手。

- ❑ 产品数据模型：用于定义产品数据属性，如产品名称、产品类型。
- ❑ 产品数据状态管理：用于提供产品列表数据。
- ❑ 产品数据请求：请求后台返回产品数据。
- ❑ 产品数据展示：根据后台返回的产品数据展示产品信息。

接下来按以下几个方面来编辑最新产品列表功能。

图 16-17 轮播图效果

1. 产品数据模型

首先实现产品数据模型。打开 lib/model/product.dart 文件，添加如下两个类：

- ❑ ProductListModel：产品列表数据模型。
- ❑ ProductModel：产品数据模型。

这两个类均实现了 Json 到数据模型的相互转换。其中 ProductListModel 类还定义了状态码及状态信息属性，主要用来接收服务端返回的状态及状态信息。比如当返回的状态码为 200 时，表示数据返回成功。代码如下所示：

```
// 状态码
String code;
// 状态信息
String message;
```

关于 Json 及数据模型互相转换的处理方法请参阅 2.6.3 节。产品模型的完整代码如下所示：

```
// 产品列表数据模型
```

```
class ProductListModel{
  //状态码
  String code;
  //状态信息
  String message;
  //产品列表数据
  List<ProductModel> data;

  //构造方法，初始化时传入空数组 [] 即可
  ProductListModel(this.data);

  //通过传入 Json 数据转换成数据模型
  ProductListModel.fromJson(Map<String,dynamic> json){
    code = json['code'];
    message = json['message'];
    if(json['data'] != null){
      data = List<ProductModel>();
      //循环迭代 Json 数据并将其每一项数据转换成 ProductModel
      json['data'].forEach((v){
        data.add(ProductModel.fromJson(v));
      });
    }
  }

  //将数据模型转换成 Json
  Map<String,dynamic> toJson(){
    final Map<String,dynamic> data = Map<String,dynamic>();
    data['code'] = this.code;
    data['message'] = this.message;
    if(this.data != null){
      data['data'] = this.data.map((v) => v.toJson()).toList();
    }
    return data;
  }

}

//产品数据模型
class ProductModel{
  String productId;//产品 id
  String desc;//产品描述
  String type;//产品类型
  String name;//产品名称
  String imageUrl;//产品图片路径
  String point;//产品特点

  //构造方法
  ProductModel({this.productId,this.desc,this.type,this.name,this.imageUrl,this.
point});

  //通过传入 Json 数据转换成数据模型
  ProductModel.fromJson(Map<String,dynamic> json){
    productId = json['productId'];
    desc = json['desc'];
    type = json['type'];
    name = json['name'];
```

```
    imageUrl = json['imageUrl'];
    point = json['point'];
  }

  //将数据模型转换成Json
  Map<String,dynamic> toJson(){
    final Map<String,dynamic> data = new Map<String,dynamic>();
    data['productId'] = this.productId;
    data['desc'] = this.desc;
    data['type'] = this.type;
    data['name'] = this.name;
    data['imageUrl'] = this.imageUrl;
    data['point'] = this.point;
    return data;
  }

}
```

提示 数据模型属性Key需要和后台Node部分的产品数据Key保持一致，否则会导致解析失败。

2. 产品状态管理

产品状态管理主要用来存储产品列表数据，并提供两个方法，如下所示：

- getProductList：首次获取产品列表数据。
- addProductList：获取更多产品列表数据，当有上拉加载列表时，用于追加列表数据。

打开lib/provider/product_provider.dart文件，编写如下代码：

```
import 'package:flutter/material.dart';
import '../model/product.dart';
//产品数据处理
class ProductProvider with ChangeNotifier{
  //产品列表数据
  List<ProductModel> productList = [];
  //获取产品列表数据
  getProductList(List<ProductModel> list){
    productList = list;
    notifyListeners();
  }
  //上拉加载列表，追加列表数据
  addProductList(List<ProductModel> list){
    productList.addAll(list);
    notifyListeners();
  }
}
```

3. 产品数据请求

当产品数据模型准备好后，可以开始编写产品数据请求部分了。编写getProductList方法，这个方法是异步的，需要添加async关键字，实现方法如下所示：

```
//获取产品数据
```

```
void getProductList() async {
  //请求 url
  var url = 'http:      //' + Config.IP + ':' + Config.PORT + '/getProducts';
  //请求参数
  var formData = {};
  //调用请求方法传入 url 及表单数据
  await request(url, formData: formData).then((value) {
    //Json 解码 value 为服务端返回的数据
    var data = json.decode(value.toString());
    //打印数据
    print('产品列表数据 Json 格式:::' + data.toString());
    //将 Json 数据转换成 ProductListModel
    ProductListModel productList = ProductListModel.fromJson(data);
    //将返回的数据放入 ProductProvider
    if (productList.data == null) {
      Provider.of<ProductProvider>(context).getProductList([]);
    } else {
      Provider.of<ProductProvider>(context).getProductList(productList.data);
    }
  });
}
```

以上代码处理的流程是：拼接好 url →设置请求参数→发起请求→返回数据→ Json 解码→ Json 数据转换成数据模型→数据放入状态管理。

数据请求的 url 如下所示：

```
http://192.168.2.168:3000/getProducts
```

注意　在运行时需要把 IP 改成自己的计算机的 IP，不要写成 127.0.0.1 或 localhost，因为在 Android 系统上会导致回环无法请求到后端数据。这里的请求使用的是 POST 请求方式，无法在地址栏里测试后端接口。

通常数据请求需要等待状态初始化完成后再进行，所以 getProductList 需要放在 initState 方法里执行。如下面的代码所示：

```
@override
void initState() {
  super.initState();
  //获取产品数据
  getProductList();
}
```

4. 界面刷新渲染产品

界面刷新渲染产品需要首先获取到最新产品数据，这里是从 Provider 中获取数据，需要使用 Provider 的 Consumer 类来进行处理。具体使用方法如下所示：

```
@override
Widget build(BuildContext context) {
  //...
  //使用 Consumer 获取 ProductProvider 对象
```

```
    return Consumer<ProductProvider>(builder: (BuildContext context, ProductProvider
productProvider, Widget child) {
      //获取产品列表数据
      List<ProductModel> productList = productProvider.productList;
      return Container(
        //...
        child: buildProductList(context, deviceWidth, productList),
      );
    });
  }
```

当状态管理使用 notifyListeners 方法通知数据刷新时，从上面的代码中可以获取到产品列表数据进行渲染。

从以上步骤分析我们可以得到一个完整的产品数据请求渲染流程：调用数据请求方法→拼接好 url →设置请求参数→发起请求→返回数据→ Json 解码→ Json 数据转换成数据模型→数据放入状态管理→ notifyListeners 方法通知数据刷新→ Consumer 得到状态管理对象→从状态管理对象获取数据→界面渲染。

界面布局主要使用了 Wrap 流式组件实现了两行多列的效果，关于布局，这里不过多阐述。打开 lib/page/home_product_page.dart 文件，完整代码如下所示：

```
import 'package:flutter/material.dart';
import 'package:provider/provider.dart';
import 'dart:convert';
import '../model/product.dart';
import '../utils/utils.dart';
import '../provider/product_provider.dart';
import '../service/http_service.dart';
import '../router/application.dart';
import '../conf/configure.dart';
//首页最新产品页面
class HomeProductPage extends StatefulWidget {
  @override
  HomeProductPageState createState() => HomeProductPageState();
}

class HomeProductPageState extends State<HomeProductPage> {
  @override
  void initState() {
    super.initState();
    //获取产品数据
    getProductList();
  }
  //获取产品数据
  void getProductList() async {
    //请求url
    var url = 'http://' + Config.IP + ':' + Config.PORT + '/getProducts';
    //请求参数
    var formData = {};
    //调用请求方法传入url及表单数据
    await request(url, formData: formData).then((value) {
      //Json 解码，value 为服务端返回的数据
      var data = json.decode(value.toString());
```

```
    //打印数据
    print('产品列表数据Json格式:::' + data.toString());
    //将Json数据转换成ProductListModel
    ProductListModel productList = ProductListModel.fromJson(data);
    //将返回的数据放入ProductProvider
    if (productList.data == null) {
      Provider.of<ProductProvider>(context).getProductList([]);
    } else {
      Provider.of<ProductProvider>(context).getProductList(productList.data);
    }
  });
}

@override
Widget build(BuildContext context) {
  //设备宽度
  double deviceWidth = MediaQuery.of(context).size.width;
  //使用Consumer获取ProductProvider对象
  return Consumer<ProductProvider>(builder: (BuildContext context, ProductProvider
productProvider, Widget child) {
    //获取产品列表数据
    List<ProductModel> productList = productProvider.productList;
    return Container(
      width: deviceWidth,
      color: Colors.white,
      padding: EdgeInsets.only(top: 10, bottom: 10, left: 7.5),
      child: buildProductList(context, deviceWidth, productList),
    );
  });
}

//返回标题及列表
Widget buildProductList(BuildContext context, double deviceWidth, List
<ProductModel> productList) {
  //Item宽度
  double itemWidth = deviceWidth * 168.5 / 360;
  double imageWidth = deviceWidth * 110.0 / 360;

  //返回产品列表
  List<Widget> listWidgets = productList.map((item) {
    var bgColor = string2Color('#f8f8f8');
    Color titleColor = string2Color('#db5d41');
    Color subtitleColor = string2Color('#999999');
    //返回产品列表
    return InkWell(
      onTap: () {
        //路由跳转至产品详情页
        Application.router.navigateTo(context, "/detail?productId=${item.productId}");
      },
      //产品内容展示容器
      child: Container(
        width: itemWidth,
        margin: EdgeInsets.only(bottom: 5, left: 2),
        padding: EdgeInsets.only(top: 10, left: 13, bottom: 7),
        color: bgColor,
        //垂直布局
```

```
        child: Column(
          crossAxisAlignment: CrossAxisAlignment.start,
          children: <Widget>[
            //产品名称
            Text(
              item.name,
              maxLines: 1,
              overflow: TextOverflow.ellipsis,
              style: TextStyle(fontSize: 15, color: titleColor),
            ),
            //产品描述
            Text(
              item.desc,
              maxLines: 1,
              overflow: TextOverflow.ellipsis,
              style: TextStyle(fontSize: 15, color: subtitleColor),
            ),
            //产品图片
            Container(
              alignment: Alignment(0, 0),
              margin: EdgeInsets.only(top: 5),
              child: Image.network(
                item.imageUrl,
                width: imageWidth,
                height: imageWidth,
              ),
            ),
          ],
        ),
      ),
    );
  }).toList();

  //标题及产品列表
  return Column(
    crossAxisAlignment: CrossAxisAlignment.start,
    children: <Widget>[
      Container(
        padding: EdgeInsets.only(left: 5, bottom: 10),
        child: Text(
          '最新产品',
          style: TextStyle(
            fontSize: 16.0,
            color: Color.fromRGBO(51, 51, 51, 1),
          ),
        ),
      ),
      //流式布局列表
      Wrap(
        spacing: 2,
        children: listWidgets,
      ),
    ],
  );
 }
}
```

在以上代码中我们可以看到一段关于页面跳转的代码，如下所示可以跳转至产品详情页，这里需要加上产品 Id 参数。

```
//路由跳转至产品详情页
Application.router.navigateTo(context, "/detail?productId=${item.productId}");
```

首页最新产品效果如图 16-18 所示。

图 16-18 首页最新产品效果

16.2.12 产品页面

产品页面用来展示公司所有产品的信息，可通过上拉加载更多产品数据。产品页面和首页最新产品列表使用的数据模型是一样的，状态管理也使用同一个状态管理。不同之处有以下几个方面：

- ❑ EasyRefresh 加载刷新组件。
- ❑ 加载更多数据处理。
- ❑ 产品列表单列布局。

打开 lib/page/product_page.dart 文件，添加 EasyRefresh 部分，如下所示：

```
child: EasyRefresh(
 //底部上拉加载处理
 refreshFooter: ClassicsFooter(
  key: footerKey,
  bgColor: Colors.white,
  textColor: Color.fromRGBO(132, 95, 63, 1.0),
  moreInfoColor: Color.fromRGBO(132, 95, 63, 1.0),
  showMore: true,
  noMoreText: '加载更多',
  moreInfo: '加载中',
  //'加载中',
  loadReadyText: '上拉加载', //'上拉加载',
 ),
```

这里我们主要做的是上拉加载数据，所以设置的是底部刷新（refreshFooter）处理。

加载更多产品调用的也是 getProductList 方法，传入 isMore 参数，用于区分是初始数据或加载更多数据，状态处理部分如下所示：

```
if(isMore){
  //设置更多产品数据，追加列表数据
  Provider.of<ProductProvider>(context).addProductList(productList.data);
}else{
  //设置产品数据，首次进入产品页面加载时使用
  Provider.of<ProductProvider>(context).getProductList(productList.data);
}
```

布局及数据刷新部分这里不再详细讲解，完整的代码如下所示：

```
import 'package:flutter/material.dart';
```

```
import 'package:flutter_easyrefresh/easy_refresh.dart';
import 'package:provider/provider.dart';
import 'dart:convert';
import '../model/product.dart';
import '../service/http_service.dart';
import '../provider/product_provider.dart';
import '../style/index.dart';
import '../router/application.dart';
import '../conf/configure.dart';
//产品页面
class ProductPage extends StatefulWidget{
  @override
  ProductPageState createState() => ProductPageState();
}

class ProductPageState extends State<ProductPage>{

  @override
  void initState(){
    super.initState();
    //首次进入产品页面，加载产品列表数据
    getProductList(false);
  }

  GlobalKey<RefreshFooterState> footerKey = GlobalKey<RefreshFooterState>();
  //滚动控制
  var scrollController = ScrollController();

  //获取产品数据，isMore表示加载更多数据，上拉加载数据时使用
  void getProductList(bool isMore) async {
    //请求url
    var url = 'http://' + Config.IP + ':' + Config.PORT + '/getProducts';
    //请求参数
    var formData = {};
    //调用请求方法传入url及表单数据
    await request(url, formData: formData).then((value) {
      var data = json.decode(value.toString());
      //打印数据
      print('产品列表数据Json格式:::' + data.toString());
      //将Json数据转换成ProductListModel
      ProductListModel productList = ProductListModel.fromJson(data);
      //将返回的数据放入ProductProvider
      if (productList.data == null) {
        Provider.of<ProductProvider>(context).getProductList([]);
      } else {
        if(isMore){
          //设置更多产品数据，追加列表数据
          Provider.of<ProductProvider>(context).addProductList(productList.data);
        }else{
          //设置产品数据，首次进入产品页面时用于加载使用
          Provider.of<ProductProvider>(context).getProductList(productList.data);
        }
      }
    });
  }
```

```
@override
Widget build(BuildContext context) {
  return Consumer<ProductProvider>(
    //使用 Consumer 获取 ProductProvider 对象
    builder: (BuildContext context, ProductProvider productProvider, Widget child) {
      //获取产品列表数据
      List<ProductModel> productList = productProvider.productList;
      //判断产品列表中是否有数据
      if (productList.length > 0) {
        return Container(
            width: 400,
            //加载刷新组件
            child: EasyRefresh(
              //底部上拉加载处理
              refreshFooter: ClassicsFooter(
                key: footerKey,
                bgColor: Colors.white,
                textColor: Color.fromRGBO(132, 95, 63, 1.0),
                moreInfoColor: Color.fromRGBO(132, 95, 63, 1.0),
                showMore: true,
                noMoreText: '加载更多',
                moreInfo: '加载中',
                //加载中
                loadReadyText: '上拉加载',   //上拉加载
              ),
              //数据列表
              child: ListView.builder(
                //滚动控制
                controller: scrollController,
                //产品列表长度
                itemCount: productList.length,
                //产品列表项构造器
                itemBuilder: (context, index) {
                  //列表项
                  return _ListWidget(productList, index);
                },
              ),
              //加载更多
              loadMore: () async {
                getProductList(true);
              },
            ),
          );
      } else {
        return Text('暂时没有数据');
      }
    },
  );
}

//商品列表项
Widget _ListWidget(List newList, int index) {
  //根据索引获取产品数据
  ProductModel item = newList[index];

  return InkWell(
```

```
onTap: (){
  //路由跳转至产品详情页
  Application.router.navigateTo(context, "/detail?productId=${item.productId}");
},
//列表项背景
child: Container(
  color: ProductColors.bgColor,
  padding: EdgeInsets.only(
    top: 5.0,
    right: 5.0,
  ),
  //水平布局
  child: Row(
    children: <Widget>[
      //产品图片
      Image.network(
        item.imageUrl,
        width: 120.0,
        height: 120.0,
      ),
      SizedBox(
        width: 10,
      ),
      Expanded(
        child: Container(
          decoration: BoxDecoration(
              border: Border(
                  bottom: BorderSide(
                    width: 1,
                    color:ProductColors.divideLineColor,
                  )
              )
          ),
          //产品信息垂直布局
          child: Column(
            mainAxisAlignment: MainAxisAlignment.spaceAround,
            crossAxisAlignment: CrossAxisAlignment.start,
            children: <Widget>[
              //产品描述
              Text(
                item.desc,
                maxLines: 2,
                overflow: TextOverflow.ellipsis,
              ),
              //水平布局
              Row(
                children: <Widget>[
                  SizedBox(
                    width: 5,
                  ),
                  //产品类型
                  Text(
                    item.type,
                    style: TextStyle(
                      fontSize: 16.0,
                      color:ProductColors.typeColor,
```

```
                          ),
                        ),
                        //产品特点
                        item.point == null ? SizedBox():Container(
                          child: Text(
                            item.point,
                            style: TextStyle(
                              color:ProductColors.piontColor,
                            ),
                          ),
                          padding: EdgeInsets.symmetric(horizontal: 3),
                          margin: EdgeInsets.only(left: 4),
                          decoration: BoxDecoration(border: Border.all(width:
1,color: ProductColors.piontColor)),
                        ),
                      ],
                    ),
                    //产品名称
                    Text(
                      item.name,
                      style: ProductFonts.itemNameStype,
                    ),
                  ],
                ),
              ),
            ),
          ],
        ),
      ),
    );
  }
}
```

产品页面效果如图 16-19 所示。

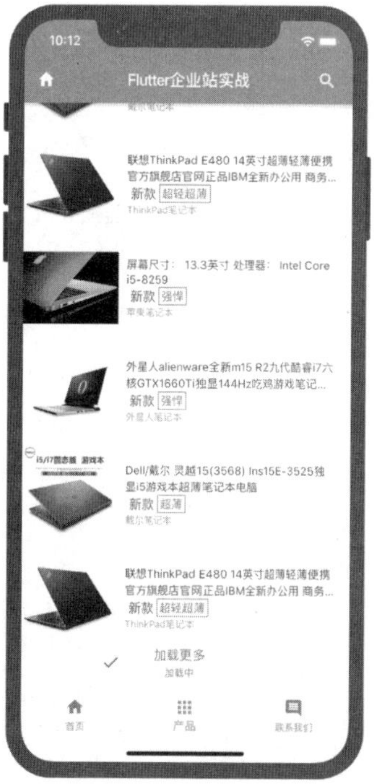

图 16-19　产品页面效果

16.2.13　产品详情页面

产品详情页面用于展示产品的详细信息，比如产品描述、产品参数、产品类型等内容。此页面可以通过首页最新产品列表和产品页面跳转过来。当我们学会了写产品模块的方法后再写产品详情页就变得清晰很多。接下来通过以下步骤来实现产品页面功能。

步骤 1　打开 lib/model/product_detail_model.dart 文件，添加产品详情数据模型。这里同样需要定义状态码、状态信息及产品详情数据。完整代码如下所示：

```
//产品详情返回数据模型
class ProductDetailModel{
  //状态码
  String code;
  //状态信息
  String message;
```

```
  //产品详情数据
  ProductDetail data;

  //构造方法，初始化时可传入空数组 []
  ProductDetailModel(this.data);

  //通过传入 Json 数据转换成数据模型
  ProductDetailModel.fromJson(Map<String,dynamic> json){
    code = json['code'];
    message = json['message'];
    if(json['data'] != null){
      data = ProductDetail.fromJson(json['data']);
    }
  }

  //将数据模型转换成 Json
  Map<String,dynamic> toJson(){
    final Map<String,dynamic> data = Map<String,dynamic>();
    data['code'] = this.code;
    data['message'] = this.message;
    if(this.data != null){
      data['data'] = this.data.toJson();
    }
    return data;
  }

}

//产品详情数据模型
class ProductDetail{
  String productId;      //产品 id
  String desc;           //产品描述
  String type;           //产品类型
  String name;           //产品名称
  String imageUrl;       //产品图片路径
  String point;          //产品特点
  String productDetail;  //产品详情

  //构造方法
  ProductDetail({this.productId,this.desc,this.type,this.name,this.imageUrl,this.
point,this.productDetail});

  //通过传入 Json 数据转换成数据模型
  ProductDetail.fromJson(Map<String,dynamic> json){
    productId = json['productId'];
    desc = json['desc'];
    type = json['type'];
    name = json['name'];
    imageUrl = json['imageUrl'];
    point = json['point'];
    productDetail = json['productDetail'];
  }

  //将数据模型转换成 Json
  Map<String,dynamic> toJson(){
    final Map<String,dynamic> data = Map<String,dynamic>();
```

```
    data['productId'] = this.productId;
    data['desc'] = this.desc;
    data['type'] = this.type;
    data['name'] = this.name;
    data['imageUrl'] = this.imageUrl;
    data['point'] = this.point;
    data['productDetail'] = this.productDetail;
    return data;
  }

}
```

步骤2 打开lib/provider/product_detail_provider.dart文件，添加产品详情状态管理代码。主要提供产品详情数据及获取产品详情的方法，代码如下所示：

```
import 'package:flutter/material.dart';
import '../model/product_detail_model.dart';
//产品详情数据处理
class ProductDetailProvider with ChangeNotifier{
  //产品详情
  ProductDetail productDetail;
  //获取产品详情
  void getProductDetail(ProductDetail detail){
    productDetail = detail;
    notifyListeners();
  }
}
```

步骤3 打开lib/page/product_detail_page.dart文件，添加产品详情页代码。新建ProductDetailPage类，添加构造方法，方法需要带产品Id参数，如下所示：

```
ProductDetailPage(this.productId);
```

然后编写获取产品详情数据的方法getProductDetail，请求及返回数据处理流程与产品数据请求流程一样。这里将数据模型换成ProductDetailModel，状态管理换成ProductDetailProvider，同时请求中需要添加productId参数，代码如下所示：

```
  //获取产品详情
  void getProductDetail() async {
    //请求url
    var url = 'http:      //' + Config.IP + ':' + Config.PORT + '/getProductDetail';
    //请求参数产品Id
    var formData = {"productId": widget.productId};
    print(widget.productId);
    //调用请求方法传入url及表单数据
    await request(url, formData: formData).then((value) {
      var data = json.decode(value.toString());
      //打印数据
      print('产品详情数据Json格式:::' + data.toString());
      //将Json数据转换成ProductDetailModel
      ProductDetailModel productDetailData = ProductDetailModel.fromJson(data);
      //设置ProductDetailProvider里的产品详情数据
      if (productDetailData.data != null) {
```

```
            Provider.of<ProductDetailProvider>(context).getProductDetail(product
DetailData.data);
          }
        });
      }
```

数据请求的 url 如下所示：

```
http://192.168.2.168:3000/ getProductDetail
```

步骤 4 由于产品详情页是一段 Html 数据，前端使用 Html 组件展示数据即可，后端详情数据如下所示：

```
    "productDetail": '<img width="100%" height="auto" alt="" src="' + base_url +
'001/1.jpg" />' +
                     '<img width="100%" height="auto" alt="" src="' + base_url +
'001/2.jpg" />' +
                     '<img width="100%" height="auto" alt="" src="' + base_url +
'001/3.jpg" />' +
                     '<img width="100%" height="auto" alt="" src="' + base_url +
'001/4.jpg" />' +
                     '<img width="100%" height="auto" alt="" src="' + base_url +
'001/5.jpg" />'
```

仔细阅读代码会发现代码里主要嵌入的是 <img/> 图片标签，即产品详情是由一张一张图片组成的。由于是多张图片组成，内容会很长，所以这里使用 ListView 包裹以支持滚动操作。完整代码如下所示：

```
import 'package:flutter/material.dart';
import 'dart:convert';
import 'package:provider/provider.dart';
import 'package:flutter_html/flutter_html.dart';
import '../model/product_detail_model.dart';
import '../service/http_service.dart';
import '../provider/product_detail_provider.dart';
import '../conf/configure.dart';

//产品详情页面
class ProductDetailPage extends StatefulWidget {
  //传入产品 Id
  final String productId;

  ProductDetailPage(this.productId);

  @override
  ProductDetailPageState createState() => ProductDetailPageState();
}

class ProductDetailPageState extends State<ProductDetailPage> {
  @override
  void initState() {
    super.initState();
    //获取产品详情
    getProductDetail();
  }
```

```
  //获取产品详情
  void getProductDetail() async {
    //请求url
    var url = 'http://' + Config.IP + ':' + Config.PORT + '/getProductDetail';
    //请求参数产品Id
    var formData = {"productId": widget.productId};
    print(widget.productId);
    //调用请求方法传入url及表单数据
    await request(url, formData: formData).then((value) {
      var data = json.decode(value.toString());
      //打印数据
      print('产品详情数据Json格式:::' + data.toString());
      //将Json数据转换成ProductDetailModel
      ProductDetailModel productDetailData = ProductDetailModel.fromJson(data);
      //设置ProductDetailProvider里的产品详情数据
      if (productDetailData.data != null) {
        Provider.of<ProductDetailProvider>(context).getProductDetail(productDetailData.data);
      }
    });
  }

  @override
  Widget build(BuildContext context) {
    //根据Consumer获取ProductDetailProvider对象
     return Consumer<ProductDetailProvider>(builder: (BuildContext context,
ProductDetailProvider productProvider, Widget child) {
      //获取产品详情数据
      ProductDetail detail = productProvider.productDetail;
      if (detail != null) {
        return Scaffold(
          appBar: AppBar(
            title: Text('产品详情'),
          ),
          //使用ListView可以使产品图片滚动
          body: ListView(
            children: <Widget>[
              //展示Html数据
              Html(
                data: detail.productDetail,
              ),
            ],
          ),
        );
      } else {
        return Scaffold(
            appBar: AppBar(
              title: Text('产品详情'),
            ),
            body: Center());
      }
    });
  }
}
```

产品详情页面效果如图 16-20 所示。

图 16-20 产品详情页面效果

16.2.14 “联系我们”页面

“联系我们”页面中一般有公司电话、地址等信息。这里我们使用聊天的方式来联系公司客服，所以也可以称之为聊天页。

1. WebSocket 状态管理

WebSocket 状态管理部分主要实现了以下几块内容：

- ❑ Socket 连接。
- ❑ 消息监听方法。
- ❑ 消息发送方法。
- ❑ 消息编码。
- ❑ 消息解码。

Socket 库使用的是 web_socket_channel，该库提供了一个 WebSocketChannel 方法，允许我们既可以监听来自服务器的消息，又可以将消息发送到服务器。这里我们可以创建一个 WebSocketChannel 连接到一台服务器，代码如下所示：

```
channel = await IOWebSocketChannel.connect('ws://' + Config.IP + ':' + Config.PORT);
```

连接方法 connect 的实际 url 是：

```
ws://192.168.2.168:3000/
```

注意 在运行时需要把 IP 改成自己计算机的 IP，不要写成 127.0.0.1 或 localhost，因为在 Android 系统上会导致回环，无法连接到 Socket 服务器。WS 和 Http 使用的是同一个端口 3000。如果端口被占用，将前后端口同步修改即可。

当 Socket 建立起连接以后，可以监听服务器发过来的消息。WebSocketChannel 提供了一个来自服务器的消息 Stream。该 Stream 类是 dart:async 包中的一个基础类，提供了 listen 方法来监听来自数据源的异步事件。与 Future 返回单个异步响应不同，Stream 类可以随着时间推移传递很多事件。代码如下所示：

```
channel.stream.listen((data) => listenMessage(data),onError: onError,onDone: onDone);
```

可以看到这里监听了多个事件——onError、onDone，事件作用如下：

- ❑ onError：当 Stream 发生错误时触发，此回调方法中可以打印错误信息。
- ❑ onDone：当 Stream 关闭或发送了一个 Done 事件时触发，此回调方法中可以做重连处理。

接收消息的回调方法如下所示：

```
void listenMessage(data){
  //Json 解码
  //插入消息至消息列表
```

```
    //通知聊天页面刷新数据
    notifyListeners();
  }
```

为了将数据发送到服务器，我们会向 WebSocketChannel 提供的 sink 添加消息，用法如下所示：

```
void sendMessage(type,data){
  var message = {
    //消息体
    //...
  };
  //Json 编码
  //发送消息至服务器
  channel.sink.add(text);
}
```

打开 lib/provider/websocket_provider.dart 文件，添加如下完整代码：

```
import 'dart:convert';
import 'package:flutter/foundation.dart';
import 'package:web_socket_channel/io.dart';
import 'package:flutter/material.dart';
import '../utils/random_string.dart';
import '../conf/configure.dart';
//聊天数据处理
class WebSocketProvider with ChangeNotifier{
  //用户 Id
  var userId = '';
  //用户名称
  var userName = '';
  //聊天消息
  var messages = [];
  //WebSocket 对象
  IOWebSocketChannel channel;
  //初始化
  init() async {
    //使用随机数创建 userId
    userId = randomNumeric(6);
    //使用随机数创建 userName
    userName = "u_" + randomNumeric(6);
    return await createWebsocket();
  }
  //创建并连接 Socket 服务器
  createWebsocket() async {
    //连接 Socket 服务器
    channel = await IOWebSocketChannel.connect('ws://' + Config.IP + ':' + Config.PORT);
    //定义加入房间消息
    var message = {
    'type': 'joinRoom',
    'userId': userId,
    'userName': userName,
    };
    //Json 编码
```

```
    String text = json.encode(message).toString();
    //发送消息至服务器
    channel.sink.add(text);
    //监听到服务器返回消息
    channel.stream.listen((data) => listenMessage(data),onError: onError,onDone: onDone);
  }
  //监听服务端返回消息
  void listenMessage(data){
    //Json 解码
    var message = jsonDecode(data);
    print("receive message:" + data);
    //接收到消息，判断消息类型为公共聊天 (chat_public)
    if (message['type'] == 'chat_public'){
      //插入消息至消息列表
      messages.insert(0, message);
    }
    //通知聊天页面刷新数据
    notifyListeners();
  }
  //发送消息
  void sendMessage(type,data){
    //定义发送消息对象
    var message = {
      //消息类型
      "type": 'chat_public',
      'userId': userId,
      'userName': userName,
      //消息内容
      "msg": data
    };
    //Json 编码
    String text = json.encode(message).toString();
    print("send message:" + text);
    //发送消息至服务器
    channel.sink.add(text);
  }
  //监听消息错误回调方法
  void onError(error){
    print('error:${error}');
  }
  //当 WebSocket 断开时的回调方法，此处可以做重连处理
  void onDone() {
    print('WebSocket 断开了 ');
  }
  //前端主动关闭 WebSocket 处理
  void closeWebSocket(){
    //关闭链接
    channel.sink.close();
    print(' 关闭 WebSocket');
    notifyListeners();
  }
}
```

2. 聊天消息组件

聊天消息组件主要用来展示消息的用户名、发送的内容、创建时间等，定义如下所示：

```
  //判断是否是自己发送的消息
  bool isMe = false;
  //用户名
  String userName;
  //消息内容
  String message;
  //消息创建时间
  String createAt;5
```

其中 isMe 用来判断是否是自己发送的消息，若是，则将消息放在聊天面板右边，不是则放在聊天面板左边。

页面布局处理不过多阐述，打开 lib/page/chat_message.dart 文件，添加如下完整代码：

```
import 'package:flutter/material.dart';
//聊天消息组件
class ChatMessage extends StatelessWidget {
  //判断是否是自己发送的消息
  bool isMe = false;
  //用户名
  String userName;
  //消息内容
  String message;
  //消息创建时间
  String createAt;
  //构建函数，传入用户名、消息及创建时间参数
  ChatMessage( this.userName,this.message, this.createAt);

  @override
  Widget build(BuildContext context) {
    //自己发送的消息放在消息列表的右边
    if(isMe){
      return Container(
        margin: const EdgeInsets.symmetric(vertical: 10.0),
        //水平布局，左侧为消息，右侧为头像
        child: Row(
          crossAxisAlignment: CrossAxisAlignment.start,
          children: <Widget>[
            //左侧空余部分
            Expanded(
              child: Container(),
            ),
            //垂直排列消息时间和消息内容
            Column(
              crossAxisAlignment: CrossAxisAlignment.start,
              children: <Widget>[
                Text(createAt,style: Theme.of(context).textTheme.subhead),
                Container(
                  margin: const EdgeInsets.only(top: 5.0),
                  child: Text(message),
                )
              ],
            ),
            //我的头像
            Container(
              margin: const EdgeInsets.only(left: 16.0),
```

```
                child: CircleAvatar(
                  child: Text('Me'),
                ),
              ),
            ],
          ),
        );
      }
      //别人发送的消息放在消息列表的左边
      return Container(
        margin: const EdgeInsets.symmetric(vertical: 10.0),
        //水平布局，左侧为头像，右侧为消息
        child: Row(
          crossAxisAlignment: CrossAxisAlignment.start,
          children: <Widget>[
            //最左侧为头像
            Container(
              margin: const EdgeInsets.only(right: 16.0),
              child: CircleAvatar(
                //使用用户名填充头像
                child: Text(userName),
              ),
            ),
            //垂直布局消息时间和消息内容
            Column(
              crossAxisAlignment: CrossAxisAlignment.start,
              children: <Widget>[
                Text(createAt,style: Theme.of(context).textTheme.subhead),
                Container(
                  margin: const EdgeInsets.only(top: 5.0),
                  child: Text(message),
                )
              ],
            ),
          ],
        ),
      );
    }
  }
```

3. 聊天页面

聊天页面主要用于发送用户消息及展示接收消息，接下来对此部分的关键点进行详细阐述。

此聊天室是一个公共聊天室，所以将消息类型定义为“chat_public”。当接收到用户输入的内容后，点击发送按钮发送消息。发送消息之前需要判断发送内容是否为空，调用 WebSocketProvider 的 sendMessage 方法即可。代码如下所示：

```
Provider.of<WebSocketProvider>(context).sendMessage('chat_public', text);
```

接收消息时使用 Consumer 来获取 WebSocketProvider 的消息对象，然后使用 ListView 进行消息渲染，这样消息可以自动朝上滚动。代码如下所示：

```
var messages = websocketProvider.messages;
```

消息的渲染部分稍微复杂一些，主要需要进行解析消息、动画处理、消息展示等一系列处理。

首先根据索引获取 messages 对象里的一条消息数据，如下所示：

```
var item = Provider.of<WebSocketProvider>(context).messages[index];
```

然后创建一个消息动画控制器，我们想给消息添加一个非线性动画以提高用户体验，代码如下所示：

```
var animate = AnimationController(vsync: this, duration:
Duration(milliseconds: 500));
```

再创建一个消息组件，传入的值取消息 item 值即可。代码大致如下：

```
ChatMessage message = ChatMessage(
   //获取用户名值
   //获取消息内容值
   //创建消息时间
  );
```

最后把动画和消息关联起来。这里有一个小技巧，根据索引（index）来判断是否添加动画，如果 index 等于 0 则执行动画，也就是根据最新的消息执行动画，否则不添加动画。这样处理是为了防止每当有新的消息来时所有消息一起执行动画。代码如下所示：

```
 if (index == 0) {
   //开始动画
   animate.forward();
   //非线性动画
   return SizeTransition(
    //...
    child: message,
   );
  }
  //不添加动画消息组件
  return message;
```

打开 lib/page/chat_page.dart 文件，添加此部分完整代码：

```
import 'package:flutter/material.dart';
import 'chat_message.dart';
import 'package:date_format/date_format.dart';
import 'package:provider/provider.dart';
import '../provider/websocket_provider.dart';
//聊天页面
class ChatPage extends StatefulWidget {
  @override
  State createState() => ChatPageState();
}

class ChatPageState extends State<ChatPage> with TickerProviderStateMixin {
  //文本编辑控制器
  final TextEditingController textEditingController = TextEditingController();
  //输入框获取焦点
```

```
FocusNode textFocusNode = FocusNode();

@override
void initState() {
  super.initState();
}

@override
void dispose() {
  super.dispose();
}

//发送消息
void handleSubmit(String text) {
  textEditingController.clear();
  //判断输出框内容是否为空
  if (text.length == 0 || text == '') {
    return;
  }
  //发送公共聊天消息
  Provider.of<WebSocketProvider>(context).sendMessage('chat_public', text);
}

//创建消息输入框组件
Widget textComposerWidget() {
  return IconTheme(
    data: IconThemeData(color: Colors.blue),
    child: Container(
      margin: const EdgeInsets.symmetric(horizontal: 8.0),
      child: Row(
        children: <Widget>[
          Flexible(
            child: TextField(
              //提示内容：请输入消息
              decoration: InputDecoration.collapsed(hintText: '请输入消息'),
              //文本编辑控制器
              controller: textEditingController,
              //发送消息
              onSubmitted: handleSubmit,
              //获取焦点
              focusNode: textFocusNode,
            ),
          ),
          //发送按钮容器
          Container(
            margin: const EdgeInsets.symmetric(horizontal: 8.0),
            //发送按钮
            child: IconButton(
              icon: Icon(Icons.send),
              //按下发送消息
              onPressed: () => handleSubmit(textEditingController.text),
            ),
          )
        ],
      ),
    ),
```

```
    );
  }

  //根据索引创建一个带动画的消息组件
  Widget messageItem(BuildContext context, int index) {
    //获取一条聊天消息
    var item = Provider.of<WebSocketProvider>(context).messages[index];
    //创建消息动画控制器
    var animate =
        AnimationController(vsync: this, duration: Duration(milliseconds: 500));
    //创建一个消息组件
    ChatMessage message = ChatMessage(
      //取用户名值
      item['userName'].toString(),
      //取消息内容值
      item['msg'].toString(),
      //创建消息时间
      formatDate(DateTime.now(), [HH, ':', nn, ':', ss]),
    );
    //读取自己的userId 用于判断服务端转发过来的消息是否为自己发送的消息
    String tempId = Provider.of<WebSocketProvider>(context).userId;
    if (tempId == item['userId']) {
      message.isMe = true;
    } else {
      message.isMe = false;
    }
    //如果index等于0则执行动画，也就是最新的消息执行动画
    if (index == 0) {
      //开始动画
      animate.forward();
      //大小变化动画组件
      return SizeTransition(
        //指定非线性动画类型
        sizeFactor: CurvedAnimation(parent: animate, curve: Curves.easeInOut),
        axisAlignment: 0.0,
        //指定为当前消息组件
        child: message,
      );
    }
    //不添加动画消息组件
    return message;
  }

  @override
  Widget build(BuildContext context) {
    //垂直布局
    return Column(
      children: <Widget>[
        //使用Consumer获取WebSocketProvider对象
            Consumer<WebSocketProvider>(builder: (BuildContext context,
WebSocketProvider websocketProvider, Widget child) {
          //获取消息列表数据
          var messages = websocketProvider.messages;
          return Flexible(
            //使用列表渲染消息
            child: ListView.builder(
```

```
                padding: EdgeInsets.all(8.0),
                reverse: true,
                // 消息组件渲染
                itemBuilder: messageItem,
                // 消息条目数
                itemCount: messages.length,
              ),
            );
          }),
          // 分隔线
          Divider(
            height: 1.0,
          ),
          // 消息输入框及发送按钮
          Container(
            decoration: BoxDecoration(
              color: Theme.of(context).cardColor,
            ),
            child: textComposerWidget(),
          )
        ],
      );
    }
  }
```

添加好代码后，确保 Node 服务启动，打开两个模拟器运行应程序互发消息，效果如图 16-21 所示。

图 16-21　聊天页面效果